CISCO

Cisco | Networking Academy®
Mind Wide Open™

思科网络技术学院教程（第6版）

连接网络

Connecting Networks v6

Companion Guide

[加] 鲍勃·瓦尚（Bob Vachon）
[美] 艾伦·约翰逊（Allan Johnson） 著
思科系统公司 译

人民邮电出版社
北京

图书在版编目（CIP）数据

思科网络技术学院教程 : 第6版. 连接网络 / (加)
鲍勃·瓦尚 (Bob Vachon) , (美) 艾伦·约翰逊
(Allan Johnson) 著 ; 思科系统公司译. -- 北京 : 人
民邮电出版社, 2018.12(2021.7重印)
ISBN 978-7-115-49479-5

Ⅰ. ①思… Ⅱ. ①鲍… ②艾… ③思… Ⅲ. ①计算机
网络－高等学校－教材 Ⅳ. ①TP393

中国版本图书馆CIP数据核字(2018)第231012号

版权声明

◆ 著　[加] 鲍勃·瓦尚（Bob Vachon）
　　[美] 艾伦·约翰逊（Allan Johnson）
译　思科系统公司
责任编辑　傅道坤
责任印制　焦志炜

◆ 人民邮电出版社出版发行　北京市丰台区成寿寺路 11 号
邮编　100164　电子邮件　315@ptpress.com.cn
网址　http://www.ptpress.com.cn
固安县铭成印刷有限公司印刷

◆ 开本：787×1092　1/16
印张：17.5
字数：511 千字　2018 年 12 月第 1 版
印数：10 901－12 400册　2021 年 7 月河北第 8 次印刷

著作权合同登记号　图字：01-2017-8615 号

定价：45.00 元

读者服务热线：(010)81055410　印装质量热线：(010)81055316
反盗版热线：(010)81055315
广告经营许可证：京东市监广登字20170147号

内容提要

思科网络技术学院项目是思科公司在全球范围内推出的一个主要面向初级网络工程技术人员的培训项目，旨在让更多的年轻人学习先进的网络技术知识，为互联网时代做好准备。

本书是思科网络技术学院全新版本的配套书面教材，主要内容包括 WAN 概念，点对点连接，分支机构连接，访问控制列表，网络安全和监控，服务质量，网络演进，网络故障排除。本书每章后还提供了复习题，并在附录给出了答案和解释，以检验读者每章知识的掌握的情况。

本书适合准备参加 CCNA 认证考试的读者以及各类网络技术初学人员参考阅读。

审校者序

思科网络技术学院（Cisco Networking Academy）项目是思科公司规模最大和持续时间最长的企业社会责任项目。思科网络技术学院目前覆盖全球 180 个国家，有 1 万多所大学，2 万多名教师，780 多万学生，及全球最大和最先进的技术交流平台。

该项目自 1998 年进驻中国，在整整 20 年时间里，思科公司累计成立 800 多所思科网络技术学院，已培养 36 万余学生，且每年都有超过 6 万名新生加入。思科网络技术学院在为数字化经济发展提供人才储备的同时，也促进了教育事业的发展，培养了无数全球互联网问题解决专家。

思科网络技术学院教程始终能够与时俱进，技术更新快。本书是思科网络技术学院教程《连接网络》的官方学习教材，配备交互式的电子教程和丰富的实验素材，将真实设备和仿真实验进行结合，可以达到较好的学习效果。

在思科网络技术学院项目中，我担任专职讲师已有 13 个年头，先后用过 CCNA 3.0、4.0 和 5.0 版本的教材，这次能参与新版 6.0 教材《连接网络》的整理与审校工作，实属有幸。2017 年 8 月，我有幸受邀协助思科公司完成了 CCNA 6.0 电子教材的审校，期间为思科公司技术更新的速度感到震撼。新版教材在内容上做了很大调整，新增了“网络安全和监控”“服务质量”和“网络发展历程”这 3 章，突显了学习目标。

在本书审校期间，我得到了家人、同事、学生的大力支持，在此表示衷心的感谢。感谢人民邮电出版社提供的宝贵机会。特别感谢我的同事韩茂玲，学生于飞凡、高春晓、胡颖等，大家放弃了很多节假日一起投入到本书的校验中。也正因为大家的共同努力，本书的质量和出版进程才有了保障。

由于本书内容涉及面广，加之时间仓促和自身水平有限，审校过程难免有疏漏之处，敬请广大读者批评指正。

烟台职业学院
刘彩凤
yantaicfl@126.com
2018 年 9 月于烟台

关于特约作者

Bob Vachon 是加拿大安大略省萨德伯里市坎布里恩学院计算机系统项目的教授，讲解网络基础设施课程。自 1984 年以来，他一直从事计算机网络和信息技术领域的教学工作。他曾以团队领导人、第一作者和主题专家的身份参与了思科网络技术学院的多个 CCNA、CCNA 安全、CCNP 以及 IoT 项目。他喜欢弹吉他和户外活动。

Allan Johnson 在 1999 年进入学术界，将所有的精力投入教学中。在此之前，他做了 10 年的企业主和运营人。他拥有 MBA 和职业培训与发展专业的教育硕士学位。他在高中教授过 7 年的 CCNA 课程，并且已经在德克萨斯州科帕斯市的 Del Mar 学院教授 CCNA 和 CCNP 课程。2003 年，Allan 开始将大量的时间和精力投入 CCNA 教学支持小组，为全球各地的网络技术学院教师提供服务以及开发培训材料。当前，他在思科网络技术学院担任全职的课程负责人。

前　　言

本书是思科网络学院 CCNA Connecting Networks（连接网络）课程的官方补充教材。思科网络技术学院是在全球范围内面向学生传授信息技术技能的综合性项目。本课程强调真实世界的实践性应用，同时为您提供在中小型企业、大型集团公司以及服务提供商中设计、安装、运行和维护网络所需技能和实践经验的机会。

作为教材，本书为解释与在线课程完全相同的网络概念、技术、协议以及设备提供了现成的参考资料。本书强调关键主题、术语和练习，与在线课程相比，本书还提供了一些可选的解释和实例。您可以在老师的指导下使用在线课程，然后使用本书来巩固对所有主题的理解。

本书的读者

本书与在线课程一样，均是对数据网络技术的介绍，主要面对旨在成为网络专家的人，以及为职业提升而需要了解网络的人。本书简明地呈现主题，从最基本的概念开始，逐步进入对网络通信的全面理解。本书的内容是其他思科网络技术学院的基础，还可以作为备考 CCNA 路由和交换认证的资料。

本书的特点

本书的教学特色是将重点放在支持主题范围、可读性和课程材料实践几个方面，以便于您充分理解课程材料。

主题范围

以下特点通过全面概述每章所介绍的主题帮助您科学分配学习时间。

- **目标**：在每章的开头列出，指明本章所包含的核心概念。该目标与在线课程中相应章节的目标相匹配；然而，本书中的问题形式是为了鼓励您在阅读本章时勤于思考发现答案。
- **注意**：这些简短的补充内容指出了有趣的事实、节约时间的方法以及重要的安全问题。
- **本章总结**：每章最后是对本章关键概念的总结，它提供了本章的概要，以帮助学习。

实践

实践铸就完美。本书为您提供了充足的机会将所学知识应用于实践。您将发现以下一些有价值且有效的方法帮助您有效巩固所掌握的内容。

- **“检查你的理解”问题和答案**：每章末尾都有复习题，可作为自我评估的工具。这些问题的风格与在线课程中您所看到的问题相同。附录“‘检查你的理解’问题答案”提供了所有问题的答案及其解释。

本书组织结构

本书分为 8 章和一个附录。

- **第 1 章，“WAN 概念”**：本章讨论基本的 WAN 操作和服务，包括私有和公共 WAN 技术。它还讨论了如何为特定网络要求选择适当的 WAN 协议和服务。
- **第 2 章，“点对点连接”**：本章讲解了使用 PPP 和 HDLC 协议的点对点串行通信。它描述了 PPP over HDLC 的特性和优势，并介绍了 PPP 分层架构以及 LCP 和 NCP 的功能，也包含了 PPP 配置和 PPP 认证命令。
- **第 3 章，“分支机构连接”**：本章讨论了用户和企业如何使用有线、DSL 和无线宽带解决方案连接到互联网，解释了 ISP 如何使用 PPPoE 为其客户提供身份验证、记账和连接管理功能，介绍了如何实施 VPN 以解决 Internet 安全问题，以及如何使用 GRE 在两个远程点之间创建虚拟点对点连接。本章最后讨论了 BGP 作为服务提供商之间使用的路由协议以及如何在单宿主网络上实现 BGP。
- **第 4 章，“访问控制列表”**：本章介绍如何使用 ACL 来过滤流量，包括标准和扩展 IPv4 ACL 的配置、验证和故障排除。本章还讨论了使用 ACL 保护远程访问。
- **第 5 章，“网络安全和监控”**：本章讨论了常见的第 2 层网络攻击以及如何减轻这些攻击，然后讨论了如何使用 SNMP 进行网络监控，最后讨论了 SPAN 以向数据包分析器或 IPS 设备提供网络流量镜像。
- **第 6 章，“服务质量”**：本章讨论了用于确保某些流量类型优先于其他非时间敏感型流量的 QoS 工具。具体来说，本章描述了网络传输质量、流量特性、排队算法、QoS 模型和 QoS 实现技术。
- **第 7 章，“网络演进”**：本章讨论了网络必须如何发展以支持采用创新技术（包括云计算、虚拟化和 SDN）的物联网等新技术。
- **第 8 章，“网络故障排除”**：本章讨论了如何使用网络文档来解决网络问题。它使用系统分层的方法来解决常见的故障排除问题。
- **附录 A，“'检查你的理解'问题的答案”**：本附录列出了包含在每章末尾的“检查你的理解”问题的答案。

资源与支持

本书由异步社区出品，社区（https://www.epubit.com/）为您提供相关资源和后续服务。

提交勘误

作者和编辑尽最大努力来确保书中内容的准确性，但难免会存在疏漏。欢迎您将发现的问题反馈给我们，帮助我们提升图书的质量。

当您发现错误时，请登录异步社区，按书名搜索，进入本书页面，点击“提交勘误”，输入勘误信息，点击“提交”按钮即可。本书的作者和编辑会对您提交的勘误进行审核，确认并接受后，您将获赠异步社区的100积分。积分可用于在异步社区兑换优惠券、样书或奖品。

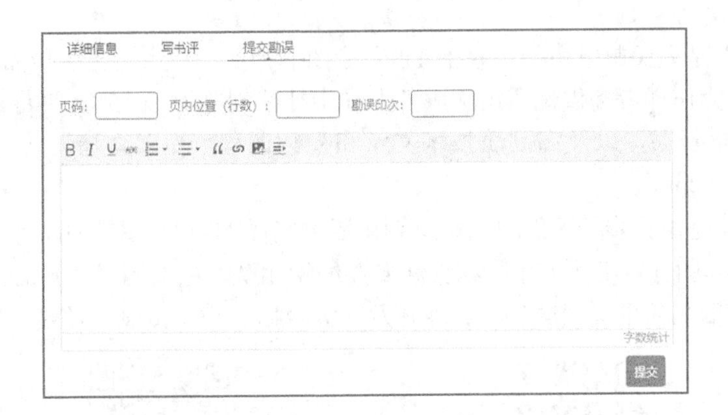

扫码关注本书

扫描下方二维码，您将会在异步社区微信服务号中看到本书信息及相关的服务提示。

与我们联系

我们的联系邮箱是 contact@epubit.com.cn。

如果您对本书有任何疑问或建议，请您发邮件给我们，并请在邮件标题中注明本书书名，以便我们更高效地做出反馈。

如果您有兴趣出版图书、录制教学视频，或者参与图书翻译、技术审校等工作，可以发邮件给我们；有意出版图书的作者也可以到异步社区在线提交投稿（直接访问 www.epubit.com/selfpublish/submission 即可）。

如果您是学校、培训机构或企业，想批量购买本书或异步社区出版的其他图书，也可以发邮件给我们。

如果您在网上发现有针对异步社区出品图书的各种形式的盗版行为，包括对图书全部或部分内容的非授权传播，请您将怀疑有侵权行为的链接发邮件给我们。您的这一举动是对作者权益的保护，也是我们持续为您提供有价值的内容的动力之源。

关于异步社区和异步图书

“异步社区”是人民邮电出版社旗下 IT 专业图书社区，致力于出版精品 IT 技术图书和相关学习产品，为作译者提供优质出版服务。异步社区创办于 2015 年 8 月，提供大量精品 IT 技术图书和电子书，以及高品质技术文章和视频课程。更多详情请访问异步社区官网 https://www.epubit.com。

“异步图书”是由异步社区编辑团队策划出版的精品 IT 专业图书的品牌，依托于人民邮电出版社近 30 年的计算机图书出版积累和专业编辑团队，相关图书在封面上印有异步图书的 LOGO。异步图书的出版领域包括软件开发、大数据、AI、测试、前端、网络技术等。

异步社区

微信服务号

目　　录

第 1 章

WAN 概念

学习目标

通过完成本章学习，您将能够回答下列问题。

- WAN 的用途是什么？
- WAN 如何运行？
- 有哪些可以用的 WAN 服务？
- 专用 WAN 技术之间有什么区别？
- 公共 WAN 技术之间有什么区别？
- 对于特定的网络需求，合适的 WAN 协议和服务是什么？

企业必须将局域网连接起来，以便在它们之间提供通信，即使这些局域网相距甚远。广域网（WAN）通常用来连接远程LAN。WAN可以覆盖城市、国家或全球区域。WAN归运营商所有，企业付费使用运营商的WAN网络服务。

WAN与LAN使用不同的技术。本章将介绍WAN的标准、技术和用途，其中包括选择合适的WAN技术、服务和设备来满足发展中的企业不断变化的业务需求。

1.1 WAN技术概述

本节将讲解可用于中小型企业网络的WAN接入技术。

1.1.1 WAN的用途

本小节将讲解WAN的用途。

1. 为什么选择WAN

WAN运行的地理范围比LAN大。如图1-1所示，WAN用于将企业局域网连接到分支站点和远程办公站点中的远程LAN。

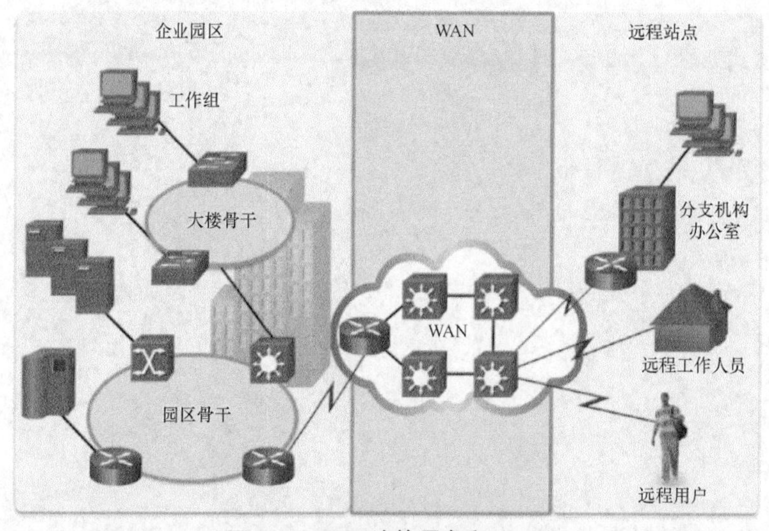

图1-1 WAN连接用户和LAN

WAN归运营商所有。用户必须付费才能使用运营商的网络服务来连接远程站点。WAN运营商包括运营商，例如电话网络、有线公司或卫星服务。运营商提供用于连接远程站点的链接，以传输数据、语音和视频。

与此相反，LAN通常由一个组织拥有。它们用于连接单个建筑物或其他较小地理区域内的本地计算机、外围设备和其他设备。

2. WAN是否必要

如果没有WAN，LAN将会是一系列孤立的网络。在相对较小的地理区域中传输数据时，LAN

既能保证速度，又能降低成本。但随着组织的发展，各业务单位要求分布于不同地域的站点实现通信。下面列出了几个示例。

- 组织的分区或分支机构需要能够与中心站点通信并共享数据。
- 组织需要与其他客户组织共享信息。例如，软件制造商经常将产品和促销信息传递给向最终用户出售产品的分销商。
- 在外出差的公司员工经常需要访问公司网络上的信息。

家用计算机用户也需要在越来越远的距离上发送和接收数据。以下是一些例子。

- 如今消费者通常通过互联网与银行、商店以及各种商品和服务提供商通信。
- 学生通过访问位于本国其他地区和世界其他地区的图书馆索引和出版物来开展课题研究。

用物理电缆连接一个国家或世界各地的计算机是不可行的。因此，为满足这种通信要求，不同的技术应运而生。企业越来越多地使用互联网代替昂贵的 WAN。企业可以采用新技术为其互联网通信和事务处理提供安全和隐私保护。无论是单独使用，还是与互联网结合使用，WAN 无疑都能满足组织和个人的广域通信需求。

3. WAN 拓扑

将多个 WAN 上的多个站点相互连接起来可能涉及各种运营商技术和 WAN 拓扑。常见的 WAN 拓扑是：

- 点对点拓扑；
- 中心辐射型拓扑；
- 全网状拓扑；
- 双宿主拓扑。

点对点

点对点拓扑（见图 1-2）在两个终端之间使用点对点电路，通常涉及专用线路连接，如 T1 或 E1 线路，点对点连接通过运营商网络提供第二层传输服务。从一个站点发送的数据包被传送到另一个站点，反之亦然。点对点连接对于客户网络是透明的，就像两个终端之间有直接的物理链路一样。

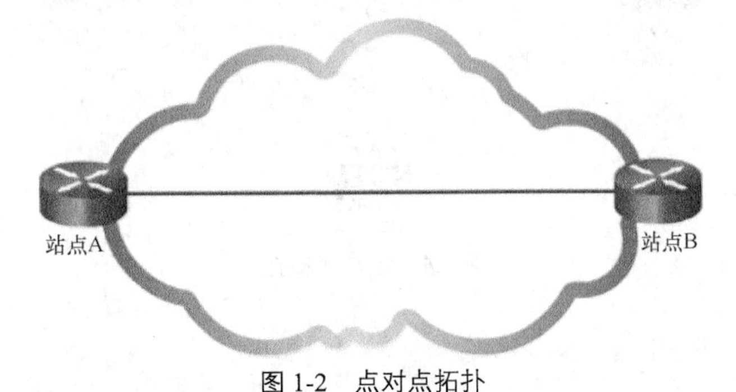

图 1-2 点对点拓扑

中心辐射型

如果需要多个站点之间的专用网络连接，则具有多个点对点电路的点对点拓扑是一种选择。每一个点对点电路需要自己的专用硬件接口，这需要配备多个 WAN 接口卡的多台路由器。这个接口可能很昂贵。一个较便宜的选择是点对多点拓扑，也称为中心辐射型拓扑。

借助中心辐射型拓扑，连接到中心的单个接口可供所有分支电路共享。例如，分支站点可以通过虚电路跟中心站点互联，并且可以在中心站点的子接口上执行路由。中心辐射型拓扑也是单宿主拓扑的一个例子。图 1-3 显示了中心辐射型拓扑，该拓扑由 4 台路由器组成，一台路由器作为中心，通过 WAN 云连接到其他 3 台分支路由器。

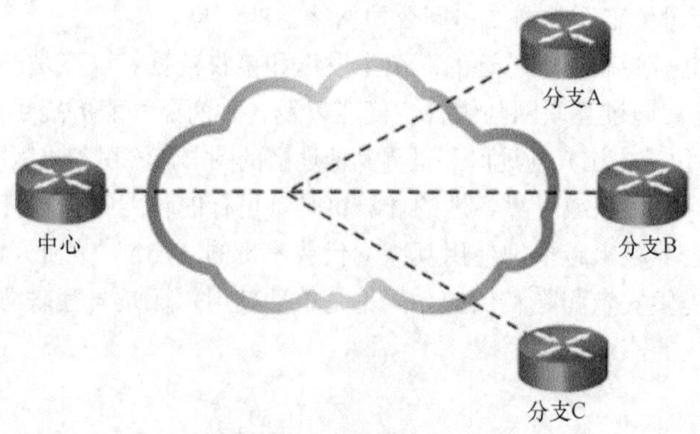

图 1-3 中心辐射型拓扑

全网状

中心辐射型拓扑的其中一个缺点是所有通信必须通过中心。借助使用虚电路的全网状拓扑，任何站点都可以直接与其他站点通信。全网状拓扑的缺点是需要配置和维护大量的虚电路。图 1-4 显示了全网状拓扑示例，该拓扑由 4 台路由器组成，通过 WAN 云相互连接。

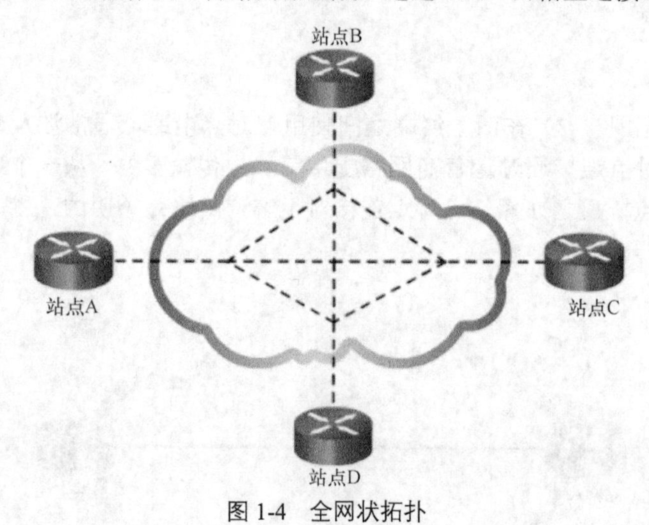

图 1-4 全网状拓扑

双宿主拓扑

双宿主拓扑可提供冗余。如图 1-5 所示，2 台中心路由器为双宿主，通过 WAN 云冗余连接到 3 台分支路由器。双宿主拓扑的缺点是其实施费用比单宿主拓扑的实施费用更为昂贵。这是因为它们需要额外的网络连接硬件（例如额外的路由器和交换机）。双宿主拓扑也更难于实施，因为它们需要额外的、更复杂的配置。但是，双宿主拓扑的优点在于，它们能够提供增强的网络冗余、负载均衡、分布式计算或处理以及实施备份运营商连接的功能。

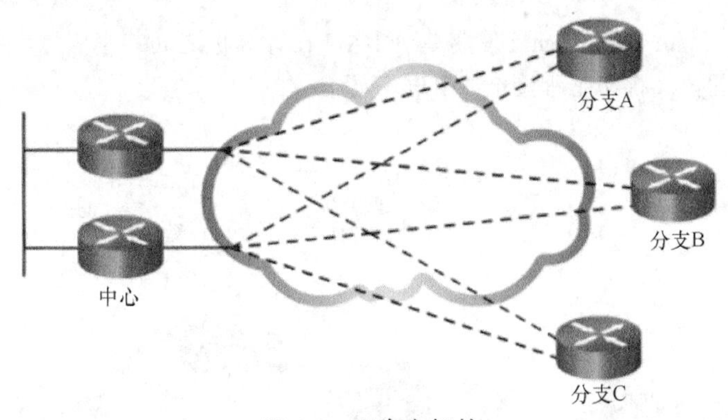

图 1-5　双宿主拓扑

4. 不断演进的网络

每个企业都是独一无二的，因此一个企业的成长取决于许多因素。这些因素包括企业销售的产品或服务的类型、业主的管理理念以及企业运营所在国家的经济形势。

在经济低迷时期，许多企业通过提高现有业务的效率、提高员工生产率和降低运营成本来提高盈利能力。然而，建立和管理网络常意味着企业需要支付庞大的安装和维护成本。企业希望它们的网络能够有效地运行，并且能够提供日渐丰富的服务和应用，为企业提高生产效率和盈利能力提供强有力的支持，以及确保如此庞大的开销物有所值。

本章所用的示例（见图 1-6）是一个名为 SPAN Engineering 的虚构公司。这里将演示 SPAN 的网络需求如何随着公司从一个小型的本地企业成长为一个全球性的企业而发生变化。

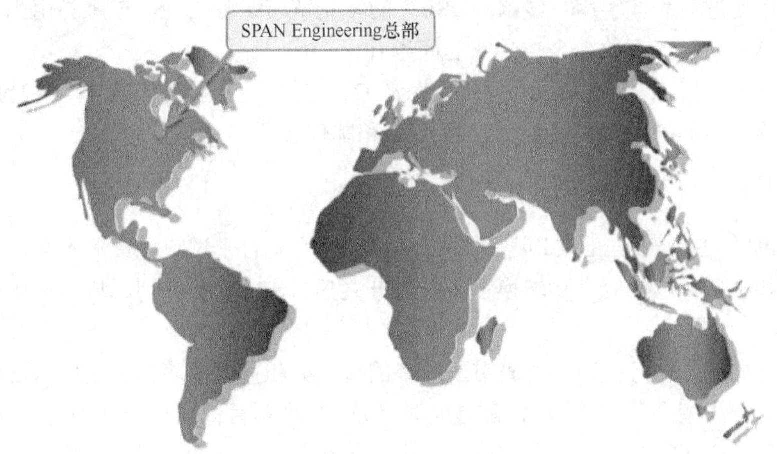

图 1-6　SPAN Engineering 虚拟公司

5. 小型办公室

SPAN Engineering 是一家环境咨询公司，该公司开发了一种可将家庭废物转换为电能的特殊工艺，目前正在为当地市政府开发一个小型试点项目。经过 4 年的发展，该公司已拥有 15 名员工：6 名工程师、4 名计算机辅助制图（CAD）设计师、1 名前台接待、2 名资深合作伙伴和 2 名办公室助理。

在试点项目成功证实其工艺可行性之后，SPAN Engineering 的管理层想努力赢得全部合同。在此之前，公司不得不严格控制成本。

如图1-7所示，Span Engineering使用单个LAN在计算机之间共享信息，并共享外围设备，如打印机、大型绘图仪（打印工程图纸）和传真设备。

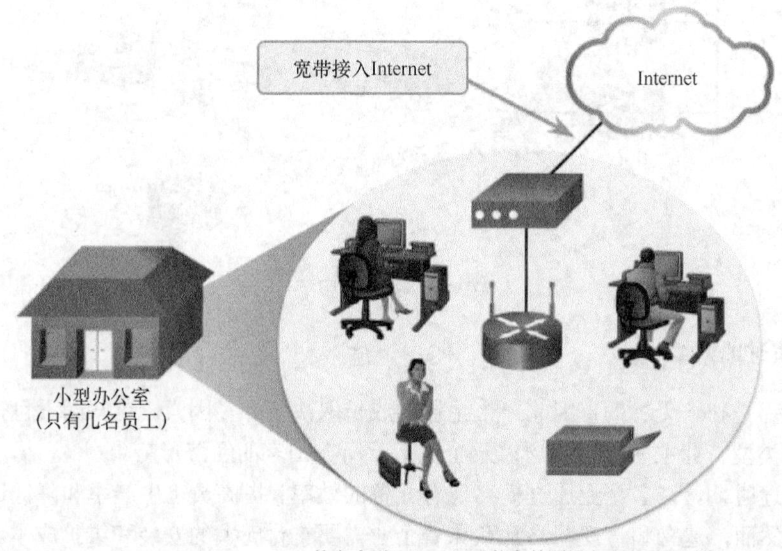

图1-7　连接小型办公室

该公司最近升级了它的LAN，提供廉价的IP语音（VoIP）服务，以节省员工使用独立电话线路所产生的成本。

互联网连接通过名为数字用户线路（DSL）的常见宽带服务实现，该服务由当地电话运营商提供。由于SPAN的员工人数很少，带宽的问题并不突出。

公司请不起专职的IT支持人员，因此使用从DSL提供商那里购买的技术支持服务。该公司还使用了托管服务，而未购买和运营自己的FTP和邮件服务器。

6. 园区网络

5年后，SPAN Engineering实现迅速发展。在成功实施首个试点电厂后不久，该公司拿到合同，负责设计和制造标准的废弃物转换设备。在此之后，SPAN又在邻近城市和国内其他地区赢得了更多项目。

为处理更多的工作任务，该公司雇用了更多的员工并租用了更多的办公室。现在已然成为拥有数百名员工的中小型企业。许多项目都是同时开发，每个项目都需要一个项目经理和支持人员。该公司已分为若干个职能部门，每个部门都有自己的运营团队。为满足不断增长的需求，该公司已搬到另一栋更大的办公楼中并租用了其中的几层。

随着企业的不断扩张，网络也在逐步发展。现在的网络不再是单一的小型LAN，而包含了若干子网，每个子网专用于某个部门。例如，所有工程人员位于一个LAN中，而营销人员都位于另一LAN中。这些LAN合在一起组成公司网络或园区网络，该网络横跨写字楼的几层楼。

图1-8中显示了SPAN园区网络的示例。

该公司现在有专职IT人员来支持和维护网络。该网络包括邮件、数据传输和文件存储的专用服务器以及基于Web的用于提高工作效率的工具和应用。还有一个公司内联网，用于向员工提供内部文档和信息。外联网用于为指定客户提供项目信息。

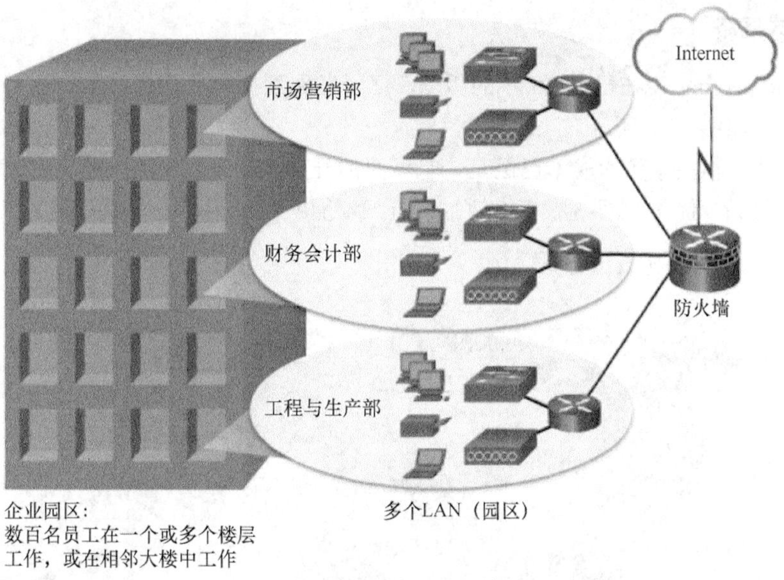

图 1-8 连接园区网络

7. 分支机构网络

又经过 6 年的发展，SPAN Engineering 的专利工艺取得巨大成功，对其服务的需求量飙升。新的项目正在多个城市展开。为管理这些项目，该公司已经针对这些项目就近设立了许多小型分支机构。

这给 IT 团队带来了新的挑战。为管理整个公司的信息与服务交付，SPAN Engineering 现在设立了一个数据中心，用于存放公司的各种数据库和服务器。为确保公司的所有团队（无论其办公室位于何处）均能访问相同的服务和应用，该公司现在必须实施 WAN。

对于邻近城市的分支机构，该公司决定依靠当地运营商建立私有专用线路。如图 1-9 所示。但对于分布在其他国家/地区的办公室，互联网则是较有吸引力的 WAN 连接方案。尽管通过互联网连接办公室比较省钱，但它会带来安全和隐私问题，IT 团队必须妥善解决这些问题。

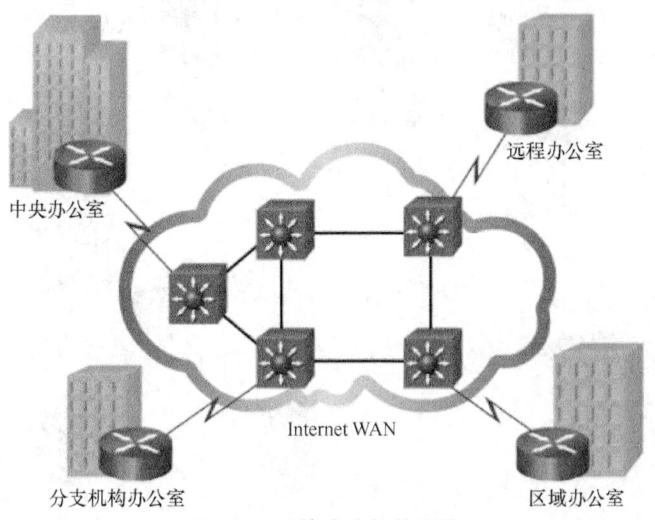

图 1-9 连接分支机构网络

8. 分布式网络

SPAN Engineering 现在已有 20 年的历史，已经发展到拥有数千名员工，他们分布在全球各地的办事处中，如图 1-10 所示。

企业网络及其相关服务的成本已经是一笔庞大的开支。该公司希望以最低的成本为其员工提供最好的网络服务。优化的网络服务将使每个员工都能够高效工作。

图 1-10 SPAN Engineering

为提高盈利能力，SPAN Engineering 必须降低运营成本。它将部分办事处迁到地价较低的区域。该公司还鼓励远程办公和建立虚拟团队。公司正在使用基于 Web 的应用（包括 Web 会议、电子教学和在线协作工具）来提高生产效率和降低成本。通过部署站点间的远程访问虚拟专用网络（VPN），该公司能够使用互联网方便且安全地连接遍布全球的员工和机构。为满足这些需求，网络必须能提供必要的融合服务，并确保互联网 WAN 安全连接远程办公室和个人，如图 1-11 所示。

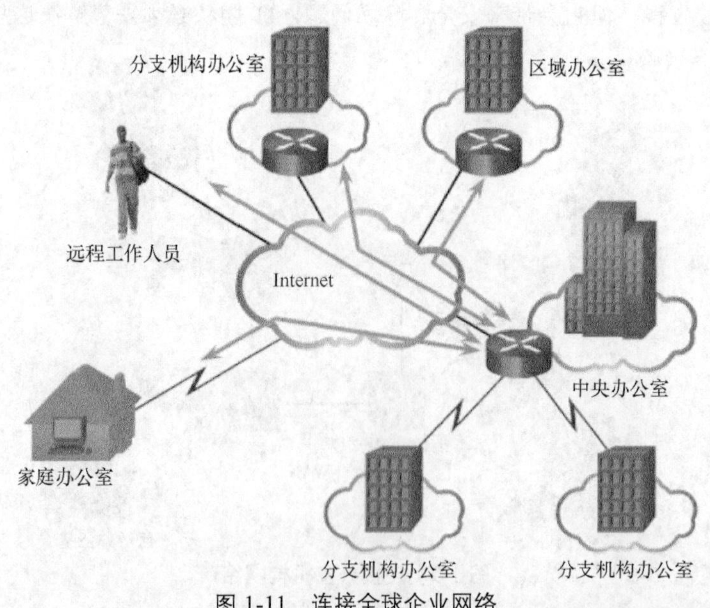

图 1-11 连接全球企业网络

从本例中可以看出，随着公司的不断发展，公司的网络需求可能会发生巨大变化。员工的分散在许多方面都可以降低成本，但它会给网络带来更苛刻的需求。

网络不仅要满足公司的日常运营需求，还必须能够随着公司的不断变化而调整和发展。网络设计师和管理员通过谨慎选择网络技术、协议和运营商来应对这些挑战。另外，他们还必须采用本课程所述的许多网络设计技术和架构来优化其网络。

1.1.2 WAN 运营

本节将讲解 WAN 是如何运作的。

1. OSI 模型中的 WAN

WAN 操作主要集中在物理层（OSI 第 1 层）和数据链路层（OSI 第 2 层），如图 1-12 所示。WAN 接入标准通常描述物理层交付方法和数据链路层需求。数据链路层需求包括物理编址、流量控制和数据封装。

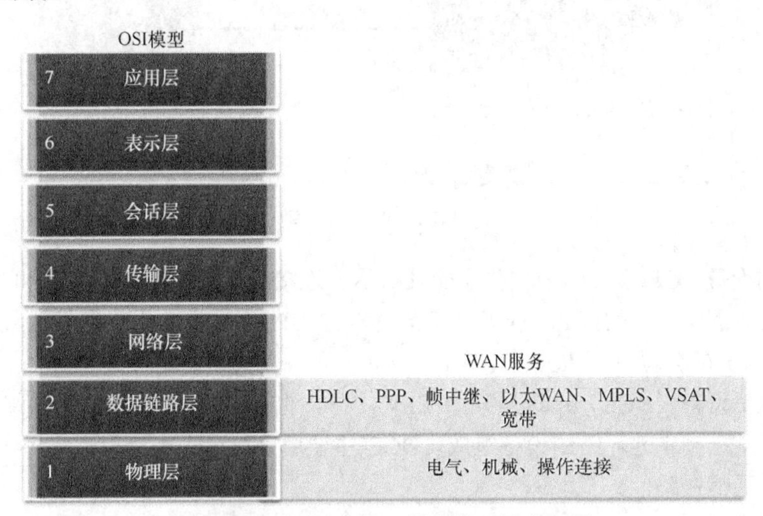

图 1-12 WAN 在第 1 层和第 2 层中运行

WAN 接入标准是由一些公认的权威部门定义和管理的，包括：

- 电信工业协会（TIA）；
- 电子工业联盟（EIA）；
- 国际标准化组织（ISO）；
- 电气电子工程师协会（IEEE）。

第 1 层协议描述如何提供与通信运营商通信服务之间的电气、机械、操作和功能的连接。

第 2 层协议定义如何封装数据以传输到远程位置，以及所产生帧的传输机制。采用的技术有很多种，例如点对点协议（PPP）、帧中继和 ATM。这些协议当中有一些使用相同的基本成帧机制或高级数据链路控制（HDLC）机制的子集。

大多数 WAN 链路都属于点对点类型。因此，通常不使用第 2 层帧中的地址字段。

2. 通用 WAN 术语

WAN 和 LAN 之间的一个主要区别是公司或组织必须向外部 WAN 运营商订用服务才能使用

WAN 运营商网络服务。WAN 使用运营商服务提供的数据链路接入互联网，使组织的不同运营点相互连接。这些数据链路也连接到其他组织的不同运营点，并连接到外部服务和远程用户。

WAN 的物理层描述了公司网络和服务提供商网络之间的物理连接。图 1-13 中说明了常用于描述 WAN 连接的术语。

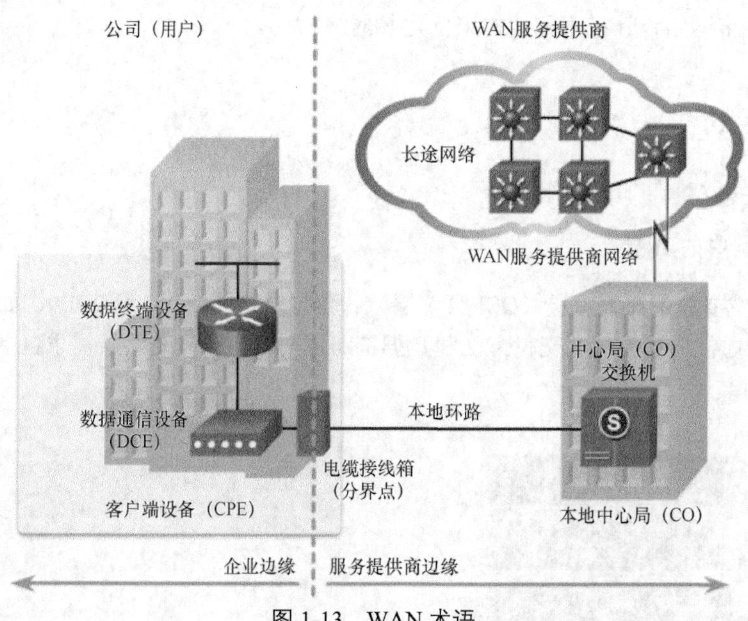

图 1-13　WAN 术语

- **客户端设备（CPE）**：CPE 由位于企业边缘并连接到运营商链路的设备和内部布线组成。用户可以拥有自己的 CPE 或者从运营商租用 CPE。这里的用户是指从服务提供商订阅 WAN 服务的公司。
- **数据通信设备（DCE）**：这是一个 EIA 术语，也被 ITU 称为数据电路终结设备。DCE 由传输数据到本地环路的设备组成。DCE 主要用于提供一个接口，将用户连接到 WAN 云上的通信链路。
- **数据终端设备（DTE）**：使客户网络或主计算机上的数据通过 WAN 传输的客户设备。DTE 通过 DCE 连接到本地环路。
- **分界点**：在大楼或综合设施中设定的某个点，用来将客户设备与服务提供商设备分隔开来。在物理上，分界点是位于客户驻地的接线盒，用于将 CPE 电缆连接到本地环路。分界点通常位于技术人员容易操作的位置。分界点是连接责任由用户转向服务提供商的临界位置。当出现问题时，需要确定究竟是由用户还是服务提供商负责排除故障或修复故障。
- **本地环路**：将 CPE 连接到服务提供商 CO 的实际铜缆或光缆。本地环路有时也称为“最后一公里”。
- **中心办公室（CO）**：CO 是指将 CPE 连接至提供商网络的本地服务提供商设施或大楼。
- **长途网络**：它由 WAN 提供商网络内部的长途全数字化的光纤通信线路、交换机、路由器及其他设备组成。

3. WAN 设备

许多特定于 WAN 环境的设备类型（见图 1-14）将在下面逐一进行介绍。

- **拨号调制解调器**：语音频带调制解调器被视为传统的 WAN 技术。语音频带调制解调器将计算机产生的数字信号转换（即调制）为音频。然后，这些音频通过公共电话网络的模拟线路进行传输。在连接的另一端，另一个调制解调器将声音还原（即解调）成数字信号，以便输入到计算机或网络连接中。

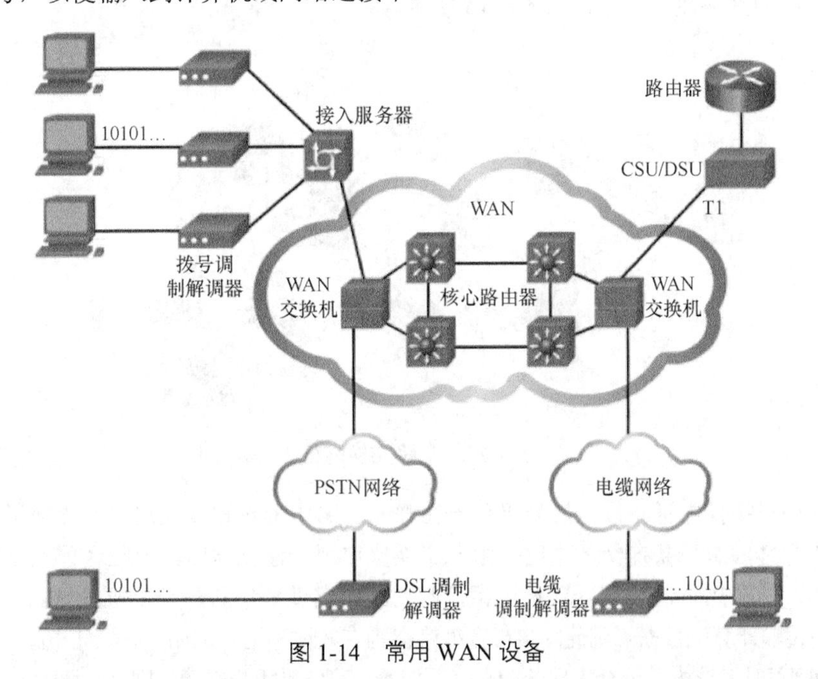

图 1-14 常用 WAN 设备

- **接入服务器**：该服务器用于控制和协调拨号调制解调器、拨入和拨出用户通信。作为一种传统技术，接入服务器可能会混合使用模拟接口和数字接口并同时支持数百名用户。
- **宽带调制解调器**：一种结合使用高速 DSL 或有线互联网服务的数字调制解调器。两者与语音频带调制解调器的运行方式类似，但使用更高的宽带频率来实现更高的传输速度。
- **CSU/DSU**：数字租用线路需要使用 CSU 和 DSU。CSU/DSU 可以是类似于调制解调器的独立设备，也可以是路由器上的接口。CSU 为数字信号提供端接并通过纠错和线路监控技术确保连接的完整性。DSU 将线路帧转换为 LAN 可以解释的帧，也可逆向转换。
- **WAN 交换机**：在服务提供商网络中使用的一种多端口网间设备。这些设备通常用于交换流量（例如帧中继或 ATM）并在第 2 层上运行。
- **路由器**：提供网际互连和用于连接服务提供商网络的 WAN 接入接口。这些接口可以是串行接口、以太网或其他 WAN 接口。对于某些类型的 WAN 接口，需要 DSU/CSU 或调制解调器（模拟、有线或 DSL）等外部设备将路由器连接到本地服务提供商。
- **核心路由器/多层交换机**：位于 WAN 中间或骨干位置，而不是位于其外围的路由器或多层交换机。要发挥相应的作用，路由器或多层交换机必须能够支持 WAN 核心中使用的最高速度的多个电信接口，还必须能够在所有这些接口上全速转发 IP 数据包。路由器或多层交换机还必须支持核心层中使用的路由协议。

注意：上述内容并不详尽，根据所选的 WAN 接入技术，可能还需要其他设备。

WAN 技术分为电路交换或分组交换。使用的设备类型取决于所实施的 WAN 技术。

4. 电路交换

电路交换网络是指在用户通信之前在节点和终端之间建立专用电路（或信道）的网络。具体而言，电路交换会为发送方和接收方之间的语音或数据动态建立专用虚拟连接。在开始通信之前，需要通过运营商的网络建立连接，如图1-15所示。

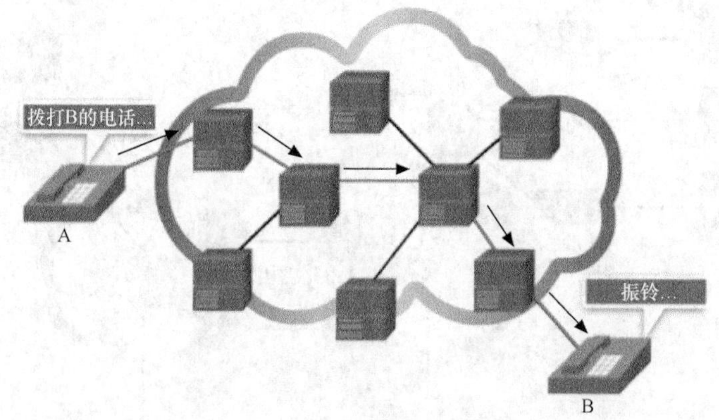

图1-15　电路交换网络

例如，当用户拨打电话时，所拨号码用于在呼叫的路由上设置交换局中的交换机，以确保从主叫方到被叫方之间有一条连续的电路。由于交换操作用于建立电路，因此这种电话系统被称为电路交换网络。如果用调制解调器代替电话，则交换电路就能够传输计算机数据。

如果电路传输计算机数据，则此固定带宽很难得到有效地利用。例如，如果此电路用于接入互联网，则在传输网页时，该电路上会出现活动高峰。接着，可能是用户在阅读网页，此时没有任何活动，再接下来则是传输下一个页面时出现的另一个活动高峰。这种使用率从零到最大值之间的不断变化在计算机网络流量中非常普遍。由于用户独占分配的固定带宽，因此使用交换电路传输数据的成本通常很高。

电路交换WAN技术最常见的两种类型是公共交换电话网络(PSTN)和综合业务数字网络(ISDN)。

5. 分组交换

与电路交换相反，分组交换将流量拆分成通过共享网络路由的数据包。分组交换网络不需要建立电路，它们允许许多对节点通过同一信道通信。

分组交换网络（PSN）中的交换机将根据每个数据包中的地址信息确定发送数据包必须通过的链路。以下是确定链路的两种方法。

- **无连接系统**：每个数据包必须携带完整的地址信息。每台交换机都必须计算地址来确定将数据包发到何处。无连接系统的一个示例就是互联网。
- **面向连接的系统**：网络预先确定数据包的路由，而每个数据包只需携带标识符。交换机通过查询内存驻留表中的标识符确定前向路由。表中的各项确定通过该系统的特定路由或电路。当数据包经过它时会临时建立电路，之后电路再次断开，这称为虚电路（VC）。面向连接的系统的一个示例就是帧中继。在帧中继中，所使用的标识符叫做数据链路连接标识符(DLCI)。

注意：　帧中继系统通常被以太WAN所取代。

由于交换机之间的内部链路由许多用户共享，因此分组交换的成本要低于电路交换。但是，分组交换中的延迟（延时）和延时变化（抖动）要大于电路交换网络。这是因为链路是共享的，数据包必须被某台交换机完全收到，才可继续传输到下一台交换机。尽管延迟和抖动是共享网络所固有的，但现代技术使得这些网络上的语音传输和视频通信可达到令人满意的效果。

在图 1-16 中，SRV1 正在向 SRV2 发送数据。当数据包穿过提供商网络后，它将到达第一台提供商交换机。该数据包会被添加到队列中，在队列中的其他数据包都转发之后再进行转发。最终，该数据包到达 SRV2。

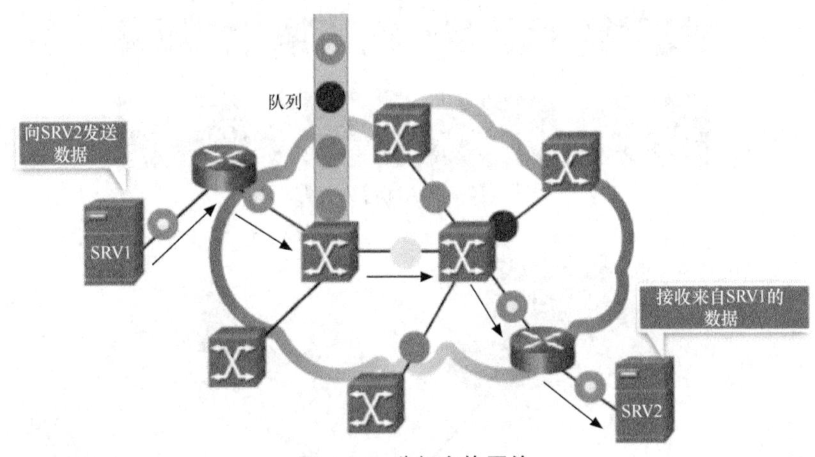

图 1-16 分组交换网络

1.2 选择 WAN 技术

本节将讲解如何选择广域网接入技术以满足业务需求。

1.2.1 WAN 服务

本小节将讲解可用的不同 WAN 服务。

1. WAN 链路连接方案

ISP 可以使用多个 WAN 接入连接方案将本地环路连接到企业边缘。这些 WAN 接入方案在技术、速度和成本方面各有不同。每种方案都有独特的优缺点。熟悉这些技术是网络设计的一个重要组成部分。

如图 1-17 所示，企业可通过两种方式来获取 WAN 接入。

- **专用 WAN 基础设施**：服务提供商可以提供专用的点对点租用线路、电路交换链路（如 PSTN 或 ISDN）和分组交换链路（如以太 WAN、ATM 或帧中继）。
- **公共 WAN 基础设施**：服务提供商可以使用数字用户线路（DSL）、电缆和卫星接入提供宽带互联网接入。宽带连接方案通常用于通过互联网将小型办公室和远程工作人员连接到公司站点。应使用 VPN 保护通过公共 WAN 基础设施在公司站点之间传输的数据。

注意： 帧中继系统通常被替换为以太 WAN。

图 1-18 中的拓扑显示了其中一些 WAN 接入技术。

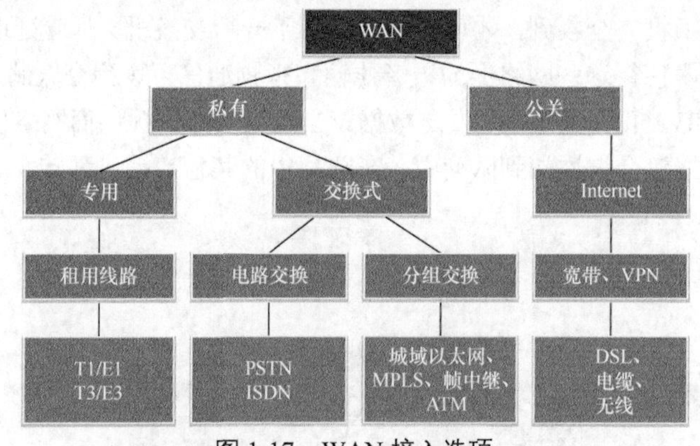

图1-17 WAN接入选项

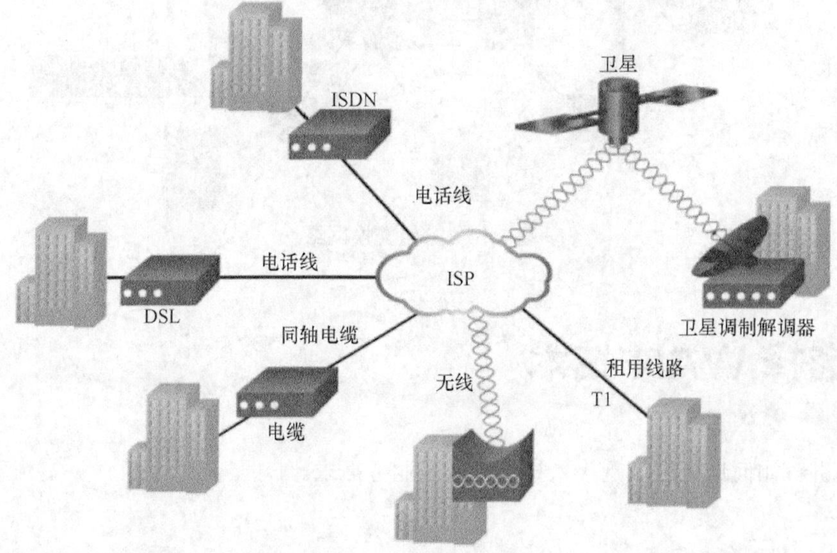

图1-18 WAN接入技术

2. 服务提供商网络基础设施

当WAN服务提供商收到来自某个站点上客户端的数据时，它必须将该数据转发到远程站点，以便最终传输给接收方。在某些情况下，远程站点可能与始发站点连接相同的服务提供商。在其他情况下，远程站点可能连接到不同的ISP，而始发ISP必须将数据传递到相连的ISP。

远距离通信通常是ISP之间的连接或大型公司内各个分支机构之间的连接。

服务提供商网络非常复杂。它们大多由高带宽光纤介质组成，采用同步光纤网络（SONET）或同步数字体系（SDH）标准。这些标准定义了如何使用激光或发光二极管（LED）通过光纤远距离传输多个数据、语音和视频流量。

注意：SONET为美国ANSI标准，而SDH为欧洲ETSI和ITU标准。两者本质上是相同的，因此通常写成SONET/SDH。

一种新开发的远程通信光纤介质称为密集波分多路复用（DWDM）。DWDM使单股光纤支持的带宽量翻倍，如图1-19所示。

DWDM可通过多种方式实现远程通信：

- 在单股光纤上支持双向通信；
- 可将数据的 80 多个不同信道（即波长）多路复用到单股光纤上；
- 每个信道均可传输 10Gbit/s 的多路复用信号；
- 将传入光信号分配给特定光波长（即频率）；
- 能够放大这些波长以提升信号强度；
- 支持 SONET 和 SDH 标准。

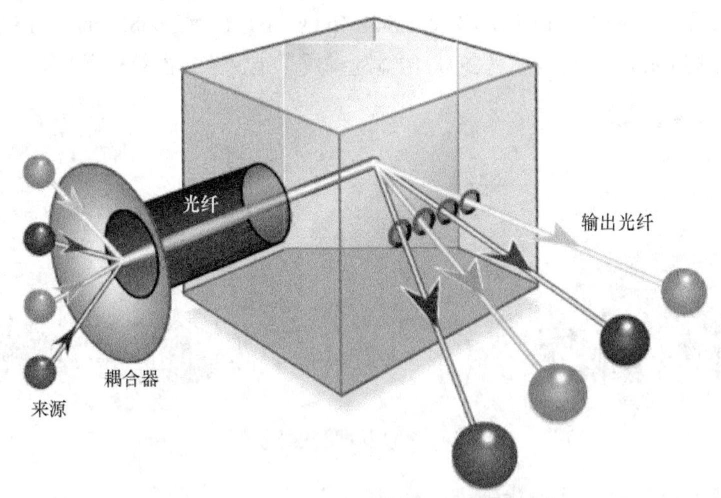

图 1-19 DWDM 密集波分多路复用

DWDM 电路用于所有现代海底通信电缆系统及其他长途电路，如图 1-20 所示。

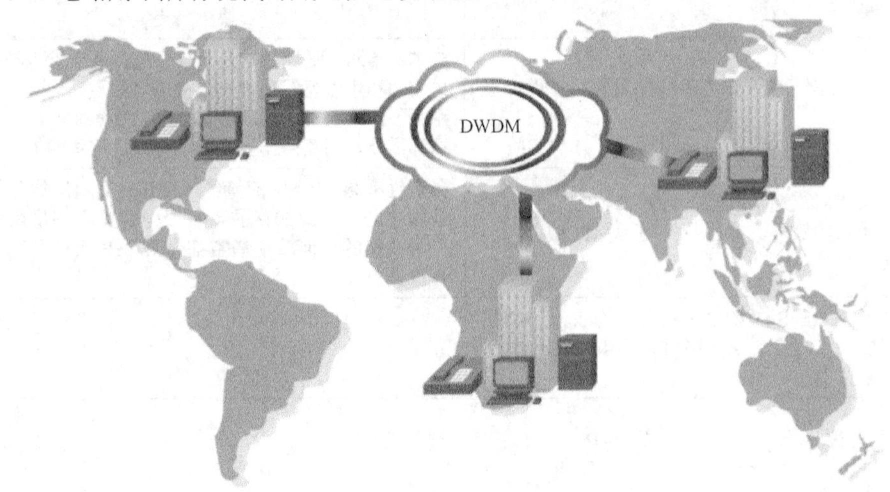

图 1-20 运营商网络使用 DWDM

1.2.2 专用 WAN 基础设施

本小节将讲解专用 WAN 技术的区别。

1. 租用线路

在需要永久专用连接时，可利用点对点链路提供从客户驻地到提供商网络的预先建立的

WAN 通信路径。点对点线路通常向运营商租用，因此叫做租用线路。

租用线路从 20 世纪 50 年代早期开始便已存在，因此它有许多名称，比如租用电路、串行链路、点对点链路和 T1/E1 或 T3/E3 线路。

术语“租用线路”是指公司每月要向服务提供商支付租用费用，才能使用相应线路。租用线路有不同的容量，其定价通常取决于所需的带宽及两个连接点之间的距离。

在北美洲，服务提供商采用 T 载波系统来定义串行铜介质链路的数字传输能力，而欧洲采用 E 载波系统，如图 1-21 所示。例如，T1 链路支持 1.544Mbit/s，E1 支持 2.048Mbit/s，T3 支持 43.7Mbit/s，而 E3 连接支持 34.368Mbit/s。光载波（OC）传输速率用于定义光纤网络的数字传输能力。

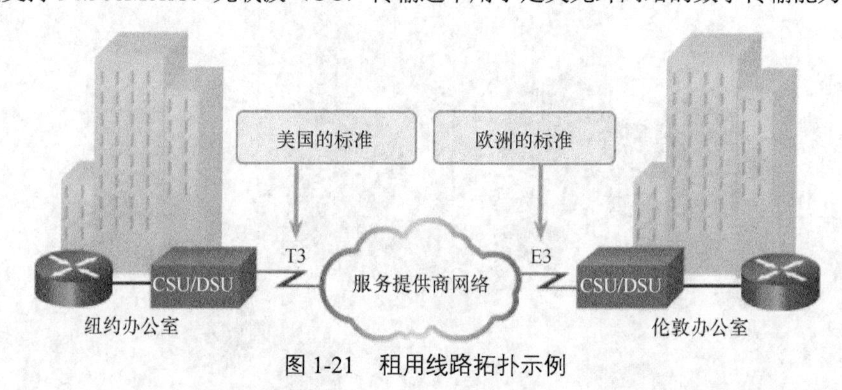

图 1-21　租用线路拓扑示例

表 1-1 描述了使用租用线路的优缺点。

表 1-1　租用线路的优点/缺点

优　点	缺　点
简单：点对点通信链路的安装和维护需要极少的专业知识	**成本**：点对点链路通常是最昂贵的 WAN 接入类型。如果使用租用线路解决方案连接多个站点，而站点之间的距离不断增大时，其成本将会非常高昂。此外，每个终端都需要使用路由器上的一个接口，这将增加设备成本
高质量：如果点对点通信链路有足够的带宽，它们通常能提供高质量的服务。专用带宽可消除终端之间的延迟或抖动	**灵活性有限**：WAN 流量经常变化，而租用线路的容量是固定的，因此线路的带宽很少能完全满足需求。对租用线路的任何改动通常都需要 ISP 人员到现场进行容量调整
可用性：对于某些应用（如电子商务）而言，持续可用性非常重要。点对点通信链路可以提供 VoIP 或 IP 视频所需的永久专用带宽	

第 2 层协议通常是 HDLC 或 PPP。

2. 拨号

当其他 WAN 技术不可用时，可能需要使用拨号 WAN 接入。例如，远程位置可以使用调制解调器和模拟电话线路来提供较低的容量和专用交换连接，如图 1-22 所示。在需要间断地传输少量数据时，拨号接入较为合适。

传统电话使用铜缆（称为本地环路）将用户端的电话听筒连接到 CO。通话期间，本地环路上的信号是不断变化的电子信号，它将用户的语音转换为模拟信号。

传统的本地环路可以使用调制解调器通过语音电话网络传输二进制计算机数据。调制解调器在源位置将二进制数据调制成模拟信号，在目的位置再将模拟信号解调为二进制数据。本地环路及其 PSTN 连接的物理特性将信号的传输速度限制为低于 56kbit/s。

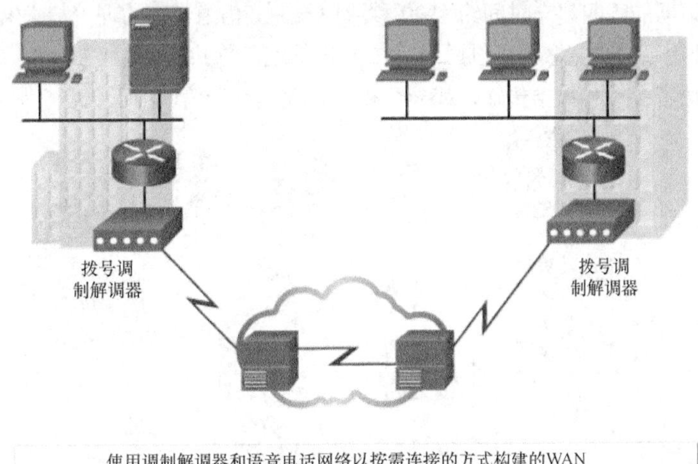

图 1-22 拨号拓扑示例

在小型企业中，这些相对低速的拨号连接对交换销售数字、价格、日常报表和邮件来说已经足够。在夜间或周末使用自动拨号传输大文件和备份数据可以充分利用非高峰时段收费（通行费）较低的特点。拨号连接的价格取决于终端之间的距离、每日的拨号时段和呼叫的持续时间。

调制解调器和模拟线路的优点是简单、可用性高，以及实施成本低；缺点是数据传输速度慢，需要较长的连接时间。对于点对点流量来说，这种专用电路具有延时短、抖动小的优点；但对于语音或视频流量，此电路较低的比特率则不够用。

注意：虽然极少有企业支持拨号接入，但对于 WAN 接入方案有限的偏远区域来说，仍不失为一个可行的解决方案。

3. ISDN

综合业务数字网络（ISDN）是一种电路交换技术，能够让 PSTN 本地环路传输数字信号，从而实现更高容量的交换连接。

ISDN 将 PSTN 的内部连接从传输模拟信号改为传输时分复用（TDM）数字信号。TDM 允许在一个信道中以子信道的形式传输两个或多个信号或比特流。这些信号看起来是同时传输，但实际上是依次在信道上传输。

图 1-23 显示了一个 ISDN 拓扑示例。ISDN 连接可能需要使用终端适配器（TA），该终端适配器是用于将 ISDN 基本速率接口（BRI）连接到路由器的设备。

ISDN 接口有两种。

- **基本速率接口（BRI）**：ISDN BRI 专供家庭和小型企业使用，为传输语音和数据提供两个 64kbit/s 的承载信道（B）；为信令、呼叫设置及其他用途提供一个 16kbit/s 的增量信道（D）。BRI D 信道经常得不到充分利用，因为它只有两个 B 信道需要控制（见图 1-24）。
- **主速率接口（PRI）**：ISDN 也可用于更大规模的安装环境。在北美，PRI 提供 23 个 64kbit/s 的 B 信道和 1 个 64kbit/s 的 D 信道，总比特率可达 1.544Mbit/s。这包括一些用于同步的额外开销。在欧洲、澳大利亚和世界其他地区，ISDN PRI 提供 30 个 B 信道和 1 个 D 信道，总比特率可达 2.048Mbit/s，其中包括同步开销（见图 1-25）。

BRI 的呼叫建立时间不到 1 秒，64kbit/s 的 B 信道提供的带宽也大于模拟调制解调器链路。相比之下，拨号调制解调器的呼叫建立时间约为 30 秒或更长，其信道带宽的理论最大值是 56kbit/s。使用 ISDN 时，如果需要更高的带宽，则可以激活第二个 B 信道，总共提供 128 kbit/s。这允许同时进行多个语音会话、一个语音会话和数据传输，或一个视频会议（一个信道用于语音，另一个用于视频）。

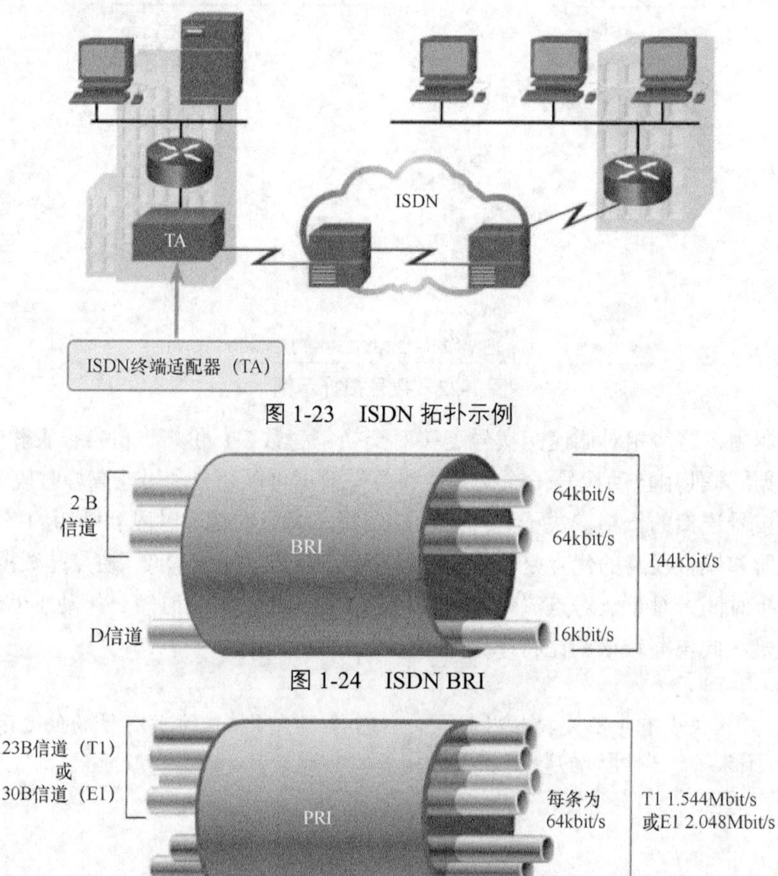

图 1-23　ISDN 拓扑示例

图 1-24　ISDN BRI

图 1-25　ISDN PRI

ISDN 的另一个常见应用是在租用线路连接的基础上提供所需的额外带宽。租用线路的带宽用于传输平均流量负载，而在带宽需求高峰期间可以添加 ISDN。在租用线路出现故障时，ISDN 还可用作备用连接。ISDN 的定价以 B 信道数为基准，这与前面提到的模拟语音连接相似。

借助于 PRI ISDN，两个端点之间可以连接多个 B 信道。这样可以实现视频会议和无延时、无抖动的高带宽连接。但是，多个长途连接的成本非常高昂。

注意：　尽管对电话服务提供商网络而言，ISDN 仍是一项重要的技术，但随着高速 DSL 和其他宽带服务的诞生，作为互联网连接方案之一的 ISDN 已经日渐式微。

4. 帧中继

帧中继是一种简单的第二层非广播多路访问（NBMA）WAN 技术，用于互联企业 LAN。使用 PVC 时，单个路由器接口可用于连接多个站点。PVC 用于传输源和目的地之间的语音和数据流量，支持的数据速率最高可达 4Mbit/s，有些服务商甚至会提供更高的速率。

即使使用多个虚电路（VC），边缘路由器也只需要一个接口。到帧中继网络边缘的租用线路允许分散各处的 LAN 之间实现经济有效的连接。

帧中继将创建 PVC，PVC 是由数据链路连接标识符（DLCI）唯一标识的。PVC 和 DLCI 可以确保从一台 DTE 设备到另一台 DTE 设备的双向通信。

例如，在图 1-26 中，R1 将使用 DLCI 102 到达 R2，而 R2 将使用 DLCI 201 到达 R1。

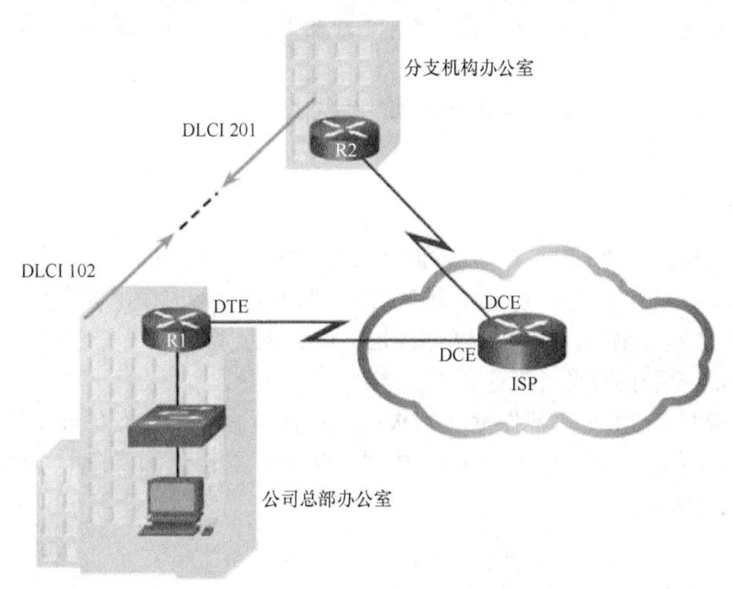

图 1-26　帧中继拓扑示例

5. ATM

异步传输模式（ATM）技术可通过私有和公共网络传输语音、视频和数据。它建立在基于信元的架构，而非基于帧的架构基础之上。ATM 信元的长度总是固定的，为 53 字节。ATM 信元包含 5 字节的 ATM 报头，后面是 48 字节的 ATM 负载。长度固定的小信元非常适合传输语音和视频流量，因为这种流量不允许出现延迟。视频和语音流量无需等待要传输的较大数据包，如图 1-27 所示。

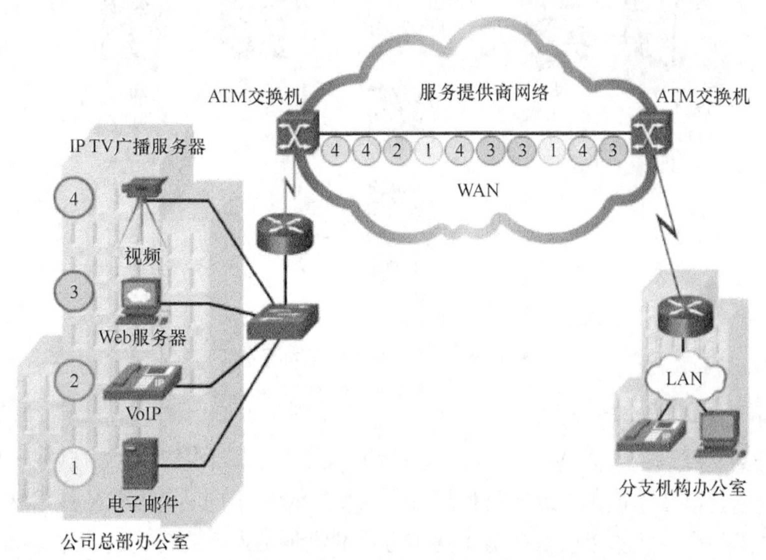

图 1-27　ATM 拓扑示例

53字节ATM信元的效率不及帧中继的较大帧和数据包。此外，对于每48字节的负载，ATM信元至少具有5字节的开销。当信元传输分段网络层数据包时，这种开销会更大，因为ATM交换机必须能够在目的地重组数据包。如果传输相同数量的网络层数据，典型的ATM线路至少需要比帧中继多20%的带宽。

ATM具有极佳的可扩展性，可支持T1/E1到OC-12（622Mbit/s）乃至更快的链路速度。

与其他共享技术一样，ATM允许同一条租用线路上有多个VC连接到网络边缘。

注意： ATM网络现在已经成为一种过时的技术。

6. 以太WAN

以太网最初是作为一项LAN接入技术而开发的。最初，以太网并不适合用作WAN接入技术，因为当时最长的电缆只有1千米。但是，较新的以太网标准使用光缆，这使得以太网成为一个合理的 WAN 接入方案。例如，IEEE 1000BASE-LX 标准支持的光缆长度为 5 千米，而 IEEE 1000BASE-ZX标准支持的电缆长度达到70千米。

服务提供商现在通过光纤布线提供以太WAN服务。以太WAN服务可以有多种名称，包括城域以太网（MetroE）、MPLS以太网（EoMPLS）和虚拟专用LAN服务（VPLS）。以太WAN拓扑示例如图1-28所示。

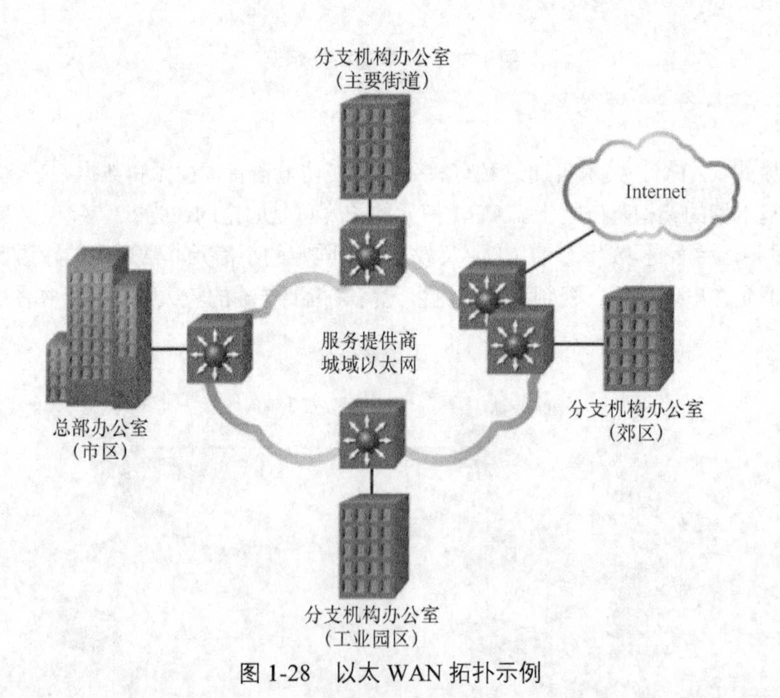

图1-28 以太WAN拓扑示例

以太WAN具有下面多种优点。

- **减少开支和管理**：以太WAN提供高带宽的第二层交换网络，能够在同一基础设施上同时管理数据、语音和视频。这一特性增加了带宽并避免了向其他WAN技术转换的昂贵开销。这项技术使企业能够以较低的成本将市区中的大量站点互连在一起，并连接到互联网。
- **与现有网络轻松集成**：以太WAN可轻松连接现有以太LAN，从而减少安装成本和时间。

■ **提高业务效率**：以太 WAN 使企业能够充分利用难以在 TDM 或帧中继网络上实施的提高生产效率的 IP 应用，比如托管 IP 通信、VoIP 以及流媒体和广播视频。

注意： 以太 WAN 已经得到普及，现在一般用于替代传统的帧中继和 ATM WAN 链路。

7. MPLS

多协议标签交换（MPLS）是一项将数据从一台路由器指向下一台路由器的多协议高性能 WAN 技术。MPLS 基于短路径标签，而不是 IP 网络地址。

MPLS 具有多项典型特征。它是多协议的，这意味着它可以传输任何负载，包括 IPv4、IPv6、以太网、ATM、DSL 和帧中继流量。它使用标签来告知路由器如何处理数据包。这些标签可识别远距离路由器而非终端之间的路径，虽然 MPLS 实际上会路由 IPv4 和 IPv6 数据包，但也可以交换其他一切负载。

MPLS 是一种服务提供商技术。租用线路在站点之间传输比特，而帧中继和以太 WAN 在站点之间传输帧。但 MPLS 可在站点之间传输任何类型的数据包。MPLS 可封装各种网络协议的数据包。它支持许多不同的 WAN 技术，包括 T 载波/E 载波链路、运营商以太网、ATM、帧中继和 DSL。

图 1-29 中的示例拓扑说明了如何使用 MPLS。请注意，不同的站点可使用不同的接入技术连接到 MPLS 云。

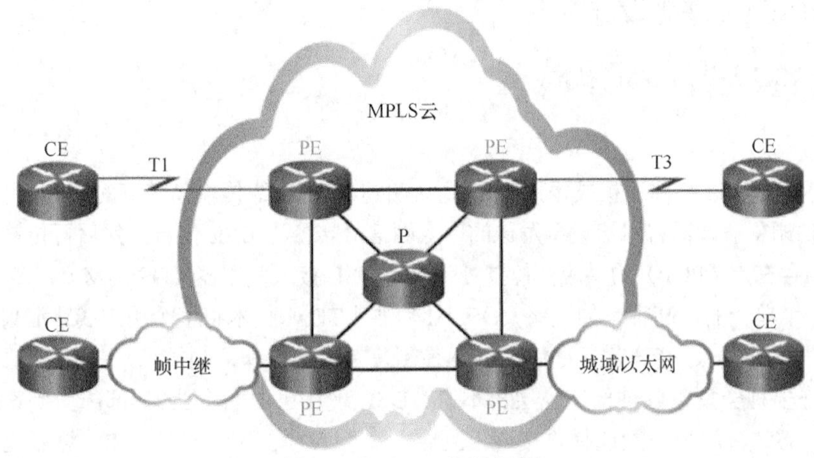

图 1-29 MPLS 拓扑示例

在 1-29 图中，CE 是指客户边缘，PE 是用于添加和删除标签的提供商边缘路由器，而 P 是用于交换 MPLS 标签的数据包的内部提供商路由器。

8. VSAT

目前为止，讨论过的所有专用 WAN 技术均使用铜线或光纤介质。如果组织需要在一个远程位置实现连接，但那里没有运营商可以提供 WAN 服务，应该怎么办？

甚小口径终端（VSAT）是一种利用卫星通信创建专用 WAN 的解决方案。VSAT 是一个小型卫星天线，类似于家庭互联网和电视使用的天线。VSAT 创建专用 WAN，同时提供到远程位置的连接。

具体来说，路由器连接到指向服务提供商卫星的卫星天线。该卫星在太空中与地球轨道同步。信号必须传输大约 35,786 千米（22,236 英里）到达卫星，然后返回。

图 1-30 中的示例显示了大楼屋顶上的 VSAT 天线与太空中数千千米以外的卫星通信的情况。

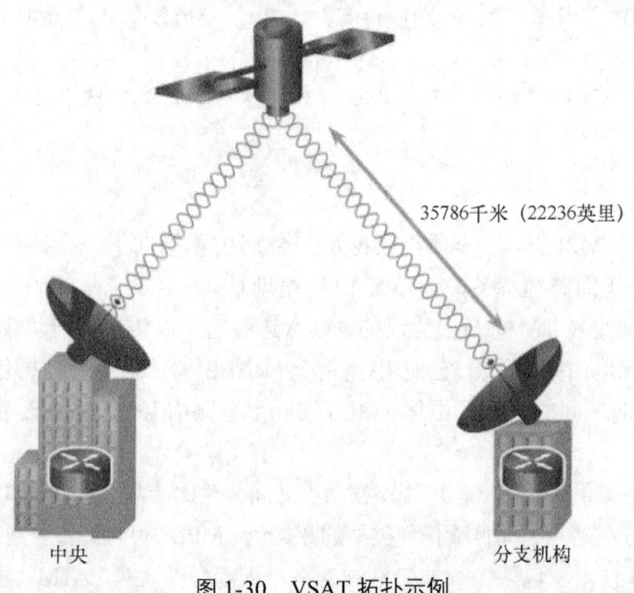

图 1-30 VSAT 拓扑示例

1.2.3 公用 WAN 基础设施

本小节将比较公共的 WAN 技术。

1. DSL

DSL 技术是永久在线的连接技术，它使用现有的双绞电话线传输高带宽的数据，并为用户提供 IP 服务。DSL 调制解调器将用户设备发送的以太网信号转换为 DSL 信号，然后再传输到中心局。

在被称为存在点（POP）的供应商位置处，通过 DSL 接入复用器（DSLAM）将多个 DSL 用户线路复用成一个单一的、高容量的链路。DSLAM 利用 TDM 技术将多个用户线路汇聚到一个介质中，通常是 T3（DS3）连接。当前的 DSL 技术使用复杂的编码和调制技术来获得较快的数据速率。

DSL 有许多种类型，各种标准也层出不穷。DSL 现在已成为企业 IT 部门支持家庭办公人员的潮流之选。通常，用户不能选择直接连接到企业，而必须首先连接到 ISP，然后通过互联网连接到企业。此过程中存在安全风险，但可以通过安全措施进行控制。

图 1-31 中的拓扑显示了 DSL WAN 连接示例。

2. 电缆

城市中广泛使用同轴电缆来分配电视信号。许多有线电视提供商都提供网络接入。与传统的电话本地环路相比，同轴电缆可以实现更高的带宽。

电缆调制解调器提供永久在线的连接，而且安装非常简单。用户将计算机或 LAN 路由器连接到电缆调制解调器，电缆调制解调器将数字信号转换为用于在有线电视网络上传输的宽带频率。本地有线电视机盒（叫做有线前端设备）包含提供互联网接入所需的计算机系统和数据库。前端设备最重要的元件是电缆调制解调器终端系统（CMTS），它负责发送和接收电缆网络上的数字电缆调制解调器信号，是为有线电视用户提供互联网服务的必备元件。

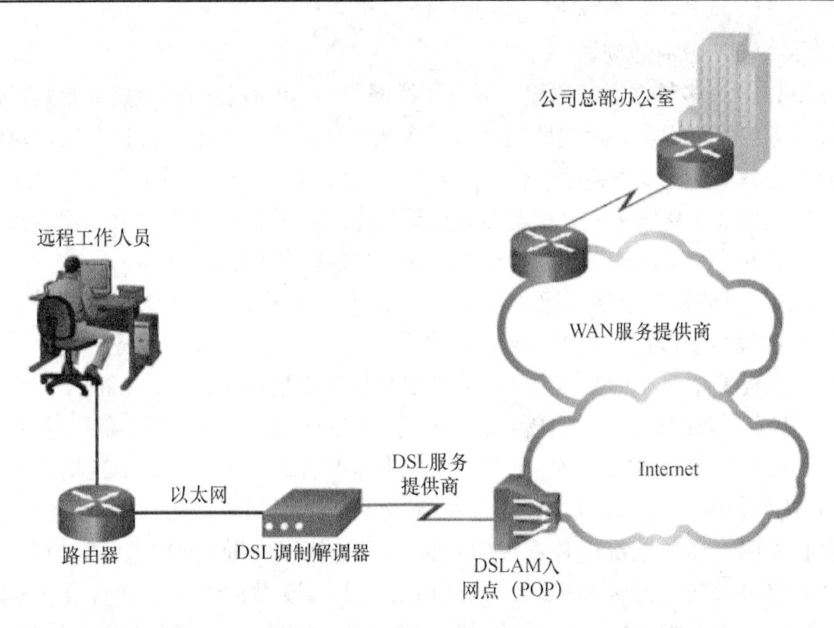

图 1-31 DSL 拓扑示例

电缆调制解调器用户必须使用运营商相关的 ISP。所有本地用户共享同一根电缆的带宽。随着越来越多的用户加入此项服务，可用带宽可能会低于预期速率。

图 1-32 中的拓扑显示了电缆 WAN 连接示例。

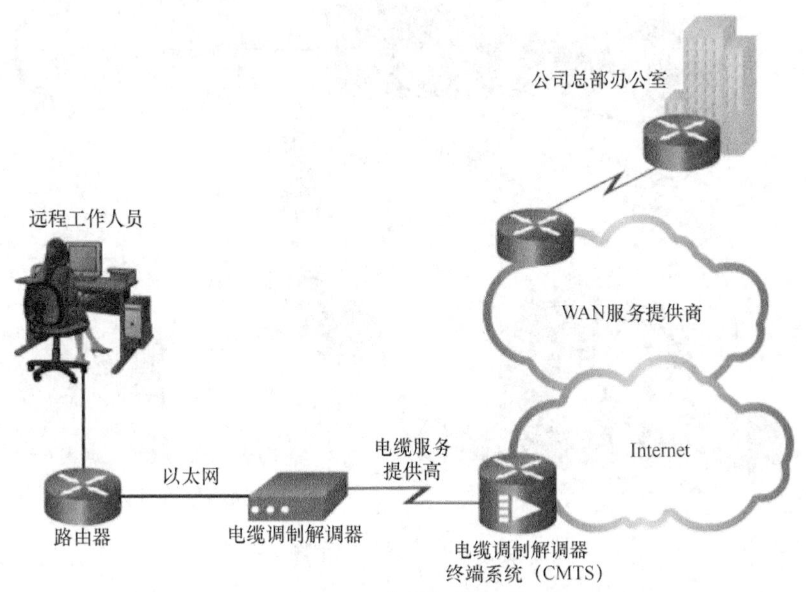

图 1-32 电缆拓扑示例

3. 无线

无线技术使用免授权的无线频谱收发数据。任何拥有无线路由器并且所用设备支持无线技术的用户都可访问此免授权的频谱。

直到最近，无线接入一直都有一个限制，那就是必须处在无线路由器或有线连接互联网的无线调制解调器的本地传输范围内（通常小于 100 英尺）。然而，随着无线宽带技术中下列新发展的不断涌现，这种情况已有改观。

- **城市 WiFi**：许多城市已开始建立城市无线网络。其中有些网络免费或者是以远低于其他宽带服务的价格提供高速互联网接入。市政网络仅用于城市，可让公安、消防部门和其他城市公务员远程处理某些工作。要连接到城市 WiFi，用户通常需要一个无线调制解调器，它能提供比传统无线适配器更强的无线电信号和定向天线。大多数运营商免费或有偿提供必要的设备，就像他们提供 DSL 或电缆调制解调器一样。
- **WiMAX**：微波接入全球互通（WiMAX）是一项刚开始投入使用的新技术。IEEE 标准 802.16 中描述了该技术。WiMAX 利用无线接入提供高速宽带服务，还像手机网络那样提供广泛覆盖，而不是像小型 WiFi 热点那样仅仅覆盖小范围。WiMAX 的工作方式与 WiFi 相似，但速度更高，距离更远，支持的用户更多。它使用类似于手机塔的 WiMAX 塔网络。要访问 WiMAX 网络，用户必须向 ISP 订阅，并且 WiMAX 塔要在其所在位置的 30 英里之内。用户还需要使用某种 WiMAX 接收器和特殊的加密密码才能访问基站。
- **卫星互联网**：通常情况下，农村用户因为无法使用电缆和 DSL，才使用卫星互联网。VSAT 提供双向（上传和下载）数据通信。上传速度大约是下载速度（500kbit/s）的 1/10。电缆和 DSL 的下载速度更快，但卫星系统的下载速度大约是模拟调制解调器的 10 倍。要访问卫星互联网服务，用户需要一根卫星天线、两台调制解调器（上行链路和下行链路）以及连接卫星天线和调制解调器的同轴电缆。

图 1-33 中显示了 WiMAX 网络示例。

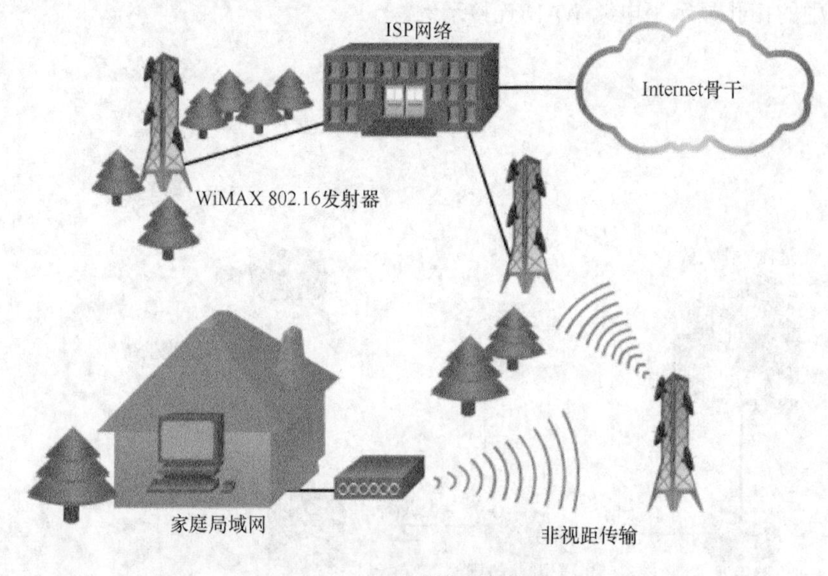

图 1-33 无线拓扑示例

4. 3G/4G 蜂窝网络

蜂窝服务日益成为另一种无线 WAN 技术，用于连接没有其他 WAN 接入技术的用户和远程位置，如图 1-34 所示。许多使用智能手机和平板电脑的用户都可以使用蜂窝网络数据来发送邮件、上网冲浪、下载应用和观看视频。

电话、平板电脑、笔记本电脑甚至有些路由器都可以使用蜂窝技术连接到互联网。这些设备利用无线电波通过附近的手机信号塔进行通信。设备有一个很小的无线电天线，而运营商有一个大得多的天线，设在电话周围数英里内某处信号塔的顶端。

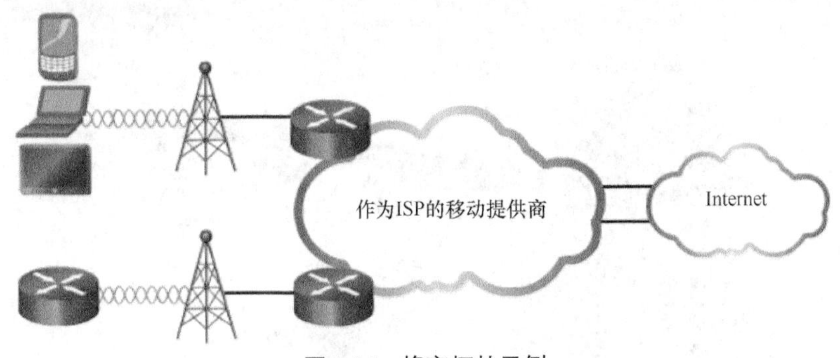

图 1-34 蜂窝拓扑示例

以下是两个常见的蜂窝行业术语。

- **3G/4G 无线**：第三代和第四代蜂窝网络接入的缩写。这些技术支持无线互联网接入。
- **长期演进（LTE）**：指的是一种更新更快的技术，被当作第四代（4G）技术的一部分。

5. VPN 技术

当远程工作人员或远程办公室员工使用宽带服务通过互联网接入公司 WAN 时，会带来一定的安全风险。为解决安全问题，对于接受 VPN 连接的网络设备（通常位于公司站点），宽带服务提供使用 VPN 进行连接的功能。

VPN 是公共网络（例如互联网）之上多个专用网络之间的加密连接技术。VPN 并未采用专用的第二层连接（例如租用线路），而是使用称为 VPN 隧道的虚拟连接，VPN 隧道通过互联网将公司的专用网络路由至远程站点或员工主机。

使用 VPN 具有多种好处。

- **节省成本**：VPN 使组织可以使用全球互联网将远程办公室和远程用户连接到公司站点，从而节省为架设专用 WAN 链路和购买大批调制解调器而带来的昂贵开销。
- **安全性高**：通过使用高级的加密和身份验证协议，VPN 可以防止数据受到未经授权的访问，从而提供最高级别的安全性。
- **可扩展性好**：由于 VPN 使用 ISP 和设备自带的互联网基础设施，因此可以非常方便地添加新用户。公司无需添加大批的基础设施即可大幅增大容量。
- **与宽带技术的兼容性好**：VPN 技术由宽带服务提供商（例如 DSL 和电缆）提供支持。VPN 允许移动员工和远程工作人员使用家中的高速互联网服务访问公司网络。企业级、高速宽带连接还可为连接远程办公室提供经济有效的解决方案。

VPN 接入类型有两种。

- **站点到站点 VPN**：站点到站点 VPN 将整个网络互连在一起。例如，它们可以将分支机构网络连接到公司总部网络，如图 1-35 所示。每个站点均配备一个 VPN 网关，例如路由器、防火墙、VPN 集中器或安全设备。在图 1-35 中，远程分支机构使用站点到站点 VPN 连接到公司总部。
- **远程访问 VPN**：利用远程访问 VPN，各主机（例如远程工作人员、移动用户和外联网用户的计算机）能够通过互联网安全访问公司网络。每个主机（远程工作人员 1 和远程工作人员 2）通常会加载 VPN 客户端软件或使用基于 Web 的客户端，如图 1-36 所示。

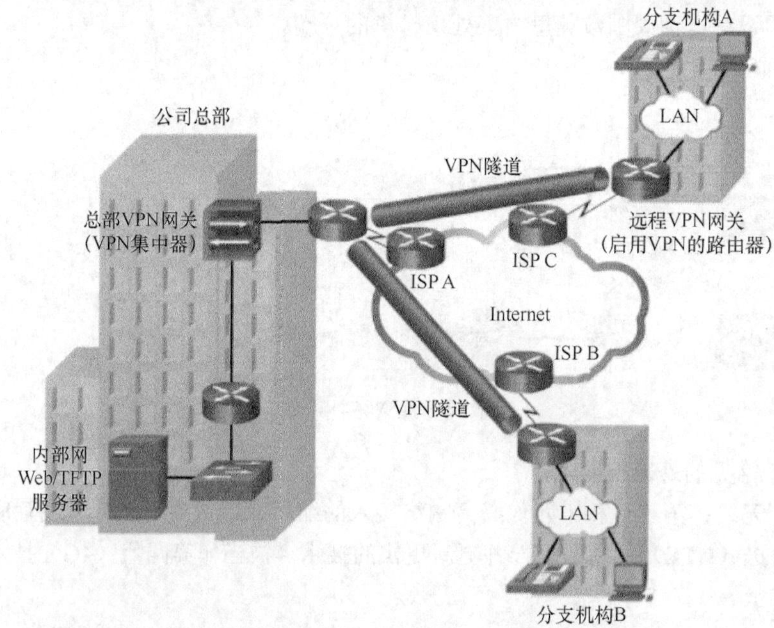

图 1-35　站点到站点 VPN 拓扑示例

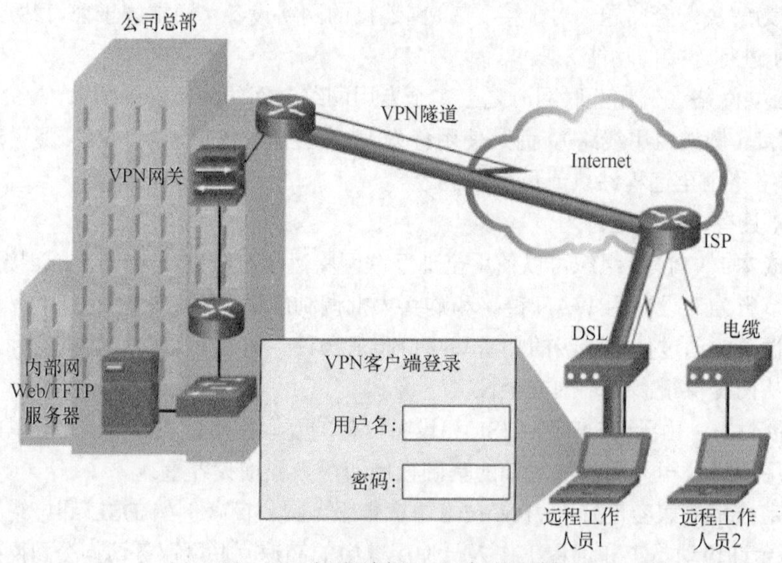

图 1-36　远程访问 VPN 拓扑示例

1.2.4　选择 WAN 服务

本小节将讲解如何为特定的网络需求选择适当的 WAN 协议和服务。

1. 选择 WAN 链路连接

在选择合适的 WAN 连接时，有许多重要因素需要考虑。对于网络管理员，要确定哪种 WAN 技术最适合其特定业务需求，他们必须回答以下问题：

WAN 有何用途?

要考虑以下几个问题。

- 企业将会连接同一市区中的本地分支机构，还是连接远程分支机构，还是连接单个分支机构?
- WAN 将用于连接内部员工、外部业务合作伙伴和客户，还是将三者都连接起来?
- 企业是与客户连接，还是与业务合作伙伴连接，还是与员工连接，还是将与其中的几个连接?
- WAN 将向授权用户提供对公司内联网的有限访问权限还是完全访问权限?

地理范围多大?

要考虑以下几个问题。

- WAN 是本地的、区域性的还是全球的?
- WAN 是一对一（单个分支机构）、一对多分支机构还是多对多（分布式）?

对流量有哪些要求?

要考虑以下几个问题:

- 必须支持哪种类型的流量（仅限数据、VoIP、视频、大文件、流媒体文件）? 这用来确定质量和性能要求。
- 对于每个目的设备，必须支持的各种数据（语音、视频或数据）的量有多大? 这用来确定 WAN 连接到 ISP 所需的带宽容量。
- 需要何种服务质量? 这可能会限制相关选择。如果流量对延迟和抖动非常敏感，那么就要排除任何无法提供所需质量的 WAN 连接方案。
- 安全要求（数据完整性、机密性和安全性）有哪些? 如果流量具有高度机密性，或者如果它提供重要服务（例如应急响应），则这些都是重要的考虑因素。

2. 选择 WAN 链路连接（续）

除了收集有关 WAN 范围的信息外，管理员还必须确定下述信息。

- **WAN 应该使用专用还是公共基础设施?** 专用基础设施可以提供最佳的安全性和机密性，而公共互联网基础设施则提供最佳的灵活性和最低的使用成本。方案选择取决于 WAN 的用途、传输的流量类型和可用的运营预算。例如，如果 WAN 的用途是为附近的分支机构提供高速安全服务，那么专用的或交换连接也许是最佳之选。如果用途是连接许多远程办公室，那么使用互联网的公共 WAN 将会是最佳选择。对于分布式企业，最终方案可能是以上各种方案的结合。
- **对于专用 WAN，应该选择专用链路还是交换链路?** 大量实时交易有特殊的需求，可以使用专用线路，例如数据中心和公司总部办公室之间的流量。如果企业要连接到一个本地分支机构，那么可以使用专用的租用线路。对于连接多个办事处的 WAN 来说，这一选择将变得非常昂贵。这种情况下，交换连接也许更胜一筹。
- **对于公共 WAN，需要哪种类型的 VPN 接入?** 如果 WAN 的用途是连接一个远程办公室，那么站点到站点 VPN 也许是最佳选择。而如果要连接远程工作人员或客户，那么远程访问 VPN 是一个更好的选择。如果 WAN 同时为分支机构、远程工作人员和授权客户提供服务（例如分布式运营的跨国公司），那么可能需要结合使用这些 VPN 方案。
- **当地提供哪些连接方案?** 在某些地区，并非所有的 WAN 连接方案都可用。在这种情况下，选择过程会比较简单，然而最终选择的 WAN 可能并不能发挥最佳性能。例如，在农村或偏远地区，也许只能选择 VSAT 或蜂窝网络接入。

- **可用连接方案的成本是多少？**根据所选方案，WAN 可能是一项持续的重大开支。在考虑某个方案的成本时，必须结合其满足其他要求的能力权衡考虑。例如，专用的租用线路是最昂贵的方案，但如果它能够对确保大量实时数据的安全传输发挥关键性的作用，那如此高昂的成本也是物有所值。对于要求相对较低的应用，更便宜的交换连接或互联网连接方案也许更合适。

根据上述原则以及思科企业架构中介绍的知识，网络管理员应该能够选择合适的 WAN 连接来满足不同业务场景的需求。

1.3 总结

企业可以使用专用线路或公共网络基础设施进行 WAN 连接。只要同时做好安全规划，那么对于 LAN 之间的专用连接，公共基础设施连接就会是一个经济高效的替代方案。

WAN 接入标准在 OSI 模型的第一层和第二层上运行，而且由 TIA/EIA、ISO 和 IEEE 定义和管理。WAN 可以是电路交换，也可以是分组交换。

常用术语可用于确定 WAN 连接的物理组件和由哪一方（服务提供商还是客户）负责哪些组件。

服务提供商网络比较复杂，而且服务提供商的主干网络主要由高带宽光纤介质组成。用于互连客户的设备特定于所实施的 WAN 技术。

通过使用租用的线路提供永久的专用点对点连接。拨号接入虽然速度较慢，但对于 WAN 方案有限的偏远地区仍是可行的。其他专用连接方案包括 ISDN、帧中继、ATM、以太 WAN、MPLS 和 VSAT。

公共基础设施连接包括 DSL、电缆、无线和 3G/4G 蜂窝网络。可以使用远程访问或站点到站点 VPN 确保公共基础设施连接的安全性。

检查你的理解

请完成以下所有复习题，以检查您对本章要点和概念的理解情况。答案列在本书附录中。

1．一个拥有 10 名员工的小公司使用一个 LAN 来共享计算机之间的信息。哪种类型的互联网连接适合这家公司？（ ）

A．通过公司的本地服务提供商提供宽带服务，如 DSL

B．本地电话服务提供商提供的拨号连接

C．通过本地服务提供商的专用线路

D．VSAT 连接到服务提供商

2．下面哪个网络场景需要使用 WAN？（ ）

A．员工工作站需要获取动态分配的 IP 地址

B．分支机构的员工需要与位于同一园区网络的单独建筑物中的总部办公室共享文件

C．员工需要访问建筑物内 DMZ 中的公司 Web 服务器上托管的网页

D．员工需要在旅途中通过 VPN 连接到企业电子邮件服务器

3．哪种说法描述了 WAN 的特性？（　　）

A．WAN 在 LAN 的相同地理范围内运行，但具有串行链路

B．WAN 为园区骨干网提供终端用户的网络连接

C．所有串行链路都被视为 WAN 连接

D．WAN 网络由服务提供商拥有

4．当数字专线用于提供客户与服务提供商之间的连接时，需要哪两种设备？（选两项）（　　）

A．接入服务器

B．CSU

C．拨号调制解调器

D．DSU

E．第二层交换机

5．无连接分组交换网络的要求是什么？（　　）

A．在数据包传送期间创建虚拟电路

B．每个数据包只能携带一个标识符

C．每个数据包必须携带完整的寻址信息

D．网络预先确定数据包的路由

6．分组交换技术相对于电路交换技术的优势是什么？（　　）

A．分组交换网络比电路交换网络不易受抖动影响

B．分组交换网络可以有效地使用服务提供商网络内的多条路由

C．分组交换网络不需要昂贵的永久连接到每个端点

D．分组交换网络通常比电路交换网络体验的延迟时间更短

7．支持 SONET 和 SDH 的长距离光纤媒体技术，以及将输入的光信号分配到特定波长的光的技术是什么（　　）

A．ATM　　B．DWDM

C．ISDN　　D．MPLS

8．当分支机构连接到企业网站时，建议的公共 WAN 基础设施使用的技术是什么？（　　）

A．ATM　　B．ISDN

C．市政 WiFi　　D．VPN

9．两种常见的高带宽光纤媒体标准是什么？（选两项）（　　）

A．ANSI　　B．ATM

C．ITU　　D．SDH

E．SONET

10．哪种 WAN 技术在两个站点之间建立了一个专用的恒定点对点连接？（　　）

A．ATM　　B．帧中继

C．ISDN　　D．专线

11．某医院正在寻找一种解决方案来连接多个新成立的远程分支医疗机构。选择专用 WAN

连接而不是公用 WAN 连接时，哪一点非常重要？（　　）

A．传输过程中的数据安全性和机密性

B．更高的数据传输速率

C．较低的成本

D．网站和文件交换服务支持

12．一家新公司需要一个必须符合特定要求的数据网络。该网络必须为分布在广大地理区域的销售人员提供低成本的连接。哪两种 WAN 基础架构可以满足要求？（选两项）（　　）

A．专用线路

B．互联网

C．专用基础设施

D．公共基础设施

E．卫星

13．哪种无线技术通过蜂窝网络提供互联网接入？（　　）

A．LTE　　B．市政 WiFi

C．卫星　　D．WiMAX

14．ISP 需要通过有线服务提供互联网连接所需的设备是什么？（　　）

A．访问服务器　　B．CMTS

C．CSU/DSU　　D．DSLAM

15．客户需要在两个站点之间提供高速专用带宽的 WAN 虚拟连接。哪种 WAN 连接最能满足这种需求？（　　）

A．电路交换网络　　B．以太 WAN

C．MPLS　　D．分组交换网络

第 2 章

点对点连接

学习目标

通过完成本章学习，您将能够回答下列问题：

- WAN 中点对点串行通信的基本原理是什么？
- 如何在点对点串行链路上配置 HDLC 封装？
- PPP 与 HDLC 有哪些不同之处？
- 什么是 PPP 分层架构？
- LCP 和 NCP 的功能是什么？
- PPP 是如何建立会话的？
- 怎样在点对点串行链路上配置 PPP 封装？
- 怎样配置 PPP 身份验证？
- 如何使用 **show** 和 **debug** 命令排除 PPP 故障？

WAN 连接最常见的一种类型（尤其在长距离通信中）是点对点连接，也称为串行连接或租用线路连接。由于这些连接通常由运营商（例如电话公司）提供，因此必须在运营商需管理的范围和客户需管理的范围之间明确地界定一个边界。

本章包含在串行连接中使用的术语、技术和协议。本章还会介绍高级数据链路控制（HDLC）和点对点协议（PPP）。HDLC 是思科路由器串行接口上的默认协议。PPP 是一种可以处理身份验证、压缩、错误检测、监控链路质量并将多个串行连接在逻辑意义上捆绑在一起以共享负载的协议。

2.1 串行点对点概述

本节将介绍怎样配置 HDLC 封装。

2.1.1 串行通信

本小节将介绍 WAN 中点对点串行通信的基本原理。

1. 串行和并行端口

WAN 连接最常见的一种类型是点对点连接。如图 2-1 所示，点对点连接用于将 LAN 连接到服务提供商 WAN，以及将企业网络内部的各个 LAN 网段连接在一起。

图 2-1 串行点对点连接

LAN 到 WAN 的点对点连接也称为串行连接或租用线路连接。这是因为线路是从运营商（通常为电话公司）处租用并且专供租用该线路的公司使用。公司为两个远程站点之间的持续连接支付费用，该线路将持续活动，始终可用。租用线路是一种常用的 WAN 接入类型，其价格通常取决于所需的带宽以及两个连接点之间的距离。

了解租用线路上点对点串行通信的运行方式对于整体了解 WAN 如何发挥作用非常重要。

串行连接上的通信是一种数据传输方法，其中二进制信息（即比特）通过单个通道依次传输。这就相当于一个管道，其宽度只允许一次通过一个球。虽然多个球可以进入管道，但是一次只能进入一个，并且它们只有一个出口点，即管道的另一端。串行端口是双向的，通常称为双向端口或通信端口。

串行通信与并行通信不同，在并行通信中，二进制信息可以通过多根导线同时传输。图 2-2 所示为串行和并行连接之间的区别。

理论上并行连接的数据传输速度是串行连接的 8 倍。根据这个理论，在串行连接发送一个比特的时间里，并行连接可以发送一个字节（8 个比特）。但是，并行通信在导线之间经常存在串扰的问题，特别是当导线长度增加时。

并行通信中也会存在时钟偏差的问题。当不同导线上的数据无法同时到达时，时钟偏差就会发生，这就产生了同步问题。最后，许多并行通信只支持一个方向的只出站通信，但有些支持半双工通信（双向通信，但每次只有一个方向）。

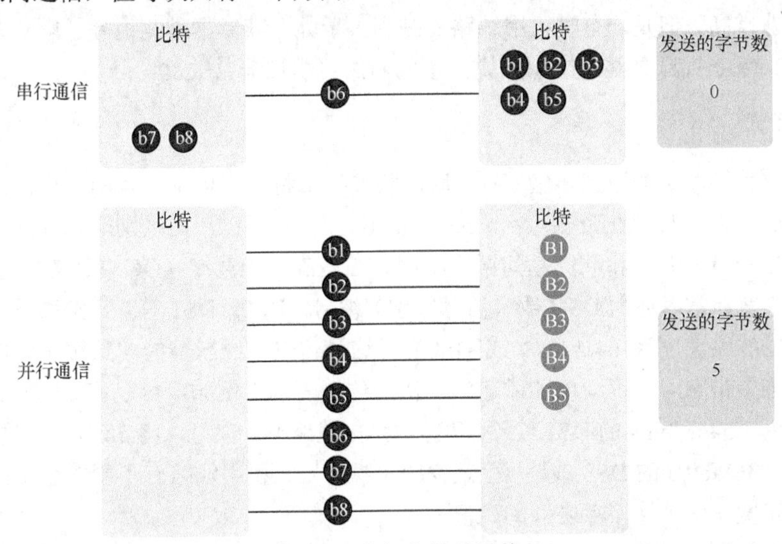

图 2-2　串行和并行通信

曾经，大多数 PC 同时包含串行和并行端口。并行端口用于连接打印机、计算机和其他需要较高带宽的设备。并行端口也可用于内部组件之间。对于外部通信，串行总线主要用于连接电话线和可能比并行传输所允许的距离更远的设备。由于串行通信不那么复杂，需要更简单的电路，所以串行通信的实现成本要低得多。串行通信使用的导线数更少，电缆更便宜，连接器的引脚也更少。

在大多数 PC 上，并行端口和 RS-232 串行端口已被更高速的串行通用串行总线（USB）接口所替代。但是，对于长距离通信，许多 WAN 仍然使用串行传输。

2. 点对点通信链路

在需要永久专用连接时，可使用点对点链路提供单条预先建立的 WAN 通信路径。这条路径始于客户驻地，经由提供商网络，到达远程目的地，如图 2-3 所示。

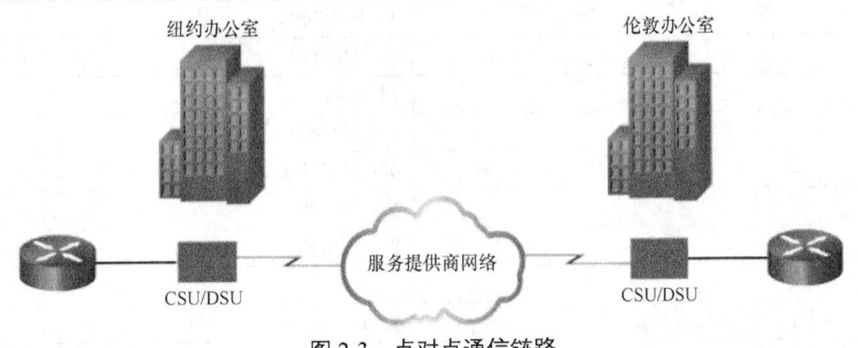

图 2-3　点对点通信链路

点对点链路可将两个相隔遥远的站点（例如纽约的企业办公室和伦敦的区域办公室）连接起来。对于点对点线路，运营商会为客户所租用的线路（租用线路）指定特定的资源。

注意：　点对点连接并不仅限于陆地上的连接。在海面下有数十万英里的光缆可连接全球各国家/地区和各大陆。在 Internet 上搜索“海底的 Internet 电缆分布图”可以找到这些海底电缆连接的多个电缆分布图。

点对点链路通常比共享服务更昂贵。当使用租用线路解决方案连接距离不断增加的多个站点时，成本将会非常高。但是，有时租用线路还是利大于弊，其专享带宽消除了端点之间的延时或抖动。对 VoIP 或 IP 视频之类的应用来说，不间断的可用性非常关键。

3. 串行带宽

带宽是指通信链路上的数据传输速率。底层载波技术将决定可用带宽的大小。北美（T 载波）规范和欧洲（E 载波）规范在带宽点（bandwidth point）中存在一定区别。光纤网络也使用不同的带宽等级，这一点在北美和欧洲之间再次不同。在美国，光载波（OC）定义带宽点。

在北美，带宽通常表述为 DS（数字信号级别）编号（DS0、DS1 等），指的是信号的速率和格式。最基本的线路速度为 64kbit/s（或 DS0），这是传输未经压缩的、数字化的电话呼叫所需的带宽。串行连接带宽可以逐渐增加以适应更快的传输需求。例如，可以将 24 条 DS0 捆绑在一起以形成速度为 1.544Mbit/s 的 DS1 线路（也称为 T1 线路）。也可以将 28 条 DS1 捆绑在一起以形成速度为 44.736Mbit/s 的 DS3 线路（也称为 T3 线路）。租用线路有不同的容量，其定价通常取决于所需的带宽及两个连接点之间的距离。

OC 传输速率是在 SONET 光纤网络上传输的数字信号的一组标准化规范。在指定所使用的 OC 时，字母后面跟一个表示 51.84 Mbit/s 的基本传输速率的整数值。例如，OC-1 具有 51.84 Mbit/s 的传输容量，而 OC-3 传输介质的传输容量为 3 倍的 51.84 Mbit/s，即 155.52 Mbit/s。

表 2-1 列出了最常见的线路类型和相关联的传输速率。

表 2-1 串行链路带宽

线路类型	传输速率
56	56kbit/s
64	64kbit/s
T1	1.544Mbit/s
E1	2.048Mbit/s
J1	2.048Mbit/s
E3	34.064Mbit/s
T3	44.736Mbit/s
OC-1	51.84Mbit/s
OC-3	155.54Mbit/s
OC-9	466.56Mbit/s
OC-12	622.08Mbit/s
OC-18	933.12Mbit/s
OC-24	1.244Gbit/s
OC-36	1.866Gbit/s
OC-48	2.488Gbit/s
OC-96	4.976Gbit/s
OC-192	9.954Gbit/s
OC-768	39.813Gbit/s

注意：E1（2.048Mbit/s）和 E3（34.368Mbit/s）是欧洲标准（如同 T1 和 T3），但是具有不同的带宽和帧结构。

2.1.2 HDLC 封装

本小节将讲解如何在点对点串行链接上配置 HDLC 封装。

1. WAN 封装协议

在每个 WAN 连接上，数据在通过 WAN 链路传输之前都会封装成帧。为了确保使用的协议正确，必须配置合适的第 2 层封装类型。协议的选择取决于 WAN 技术和通信设备。图 2-4 显示了较为常见的 WAN 协议以及它们的使用场景。

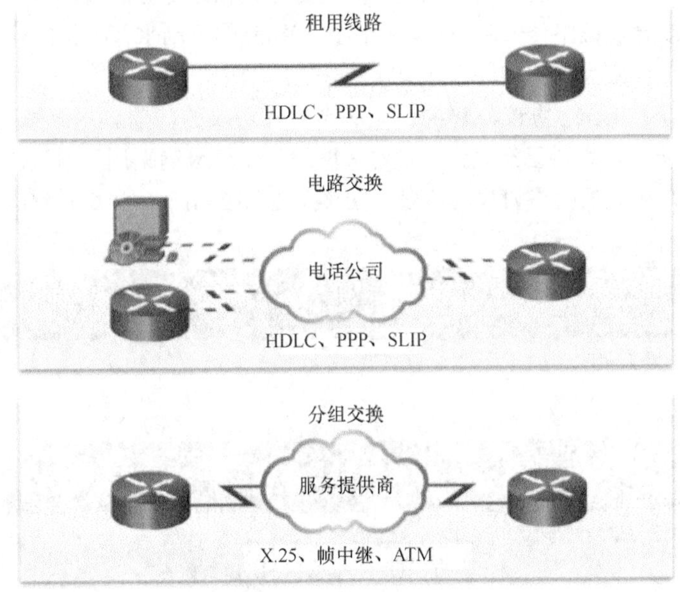

图 2-4 WAN 封装协议

以下是 WAN 协议每种类型的简要描述。

- **HDLC**：当链路两端均为思科设备时，该协议是点对点连接、专用链路和电路交换连接上的默认封装类型。HDLC 现在是同步 PPP 的基础，许多服务器使用同步 PPP 连接到 WAN（最常见的是连接到 Internet）。
- **PPP**：该协议通过同步电路和异步电路提供路由器到路由器和主机到网络的连接。PPP 与多种网络层协议一起工作，例如 IPv4 和 IPv6。PPP 基于 HDLC 封装协议，但也内置有安全机制（如口令认证协议[PAP]和挑战握手认证协议[CHAP]）。
- **串行线路 Internet 协议（SLIP）**：这是使用 TCP/IP 实现点对点串行连接的标准协议。在很大程度上，SLIP 已被 PPP 取代。
- **X.25**：ITU-T 标准，它定义了如何维护 DTE 和 DCE 之间的连接，以便在公共数据网络中进行远程终端访问和计算机通信。X.25 指定了链路访问过程平衡（LAPB），这是一种数据链路层协议。X.25 是帧中继的前身。
- **帧中继**：这个行业标准是处理多个虚电路的交换式数据链路层协议。帧中继是 X.25 之后的下一代协议。帧中继消除了 X.25 中使用的某些耗时的过程（例如纠错和流控）。
- **ATM**：这是信元中继的国际标准，在此标准下，设备以固定长度（53 字节）的信元发送多种服务类型（例如语音、视频或数据）。固定长度的信元可通过硬件进行处理，从而减少了中转延迟。ATM 使用高速传输介质，例如 E3、SONET 和 T3。

HDLC 和 PPP 是本课程的重点。其他 WAN 协议要么被当做遗留技术，要么超出了本课程的范围。

2. HDLC 封装

HDLC 是由国际标准化组织（ISO）开发的面向比特的同步数据链路层协议。当前的 HDLC 标准是 ISO 13239。HDLC 是根据 20 世纪 70 年代提出的同步数据链路控制（SDLC）标准开发的。HDLC 同时提供面向连接和无连接的服务。

HDLC 采用同步串行传输，可以在两点之间提供无错通信。HDLC 定义了第二层帧结构，该结构采用确认机制进行流量控制和错误控制。无论是数据帧还是控制帧，都具有相同的格式。

当帧通过同步或异步链路传输时，这些链路没有相应的机制来标记帧的开始或结束。因此，HDLC 使用帧定界符（或标志）来标记每个帧的开始或结束。

思科已经扩展了 HLDC 协议，解决了无法支持多协议的问题。尽管思科 HLDC（也称作 cHDLC）是专有的协议，思科已经允许其他许多网络设备供应商采用该协议。思科 HDLC 帧包含一个用于标识正在封装的网络协议的字段。图 2-5 是标准 HLDC 和思科 HLDC 的对比。

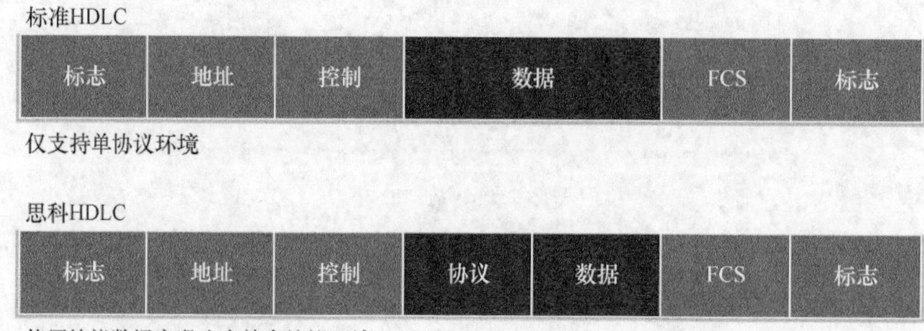

图 2-5　标准 HDLC 和思科 HDLC 帧格式

3. 配置 HDLC 封装

思科 HDLC 是思科设备在同步串行线路上使用的默认封装方法。

在连接两台思科设备的租用线路上，使用思科 HDLC 作为其点对点协议。如果连接非思科设备，请使用同步 PPP。

如果默认封装方法已更改，则可以在接口配置模式下使用 **encapsulation hdlc** 命令来重新启用 HDLC。

例 2-1 展示了如何在串行接口上重新启用 HDLC 封装。

例 2-1　配置 HDLC 封装

```
Router(config)# interface s0/0/0
Router(config-if)# encapsulation hdlc
```

4. 串行接口故障排除

show interfaces serial 命令所产生的输出显示了特定串行接口的信息。可以在该命令后面添加想要研究的特定接口号，比如 **show interface serial 0/0/0**。

在配置 HDLC 之后，输出中将会显示 **Encapsulation HDLC**，如例 2-2 中阴影部分所示。

例 2-2　显示串行接口信息

```
R1# show interface serial 0/0/0
```

```
Serial0/0/0 is up, line protocol is up
  Hardware is GT96K Serial
  Internet address is 172.16.0.1/30
  MTU 1500 bytes, BW 1544 Kbit/sec, DLY 20000 usec,
    reliability 255/255, txload 1/255, rxload 1/255
  Encapsulation HDLC, loopback not set
  Keepalive set (10 sec)
  CRC checking enabled
  Last input 00:00:05, output 00:00:04, output hang never
  Last clearing of "show interface" counters never
  Input queue: 0/75/0/0 (size/max/drops/flushes); Total output drops: 0
  Queueing strategy: weighted fair
  Output queue: 0/1000/64/0 (size/max total/threshold/drops)
    Conversations 0/1/256 (active/max active/max total)
    Reserved Conversations 0/0 (allocated/max allocated)
    Available Bandwidth 1158 kilobits/sec
  5 minute input rate 0 bits/sec, 0 packets/sec
  5 minute output rate 0 bits/sec, 0 packets/sec
    5 packets input, 1017 bytes, 0 no buffer
    Received 5 broadcasts (0 IP multicasts)
    0 runts, 0 giants, 0 throttles
    0 input errors, 0 CRC, 0 frame, 0 overrun, 0 ignored, 0 abort
    4 packets output, 395 bytes, 0 underruns
    0 output errors, 0 collisions, 4 interface resets
    0 unknown protocol drops
    0 output buffer failures, 0 output buffers swapped out
    2 carrier transitions
    DCD=up DSR=up DTR=up RTS=up CTS=up
```

Serial 0/0/0 is up，line protocol is up 表示线路已启动并正常运行；**Encapsulation HDLC** 表示默认串行封装（HDLC）已启用。

show interfaces serial 命令返回以下 7 种可能状态中的任一种。

- Serial *x* is up, line protocol is up.
- Serial *x* is down, line protocol is down(DTE mode).
- Serial *x* is up, line protocol is down(DTE mode).
- Serial *x* is up, line protocol is down(DCE mode).
- Serial *x* is up, line protocol is up (looped).
- Serial *x* is up, line protocol is down (disabled).
- Serial *x* is administratively down, line protocol is down.

在这 7 种可能的状态中，存在 6 种问题状态。表 2-2 列出了 6 种问题状态、与该状态相关联的问题以及如何解决这一问题。

表 2-2 串行接口故障排除

状态行情况	可能的情况	解决方案
Serial *x* is up, line protocol is up	这是正常的状态行情况	无需任何操作
Serial *x* is down, line protocol is down（DTE mode）	■ 路由器未检测到载波检测（CD）信号 ■ WAN 服务提供商出现问题，线路可能为 down 或者没有连接到 CSU/DSU ■ 电缆出现故障或不正确 ■ 出现了硬件故障（CSU/DSU）	1．检查 CSU/DSU 上的 LED，查看 CD 是否处于活动状态 2．检验是否使用了正确的电缆和接口 3．与服务提供商联系，以确定是否存在问题 4．更换故障部件 5．使用另外一条串行线路来确认连接是否恢复。如果恢复，则说明之前的连接接口有问题

续表

状态行情况	可能的情况	解决方案
Serial *x* is up, line protocol is down（DTE mode）	■ 本地或远程路由器配置不正确 ■ 远程路由器没有发送 keepalive 消息 ■ 租用线路或其他运营商服务存在问题，这意味着存在一条嘈杂的线路，亦或是交换机配置错误或失效 ■ 线路中存在时序问题 ■ 本地或远程 CSU/DSU 失效 ■ 路由器硬件（本地或远程）失效 DTE 设备不支持或未设置 SCTE 模式（终端计时） 远程 CSU 或 DSU 出现故障	1．许多 DCE 设备（比如调制解调器或 CSU/DSU）都有本地环回自检机制来验证 DCE 和 DTE（比如路由器）之间的连接。在路由器上启用该机制，然后使用 **show interfaces serial** 命令。如果 DCE 和 DTE 之间的线路协议为 up，则问题很有可能发生在 WAN 服务提供商上 2．如果问题出现在远端，在远端 DCE 上重复步骤 1 3．验证是否使用了正确的线缆，以及 DTE 是否已正确地连接到了服务提供商网络的终点。使用 **show controllers** EXEC 命令来确认线缆所连接的接口 4．启用 **dubug serial interface** EXEC 命令 5．如果线路协议为 up，而且 keepalive 计数器开始增加，则问题不是发生在本地路由器 6．在本地环回模式下，如果线路协议没有为 up，并且 **debug serial interface** 命令的输出显示 keepalive 计数器没有增加，则有可能是路由器硬件的问题。可以使用路由器接口硬件进行替换 7．如果怀疑路由器硬件有问题，可将串行线路连接到一个未使用的接口。如果连接为 up，则表示先前连接的接口有问题
Serial *x* is up, line protocol is down (DCE mode)	■ **clockrate** 接口配置命令丢失 ■ DTE 设备不支持 DCE 时序 ■ 远程 CSU 或 DSU 失效	1．在串行接口上添加 **clockrate** *bps* 接口配置命令。使用问号（？）来验证有效的 *bps* 值 2．如果问题发生在远端，在远端 DCE 上重复步骤 1 3．验证使用的线路是否正确 4．如果线路协议依然为 down，则可能是硬件或线缆的问题 5．根据需要替换有故障的部件
Serial *x* is up, line protocol is down (looped)	■ 电路中存在环路。当最初检测到环路时，keepalive 数据包中的序列号改变成随机数。如果相同的随机通过链路返回，则表示存在环路	1．使用 **show running-config** 特权 EXEC 命令查找任何环回接口配置命令条目 2．如果存在环回接口配置命令条目，请使用 **no loopback interface** 全局配置命令删除环路 3. 如果不存在环回接口配置命令，请检查 CSU/DSU 以确定它们是否被配置为手动环回模式。如果是，则禁用手动环回模式 4．在 CSU/DSU 上禁用环路回模式后，重置 CSU/DSU 并检查线路状态。如果线路协议为 up，则无需执行其他操作 5．如果检测后发现 CSU/DSU 不能手动设置，请联系租用线路服务商或其他运营商服务，寻求线路故障排除帮助

续表

状态行情况	可能的情况	解决方案
Serial *x* is up, line protocol is down (disabled)	■ 由于 WAN 服务提供商的问题，导致发生较高的错误率 ■ CSU 或 DSU 的硬件有问题 ■ 路由器硬件（接口）是坏的	1．使用串行分析仪和接线盒排除线路故障。查找不断变换的 CTS 和 DSR 信号 2．环路 CSU/DSU（DTE 环路）。如果问题依然存在，则很可能是硬件问题。如果问题不复存在，则很可能是 WAN 服务提供商的问题 3．根据需要更换故障硬件（CSU、DSU、交换机、本地或远程路由器）
Serial x is administratively down, line protocol is down	■ 路由器配置包含 **shutdown** 接口配置命令 ■ 存在重复的 IP 地址	1．检查路由器配置中是否包含 **shutdown** 命令 2．使用 **no shutdown** 接口配置命令删除 **shutdown** 命令 3．使用 **show running-config** 特权 EXEC 命令或 **show interfaces** EXEC 命令检验是否存在相同的 IP 地址 4．如果存在重复的地址，通过修改其中一个 IP 地址即可解决冲突

在排除串行线路故障时，**show controllers** 命令是另一个重要的诊断工具，如例 2-3 所示。

例 2-3 显示串行接口上的控制器硬件信息

```
R1# show controllers serial 0/0/0
Interface Serial0/0/0
Hardware is GT96K
DCE V.35, clock rate 64000
idb at 0x66855120, driver data structure at 0x6685C93C
<output omitted>
```

输出指示接口通道的状态，以及接口是否连接了电缆。在这个例子中，接口 serial 0/0/0 连接了一根 V.35 DCE 电缆。不同平台上该命令的语法不尽相同。

注意：思科 7000 系列路由器使用 cBus 控制器卡来连接串行链路。在这些路由器上可使用 **show controllers cbus** 命令。

如果接口的输出显示为 UNKNOWN 而不是 V.35、EIA/TIA-449 或其他某个接口类型，那么问题很可能是电缆连接不当。也有可能是板卡内部的布线存在问题。如果接口未知，那么 **show interfaces serial** 命令所产生的输出会显示该接口和线路协议的状态为 down。

2.2 PPP 操作

本节将讲解如何在点对点串行链路上运行 PPP。

2.2.1 PPP 的优势

本小节将讲解怎么比较 PPP 与 HDLC。

1. PPP 简介

前面讲过，HDLC 是连接两台思科路由器的默认串行封装方法。思科版本的 HDLC 是专有版本，它增加了一个协议类型字段。因此，思科 HDLC 只能用于连接其他思科设备。但是，当需要连接到非思科路由器时，应该使用 PPP 封装，如图 2-6 所示。

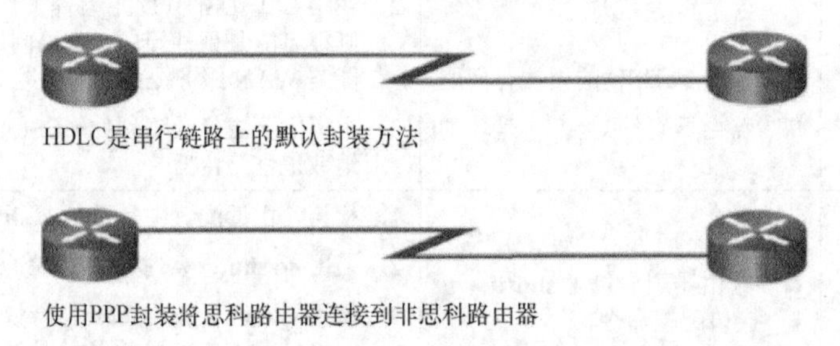

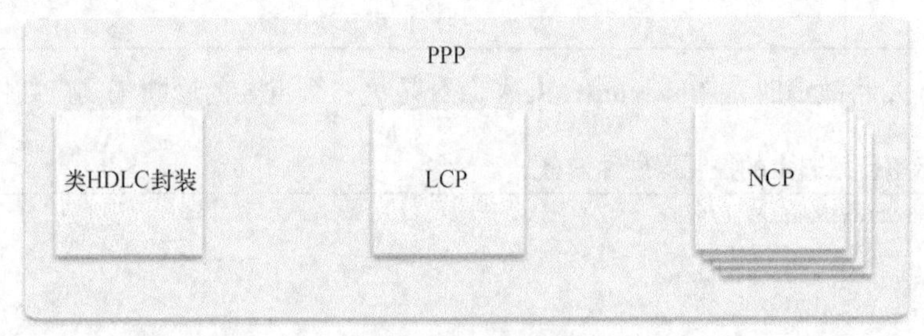

图 2-6 什么是 PPP

PPP 协议是一种用于同步和异步电路连接的数据链路层协议。PPP 封装的设计非常谨慎，保留了对大多数常用支持硬件的兼容性。PPP 对数据帧进行封装以便在第二层物理链路上传输。PPP 使用串行电缆、电话线、trunk 线路、移动电话、专用无线链路或光纤链路建立直接连接。

PPP 包含 3 个主要组件：

- 用于通过点对点链路传输多协议数据包且类似于 HDLC 的成帧；
- 用于建立、配置和测试数据连接的链路控制协议（LCP）；
- 用于建立和配置各种网络层协议的一系列网络控制协议（NCP）。PPP 允许同时使用多个网络层协议。最常见的 NCP 是 IPv 4 控制协议和 IPv 6 控制协议。

注意： 其他 NCP 包括 AppleTalk 控制协议、Novell IPX 控制协议、思科系统控制协议、SNA 控制协议和压缩控制协议。

---

2. PPP 的优点

PPP 最初是用于在点对点链路上传输 IPv4 流量的封装协议。它提供了一种在点对点链路上传输多协议数据包的标准方法。

使用 PPP 有许多优点，比如它不是专用协议。PPP 包含很多 HDLC 中没有的特性。

- 链路质量管理（LQM）特性可监控链路的质量。LQM 可以通过接口配置命令 **ppp quality** *percentage* 来完成。若错误百分比低于配置的阈值，则链路被关闭，数据包被重新路由或丢弃。
- PPP 支持 PAP 和 CHAP 身份验证。这一特性将在后面进行解释并配置。

2.2.2 LCP 和 NCP

本小节将讲解 PPP 分层体系结构以及 LCP 和 NCP 的功能。

1. PPP 分层体系架构

分层体系架构是一种协助互连层之间相互通信的逻辑模型、设计或蓝图。图 2-7 描绘了 PPP 的分层体系架构与开放式系统互联（OSI）模型的对应关系。PPP 和 OSI 有相同的物理层，但 PPP 将 LCP 和 NCP 功能分开设计。

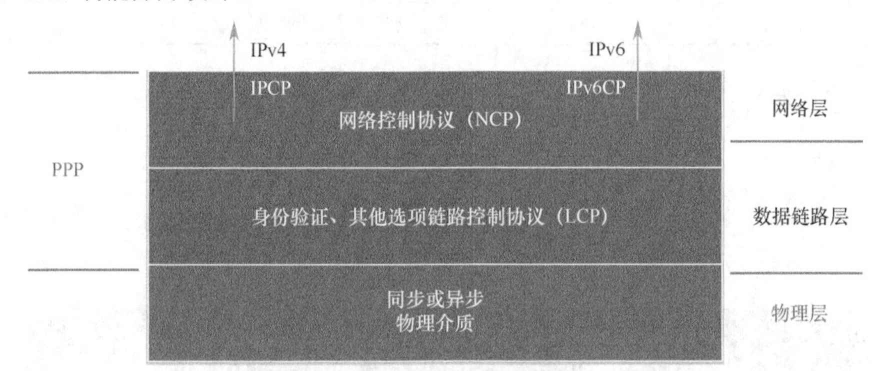

图 2-7 PPP 分层体系架构

在物理层，可在一系列接口上配置 PPP。PPP 运行的的唯一必要条件是在全双工电路。物理层标准对 PPP 链路层帧是透明的。PPP 本身对传输速率没有任何强制性的限制。

PPP 的大部分工作都在数据链路层和网络层，由 LCP 和 NCP 完成。

2. PPP——链路控制协议（LCP）

LCP 在数据链路层中发挥作用，其职责是建立、配置和测试数据链路连接。LCP 建立点对点链路。LCP 还负责协商和设置 WAN 数据链路上的控制选项，这些选项由 NCP 处理，如图 2-7 所示。

LCP 提供了两端接口的自动配置，包括：

- 处理对数据包大小的不同限制；
- 检测常见的配置错误；
- 终止链路；
- 确定链路何时运行正常或者何时发生故障。

在建立链路之后，PPP 还使用 LCP 就封装格式（例如身份验证、压缩和错误检测）自动达成一致。

3. PPP——网络控制协议（NCP）

PPP 允许多个网络层协议在同一通信链路上运行。如图 2-7 所示，针对使用的每个网络层协议，PPP 都使用不同的的 NCP。例如，IPv4 使用 IP 控制协议（IPCP），IPv6 使用 IPv6 控制协议（IPv6CP）。

NCP 中包含的标准化代码的功能字段指示了 PPP 封装的网络层协议。表 2-3 列出了 PPP 协议字段编号。每个 NCP 管理各自网络层协议的特定需求。多种 NCP 组件共同封装和协商多个网络层协议选项。

表 2-3 协议字段名称

值（十六进制）	协议名称
8021	Internet 协议（IPv4）控制协议
8057	Internet 协议第 6 版（IPv6）控制协议

续表

值（十六进制）	协议名称
8023	OSI 网络层控制协议
8029	Appletalk 控制协议
802b	Novell IPX 控制协议
c021	链路控制协议
c023	密码身份验证协议
c223	挑战握手身份验证协议

4. PPP 帧的结构

PPP 帧包括 6 个字段。下文描述总结了图 2-8 中所示的 PPP 帧字段。

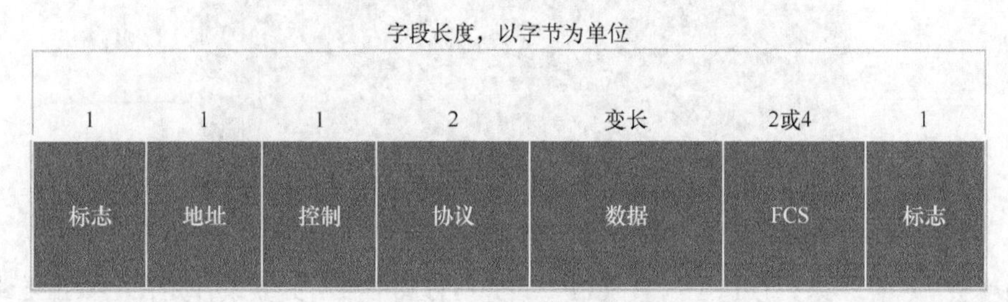

图 2-8 PPP 帧字段

- **标志**：表示帧开始或结束位置的一个字节。标志字段由二进制序列 01111110 组成。
- **地址**：包含二进制序列 11111111（标准广播地址）的单个字节。PPP 不分配独立的站点地址。
- **控制**：包含二进制序列 00000011 的单个字节，要求在不排序的帧中传输用户数据。
- **协议**：两个字节，用于标识封装在帧的信息字段中的协议。双字节协议字段可标识 PPP 负载的协议。
- **数据**：零或多个字节，包含协议字段中指定协议的数据报。
- **帧校验序列（FCS）**：通常为 16 位（2 个字节）。如果接收方计算的 FCS 与 PPP 帧中的 FCS 不一致，则该 PPP 帧将被丢弃且不会给出任何提示。

LCP 可以协商对标准 PPP 帧结构的修改。但是，修改之后的帧始终与标准帧不一样。

2.2.3 PPP 会话

本小节将讲解 PPP 如何建立会话。

1. 创建 PPP 会话

如图 2-9 所示，建立 PPP 会话包括三个阶段。

- **第 1 阶段——链路建立和配置协商**：在 PPP 交换任何网络层数据报（例如 IP）之前，LCP 必须首先打开连接并协商配置选项。当接收路由器向发起连接的路由器发回配置确认帧时，此阶段结束。
- **第 2 阶段——链路质量确定（可选）**：LCP 对链路进行测试以确定链路质量是否足以启

动网络层协议。LCP 可延迟网络层协议信息的传输，直到该阶段完成。

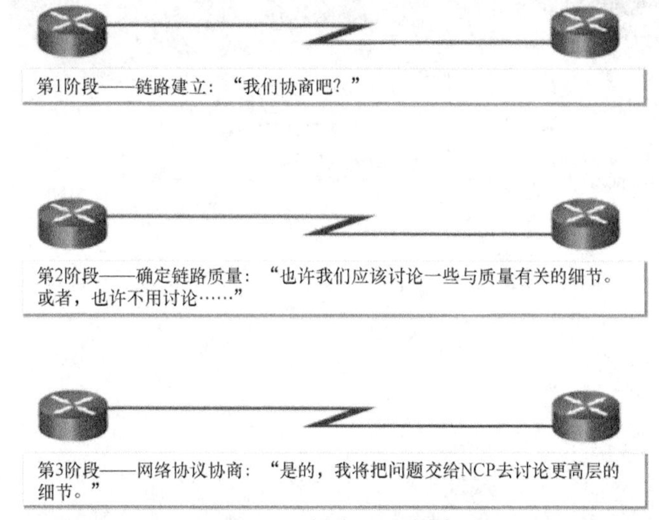

图 2-9 创建 PPP 会话

- **第 3 阶段——网络层协议配置协商：**在 LCP 完成链路质量确定阶段之后，相应的 NCP 就可以独立地配置网络层协议，还可以随时启动或关闭这些协议。如果 LCP 关闭链路，它会通知网络层协议，以便它们能够采取相应的措施。

此链路会保持通信配置，直到显示 LCP 或 NCP 帧关闭该链路，或者直到某些外部事件发生（例如非活动计时器超时或管理员介入）。

LCP 可以随时终止该链路。这通常是在某台路由器请求终止时完成的，但由于某些物理事件也可能会发生这种情况，例如载波丢失或者空闲计时器超时。

2. LCP 操作

LCP 操作包括链路创建、链路维护和链路终止。LCP 操作使用三类 LCP 帧来完成每个 LCP 阶段的工作。

- 链路建立帧负责建立和配置链路（Configure-Request、Configure-Ack、Configure-Nak 和 Configure-Reject）。
- 链路维护帧负责管理和调试链路（Code-Reject、Protocol-Reject、Echo-Request、Echo-Reply 和 Discard-Request）。
- 链路终止帧负责终止链路（Terminate-Request 和 Terminate-Ack）。

链路建立

链路建立是 LCP 操作的第一阶段，如图 2-10 所示。要交换任何网络层数据包，必须先完成此阶段。在链路建立过程中，LCP 打开连接并协商配置参数。链路建立过程的第一步是发起方设备向响应方发送 Configure-Request 帧。Configure-Request 帧包括需要在该链路上设置的各种配置选项。

发起方请求中包括它希望如何创建链路的选项，其中包括协议或身份验证参数。响应方处理请求。

- 如果选项不可接受，或不可识别，则响应方会发送 Configure-Nak 或 Configure-Reject 消息。如果发生这种情况且协商失败，发起方必须使用新的选项重新启动该流程。
- 如果选项可以接受，响应方会回复 Configure-Ack 消息，然后此流程进入身份验证阶段。链路的操作交给 NCP 处理。

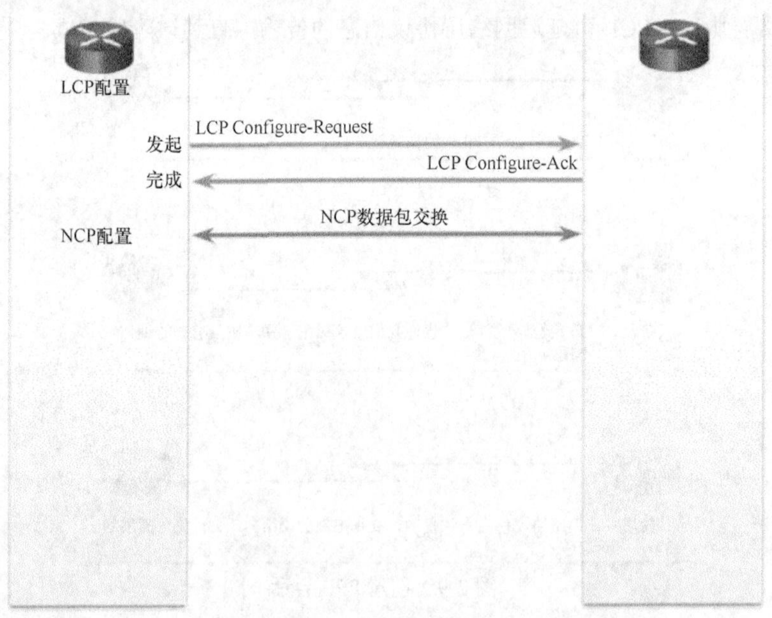

图 2-10 PPP 链路建立

当 NCP 完成所有必需的配置（包括验证身份验证［如果已配置］）之后，线路可以进行数据传输。在数据交换期间，LCP 过渡到链路维护阶段。

链路维护

在链路维护期间，LCP 可以使用消息来提供反馈并测试链路，如图 2-11 所示。

- **Echo-Request、Echo-Reply 和 Discard-Request**：这些帧可用于测试链路。
- **Code-Reject 和 Protocol-Reject**：当某一设备上收到一个无效帧时，这些帧类型可提供反馈。发送设备将会重新发送数据包。

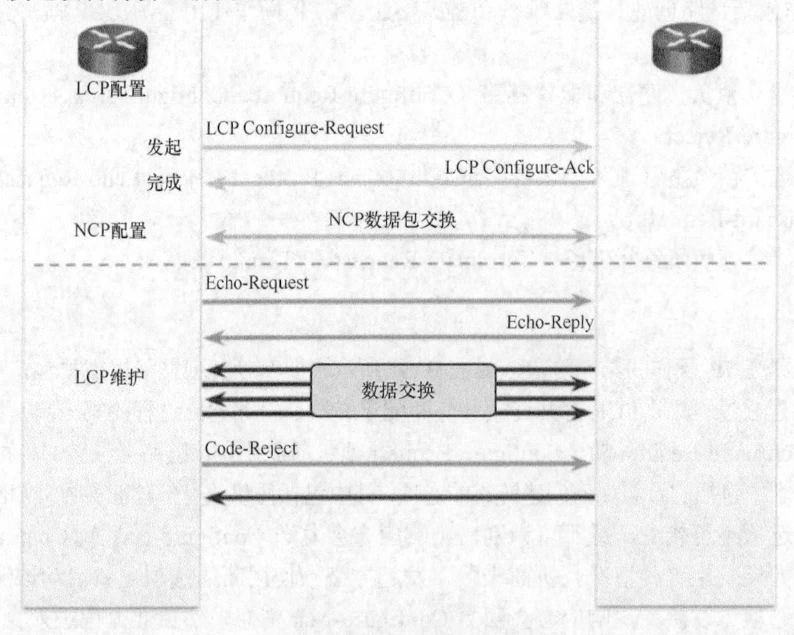

图 2-11 PPP 链路维护

链路终止

在网络层完成数据传输之后，LCP 会终止链路，如图 2-12 所示。NCP 仅终止网络层和 NCP 链路。链路始终处于打开状态，直到 LCP 终止链路为止。如果 LCP 在 NCP 之前终止链路，那么 NCP 会话也会终止。

PPP 可以随时终止该链路。终止链路的原因可能是载波丢失、身份验证失败、链路质量故障、空闲计时器超时或管理性关闭链路。LCP 通过交换 Terminate 数据包关闭链路。发起关闭连接的设备发送 Terminate-Request 消息。其他设备则以 Terminate-Ack 作出响应。终止请求表示发送该请求的设备需要关闭链路。在关闭链路时，PPP 会通知网络层协议采取相应的操作。

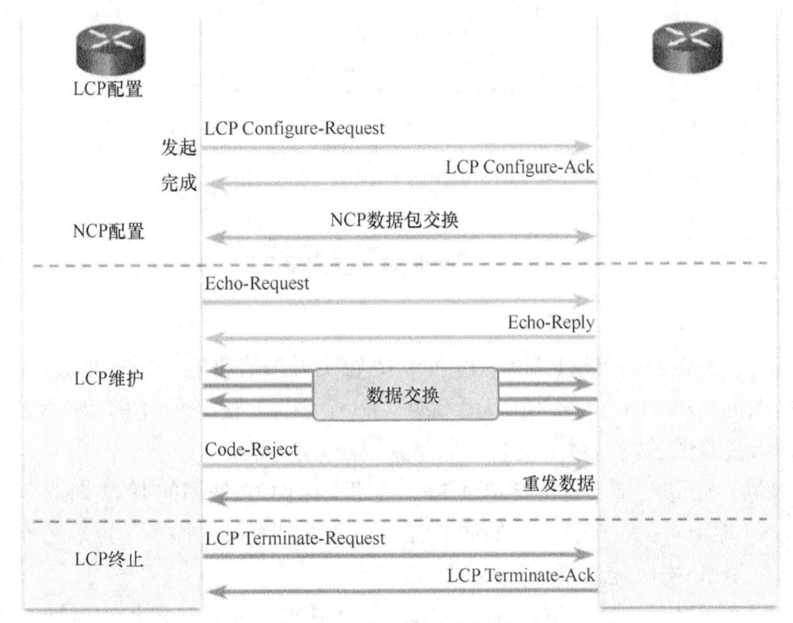

图 2-12 PPP 链路终止

3. PPP 配置选项

PPP 可配置为支持多种可选功能。这些可选功能包括：

- 使用 PAP 或 CHAP 验证身份；
- 使用 Stacker 或 Predictor 进行压缩；
- 组合两个或多个通道以增加 WAN 带宽的多链路。

4. NCP 详解

在 LCP 对基础链路进行配置和身份验证之后，将会调用相应的 NCP 来完成要使用的网络层协议的特定配置。在 NCP 成功配置网络层协议之后，在已建立的 LCP 链路上，网络协议将处于开启状态。此时，PPP 可以传输相应的网络层协议数据包。

IPCP 示例

作为 NCP 层如何运行的示例，图 2-13 展示了 IPv4 的 NCP 配置。在 LCP 建立链路之后，路由器会交换 IPCP 消息，以此协商特定于 IPv4 协议的选项。IPCP 负责在链路的两端配置、启用和禁用 IPv4 模块。

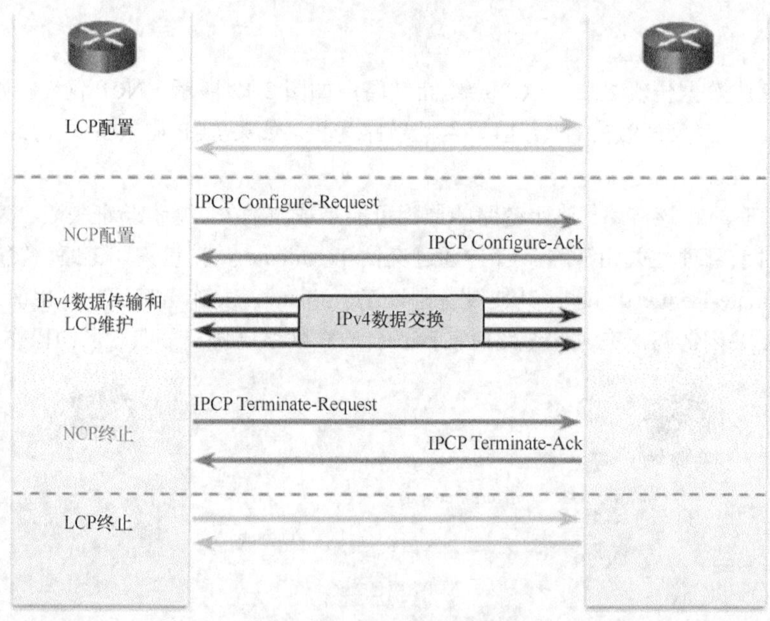

图 2-13　PPP NCP 工作原理

IPCP 协商两个选项。

- **压缩**：允许设备协商算法以压缩 TCP 和 IP 报头并节省带宽。Van Jacobson TCP/IP 报头压缩技术可以将 TCP/IP 报头的大小减少到 3 个字节。在缓慢的串行线路上，此技术可以大幅改善线路的性能，对于交互式通信来说更是如此。
- **IPv4 地址**：允许发起方设备指定供 PPP 链路上路由 IP 使用的 IPv4 地址，或者请求响应方的 IPv4 地址。在宽带技术（例如 DSL、电缆调制解调器服务）出现之前，拨号网络链路通常使用 IPv4 地址选项。

在 NCP 过程完成之后，链路进入开启状态，LCP 在链路维护阶段再次接管。链路流量可能是 LCP、NCP 和网络层协议数据包的任意组合。当数据传输完成后，NCP 会终止协议链路；LCP 会终止 PPP 连接。

2.3　PPP 实施

本节将讲解如何配置 PPP 封装。

2.3.1　配置 PPP

本小节将讲解如何在点对点串行链路上配置 PPP 封装。

1. PPP 配置选项

在前文中，已经介绍了可配置的 LCP 选项以满足特定的 WAN 连接需求。PPP 可以包含以下 LCP 选项。

- **身份验证**：对等路由器交换身份验证消息。验证方法有两种：口令验证协议（PAP）和挑战握手验证协议（CHAP）。

- **压缩**：此选项通过减少必须通过链路传输的帧所含的数据量来提高 PPP 连接中的有效吞吐量。该协议将在帧到达目的地后将帧解压缩。思科路由器提供两种压缩协议：Stacker 和 Predictor。
- **错误检测**：此选项识别错误条件。质量和幻数选项有助于确保可靠的无环数据链路。幻数字段有助于检测处在环路状态的链路。在成功协商幻数配置选项之前，必须将幻数当作 0 进行传输。幻数是连接的两端随机生成的数字。
- **PPP 回拨**：PPP 回拨用于增强安全性。根据此 LCP 选项的设置，思科路由器可以充当回叫客户端或回叫服务器的角色。客户端发起初始呼叫，请求服务器回叫并终止其初始呼叫。回叫路由器应答初始呼叫，并根据其配置语句回叫客户端。
- **多链路 PPP**：该替代选项在 PPP 使用的路由器接口上提供负载均衡。多链路 PPP（也称为 MP、MPPP、MLP 或多链路）提供在多个物理 WAN 链路上传播流量的方法，同时还提供数据包分段和重组、正确定序、多供应商互操作性以及入站和出站流量的负载均衡。

在配置选项之后，相应的字段值将插入到 LCP 选项字段中，如表 2-4 所示。

表 2-4 可配置的选项字段代码

选项名称	选项类型	选项长度	说明
最大接收单元（MRU）	1	4	MRU 是 PPP 帧的最大值，且不能超过 65535。默认值是 1500，如果任何两个对等体都不修改该默认值，则不用进行协商
异步控制字符映射（ACCM）	2	6	这是一个可以在异步链路上启用字符转义的位图。默认情况下使用了字符转义
身份验证协议	3	5 或 6	该字段表示身份验证协议，即 PAP 或 CHAP
幻数（错误检测）	5	6	这是一个随机选择的数字，用来区分对等设备并检测环回线路
协议压缩	7	2	该标志表示当 2 字节协议字段的取值在 0x00-00～0x00-FF 范围内时，将 PPP 协议 ID 压缩为一个二进制八位组（1 字节）
地址和控制字段压缩	8	2	该标志指示从 PPP 报头中删除 PPP 地址字段（始终设置为 OxFF）和 PPP 控制字段（始终设置为 0x03）
回叫	13 或 0x0D	3	指出如何确定回叫的二进制八位组指示器

2. PPP 基本配置命令

若要将 PPP 设置为串行接口使用的封装方法，请使用 **encapsulation ppp** 接口配置命令。该命令没有任何参数。请记住，如果在 Cisco 路由器上没有配置 PPP，则串行接口的默认封装是 HDLC。

图 2-14 显示了用于演示 PPP 配置的双路由器拓扑。

图 2-14 PPP 基本配置

例 2-4 显示了 R1、R2 上具有 IPv4 和 IPv6 地址的串行接口的配置信息。二层封装为 PPP，它支持多种三层协议（包括 IPv4 和 IPv6）。

例 2-4 R1 和 R2 上 PPP 基本配置

```
hostname R1
```

```
!
interface Serial 0/0/0
 ip address 10.0.1.1 255.255.255.252
 ipv6 address 2001:db8:cafe:1::1/64
 encapsulation ppp
```

```
hostname R2
!
interface Serial 0/0/0
 ip address 10.0.1.2 255.255.255.252
 ipv6 address 2001:db8:cafe:1::2/64
 encapsulation ppp
```

3. PPP 压缩命令

在启用 PPP 封装之后，可在串行接口上配置点对点软件压缩。由于该选项会调用软件压缩进程，因此会影响系统性能。如果流量本身已由压缩的文件（例如.zip、.tar 或.mpeg）组成，那么不需要使用该选项。

在接口配置模式下使用 **compress [predictor | stac]** 命令来启用 PPP 压缩。

表 2-5 显示了 **compress** 命令的选项。

表 2-5 PPP compress 命令

关键字	描 述
predictor	（可选）指定将要使用的 predictor 压缩算法
stac	（可选）指定将要使用的 Stacker（LZS）压缩算法

例 2-5 显示了 R1、R2 上使用 predictor 压缩算法的配置信息。

例 2-5 R1 和 R2 上 PPP 压缩配置

```
hostname R1
!
interface Serial 0/0/0
 ip address 10.0.1.1 255.255.255.252
 ipv6 address 2001:db8:cafe:1::1/64
 encapsulation ppp
 compress predictor
```

```
hostname R2
!
interface Serial 0/0/0
 ip address 10.0.1.2 255.255.255.252
 ipv6 address 2001:db8:cafe:1::2/64
 encapsulation ppp
 compress predictor
```

4. PPP 链路质量监控命令

LCP 会提供可选的链路质量确定阶段。在此阶段中，LCP 将对链路进行测试，以确定链路质量是否足以支持第 3 层协议的运行。

ppp quality *percentage* 接口配置命令用于确保链路满足设定的质量要求；否则链路将关闭。*percentage* 值指定了链路质量阈值，范围为 1～100。

百分比是针对入站和出站两个方向分别计算的。出站链路质量的计算方法是将已发送的数据包及字节总数与目的节点收到的数据包及字节总数进行比较。入站链路质量的计算方法是将已收到的数据包及字节总数与目的节点发送的数据包及字节总数进行比较。

如果未能维护链路质量百分比，链路的质量注定不高，链路将陷入瘫痪。链路质量监控（LQM）

执行时滞（time lag）功能，这样，链路不会时而正常运行，时而瘫痪。

在例 2-6 中，**ppp quality 80** 配置将最小的质量设置为 80%。

例 2-6 R1 和 R2 上 PPP 链路质量配置

```
hostname R1
!
interface Serial 0/0/0
 ip address 10.0.1.1 255.255.255.252
 ipv6 address 2001:db8:cafe:1::1/64
 encapsulation ppp
 compress predictor
 ppp quality 80
```

```
hostname R2
!
interface Serial 0/0/0
 ip address 10.0.1.2 255.255.255.252
 ipv6 address 2001:db8:cafe:1::2/64
 encapsulation ppp
 compress predictor
 ppp quality 80
```

5. PPP 多链路命令

多链路 PPP（也称为 MP、MPPP、MLP 或多链路）提供在多个物理 WAN 链路上传播流量的方法。多链路 PPP 还提供数据包分段和重组、正确定序、多供应商互操作性以及入站和出站流量的负载均衡。

MPPP 允许对数据包进行分片并在多个点对点链路上将这些数据片同时发送到同一个远程地址。在用户定义的负载阈值下，多个物理层链路将恢复运行。MPPP 可以只测量入站流量的负载，也可以只测量出站流量的负载，但不能同时测量入站和出站流量的负载。

图 2-15 显示了一个 PPP 多链路拓扑。

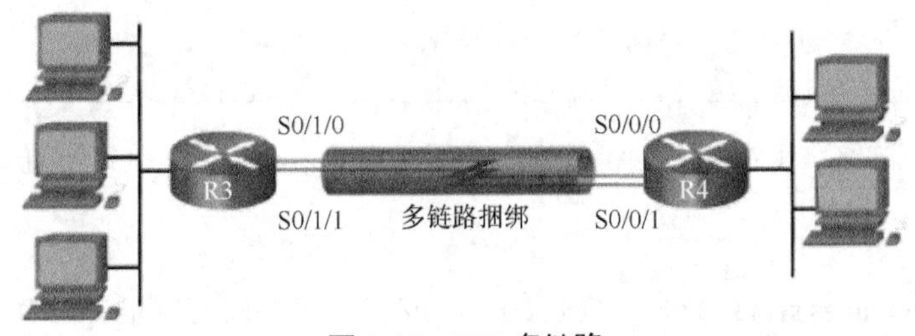

图 2-15 PPP 多链路

配置 MPPP 需要两个步骤。

步骤 1 创建多链路捆绑。

- 在全局配置模式下使用 **interface multilink** *number* 命令创建多链路接口。
- 在接口配置模式下，为多链路接口配置 IPv4 和/或 IPv6 地址。
- 使用 **ppp multilink** 接口配置命令启用多链路 PPP。
- 使用 **ppp multilink group** *number* 接口配置命令来分配多链路组编号。

步骤 2 将每个物理接口分配给多链路捆绑。

- 使用 **ppp encapsulation** 接口配置命令启用 PPP。
- 使用 **ppp multilink** 接口配置命令启用多链路 PPP。
- 使用 **ppp multilink group** *number* 接口配置命令来分配多链路组编号。

例 2-7 显示了在 R3 和 R4 之间配置的多链路 PPP。

例 2-7 R3 和 R4 之间多链路配置

```
hostname R3
!
interface Multilink 1
  ip address 10.0.1.1 255.255.255.252
  ipv6 address 2001:db8:cafe:1::1/64
  ppp multilink
  ppp multilink group 1
!
interface Serial 0/1/0
  no ip address
  encapsulation ppp
  ppp multilink
  ppp multilink group 1
!
interface Serial 0/1/1
  no ip address
  encapsulation ppp
  ppp multilink
  ppp multilink group 1
```

```
hostname R4
!
interface Multilink 1
 ip address 10.0.1.2 255.255.255.252
 ipv6 address 2001:db8:cafe:1::2/64
 ppp multilink
 ppp multilink group 1
!
interface Serial 0/0/0
 no ip address
 encapsulation ppp
 ppp multilink
 ppp multilink group 1
!
interface Serial 0/0/1
 no ip address
 encapsulation ppp
 ppp multilink
 ppp multilink group 1
```

要禁用 PPP 多链路，可在每个捆绑接口上使用 **no ppp multilink** 接口配置命令。

6. 检验 PPP 配置

使用 **show interfaces serial** 命令可检验 HDLC 或 PPP 封装的配置是否正确。例 2-8 中的命令输出显示了 PPP 配置。

例 2-8 检验串行 PPP 封装配置

```
R2# show interfaces serial 0/0/0
Serial0/0/0 is up, line protocol is up
  Hardware is GT96K Serial
  Internet address is 10.0.1.2/30
  MTU 1500 bytes, BW 1544 Kbit/sec, DLY 20000 usec,
     reliability 255/255, txload 1/255, rxload 1/255
  Encapsulation PPP, LCP Open
  Open: IPCP, IPV6CP, CCP, CDPCP, loopback not set
  Keepalive set (10 sec)
  CRC checking enabled
  Last input 00:00:02, output 00:00:02, output hang never
  Last clearing of "show interface" counters 01:29:06
  Input queue: 0/75/0/0 (size/max/drops/flushes); Total output drops: 0
```

```
  Queueing strategy: weighted fair
  Output queue: 0/1000/64/0 (size/max total/threshold/drops)
     Conversations 0/1/256 (active/max active/max total)
     Reserved Conversations 0/0 (allocated/max allocated)
     Available Bandwidth 1158 kilobits/sec
  5 minute input rate 0 bits/sec, 0 packets/sec
  5 minute output rate 0 bits/sec, 0 packets/sec
     1944 packets input, 67803 bytes, 0 no buffer
     Received 0 broadcasts (0 IP multicasts)
     0 runts, 0 giants, 0 throttles
     0 input errors, 0 CRC, 0 frame, 0 overrun, 0 ignored, 0 abort
     1934 packets output, 67718 bytes, 0 underruns
     0 output errors, 0 collisions, 5 interface resets
     1 unknown protocol drops
     0 output buffer failures, 0 output buffers swapped out
     8 carrier transitions
     DCD=up DSR=up DTR=up RTS=up CTS=up

R2#
```

在配置 HDLC 时，**show interfaces serial** 命令的输出应该显示 **encapsulation HDLC**。配置 PPP 后，该命令还会显示 LCP 和 NCP 的状态。注意，NCP IPCP 和 IPv6CP 对 IPv4 和 IPv6 都适用，因为 R1 和 R2 上同时配置了 IPv4 和 IPv6 地址。

表 2-6 总结了检验 PPP 时使用的命令。

表 2-6　　检验 PPP 的命令

命　　令	说　　明
show interfaces	显示路由器上所有已配置的接口的统计信息
show interfaces serial	显示有关串行接口的信息
show ppp multilink	显示有关 PPP 多链路接口的信息

show ppp multilink 命令可以检验 PPP 多链路是否在 R3 上启用，如例 2-9 所示。输出显示了接口 Multilink 1、本地和远程端点的主机名以及分配到多链路捆绑的串行接口。

例 2-9　检验 PPP 多链路

```
R3# show ppp multilink
Multilink1
  Bundle name: R4
  Remote Endpoint Discriminator: [1] R4
  Local Endpoint Discriminator: [1] R3
  Bundle up for 00:01:20, total bandwidth 3088, load 1/255
  Receive buffer limit 24000 bytes, frag timeout 1000 ms
    0/0 fragments/bytes in reassembly list
    0 lost fragments, 0 reordered
    0/0 discarded fragments/bytes, 0 lost received
    0x2 received sequence, 0x2 sent sequence
  Member links: 2 active, 0 inactive (max 255, min not set)
    Se0/1/1, since 00:01:20
    Se0/1/0, since 00:01:06
No inactive multilink interfaces
R3#
```

2.3.2 PPP 身份验证

本小节将讨论 PPP 身份验证的配置。

1. PPP 身份验证协议

PPP 定义了 LCP。LCP 允许协商身份验证协议，以便在允许网络层协议通过该链路传输之前，验证对等点的身份。RFC 1334（PPP Authentication Protocol）定义了两种身份验证协议，即 PAP 和 CHAP，如图 2-16 所示。

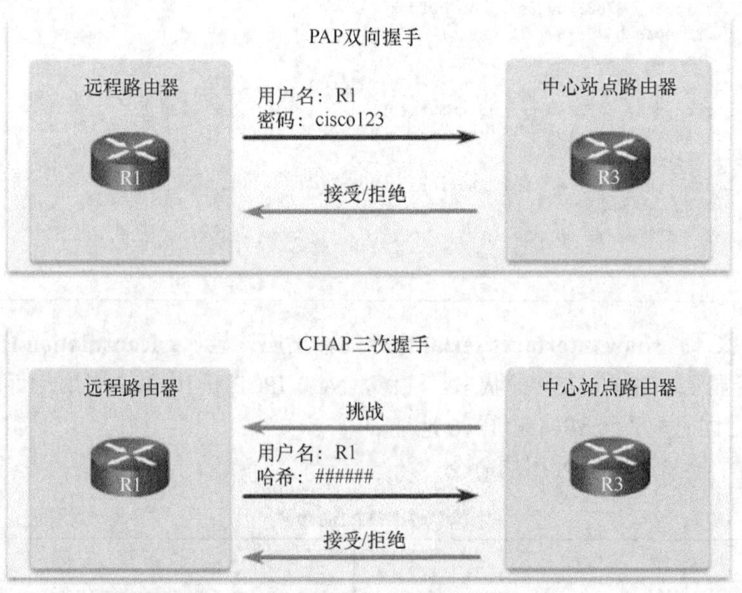

图 2-16　PPP 身份验证协议

PAP 是一个基本的双向过程，不使用加密，用户名和密码以明文形式发送。如果通过此验证，则允许连接。CHAP 比 PAP 更安全，它通过三次握手交换共享密钥。

PPP 会话的身份验证阶段是可选的。如果采用，那么在 LCP 建立链路并选择身份验证协议之后，会对对等设备进行身份验证。身份验证将在网络层协议配置阶段开始之前进行。

身份验证选项会要求链路的呼叫方提供身份验证信息。 这有助于确保用户的呼叫行为得到了网络管理员的许可。对等路由器交换身份验证消息。

2. 口令验证协议（PAP）

PAP 使用双向握手为远程节点提供了一种简单的建立身份验证的方法。PAP 不支持交互。在使用 **ppp authentication pap** 接口配置命令后，系统将以一个 LCP 数据包的形式发送用户名和密码，而不是像某些身份验证机制那样发送登录提示并等待响应，如图 2-17 所示。

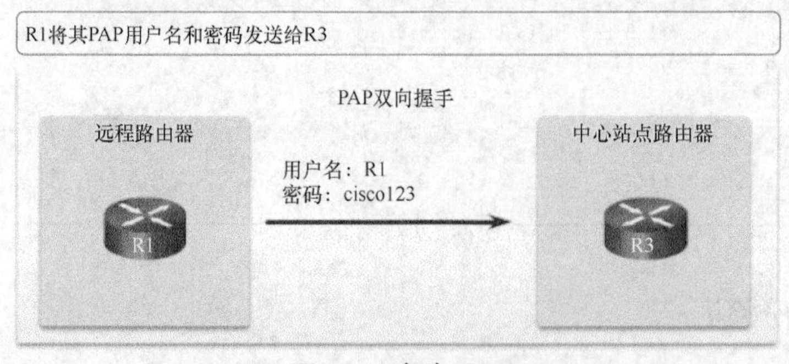

图 2-17　启动 PAP

PAP 过程

在 PPP 连接建立阶段完成以后，远程节点通过链路重复地发送用户名一密码对，直到接收到对方节点的确认信息或者连接终止为止。

在接收节点，运行 PPP 的设备将将检查用户名和密码，以决定允许或拒绝连接。接受或拒绝消息将返回到请求者，如图 2-18 所示。

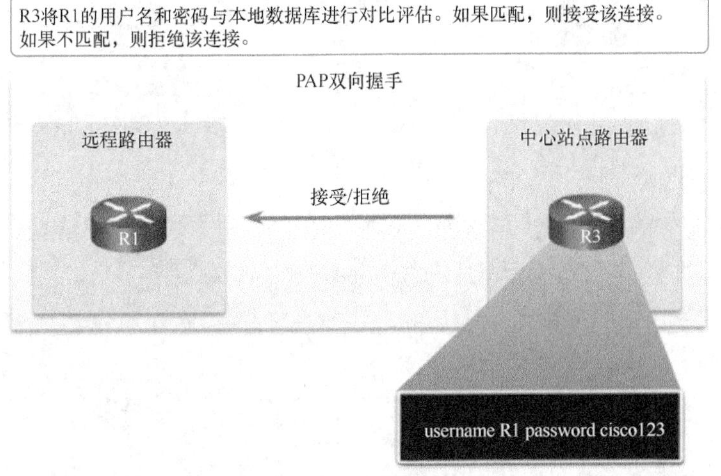

图 2-18　完成 PAP

PAP 并非强可靠的身份验证协议。如果使用 PAP，密码将通过链路以明文形式发送，也就无法针对回送攻击或反复的试错攻击进行防护。远程节点将控制登录尝试的频率和时间。

尽管如此，PAP 还是有其用武之地。例如，PAP 仍可用于以下情形：

- 当系统中安装了大量不支持 CHAP 的客户端应用程序时；
- 当不同供应商实现的 CHAP 互不兼容时；
- 当模拟主机远程登录必须使用纯文本口令时。

3. 挑战握手验证协议（CHAP）

PAP 只进行一次认证。当使用 PAP 建立身份验证之后，它不会重新进行身份验证，从而使网络容易遭到攻击。

CHAP 要更安全一些，因为它定期执行消息询问，以确保远程节点仍然拥有有效的密码值。密码值是个变量，当链路存在时该值不断改变，并且这种改变是不可预知的。

CHAP 是在接口模式下使用 **ppp authentication chap** 命令配置的。

CHAP 过程

在 PPP 链路建立阶段完成后，本地路由器会向远程节点发送一条询问消息，如图 2-19 所示。

远程节点将以使用单向哈希函数计算出的值作出响应，该函数通常是基于密码和询问消息的消息摘要 5（MD5），如图 2-20 所示。

本地路由器根据自己计算的预期哈希值来检查响应。如果两个值匹配，那么发起方节点确认身份验证，如图 2-21 所示。如果两者的值不匹配，那么发起方节点将立即终止连接。

CHAP 通过使用唯一且不可预测的可变询问消息值来防止回放攻击。因为询问消息唯一而且随机变化，所以得到的哈希值也是随机的唯一值。反复发送询问信息限制了暴露在任何单次攻击下的时间。本地路由器或第三方身份验证服务器控制着发送询问信息的频率和时机。

R3发起三次并向R1发送一条询问消息。
CHAP三次握手
远程路由器
中心站点路由器
询问
R1
R3

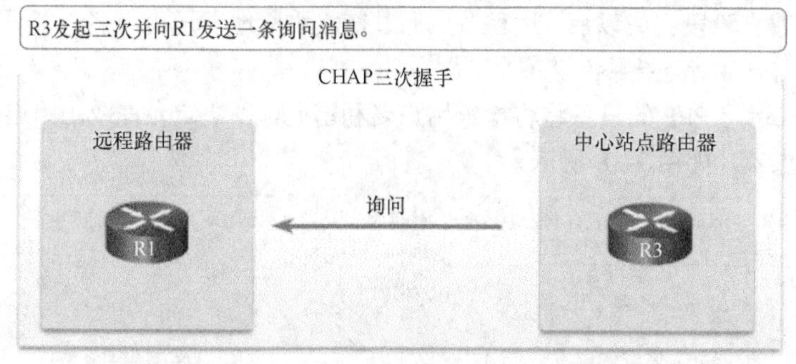

图 2-19 启动 CHAP

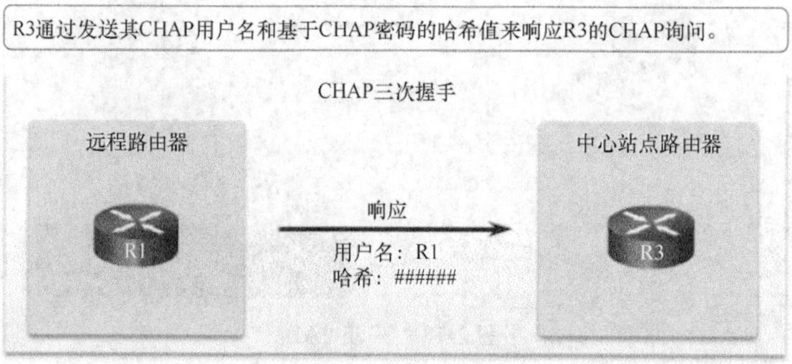

R3通过发送其CHAP用户名和基于CHAP密码的哈希值来响应R3的CHAP询问。
CHAP三次握手
远程路由器
中心站点路由器
响应
用户名：R1
哈希：######
R1
R3

图 2-20 响应 CHAP

通过使用本地数据库中R1的用户名和密码，R3将它所计算的哈希值与R1发送的值进行比较。
CHAP三次握手
远程路由器
中心站点路由器
接受/拒绝
R1
R3
username R1 password cisco123

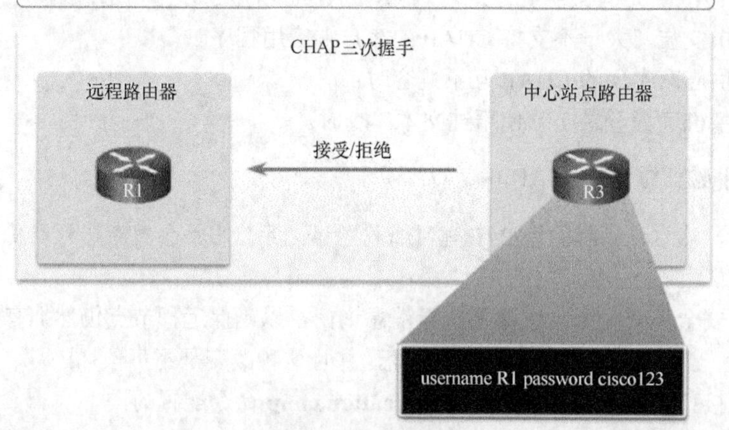

图 2-21 完成 CHAP

4. PPP 认证命令

可以启用 PAP 和 CHAP 两者中任意一个，也可两者同时启用。如果同时启用，那么链路协商期间请求的将是您指定的第一个方法。如果对方建议使用第二种方法或只是拒绝了第一种方法，系统将会尝试第二种方法。有些远程设备仅支持 CHAP，有些则仅支持 PAP。指定方法的顺序取决于您是更关心远程设备协商合适方法的能力，还是更关心数据线路的安全性。

要指定在接口上请求 CHAP 或 PAP 协议的顺序，可使用 **ppp authentication** {**chap|chap pap|pap chap|pap**} 接口配置命令。

表 2-7 解释了 **ppp authentication** 命令的每一个关键字。

表 2-7 PPP 认证命令

关键字	描述
chap	在串行接口上启用 CHAP
pap	在串行接口上启用 PAP
chap pap	在串行接口上同时启用 CHAP 和 PAP，并在 PAP 之前执行 CHAP 身份验证
pap chap	在串行接口上同时启用 CHAP 和 PAP，并在 CHAP 之前执行 PAP 身份验证

使用该命令的 **no** 形式将禁用此身份验证。

5. 配置 PPP 身份验证

图 2-22 显示了两台路由器之间使用 PPP 身份验证配置的拓扑。

图 2-22 PAP 和 CHAP 配置拓扑

配置 PAP 身份验证

例 2-10 显示了一个 PAP 双向握手验证配置信息。双方路由器将相互验证身份，因此 PAP 身份验证命令相互镜像。使用 **ppp pap sent-username** *name* **password** *password* 接口配置命令可以指定路由器将要发送的用户名和密码参数。这个用户名和密码组合必须与另一台接收路由器的 **username** *name***password** *password* 命令指定的用户名和密码一致。

例 2-10 R1 和 R2 上 PAP 配置

```
hostname R1
username R2 password sameone
!
interface Serial0/0/0
 ip address 10.0.1.1 255.255.255.252
 ipv6 address 2001:DB8:CAFE:1::1/64
 encapsulation ppp
 ppp authentication pap
 ppp pap sent-username R1 password sameone
```

```
hostname R2
username R1 password 0 sameone
!
interface Serial 0/0/0
 ip address 10.0.1.2 255.255.255.252
 ipv6 address 2001:db8:cafe:1::2/64
 encapsulation ppp
 ppp authentication pap
 ppp pap sent-username R2 password sameone
```

PAP 使用双向握手为远程节点提供了一种简单的身份验证方法。此验证过程仅在初次建立链路时执行。一台路由器上的主机名必须与已配置 PPP 的另一台路由器的用户名一致。两者的密码也必须一致。

配置 CHAP 身份验证

由于 CHAP 的安全性高于 PAP，我们总是用 CHAP 代替 PAP。CHAP 使用三次握手定期校验远程节点的身份。一台路由器上的主机名必须与另一台路由器上已配置的用户名一致。两者的密码也必须一致。此校验在初次建立链路时执行，在链路建立之后可随时重复执行。

例 2-11 显示了一个 CHAP 配置示例。

例 2-11 R1 和 R2 上 CHAP 配置

```
hostname R1
username R2 password sameone
!
interface Serial0/0/0
 ip address 10.0.1.1 255.255.255.252
 ipv6 address 2001:DB8:CAFE:1::1/64
 encapsulation ppp
 ppp authentication chap
```

```
hostname R2
username R1 password 0 sameone
!
interface Serial 0/0/0
 ip address 10.0.1.2 255.255.255.252
 ipv6 address 2001:db8:cafe:1::2/64
 encapsulation ppp
 ppp authentication chap
```

注意，CHAP 的配置比 PAP 更简单。

2.4 WAN 连接故障排除

本节将讲解如何对 PPP 进行故障排除。

2.4.1 PPP 故障排除

本小节将讲解如何使用 **show** 和 **debug** 命令对 PPP 进行故障排除。

1. PPP 串行封装故障排除

特权 EXEC 模式下的 **debug** 命令在进行故障排除时非常有用。该命令实时输出与各种路由器运行、路由器生成或接收的相关流量及所有错误消息相关的信息。

然而，**debug** 命令是一个资源密集型进程。该命令会占用大量的资源，会强制路由器处理要调试的数据包。因此，**debug** 命令不得用作常规的网络监视，它只能用于短时间的故障排除。所以，请始终记住在特权 EXEC 模式下使用 **no debug** 或 **undebug all** 命令禁用该调试命令。

在特权 EXEC 模式下使用 **debug ppp {packet | negotiation | error | authentication | compression}**命令显示有关 PPP 运行的信息。

表 2-8 描述了 **debug ppp** 命令的语法。

表 2-8 debug ppp 命令参数

参数	用途
packet	显示发送和接收的 PPP 数据包
negotiation	显示 PPP 启动期间传输的 PPP 数据包。这对了解 PPP 选项是如何协商的非常有用
error	显示协议错误和与 PPP 连接协商及运行有关的错误统计信息
authentication	显示 PAP 和 CHAP 身份验证协议信息
compression	显示特定于 PPP 使用数据包压缩交换 PPP 连接的信息

使用此命令的 **no** 形式来禁用调试输出。

在尝试搜索以下内容时，请使用 **debug ppp** 命令：

- 在 PPP 连接的两端都支持的 NCP；
- 可能存在于 PPP 网际网络中的任何环路；
- 正确协商（或没有正确协商）PPP 连接的节点；
- PPP 连接中出现的错误；
- CHAP 会话失败的原因；
- PAP 会话失败的原因；
- 特定于使用回拨控制协议（CBCP）的 PPP 连接交换的信息（微软客户端所使用）；
- 启用了 MPPC 压缩的不正确数据包的序列号信息。

2. 调试 PPP

在对串行接口封装进行故障排除时，最好选用 **debug ppp packet** 特权 EXEC 模式命令，如例 2-12 所示。

例 2-12 debug ppp packet 命令的输出

```
R1# debug ppp packet
PPP packet display debugging is on
R1#
*Apr 1 16:15:17.471: Se0/0/0 LQM: O state Open magic 0x1EFC37C3 len 48
*Apr 1 16:15:17.471: Se0/0/0 LQM:  LastOutLQRs 70 LastOutPackets/Octets 194/9735
*Apr 1 16:15:17.471: Se0/0/0 LQM:  PeerInLQRs 70 PeerInPackets/Discards/Errors/
  Octets 0/0/0/0

*Apr 1 16:15:17.471: Se0/0/0 LQM:  PeerOutLQRs 71 PeerOutPackets/Octets 197/9839
*Apr 1 16:15:17.487: Se0/0/0 PPP: I pkt type 0xC025, datagramsize 52 link[ppp]
*Apr 1 16:15:17.487: Se0/0/0 LQM: I state Open magic 0xFE83D624 len 48
*Apr 1 16:15:17.487: Se0/0/0 LQM:  LastOutLQRs 71 LastOutPackets/Octets 197/9839
*Apr 1 16:15:17.487: Se0/0/0 LQM:  PeerInLQRs 71 PeerInPackets/Discards/Errors/
  Octets 0/0/0/0

*Apr 1 16:15:17.487: Se0/0/0 LQM:  PeerOutLQRs 71 PeerOutPackets/Octets 196/9809
*Apr 1 16:15:17.535: Se0/0/0 LCP: O ECHOREQ [Open] id 36 len 12 magic 0x1EFC37C3
*Apr 1 16:15:17.539: Se0/0/0 LCP-FS: I ECHOREP [Open] id 36 len 12 magic
  0xFE83D624
*Apr 1 16:15:17.539: Se0/0/0 LCP-FS: Received id 36, sent id 36, line up
*Apr 1 16:15:18.191: Se0/0/0 PPP: I pkt type 0xC025, datagramsize 52 link[ppp]
*Apr 1 16:15:18.191: Se0/0/0 LQM: I state Open magic 0xFE83D624 len 48
*Apr 1 16:15:18.191: Se0/0/0 LQM:  LastOutLQRs 71 LastOutPackets/Octets 197/9839
*Apr 1 16:15:18.191: Se0/0/0 LQM:  PeerInLQRs 71 PeerInPackets/Discards/Errors/
  Octets 0/0/0/0

*Apr 1 16:15:18.191: Se0/0/0 LQM:  PeerOutLQRs 72 PeerOutPackets/Octets 198/9883
*Apr 1 16:15:18.191: Se0/0/0 LQM: O state Open magic 0x1EFC37C3 len 48
*Apr 1 16:15:18.191: Se0/0/0 LQM:  LastOutLQRs 72 LastOutPackets/Octets 198/9883
*Apr 1 16:15:18.191: Se0/0/0 LQM:  PeerInLQRs 72 PeerInPackets/Discards/Errors/
  Octets 0/0/0/0

*Apr 1 16:15:18.191: Se0/0/0 LQM:  PeerOutLQRs 72 PeerOutPackets/Octets 199/9913
```

```
*Apr 1 16:15:18.219: Se0/0/0 LCP-FS: I ECHOREQ [Open] id 36 len 12 magic
  0xFE83D624
*Apr 1 16:15:18.219: Se0/0/0 LCP-FS: O ECHOREP [Open] id 36 len 12 magic
  0x1EFC37C3

R1# un all
```

本例说明了正常的PPP操作下的数据包交换。

debug ppp negotiation 特权EXEC模式命令使网络管理员能够查看PPP协商事务，识别错误发生的问题或阶段，并制定解决方案。

例2-13显示了 **debug ppp negotiation** 命令在正常协商中所产生的输出，两端就NCP参数达成一致。

例2-13　debug ppp negotiation 命令的输出

```
R1# debug ppp negotiation
PPP protocol negotiation debugging is on
R1#
*Apr  1 18:42:29.831: %LINK-3-UPDOWN: Interface Serial0/0/0, changed state to up
*Apr  1 18:42:29.831: Se0/0/0 PPP: Sending cstate UP notification
*Apr  1 18:42:29.831: Se0/0/0 PPP: Processing CstateUp message
*Apr  1 18:42:29.835: PPP: Alloc Context [66A27824]
*Apr  1 18:42:29.835: ppp2 PPP: Phase is ESTABLISHING
*Apr  1 18:42:29.835: Se0/0/0 PPP: Using default call direction
*Apr  1 18:42:29.835: Se0/0/0 PPP: Treating connection as a dedicated line
*Apr  1 18:42:29.835: Se0/0/0 PPP: Session handle[4000002] Session id[2]
*Apr  1 18:42:29.835: Se0/0/0 LCP: Event[OPEN] State[Initial to Starting]
*Apr  1 18:42:29.835: Se0/0/0 LCP: O CONFREQ [Starting] id 1 len 23
*Apr  1 18:42:29.835: Se0/0/0 LCP:   AuthProto CHAP (0x0305C22305)
*Apr  1 18:42:29.835: Se0/0/0 LCP:   QualityType 0xC025 period 1000
  (0x0408C025000003E8)
*Apr  1 18:42:29.835: Se0/0/0 LCP:   MagicNumber 0x1F887DD3 (0x05061F887DD3)
<Output omitted>
*Apr  1 18:42:29.855: Se0/0/0 PPP: Phase is AUTHENTICATING, by both
*Apr  1 18:42:29.855: Se0/0/0 CHAP: O CHALLENGE id 1 len 23 from "R1"
<Output omitted>
*Apr  1 18:42:29.871: Se0/0/0 IPCP: Authorizing CP
*Apr  1 18:42:29.871: Se0/0/0 IPCP: CP stalled on event[Authorize CP]
*Apr  1 18:42:29.871: Se0/0/0 IPCP: CP unstall
<Output omitted>
*Apr  1 18:42:29.875: Se0/0/0 CHAP: O SUCCESS id 1 len 4
*Apr  1 18:42:29.879: Se0/0/0 CHAP: I SUCCESS id 1 len 4
*Apr  1 18:42:29.879: Se0/0/0 PPP: Phase is UP
*Apr  1 18:42:29.879: Se0/0/0 IPCP: Protocol configured, start CP. state[Initial]
*Apr  1 18:42:29.879: Se0/0/0 IPCP: Event[OPEN] State[Initial to Starting]
*Apr  1 18:42:29.879: Se0/0/0 IPCP: O CONFREQ [Starting] id 1 len 10
*Apr  1 18:42:29.879: Se0/0/0 IPCP:   Address 10.0.1.1 (0x03060A000101)
*Apr  1 18:42:29.879: Se0/0/0 IPCP: Event[UP] State[Starting to REQsent]
*Apr  1 18:42:29.879: Se0/0/0 IPV6CP: Protocol configured, start CP. state[Initial]
*Apr  1 18:42:29.883: Se0/0/0 IPV6CP: Event[OPEN] State[Initial to Starting]
*Apr  1 18:42:29.883: Se0/0/0 IPV6CP: Authorizing CP
*Apr  1 18:42:29.883: Se0/0/0 IPV6CP: CP stalled on event[Authorize CP]
<Output omitted>
*Apr  1 18:42:29.919: Se0/0/0 IPCP: State is Open
*Apr  1 18:42:29.919: Se0/0/0 IPV6CP: State is Open
*Apr  1 18:42:29.919: Se0/0/0 CDPCP: State is Open
*Apr  1 18:42:29.923: Se0/0/0 CCP: State is Open
*Apr  1 18:42:29.927: Se0/0/0 Added to neighbor route AVL tree: topoid 0, address
  10.0.1.2
*Apr  1 18:42:29.927: Se0/0/0 IPCP: Install route to 10.0.1.2
*Apr  1 18:42:39.871: Se0/0/0 LQM: O state Open magic 0x1F887DD3 len 48
```

```
*Apr  1 18:42:39.871: Se0/0/0 LQM: LastOutLQRs 0 LastOutPackets/Octets 0/0
*Apr  1 18:42:39.871: Se0/0/0 LQM: PeerInLQRs 0 PeerInPackets/Discards/Errors/
  Octets 0/0/0/0
*Apr  1 18:42:39.871: Se0/0/0 LQM: PeerOutLQRs 1 PeerOutPackets/Octets
  3907/155488
*Apr  1 18:42:39.879: Se0/0/0 LQM: I state Open magic 0xFF101A5B len 48
*Apr  1 18:42:39.879: Se0/0/0 LQM: LastOutLQRs 0 LastOutPackets/Octets 0/0
*Apr  1 18:42:39.879: Se0/0/0 LQM: PeerInLQRs 0 PeerInPackets/Discards/Errors/
  Octets 0/0/0/0
*Apr  1 18:42:39.879: Se0/0/0 LQM: PeerOutLQRs 1 PeerOutPackets/Octets
  3909/155225
<Output omitted>
```

在本例中，协议类型 IPv4 和 IPv6 被提出并确认。输出包括 LCP 协商、身份验证和 NCP 协商。

debug ppp error 特权 EXEC 模式命令可显示与 PPP 连接协商和操作相关的协议错误以及错误统计信息，如例 2-14 所示。

例 2-14 debug ppp error 命令的输出

```
R1# debug ppp error
PPP Serial3(i): rlqr receive failure. successes = 15
PPP: myrcvdiffp = 159 peerxmitdiffp = 41091
PPP: myrcvdiffo = 2183 peerxmitdiffo = 1714439
PPP: threshold = 25
PPP Serial2(i): rlqr transmit failure. successes = 15
PPP: myxmitdiffp = 41091 peerrcvdiffp = 159
PPP: myxmitdiffo = 1714439 peerrcvdiffo = 2183
PPP: l->OutLQRs = 1 LastOutLQRs = 1
PPP: threshold = 25
PPP Serial3(i): lqr_protrej() Stop sending LQRs.
PPP Serial3(i): The link appears to be looped back.
```

3. 排除 PPP 身份验证配置的故障

身份验证是一项需要正确实施的功能，否则可能会危及串行连接的安全性。必须始终使用 **show interfaces serial** 命令来检验配置。

未经测试，永远不要想当然地认为您的身份验证配置会正常运行。如果发现存在问题，通过调试可以确认您的配置正确无误。

为了调试 PPP 身份验证，请使用 **debug ppp authentication** 特权 EXEC 模式命令，如例 2-15 所示。

例 2-15 排除 PPP 身份验证配置的故障

```
R2# debug ppp authentication
Serial0: Unable to authenticate. No name received from peer
Serial0: Unable to validate CHAP response. USERNAME pioneer not found.
Serial0: Unable to validate CHAP response. No password defined for USERNAME pioneer
Serial0: Failed CHAP authentication with remote. Remote message is Unknown name
Serial0: remote passed CHAP authentication.
Serial0: Passed CHAP authentication with remote.
Serial0: CHAP input code = 4 id = 3 len = 48
```

以下是关于该输出的说明。

- 第 1 行是说路由器无法在接口 Serial0/0/0 上进行身份验证，因为对等设备未发送名称。
- 第 2 行是说路由器无法验证 CHAP 响应，因为在本地路由器数据库中找不到用户名 pioneer。
- 第 3 行是说未找到 pioneer 的密码。
- 在最后一行中，代码 4 表示验证失败（其他代码值：**1**—挑战；**2**—响应；**3**—成功）。最后一行还显示 LCP 数据包的 ID 号（**id**=3）及其不带报头的数据包长度（**len**=48）。

2.5 总结

串行传输在单个信道上一次发送一个比特。串行端口是双向的。同步串行通信需要时钟信号。

点对点链路通常比共享服务更昂贵；但是，它的好处可能大于成本。对于某些协议（如 VoIP）来说，持续可用性是非常重要的。

SONET是一种光网络标准，它使用STDM来有效地利用带宽。在美国，OC传输速率是SONET的标准化规范。

北美（T 载波）和欧洲（E 载波）运营商使用的带宽架构是不同的。在北美，基本的线路速率为 64kbit/s，即 DS0。多个 DS0 捆绑在一起可以提供更高的线路速率。

分界点是网络中服务提供商责任终止和客户责任开始的点。CPE（通常是路由器）是 DTE 设备。DCE 通常是调制解调器或 CSU/DSU。

思科 HDLC 是 HDLC 的面向比特的同步数据链路层协议扩展，许多供应商都在使用它以提供多协议支持。这是思科同步串行线路所使用的默认封装方法。

同步 PPP 用于连接非思科设备，监控链路质量，提供身份验证或捆绑链路以供共享使用。PPP 使用 HDLC 来封装数据报。LCP 是一种 PPP 协议，用于建立、配置、测试和终止数据链路连接。LCP 可以使用 PAP 或 CHAP 选择性地验证对等设备的身份。PPP 协议可使用一系列 NCP 来同时支持多种网络层协议。多链路 PPP 可在捆绑的链路上通过对数据包进行分片并同时将这些分片通过多条链路发送到相同的远程地址（分片会在此处进行重组）来传播流量。

PPP 也可支持使用 PAP、CHAP 或 PAP 和 CHAP 协议进行身份验证。PAP 以明文方式发送身份验证数据。CHAP 使用周期性的挑战和单向哈希来帮助防止回放攻击。

检查你的理解

请完成以下所有复习题，以检查您对本章要点和概念的理解情况。答案列在本书附录中。

1．下列哪个命令能用来查看串行接口连接的线缆类型？（　　）

A．Router(config)# **show interfaces**

B．Router(config)# **show controllers**

C．Router(config)# **show ip interface**

D．Router(config)# **show ip interface brief**

2．如果路由器的接口没有连接串行线缆，但其他信息都已正确并且激活了该接口，下列哪项接口信息状态是正确的？（　　）

A．Serial 0/0/0 is administratively down, line protocol is down

B．Serial 0/0/0 is down, line protocol is down

C．Serial 0/0/0 is up（disabled）

D．Serial 0/0/0 is up（looped）

E．Serial 0/0/0 is up, line protocol is down

F．Serial 0/0/0 is up, line protocol is up

3. 下列哪项是在串行链路上使用 PPP 代替 HDLC 的好处？（　　）

A. 固定大小的帧　　B. 更高的传输速率

C. 认证选项　　D. 会话建立选项

4. PPP 如何处理不同的网络层协议？（　　）

A. 通过在 PPP 帧中编码信息字段

B. 通过与网络层处理程序协商

C. 通过在 LCP 链路建立期间指定协议

D. 通过使用独立的 NCP

5. 哪三种类型的 LCP 帧与 PPP 一起使用？（选 3 项）（　　）

A. 链路确认帧　　B. 链路控制帧

C. 链路建立帧　　D. 链路维持帧

E. 链路协商帧　　F. 链路终止帧

6. 在完成数据交换以后哪个协议将终止 PPP 链路？（　　）

A. CDPCP　　B. IPCP

C. IPv6CP　　D. LCP

E. NCP

7. 关于 PPP 以下哪三种说法是正确的？（选 3 项）（　　）

A. PPP 只能在两台 Cisco 设备之间使用

B. PPP 可以使用同步和异步电路

C. PPP 承载来自 LCP 中的多个网络层协议的数据包

D. PPP 是 Cisco 路由器上串行接口的默认封装

E. PPP 使用 LCP 来商定格式选项，如身份验证、压缩以及错误检测

F. PPP 使用 LCP 建立、配置和测试数据链路连接

8. 如果网络工程师在 Cisco 路由器上执行 **show ppp multilink**，则会显示什么样的 PPP 信息？（　　）

A. 链路接口的 IP 地址信息　　B. 链路 LCP 和 NCP 的状态

C. 链路上的队列类型　　D. 参与多链路的串行接口

9. 一位网络工程师正在监控一个基本的但质量较差的 PPP WAN 链路，该链路会定期关闭。对接口配置的检查显示已经执行了 **ppp quality 90** 命令。工程师可以采取什么措施来降低链路关闭的频率？（　　）

A. 执行 **ppp quality 70** 命令

B. 执行 **ppp quality 100** 命令

C. 将 DCE 接口设置为较低的时钟速率

D. 使用 **bandwidth** 命令来增加链路的带宽

10. 在何种情况下使用 PAP 比使用 CHAP 更可取？（　　）

A. 当网络管理员因其易于配置而更喜欢它时

B. 使用多链路 PPP 时

C. 当需要明文密码在远程主机上模拟登录时

D. 当路由器资源有限时

第3章 分支连接

学习目标

通过完成本章学习，您将能够回答下列问题：

- 中小企业的远程访问宽带连接有哪些选择？
- 对于给定的网络要求，怎样选择适当的宽带连接？
- 什么是 PPPoE，它如何运作？
- 客户端路由器上的 PPPoE 连接的基本配置是什么？
- VPN 技术的好处是什么？
- 站点到站点 VPN 和远程访问 VPN 的功能有哪些？
- 使用 GRE 隧道的目的和优点是什么？
- 如何排查站点到站点的 GRE 隧道的错误？
- BGP 的基本功能是什么？
- 基本的 BGP 设计考虑因素是什么？
- 如何配置 eBGP 分支连接？

宽带解决方案能够为远程工作人员提供到企业站点和 Internet 的高速连接。小型分支机构也可以利用这些技术实现连接。本章介绍常用的宽带解决方案，例如电缆、DSL 和无线。

注意： 远程办公一词的含义很广泛，指在远程位置借助于电信手段连接到工作场所进行工作。

ISP 看重点对点协议（PPP）的身份验证、记账和链路管理功能。客户对以太网连接的易用性和适用范围十分满意。以太网链路无法为 PPP 提供原生支持。为了解决这一问题，人们开发出了以太网 PPP（PPPoE）。本章介绍 PPPoE 的实施。

当使用公共 Internet 开展业务时，安全是大家关注的问题。虚拟专用网络（VPN）用于提高 Internet 上数据的安全性。VPN 用于在公共网络上创建专用通信通道（也称为隧道）。在这个通过 Internet 的隧道中使用加密并使用身份验证保护数据免受未授权访问，从而保障数据安全。VPN 技术为通过这些连接运行的数据提供安全选项。本章将介绍一些基本的 VPN 实施。

注意： VPN 依靠 Internet 协议安全性（IPSec）来确保 Internet 安全。IPSec 不在本课程的讨论范围之内。

通用路由封装（GRE）是由思科开发的隧道协议，可以在 IP 隧道内封装各种协议数据包类型。GRE 会创建通过 IP 网际网络连接到远程思科路由器的虚拟点对点链路。本章介绍基本的 GRE 实施。

边界网关协议（BGP）是自治系统之间使用的路由协议。本章最后将讨论 BGP 路由及 BGP 在单宿主网络中的实施。

3.1 远程访问连接

本节将讲解如何选择宽带远程访问技术来支持业务需求。

3.1.1 宽带连接

本小节将比较中小企业的远程访问宽带连接选项。

1. 什么是电缆系统

通过电缆网络接入 Internet 是远程工作者访问企业网络时常用的一种连接方式。电缆系统使用在网络之间传输射频（RF）信号的同轴电缆。同轴电缆是构建有线电视系统时所使用的主要介质。

现代电缆系统为客户提供先进的电信服务，包括高速 Internet 接入、数字有线电视以及住宅电话服务。有线电视运营商通常部署光纤同轴电缆混合（HFC）网络来支持向小型办公室或家庭办公室（SOHO）处的电缆调制解调器高速传输数据。

有线电缆数据服务接口规范（DOCSIS）是向现有电缆系统添加高带宽数据的国际标准。

图 3-1 显示了一个电缆系统的例子。

下文对图 3-1 中所示的各个组件进行了描述。

- 天线站点：天线站点的位置需要最适合接收无线电广播信号、卫星信号，有时还需要接收点到点信号。主要的接收天线和卫星天线都位于天线站点。

- 传输网络：传输网络将远程天线站点连接到前端，或将远程前端连接到分布式网络。传输网络可以是微波、同轴电缆或光纤。

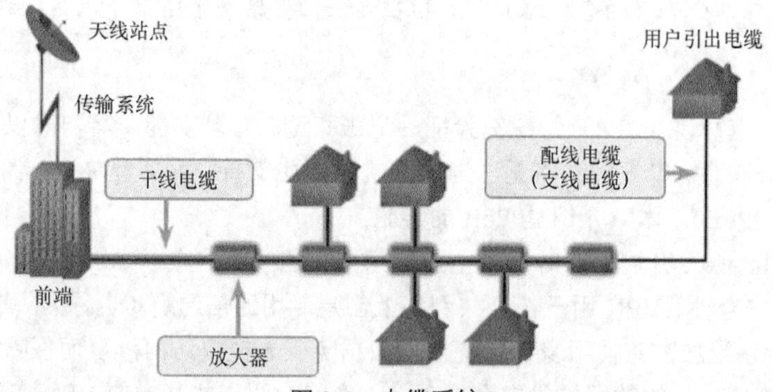

图 3-1 电缆系统

- 前端：这是首次接收、处理、格式化信号并将信号分发给下游电缆网络的地方。前端设施通常不配备人员，有安全防护措施，类似于电话公司的中心局（CO）。
- 放大器：这是一种将输入信号再生放大的装置，以便信号通过网络进一步向远处传输。电缆网络在传输和配线网络中使用各种类型的放大器。
- 用户引出电缆：用户引出电缆将用户连接到电缆服务。用户引出电缆是配线网络的支线部分与用户终端设备（例如，电缆调制解调器）之间的连接。通常在用户引出中使用的电缆类型包括无线电级（RG）、6 系列（RG6）或 59 系列（RG59）的同轴电缆。

2. 电缆组件

图 3-2 显示了端到端电缆拓扑。

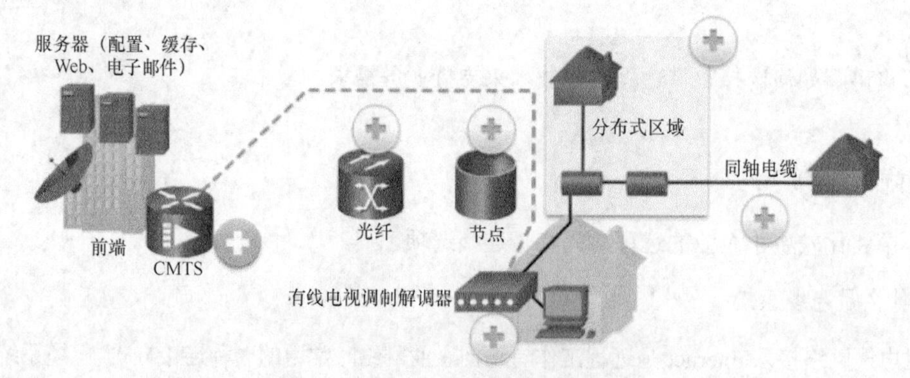

图 3-2 通过电缆进行端到端传输

下文描述了图 3-2 中所示的组件。

- 电缆调制解调器端接系统（CMTS）：CMTS 与电缆网络中的电缆调制解调器交换数字信号。前端 CMTS 与用户家中的 CM 通信。
- 光纤：电缆网络的干线电缆部分通常为光纤。
- 节点：节点将光信号转换为 RF 信号。
- 分布区域：一个分布式网段（支线段）的用户数量最少 500，最多 2000。
- 同轴电缆：同轴支线电缆从节点引出，将 RF 信号传送给用户。

■ 电缆调制解调器：使用户能够高速接收数据。通常于计算机中的标准以太网卡相连。

前端 CMTS 与用户家中的 CM 通信。前端实际上是一个路由器，带有为电缆用户提供 Internet 服务的数据库。架构使用 HFC 网络，相对比较简单。HFC 网络是混合光纤同轴电缆网络，其中光纤取代了带宽较低的同轴电缆。与同轴电缆一样，光纤也可以同时传送 Internet 连接、电话服务和视频流宽带内容。

在现代 HFC 网络中，一个电缆网络段一般连接有 500~2000 位活跃的用户，他们共同分享上行和下行带宽。DOCSIS 标准用来指定电缆调制解调器与前端之间交换数据的方式。例如，DOCSIS 3.1 标准支持的下行带宽高达 10Gbit/s，支持的上行带宽高达 1Gbit/s。

3. 什么是 DSL

数字用户线路（DSL）是一种通过已安装的铜线提供高速连接的方式。DSL 是其中一种重要的远程工作人员解决方案。

图 3-3 中显示的是铜缆上分配给非对称 DSL（ADSL）使用的带宽空间。标记为 POTS（普通老式电话系统）的区域确定语音级电话服务使用的频率范围。标记为 ADSL 的区域表示 DSL 上行和下行信号所占用的频段。包含 POTS 区域和 ADSL 区域的区域表示铜缆对支持的整个频率范围。

DSL 技术的另一种形式是对称 DSL（SDSL）。所有形式的 DSL 服务都归属 ADSL 和 SDSL 这两种类型，每种类型都有几种变体。ADSL 为用户提供的下行带宽比上行带宽要高，而 SDSL 提供的上行带宽和下行带宽相同。

DSL 的不同变体支持不同带宽，有些甚至能够超过 40Mbit/s。传输速率取决于本地环路的实际长度以及环路布线的类型和状况。要让 ADSL 服务满足要求，环路必须短于 3.39 英里（5.46 公里）。

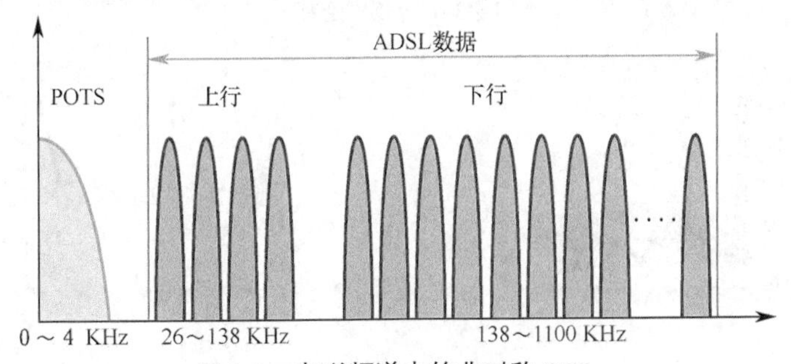

图 3-3 电磁频谱中的非对称 DSL

4. DSL 连接

服务提供商在本地环路中部署 DSL 连接。连接是在一对调制解调器之间建立的，这两个调制解调器分别位于连接用户驻地设备（CPE）与 DSL 接入复用器（DSLAM）的铜缆两端。DSLAM 设备位于提供商的中央办公室（CO），用于集中来自多位 DSL 用户的连接。DSLAM 通常内置在汇聚路由器中。

图 3-4 显示的是为 SOHO 提供 DSL 连接所需的设备。

在这个拓扑中，两个重要的组件是 DSL 收发器和 DSLAM。

■ **DSL 收发器**：将远程工作人员的计算机连接到 DSL。收发器一般是使用 USB 电缆或以太网电缆连接到计算机的 DSL 调制解调器。DSL 收发器通常内置于具有多个适合家庭办公室用途的交换机端口的小型路由器内。

■ **DSLAM**：DSLAM 位于运营商的中央办公室，它将来自用户的各个 DSL 连接合并成一个通往 ISP 进而通往 Internet 的高容量链路。

DSL 微型滤波器（也称为 DSL 滤波器）用来连接 DSL 网络中的设备（例如电话或传真机）。图 3-5 显示了现代 DSL 路由器和宽带汇聚路由器。

相较于电缆技术，DSL 的优势在于 DSL 不是共享介质。每个用户都单独直连到 DSLAM。用户增加也不会影响性能，除非 DSLAM 与 ISP 的 Internet 连接或 Internet 本身变得饱和。

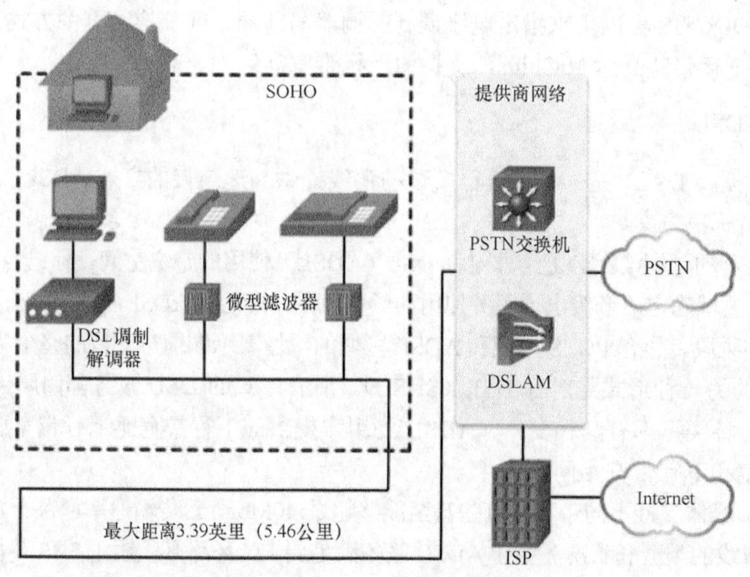

图 3-4　DSL 连接

图 3-5　DSL 路由器示例

5. 无线连接

宽带无线技术的发展通过 3 种主要的技术来提高无线可用性：

■ 城市 WiFi；

■ 蜂窝/移动网络；

■ 卫星 Internet。

下文将详细讲解这 3 种技术。

城市 WiFi

许多市政府通常与服务提供商联合部署无线网络。有些网络是以免费方式或远低于其他宽带服务的价格提供高速 Internet 接入。而有些城市则部署了专供官方使用的 WiFi 网络，以便公安、消防员和公务员能够远程接入 Internet 及各种城市网络。

大多数城市无线网络使用由互联的无线接入点组成的网状网，如图 3-6 所示。每个无线接入点均在范围内，并且可以与至少另外两个无线接入点通信。网状网通过无线电信号覆盖特定区域。

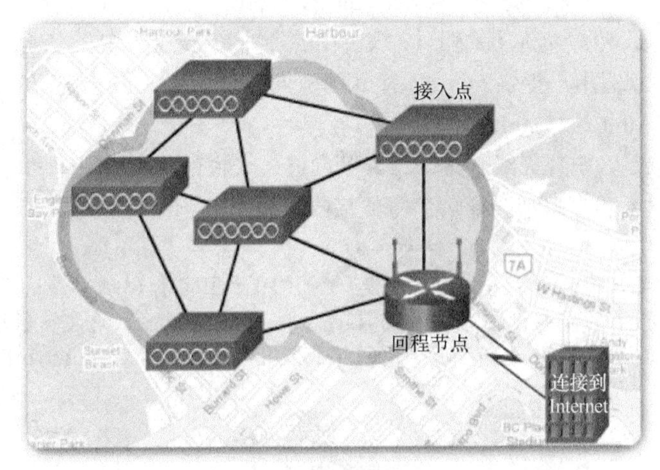

图 3-6 城市无线网络

蜂窝/移动网络

移动电话使用无线电波通过附近的手机信号塔通信。移动电话有一个小无线电天线。运营商在信号塔顶部安装了更大的天线，如图 3-7 所示。

图 3-7 蜂窝塔

讨论蜂窝/移动网络时，通常用到 3 个术语。

■ **无线 Internet**：用于 Internet 服务的一个通用术语，源自移动电话或使用相同技术的任何设备。

■ **2G/3G/4G 无线**：通过第二、第三和第四代无线移动技术的发展，显著改变移动电话公司的无线网络。

- **长期演进（LTE）**：一种更新、更快的技术，是4G技术的一部分。

蜂窝/移动宽带接入包含各种标准，比如使用LTE技术的4G。移动电话订阅不一定包括移动宽带的订阅。蜂窝网络速度不断提高。例如，4G LTE Category 10支持最高450Mbit/s的下载速度和100Mbit/s的上传速度。

注意：正在开发的是5G标准，支持比4G LTE更高的带宽。

卫星Internet

卫星Internet服务可用于无法提供陆地网Internet接入的位置或临时的移动设施。使用卫星的Internet接入方式能够覆盖全球，包括为海上的船只、飞行中的飞机以及地上行驶的车辆提供Internet接入。

图3-8显示了向家庭用户提供Internet接入的双向卫星系统。上传速度约是下载速度的1/10。下载速度的范围为5Mbit/s~25Mbit/s。

主要的安装需求是，安装天线时必须使其朝向赤道（大部分轨道卫星的驻扎点）且在该方向上不能有障碍物，树木和大雨都会影响信号的接收效果。

注意：WiMAX（微波接入全球互通）是一种适用于固定和移动实施的无线技术。WiMAX在世界上的一些地区仍然十分重要。然而，在世界上的大多数地区，WiMAX很大程度上已被用于移动接入的LTE和用于固定接入的电缆或DSL所取代。

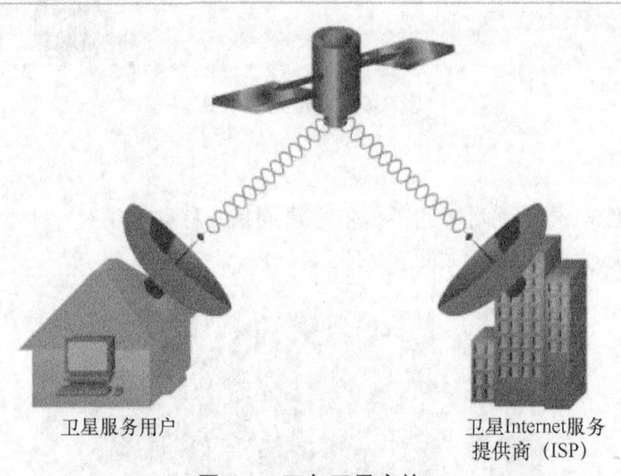

图3-8 双向卫星实施

3.1.2 选择宽带连接

本小节将讲解如何根据网络需求选择适当的宽带连接技术。

比较宽带解决方案

每种宽带解决方案都有优势和缺点。理想方式是将光缆直接连接到SOHO网络。有些地方只有一种方案，例如电缆或DSL。有些地方只有用于Internet连接的无线宽带选项。

如果有多种宽带解决方案，应执行成本与收益分析来确定最佳解决方案。

在做出决策时，需要考虑下面这些因素。

- **电缆**：许多用户共享带宽，在高峰时段，用户过多的区域的上行数据速率通常较慢。
- **DSL**：带宽有限且与距离有关（涉及 ISP 的中心办公室），相较于下行速率，上行速率要小得多。
- **蜂窝/移动网络**：覆盖范围通常是问题所在，即使在 SOHO 网络中，带宽也相对有限。
- **WiFi 网状网**：大多数城市没有部署网状网络；如果具有网状网络并且家庭办公室在范围内，则这也是一种可行方案。
- **卫星**：费用昂贵，每个用户的容量有限；通常在没有其他接入方式时提供接入。

3.2 PPPoE

本节将讲解如何使用 PPPoE 配置 Cisco 路由器。

3.2.1 PPPoE 概述

本小节将讲解 PPPoE 的运作方式。

1. PPPoE 目的

除了理解可供宽带 Internet 接入使用的各种技术之外，还有必要理解 ISP 用来形成连接的底层数据链路层协议。

ISP 常用的数据链路层协议是 PPP。PPP 可以用在所有串行链路上，包括使用拨号模拟和 ISDN 调制解调器创建的链路。到目前为止，拨号用户到 ISP 之间使用模拟调制解调器的链路可能使用 PPP。

图 3-9 显示了使用 PPP 的模拟拨号连接的基本情况。

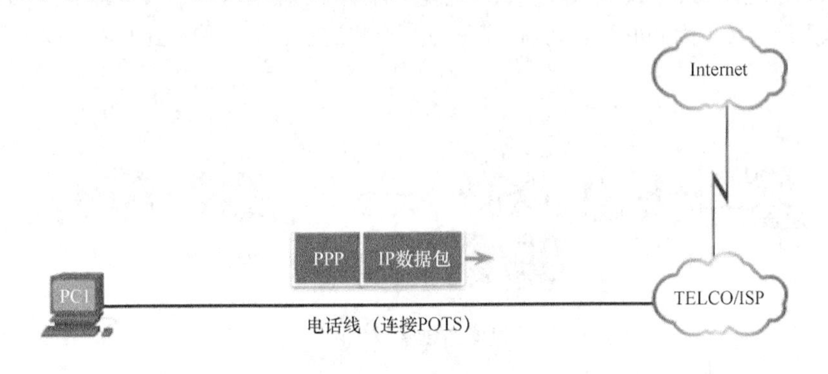

图 3-9 传统拨号连接的 PPP 帧

此外，ISP 通常使用 PPP 作为宽带连接的数据链路层协议。这样做主要有以下几个原因。首先，PPP 能够为 PPP 链路的远程终端分配 IP 地址。当启用 PPP 时，ISP 可以使用 PPP 为每个客户分配一个公共 IPv4 地址。更重要的是，PPP 支持 CHAP 身份验证。ISP 通常要使用 CHAP 验证客户，因为在身份验证过程中，在允许客户连接到 Internet 之前，ISP 可以检查记账记录来确定客户账单是否已经支付。

这些技术以不同的顺序进入市场，对 PPP 有不同的支持。

1．用于拨号的模拟调制解调器，可以使用 PPP 与 CHAP。

2．用于拨号的 ISDN，可以使用 PPP 与 CHAP。

3．DSL，不创建点对点链路并且不支持 PPP 与 CHAP。

ISP 看重 PPP 的身份验证、记账和链路管理功能。客户对以太网连接的易用性和适用范围十分满意。但是，以太网链路无法为 PPP 提供原生支持。以太网上的点对点协议（PPPoE）提供此问题的解决方案。如图 3-10 所示，PPPoE 能发送封装在以太网帧内的 PPP 帧。

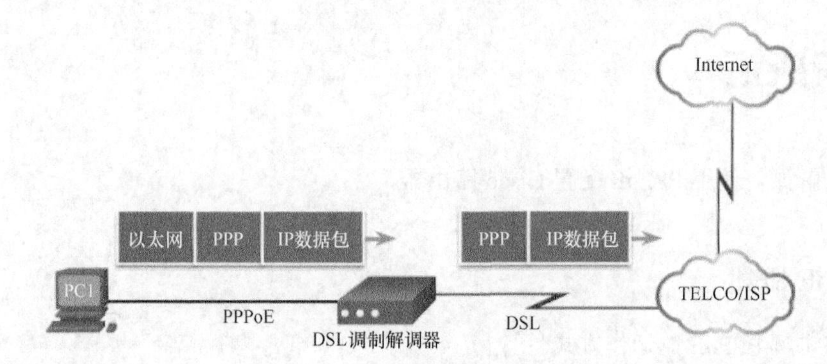

图 3-10 以太网连接的 PPP 帧（PPPoE）

2. PPPoE 概念

如图 3-11 所示，客户路由器通常使用以太网电缆连接到 DSL 调制解调器。PPPoE 通过以太网连接创建 PPP 隧道。这样 PPP 帧即可通过以太网电缆从客户路由器发送到 ISP。调制解调器通过去除以太网报头将以太网帧转换为 PPP 帧。调制解调器随后会将这些 PPP 帧传输到 ISP 的 DSL 网络上。

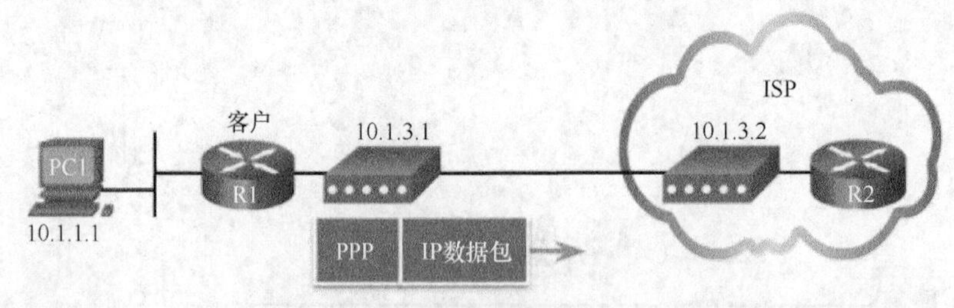

图 3-11 通过隧道创建以太网 PPP 链路

3.2.2 实施 PPPoE

本小节将讲解如何在客户端路由器上实施一个基本的 PPPoE 连接。

1. PPPoE 配置

通过在路由器之间发送和接收 PPP 帧，ISP 可以继续使用与模拟和 ISDN 一样的身份验证模式。为了让一切正常运行，客户端和 ISP 路由器需要额外配置（包括 PPP 配置），如图 3-12 所示。

为了理解配置，请考虑以下几点。

1. 要创建 PPP 隧道，配置需要使用一个拨号器接口。拨号器接口是虚拟接口。PPP 配置在拨号器接口进行，而不是物理接口。拨号器接口使用 **interface dialer** *number* 全局配置命令创建。客户端可以配置静态 IP 地址，但更可能由 ISP 自动分配一个公共 IP 地址。

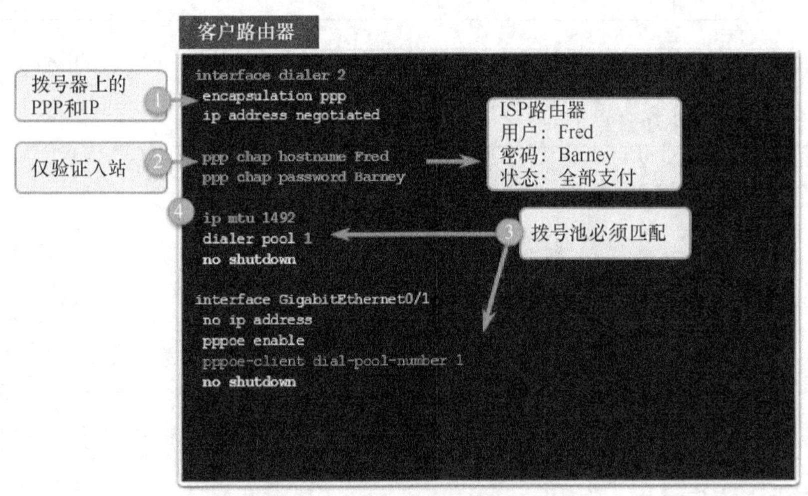

图 3-12　PPPoE 客户配置步骤

2. PPP CHAP 配置通常定义单向身份验证；因此，ISP 验证客户身份。客户路由器上配置的主机名和密码必须与 ISP 路由器上配置的主机名和密码匹配。请注意，图 3-12 中的 CHAP 用户名和密码与 ISP 路由器上的设置相匹配。

3. 然后，使用 **pppoe enable** 接口配置命令启用连接到 DSL 调制解调器的物理以太网接口。该命令启用了 PPPoE，并在拨号器接口与物理接口之间建立链接。拨号器接口和以太网接口使用相同的编号通过 **dialer pool** *number* 和 **pppoe-client dial-pool-number** *number* 接口配置命令建立链接。拨号器接口编号不必匹配拨号器池编号。

4. 为了适应 PPPoE 报头，应将最大传输单位（MTU）设置为 1492，而不是默认值 1500。

2. PPPoE 验证

客户的路由器使用 DSL 连接到 ISP 路由器，如图 3-13 所示。两台路由器均为 PPPoE 而配置。

在例 3-1 中，在 R1 上执行 **show ip interface brief** 命令，以验证 ISP 路由器是否已为拨号器接口自动分配了 IPv4 地址。

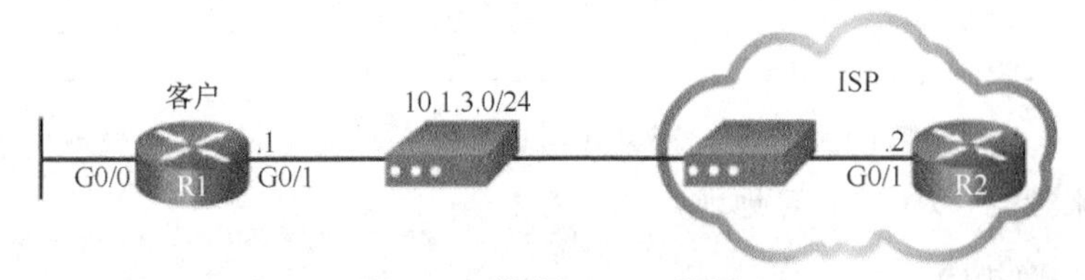

图 3-13　验证 PPPoE 配置

例 3-1　验证拨号程序接口是否为 up

```
R1# show ip interface brief
Interface                    IP-Address   OK?  Method   Status                 Protocol
Embedded-Service-Engine0/0   unassigned   YES  unset    administratively down  down
GigabitEthernet0/0           unassigned   YES  unset    administratively down  down
```

```
GigabitEthernet0/1    unassigned      YES  unset    up                    up
Serial0/0/0           unassigned      YES  unset    administratively down down
Serial0/0/1           unassigned      YES  unset    administratively down down
Dialer2               10.1.3.1        YES  IPCP     up                    up
Virtual-Access1       unassigned      YES  unset    up                    up
Virtual-Access2       unassigned      YES  unset    up                    up
R1#
```

如例 3-2 所示，R1 上的 **show interface dialer** 命令验证拨号程序接口上配置的 MTU 和 PPP 封装。

例 3-2 验证 MTU 大小和封装

```
R1# show interface dialer 2
Dialer2 is up, line protocol is up (spoofing)
  Hardware is Unknown
  Internet address is 10.1.3.1/32
  MTU 1492 bytes, BW 56 Kbit/sec, DLY 20000 usec,
     reliability 255/255, txload 1/255, rxload 1/255
  Encapsulation PPP, LCP Closed, loopback not set
  Keepalive set (10 sec)
  DTR is pulsed for 1 seconds on reset
<output omitted>
```

例 3-3 显示了 R1 上的路由表。

例 3-3 验证 R1 路由表

```
R1# show ip route | begin Gateway

Gateway of last resort is 0.0.0.0 to network 0.0.0.0

S*    0.0.0.0/0 is directly connected, Dialer2
      10.0.0.0/32 is subnetted, 2 subnets
C        10.1.3.1 is directly connected, Dialer2
C        10.1.3.2 is directly connected, Dialer2
R1#
```

注意，10.0.0.0 的两个/32 主机路由已安装到 R1 的路由表中。第一个主机路由是为拨号器接口分配的地址。第二个主机路由是 ISP 的 IPv4 地址。这两个主机路由的安装是 PPPoE 的默认行为。

如例 3-4 所示，**show pppoe session** 命令用于显示有关当前活动的 PPPoE 会话的信息。

例 3-4 验证当前的 PPPoE 会话

```
R1# show pppoe session
     1 client session

Uniq ID   PPPoE      RemMAC          Port                   VT    VA        State
           SID       LocMAC                                       VA-st     Type
     N/A     1       30f7.0da3.1641  Gi0/1                  Di2    Vi2      UP
                     30f7.0da3.0da1                                UP
R1#
```

输出显示了两台路由器的本地和远程以太网 MAC 地址。可在每一台路由器上使用 **show interfaces** 命令来验证以太网 MAC 地址。

3. PPPoE 故障排除

在确保客户端路由器和 DSL 调制解调器与适当的电缆连接之后，通常会因为下述原因导致 PPPoE 连接无法正常运行：

- PPP 协商过程出现故障；
- PPP 身份验证过程出现故障；

■ 无法调整 TCP 最大分段长度。

4. PPPoE 协商

使用 **debug ppp negotiation** 命令验证 PPP 协商。例 3-5 显示了启用 R1 的 G0/1 接口之后的调试输出的一部分。

例 3-5 检查 PPP 协商过程

```
R1# debug ppp negotiation
*Sep 20 19:05:05.239: Vi2 PPP: Phase is AUTHENTICATING, by the peer
*Sep 20 19:05:05.239: Vi2 LCP: State is Open
<output omitted>
*Sep 20 19:05:05.247: Vi2 CHAP: Using hostname from interface CHAP
*Sep 20 19:05:05.247: Vi2 CHAP: Using password from interface CHAP
*Sep 20 19:05:05.247: Vi2 CHAP: O RESPONSE id 1 len 26 from "Fred"
*Sep 20 19:05:05.255: Vi2 CHAP: I SUCCESS id 1 len 4
<output omitted>
*Sep 20 19:05:05.259: Vi2 IPCP: Address 10.1.3.2 (0x03060A010302)
*Sep 20 19:05:05.259: Vi2 IPCP: Event[Receive ConfAck] State[ACKsent to Open]
*Sep 20 19:05:05.271: Vi2 IPCP: State is Open
*Sep 20 19:05:05.271: Di2 IPCP: Install negotiated IP interface address 10.1.3.2
*Sep 20 19:05:05.271: Di2 Added to neighbor route AVL tree: topoid 0, address
  10.1.3.2
*Sep 20 19:05:05.271: Di2 IPCP: Install route to 10.1.3.2
R1# undebug all
```

输出结果是 PPP 协议正确配置后应该生成的一个实例。

PPP 协商中有 4 个主要故障点：

■ 无来自远程设备（ISP）的响应；

■ 链路控制协议（LCP）未打开；

■ 身份验证失败；

■ IP 控制协议（IPCP）故障。

5. PPPoE 身份验证

在与 ISP 确认其使用了 CHAP 之后，请验证 CHAP 用户名和密码是否正确。例 3-6 显示了 dialer2 接口上的 CHAP 配置。

例 3-6 验证 CHAP 配置

```
R1# show running-config | section interface Dialer2
interface Dialer2
 mtu 1492
 ip address negotiated
 encapsulation ppp
 dialer pool 1
 ppp authentication chap callin
 ppp chap hostname Fred
 ppp chap password 0 Barney
R1#
```

再次检查例 3-7 中的 **debug ppp negotiation** 命令的输出，验证 CHAP 用户名是否正确。

例 3-7 验证 CHAP 用户名

```
R1# debug ppp negotiation
*Sep 20 19:05:05.239: Vi2 PPP: Phase is AUTHENTICATING, by the peer
*Sep 20 19:05:05.239: Vi2 LCP: State is Open
<output omitted>
```

```
*Sep 20 19:05:05.247: Vi2 CHAP: Using hostname from interface CHAP
*Sep 20 19:05:05.247: Vi2 CHAP: Using password from interface CHAP
*Sep 20 19:05:05.247: Vi2 CHAP: O RESPONSE id 1 len 26 from "Fred"
*Sep 20 19:05:05.255: Vi2 CHAP: I SUCCESS id 1 len 4
<output omitted>
*Sep 20 19:05:05.259: Vi2 IPCP:    Address 10.1.3.2 (0x03060A010302)
*Sep 20 19:05:05.259: Vi2 IPCP: Event[Receive ConfAck] State[ACKsent to Open]
*Sep 20 19:05:05.271: Vi2 IPCP: State is Open
*Sep 20 19:05:05.271: Di2 IPCP: Install negotiated IP interface address 10.1.3.2
*Sep 20 19:05:05.271: Di2 Added to neighbor route AVL tree: topoid 0, address
  10.1.3.2
*Sep 20 19:05:05.271: Di2 IPCP: Install route to 10.1.3.2
R1# undebug all
```

如果该CHAP用户名或密码不正确，**debug ppp negotiation**命令将显示如例3-8所示的身份验证失败消息。

例3-8　验证失败消息

```
R1#
*Sep 20 19:05:05.247: Vi2 CHAP: I FAILURE id 1 Len 26 MSG is "Authentication
  failure"
R1#
```

6. PPPoE MTU大小

访问一些网页可能会存在一些PPPoE问题。当客户端请求一个网页时，客户端和Web服务器之间会发生TCP三次握手。在协商期间，客户端指定其TCP最大分段长度（MSS）的值。TCP MSS是TCP分段中数据部分的最大长度。

主机会从以太网最大传输单元（MTU）中减去IP和TCP报头，从而确定其MSS字段的值。在以太网接口上，默认MTU为1500个字节。减去20个字节的IPv4报头和20个字节的TCP报头，默认MSS大小为1460个字节，如图3-14所示。

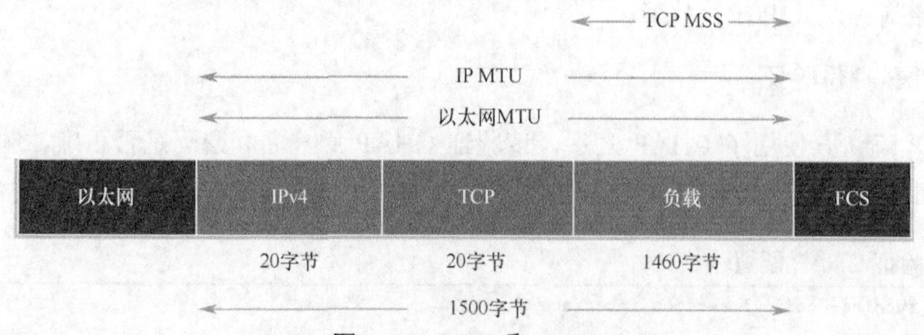

图3-14　MTU和MSS

当默认的MTU大小为1500个字节时，默认的MSS大小为1460个字节。但是，PPPoE支持仅1492个字节的MTU，以便容纳图3-15所示的额外8个字节的PPPoE报头。

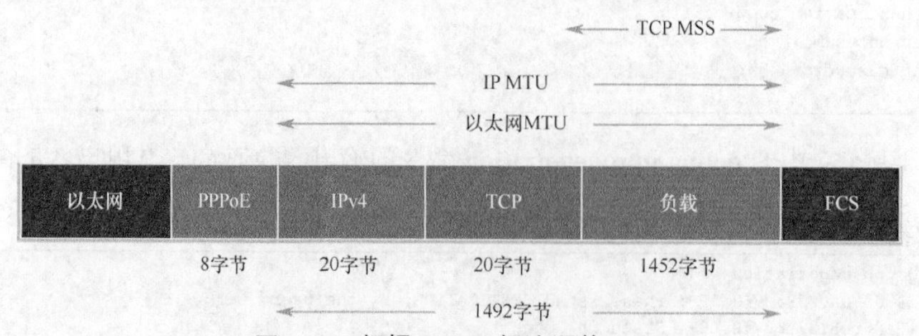

图3-15　根据PPPoE报头调整MSS

可以在运行配置中验证 PPPoE MTU 的大小，如例 3-9 所示。主机和 PPPoE MTU 大小之间的这种差异可能导致路由器丢弃 1500 个字节的数据包，并终止 PPPoE 网络上的 TCP 会话。

例 3-9　验证拨号器接口上的 MTU 大小

```
R1# show running-config | section interface Dialer2
interface Dialer2
 mtu 1492
 ip address negotiated
 encapsulation ppp
<output omitted>
```

ip tcp adjust-mss *max-segment-size* 接口配置命令可通过调整 TCP 三次握手期间的 MSS 值来防止丢弃 TCP 会话。在大多数情况下，*max-segment-size* 参数的最佳值为 1452 字节。例 3-10 显示了 R1 的 LAN 接口上的这一配置。

例 3-10　调整 TCP MSS

```
R1(config)# interface g0/0
R1(config-if)# ip tcp adjust-mss 1452
```

TCP MSS 的值为 1452，加上 20 个字节的 IPv4 报头、20 个字节的 TCP 报头以及 8 个字节的 PPPoE 报头，合计为 1500 个字节的 MTU，如图 3-15 所示。

3.3 VPN

本节将讲解 VPN 技术如何使站点到站点连接及远程接入连接更加安全。

3.3.1 VPN 基本原理

本小节将讲解 VPN 技术的优点。

1. VPN 简介

组织需要以安全、可靠且经济高效的方式互联多个网络，例如允许分支机构和供应商连接到企业的总部网络。另外，随着远程工作人员的数量不断增加，企业也越来越需要以安全、可靠且经济高效的方式将在小型办公室/家庭办公室(SOHO)以及其他远程位置办公的员工与企业站点的资源连接起来。

如图 3-16 所示，组织使用 VPN 通过第三方网络（例如 Internet）来创建端到端的专用网络连接。隧道消除了距离障碍并使远程用户能够访问中心站点的网络资源。

VPN 是在公共网络（通常为 Internet）中通过隧道创建的专用网络。VPN 是一种通信环境，在该环境下访问受到严格控制，仅允许定义的某类设备中对等设备之间的连接。

严格来说，最初的 VPN 只是 IP 隧道，并不包含身份验证或数据加密。例如，通用路由封装（GRE）是由思科开发的隧道协议，可在 IP 隧道内封装各种网络层协议数据包类型。这就创建了一条在 IP 网络上连接到远程 Cisco 路由器上的虚拟点对点链路。然而，GRE 并不支持加密。

目前，加密 VPN（例如 IPSec VPN）的安全实施通常通过虚拟专用网络来实现。

要实施VPN，必须使用VPN网关。VPN网关可以是路由器、防火墙或思科自适应安全设备（ASA）。ASA是独立的防火墙设备，它将防火墙、VPN集中器和入侵防御功能整合到一个软件映像中。

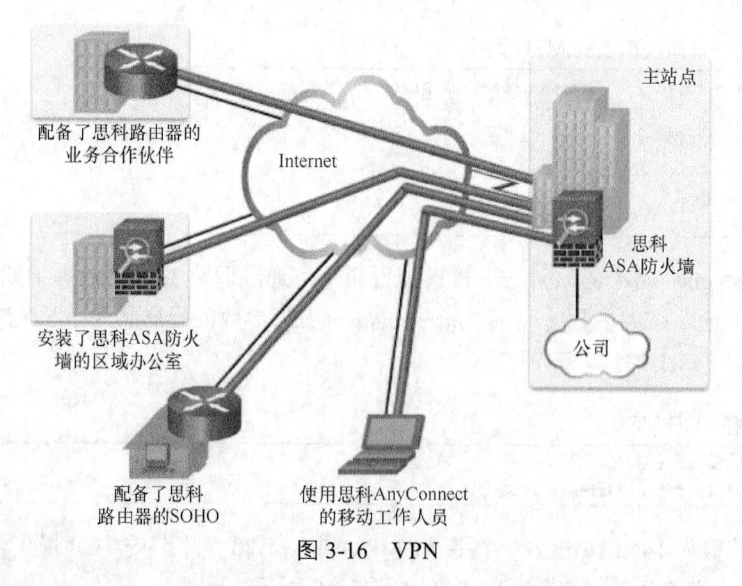

图3-16 VPN

2. VPN的优点

如图3-17所示，VPN使用的是虚拟连接，通过Internet从组织的专用网络路由到远程站点或员工主机。来自专用网络的信息在公共网络中安全传输，从而形成虚拟网络。

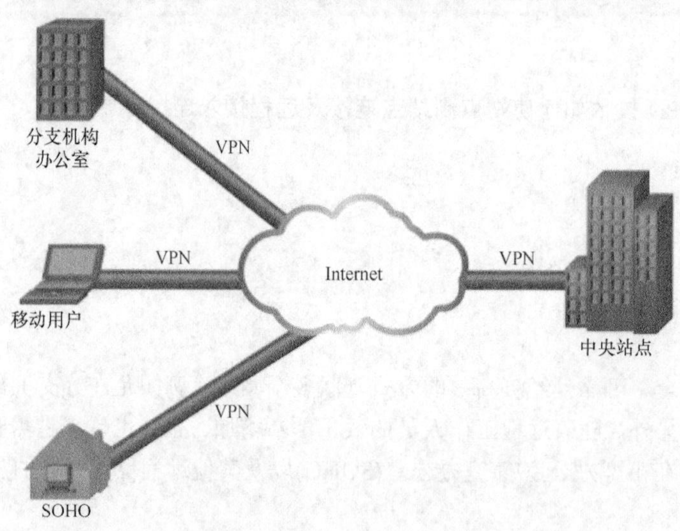

图3-17 VPN Internet连接

VPN的优点有下面这些。

- **节省成本**：VPN使组织能够使用经济有效的第三方Internet传输将远程办公室和远程用户连接到主站点，因而无需使用昂贵的专用WAN链路和大量调制解调器。而且，随着经济有效的高带宽技术（例如DSL）的出现，组织可以使用VPN在降低连接成本的同时增加远程连接带宽。
- **可扩展性**：VPN使组织能够在ISP和设备内使用Internet基础设施，从而轻松添加新用户。因此，组织可以在不增加重大基础设施的情况下增添大量功能。

- **与宽带技术的兼容性**：VPN 允许移动员工和远程工作人员使用高速宽带连接（例如 DSL 和电缆）来访问其组织的网络。宽带连接可同时提供灵活性和高效性。高速宽带连接还可为连接远程办公室提供经济有效的解决方案。
- **安全性**：VPN 可以包含能提供最高安全级别的安全机制，这种安全机制通过使用高级加密和身份验证协议来保护数据免遭未授权的访问。

3.3.2 VPN 的类型

本小节将讲解站点到站点 VPN 和远程访问 VPN。

1. 站点到站点 VPN

当位于 VPN 连接两端的设备已事先获悉 VPN 配置时，将会创建站点到站点 VPN，如图 3-18 所示。

VPN 保持静态，内部主机并不知道 VPN 的存在。在站点到站点 VPN 中，终端主机通过 VPN “网关”发送和接收正常的 TCP/IP 流量。VPN 网关负责封装和加密来自特定站点的所有流量的出站流量。然后，VPN 网关通过 Internet 中的 VPN 隧道将其发送到目标站点上的对等 VPN 网关。接收后，对等 VPN 网关会剥离报头，解密内容，然后将数据包中继到其专有网络内的目标主机上。

站点到站点 VPN 是经典 WAN 网络的扩展。站点到站点 VPN 可在整个网络之间建立互联，例如，它们可以将分支机构网络连接到公司总部网络。在过去，连接站点需要租用线路或帧中继连接，但是由于现在大多数企业都可以访问 Internet，因此这些连接可以用站点到站点 VPN 来替代。

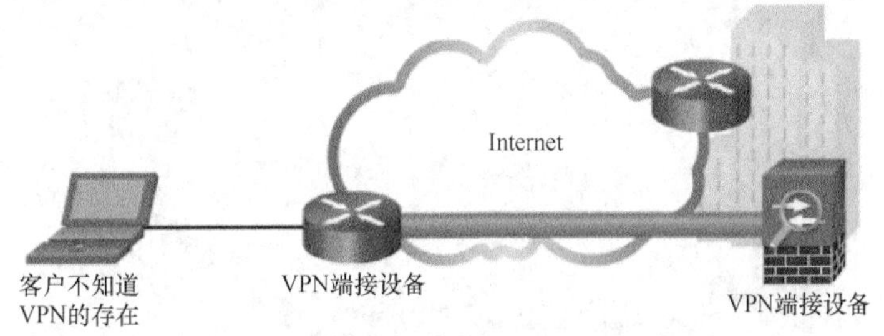

图 3-18 站点到站点的 VPN

2. 远程访问 VPN

当站点到站点 VPN 用于连接整个网络时，远程访问 VPN 可以支持远程工作人员、移动用户、外联网以及消费者到企业的流量的需求。在没有静态设置 VPN 信息而是允许动态更改信息时，可以创建远程访问 VPN，并可根据情况启用和禁用远程访问 VPN。远程访问 VPN 支持客户端/服务器架构，其中 VPN 客户端（远程主机）通过网络边缘的 VPN 服务器设备获得对企业网络的安全访问，如图 3-19 所示。

远程访问 VPN 用于连接必须通过 Internet 安全访问公司网络的各台主机。远程工作人员使用的 Internet 连接通常是宽带连接。

可能需要将 VPN 客户端软件（例如思科 AnyConnect 安全移动性客户端）安装到远程工作人员的主机上。当主机发送流量时，思科 AnyConnect VPN 客户端软件都会对流量进行封装和加密，然后将经过加密的数据通过 Internet 发送到目的 VPN 网关。收到数据包后，VPN 网关的行为与站点到站点 VPN 一样。

图 3-19 远程访问 VPN

注意：思科 Any Connect 安全移动客户端软件以之前的思科 AnyConnect VPN 客户端和思科 VPN 客户端产品为基础构建，用于改善更多基于笔记本电脑和智能手机的移动设备上的“始终联网”VPN 体验。该客户端支持 IPv6。

3. DMVPN

动态多点 VPN（DMVPN）是用于以轻松、动态和可扩展的方式构建多个 VPN 的思科软件解决方案，其目标是简化配置，同时轻松、灵活地连接总公司站点与分支机构站点。这称为中心辐射型拓扑，如图 3-20 所示。

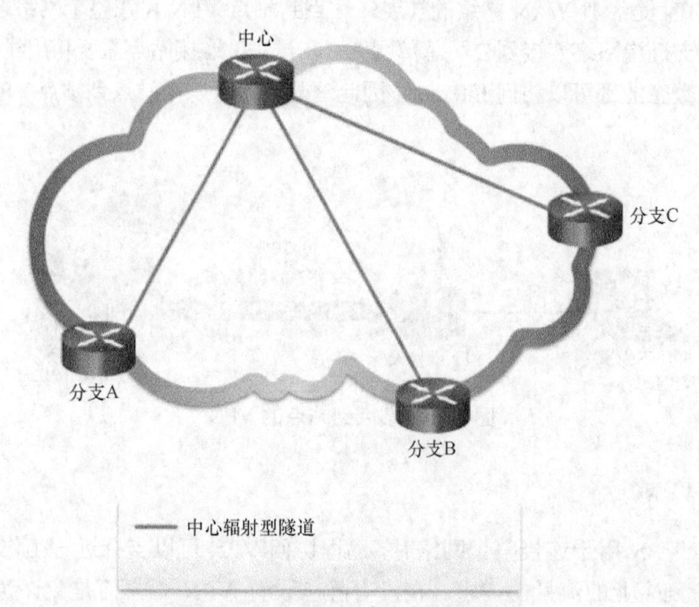

图 3-20 DMVPN 中心辐射型隧道

借助 DMVPN，分支机构站点也可以直接与其他分支机构站点通信，如图 3-21 所示。

DMVPN 使用以下技术进行构建：

- 下一跳解析协议（NHRP）；
- 多点通用路由封装（mGRE）隧道；
- IP 安全（IPSec）加密。

NHRP 是与地址解析协议（ARP）类似的第 2 层解析和缓存协议。NHRP 为所有隧道分支创建公共 IP 地址的分布式映射数据库。NHRP 是一种客户端/服务器协议，包括称为下一跳服务器

（NHS）的 NHRP 中心以及称为下一跳客户端（NHC）的 NHRP 分支。NHRP 支持中心辐射型和分支到分支的隧道配置。

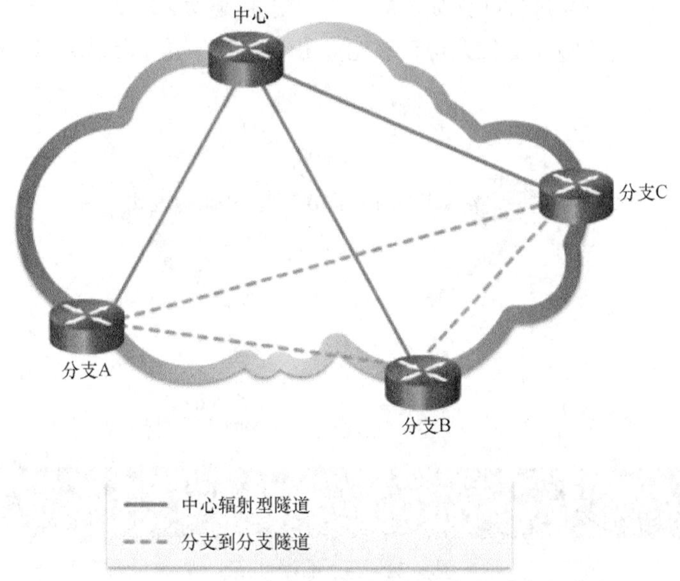

图 3-21 DMVPN 中心辐射型隧道和分支到分支隧道

通用路由封装（GRE）是由思科开发的隧道协议，可以在 IP 隧道内封装各种协议数据包类型。DMVPN 充分使用了多点通用路由封装（mGRE）隧道。mGRE 隧道接口可使单个 GRE 接口支持多个 IPSec 隧道。借助 mGRE，动态分配的隧道通过位于中心的永久隧道源进行创建，动态分配的隧道目标在分支按需进行创建。这降低了规模并简化了配置的复杂性。

与其他 VPN 类型类似，DMVPN 依赖 IPSec 通过公共网络（例如 Internet）安全传输专用信息。

3.4 GRE

本节将讲解如何实施 GRE 隧道。

3.4.1 GRE 概述

本小节将讲解 GRE 隧道的用途和优点。

1. GRE 简介

通用路由封装（GRE）是基本的、不安全的站点到站点 VPN 隧道协议的一个示例。GRE 是由思科开发的隧道协议，可以在 IP 隧道内封装各种协议数据包类型。GRE 会创建通过 IP 网际网络连接到远程思科路由器的虚拟点对点链路。

GRE 用于管理两个或多个站点之间（可能只有 IP 连接）多协议和 IP 组播流量的传输。它可在 IP 隧道内封装多种协议数据包类型。

如图 3-22 所示，隧道接口支持以下各项的报头。

- 乘客协议：这是将由承载协议封装的原始 IPv4 或 IPv6 数据包。它可以是古老的 AppleTalk、DECnet 或 IPX 数据包。
- 承载协议：这是封装协议（比如 GRE），用于封装乘客协议。
- 传输协议：这是传输（交付）协议（比如 IP），用于传输承载协议。

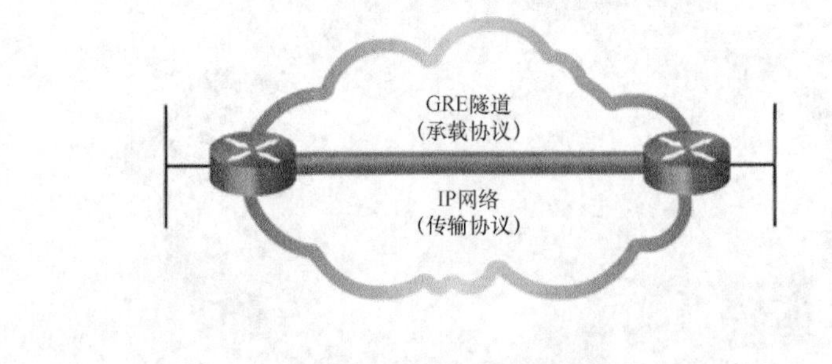

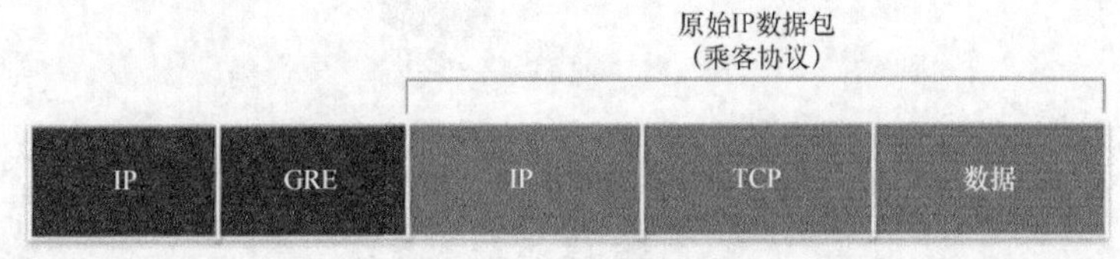

图 3-22 通用路由封装

2. GRE 特征

GRE 是由思科开发的隧道协议，能够在 IP 隧道内封装各种协议数据包类型，并在 IP 网际网络中创建通往远程思科路由器的虚拟点对点链路。使用 GRE 的 IP 隧道允许在单协议主干环境中扩展网络。它通过在单协议主干环境中连接多协议子网来完成此操作。

GRE 具有以下特征。

- GRE 是一种 IETF 标准（RFC 2784）。
- 在传输协议的 IP 协议字段中，GRE 用 IP 协议 47 来表示。
- GRE 封装在其报头中包含一个协议类型字段，用于支持多协议。协议类型在 RFC 1700 中定义为 EtherType。
- GRE 本身无状态，默认情况下它不包含任何流量控制机制。
- GRE 不包括任何用来保护负载的强安全机制。
- GRE 报头为通过隧道传输的数据包创建至少 24 字节的额外开销。

图 3-23 所示为 GRE 头部组件的构成。

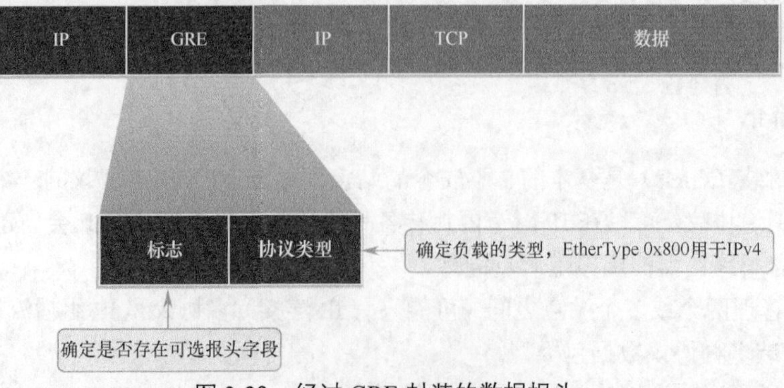

图 3-23 经过 GRE 封装的数据报头

3.4.2 实施 GRE

本小节将讲解如何排查站点到站点 GRE 隧道的故障。

1. 配置 GRE

图 3-24 中的拓扑用于在两个站点之间创建一个 GRE VPN 隧道。

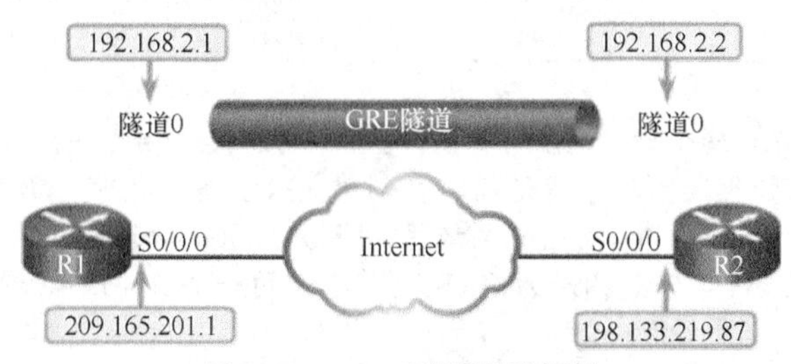

图 3-24 GRE 隧道配置拓扑

要实施 GRE 隧道，网络管理员必须首先知道终端设备的 IP 地址。

配置 GRE 隧道需要 5 个步骤。

步骤 1 使用 **interface tunnel** *number* 全局配置命令创建隧道接口。

步骤 2 使用 **ip address** *ip-address* 接口配置命令配置隧道接口的 IP 地址。这通常是私有 IP 地址。

步骤 3 使用 **tunnel source**{*ip-address*|*interface-name*}接口配置命令指定隧道源 IP 地址或源接口。

步骤 4 使用 **tunnel destination** *ip-address* 接口配置命令指定隧道目的 IP 地址。

步骤 5 （可选）使用 **tunnel mode gre** *protocol* 接口配置命令将 GRE 隧道模式指定为隧道接口模式。GRE 隧道模式是思科 IOS 软件的默认隧道接口模式。

例 3-11 显示了路由器 R1 和 R2 的基本 GRE 隧道配置。

例 3-11 R1 和 R2 的 GRE 隧道配置

```
R1(config)# interface Tunnel0
R1(config-if)# ip address 192.168.2.1 255.255.255.0
R1(config-if)# tunnel source 209.165.201.1
R1(config-if)# tunnel destination 209.165.201.2
R1(config-if)# tunnel mode gre ip
R1(config-if)# exit
R1(config)# router ospf 1
R1(config-router)# network 192.168.2.0 0.0.0.255 area 0
```

```
R2(config)# interface Tunnel0
R2(config-if)# ip address 192.168.2.2 255.255.255.0
R2(config-if)# tunnel source 209.165.201.2
R2(config-if)# tunnel destination 209.165.201.1
R2(config-if)# tunnel mode gre ip
R2(config-if)# exit
R2(config)# router ospf 1
R2(config-router)# network 192.168.2.0 0.0.0.255 area 0
```

最低配置要求指定隧道的源和目的地址。还必须配置 IP 子网以提供遂道链路中的 IP 连接。两个隧道接口均将隧道源设置为本地串行 S0/0/0 接口的 IP 地址，将隧道目的设置为对等路由器的串行 S0/0/0 接口的 IP 地址。隧道接口的 IP 地址通常分配的是私有 IP 地址。此外，还配置了 OSPF 以便通过 GRE 隧道通告隧道网络路由。

表 3-1 GRE 配置命令语法

命 令	描 述
ip address *ip_address mask*	指定隧道接口的 IP 地址
tunnel source *ip_address*	在接口隧道配置模式下指定隧道源 IP 地址
tunnel destination *ip_address*	在接口隧道配置模式下指定隧道目的 IP 地址
tunnel mode gre ip	在接口隧道配置模式下将 GRE 隧道模式指定为隧道接口模式

注意： 在配置 GRE 隧道时，记住哪些 IP 网络与物理接口相关联，哪些 IP 网络与隧道接口相关联可能比较困难。请记住，在创建 GRE 隧道之前，物理接口已配置。**tunnel source** 和 **tunnel destination** 命令引用预先配置的物理接口的 IP 地址。隧道接口上的 **ip address** 命令是指专为 GRE 隧道选择的一个 IP 网络（通常是私有 IP 网络）。

2. 验证 GRE

有多个命令可用于对 GRE 隧道进行监控和故障排除。要确定隧道接口处于 up 还是 down 状态，请使用 **show ip interface brief** 命令和 **show interface tunnel** *number* 特权 EXEC 命令，如例 3-12 所示。

例 3-12 验证 GRE

```
R1# show ip interface brief | include Tunnel

Tunnel0         192.168.2.1          YES manual up          up
R1#
R1# show interface Tunnel 0
Tunnel0 is up, line protocol is up
  Hardware is Tunnel
  Internet address is 192.168.2.1/24
  MTU 17916 bytes, BW 100 Kbit/sec, DLY 50000 usec,
    reliability 255/255, txload 1/255, rxload 1/255
  Encapsulation TUNNEL, loopback not set
  Keepalive not set
  Tunnel source 209.165.201.1, destination 209.165.201.2
  Tunnel protocol/transport GRE/IP

<output omitted>
```

第一条命令检验了隧道接口 tunnel 0 为 up 且已经配置了 IP 地址。第二条命令检验了 GRE 隧道的状态、隧道源地址和目的地址及 GRE 支持的模式。只要有通往隧道目的地址的路由，GRE 隧道接口上的线路协议就会 up。在实施 GRE 隧道之前，隧道两端物理接口上的 IP 地址之间的 IP 连通性必须已经生效。

为了通过隧道接口交换路由信，可能需要配置路由协议。例如，如果已经配置了 OSPF 协议在隧道接口上交换路由信息，可能需要使用 **show ip ospf neighbor** 命令验证 OSPF 邻接关系是否已建立。

在例 3-13 中，注意到 OSPF 邻居的对等地址位于针对 GRE 隧道创建的 IP 网络中。

例 3-13 通过 GRE 隧道验证 OSPF 邻接关系

```
R1# show ip ospf neighbor

Neighbor ID     Pri State         Dead Time Address          Interface
209.165.201.2   0   FULL/ -       00:00:37  192.168.2.2      Tunnel0
```

GRE 被视为 VPN，因为它是通过在公共网络中建立隧道而创建的专用网络。通过使用封装，GRE 隧道可以在 IP 网际网络中创建通往远程思科路由器的虚拟点对点链路。

GRE 的优点是它可用于在 IP 网络中通过隧道传输非 IP 流量，通过跨单协议主干环境连接多协议子网来支持网络扩展。GRE 还支持 IP 组播隧道传输。这意味着路由协议可在隧道中使用，使路由信息能够在虚拟网络中进行动态交换。最后，通常的做法是创建 IPv6 over IPv4 GRE 隧道，其中 IPv6 是经过封装的协议，而 IPv4 是传输协议。以后，随着 IPv6 成为标准 IP 协议，这些角色有可能会调换。

但是，GRE 不提供加密或任何其他安全机制。因此，通过 GRE 隧道发送的数据并不安全。如果需要安全的数据通信，应该配置 IPSec 或 SSL VPN。

3. GRE 故障排除

与 GRE 相关的问题通常是由以下一个或多个错误配置引起的：

- 隧道接口 IP 地址不在同一网络上或子网掩码不匹配；
- 隧道源和/或隧道目的的接口未配置正确的 IP 地址或未启用；
- 静态或动态路由配置不当。

GRE 配置拓扑如图 3-25 所示。

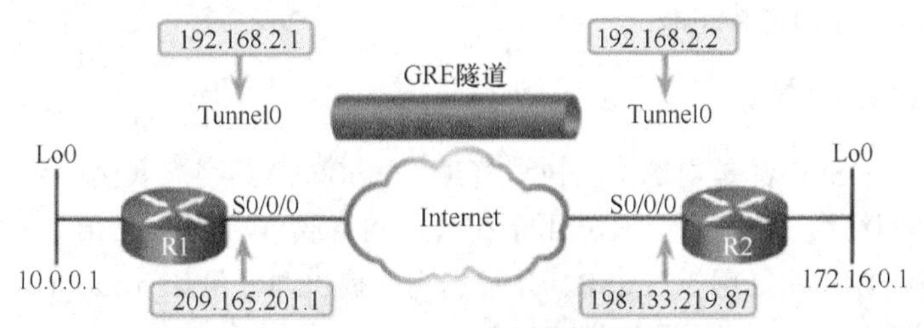

图 3-25 GRE 隧道配置拓扑

在两个路由器上使用 **show ip interface brief** 命令验证隧道接口已启用，并为物理接口和隧道接口配置了正确的 IP 地址。此外，验证每个路由器上的隧道源接口已启用并配置了正确的 IP 地址，如例 3-14 所示。

例 3-14 验证所有必要的接口都已启动

```
R1# show ip interface brief
<some output omitted>
Interface          IP-Address OK?         Method     Status     Protocol
Serial0/0/0        209.165.201.1          YES manual up         up
Loopback0          10.0.0.1               YES manual up         up
Tunnel0            192.168.2.1            YES manual up         up
R1#
```

```
R2# show ip interface brief
<some output omitted>
Interface          IP-Address             OK? Method    Status     Protocol
Serial0/0/0        198.133.219.87         YES manual    up         up
Loopback0          172.16.0.1             YES manual    up         up
Tunnel0            192.168.2.2            YES manual    up         up
R2#
```

路由可能导致问题。两台路由器都需要一条默认路由指向 Internet。此外，两者都需要配置正确的动态或静态路由。可以使用 **show ip ospf neighbor** 命令验证邻居邻接关系，无论使用哪种路由，都可以使用 **show ip route** 命令验证两个路由器之间传递的网络，如例 3-15 所示。

例 3-15 验证被路由的网络

```
R1# show ip route ospf
     172.16.0.0/32 is subnetted, 1 subnets
O       172.16.0.0 [110/1001] via 192.168.2.2, 00:19:44, Tunnel0
R1#
```

```
R2# show ip route ospf
     10.0.0.0/32 is subnetted, 1 subnets
O       10.0.0.1 [110/1001] via 192.168.2.1, 00:20:35, Tunnel0
R2#
```

3.5 eBGP

本节将讲解如何在单宿主的远程访问网络中实施 eBGP。

3.5.1 BGP 概述

本小节将讲解基本的 BGP 功能。

1. IGP 和 EGP 路由协议

RIP、EIGRP 和 OSPF 都是内部网关协议（IGP）。ISP 及其客户（例如公司和其他企业）通常使用 IGP 路由其网络内部的流量。IGP 用于在公司网络或自治系统（AS）内部交换路由信息。

边界网关协议（BGP）是用于在 ISP、公司和内容提供商（例如 YouTube、Netflix 等）等自治系统之间交换路由信息的外部网关协议（EGP）。

在 BGP 中，每一个 AS 都被分配了唯一的一个 16 位或 32 位 AS 编号，该编号可在 Internet 上唯一标识该 AS。图 3-26 所示为如何使用 BGP 来互联 IGP 的一个示例。

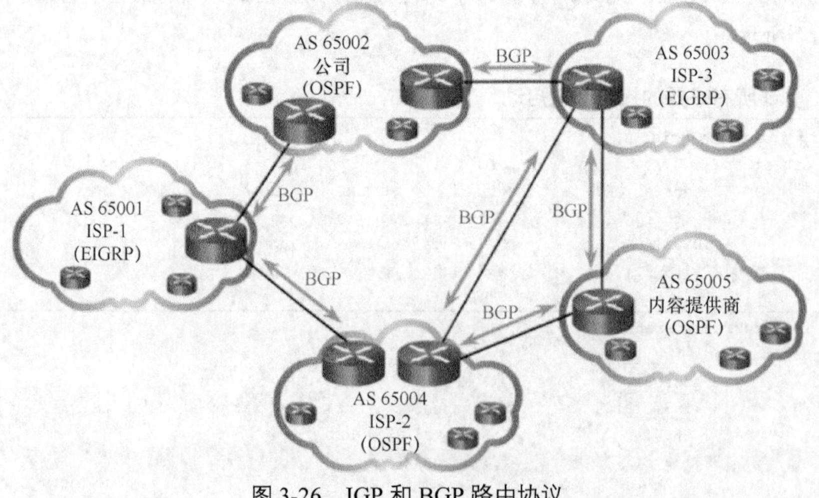

图 3-26 IGP 和 BGP 路由协议

注意：还有专用的 AS 编号。但是，专用的 AS 编号不属于本课程的范围。

内部路由协议使用特定的度量值来确定通往目的网络的最佳路径，例如 OSPF 的开销。BGP 不像 IGP 那样使用单个度量标准。BGP 路由器交换多个路径属性，包括到达目的网络所需的 AS

编号（逐跳）的列表。

例如，在图 3-26 中，AS 65002 可以使用 AS-path 65003 和 65005 到达内容提供商 AS 65005 内的网络。BGP 被称为路径向量路由协议。

注意：AS-path 是 BGP 用来确定最佳路径的若干属性之一。但是，路径属性和 BGP 最佳路径确定方法不属于本课程的范围。

BGP 更新通过 TCP 在端口 179 上进行封装。因此，BGP 继承了 TCP 面向连接的属性，这可确保 BGP 更新能够以可靠的方式进行传输。

IGP 路由协议用于路由同一个组织内的流量，并且由单个组织来管理。相反，BGP 用于在由两个不同组织管理的网络之间进行路由。自治系统使用 BGP 通告其网络，以及在一些情况下将其从其他自治系统获知的网络通告到 Internet 的其余部分。

2. eBGP 和 iBGP

交换 BGP 路由信息的两台路由器被称为 BGP 对等体。如图 3-27 所示，BGP 分为两种。

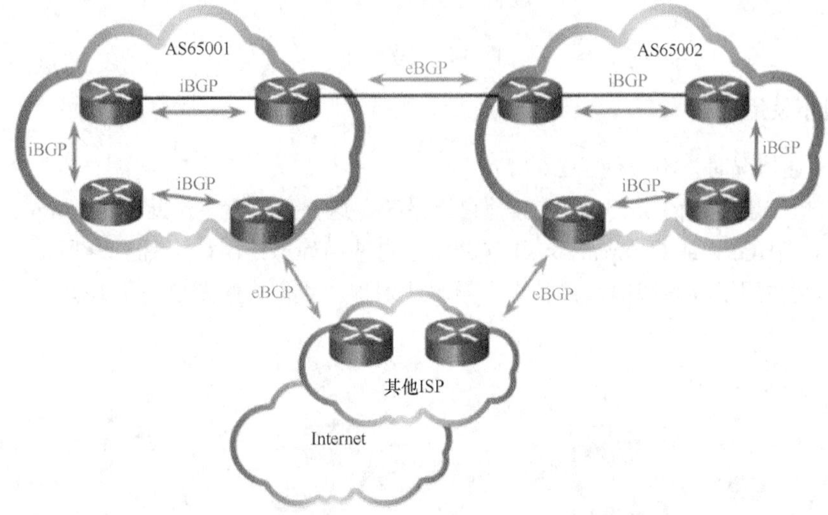

图 3-27 eBGP 和 iBGP 比较

- **外部 BGP（eBGP）**：外部 BGP 是用于不同自治系统中的路由器之间的路由协议。例如，eBGP 可以用来将企业 AS 连接到服务提供商的 AS。
- **内部 BGP（iBGP）**：内部 BGP 是用于同一自治系统中的路由器之间的路由协议。例如，iBGP 将被用于同一服务提供商 AS 的路由器之间。

本课程只关注 eBGP。

注意：根据两台服务器是 eBGP 对等体还是 iBGP 对等体，BGP 的运行有一些差异。但是，这些差异不属于本课程的范围。

3.5.2 BGP 设计要素

本小节将讲解 BGP 设计注意事项。

1. 何时使用 BGP

当一个自治系统连接到多个自治系统时使用 BGP 最为合适。这称为多宿主。图 3-28 中的每个 AS 都是多宿主系统，因为每个 AS 都连接到至少两个其他自治系统或 BGP 对等体。

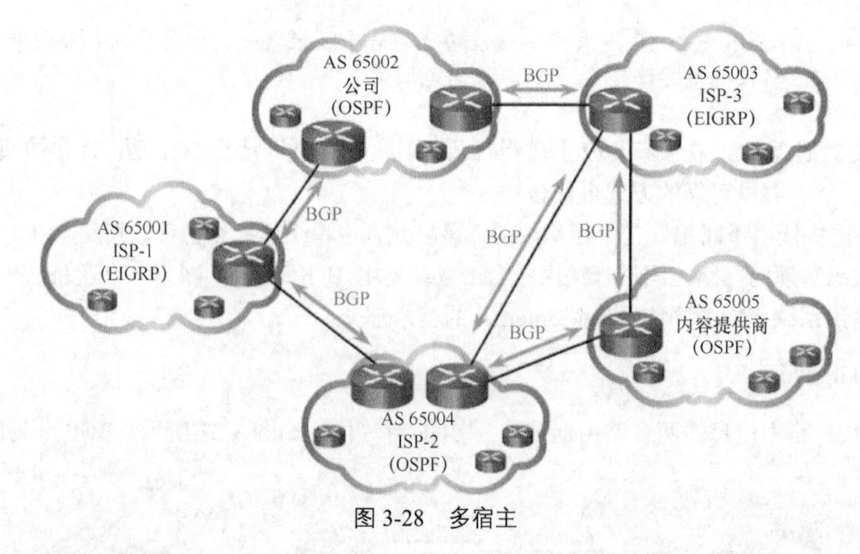

图 3-28 多宿主

2. 何时不使用 BGP

当存在下述情况时，不应使用 BGP。

- 只有单个连接通向 Internet 或其他自治系统。这称为单宿主。此时，Company-A 可能与 ISP 运行 IGP，或 Company-A 和 IGP 将各自使用静态路由，如图 3-29 所示。虽然建议仅将单宿主用于异常情况，但是为了学习此课程，我们将配置单宿主 BGP。

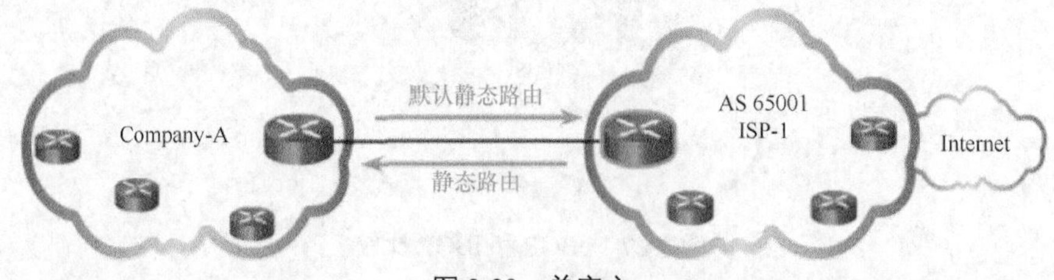

图 3-29 单宿主

- 当对 BGP 的了解有限时。BGP 路由器的错误配置会对本地自治系统之外产生深远影响，从而对整个 Internet 中的路由器带来负面影响。

注意： 有些单宿主情况下适合使用 BGP，例如当需要特定路由策略时。但是，路由策略不属于本课程的范围。

---

3. BGP 选项

自治系统使用 BGP 来通告自己的 AS 内发起的网络，或者在 ISP 的情况下，通告来自其他自治系统的网络。

例如，使用 BGP 连接到其 ISP 的公司会将其网络地址通告给 ISP。ISP 随后将这些网络通告给其他 ISP（BGP 对等体）。最后，Internet 上的所有其他自治系统将获知最初由该公司发起的网络。

企业可以选择以下 3 种常用方法在多宿主环境中实施 BGP。

仅限默认路由

ISP 向 Company-A 发布默认路由，如图 3-30 所示。

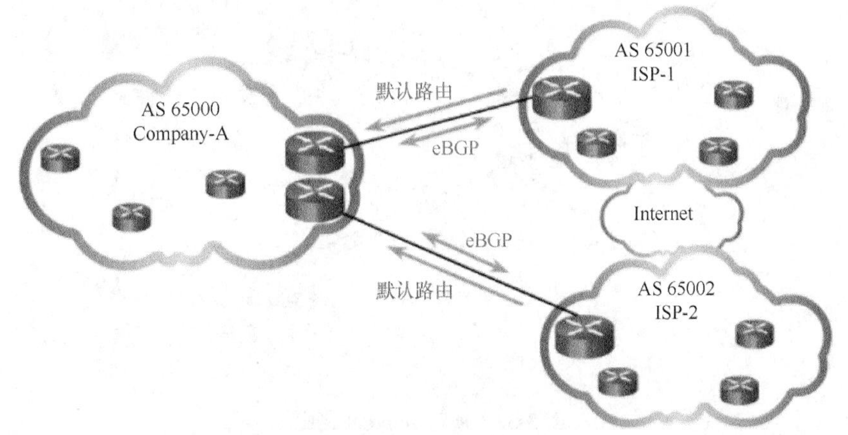

图 3-30 仅限默认路由

箭头表示默认路由已配置在 ISP 而非 Company-A 上。这是最简单的 BGP 实施方法。但是，由于公司仅收到来自两个 ISP 的默认路由，因此可能会出现次优路由。例如，Company-A 在将数据包发送到 ISP-2 的自治系统中的目的网络时，可能选择使用 ISP-1 的默认路由。

默认路由和 ISP 路由

ISP 将其默认路由及其网络通告给 Company-A，如图 3-31 所示。

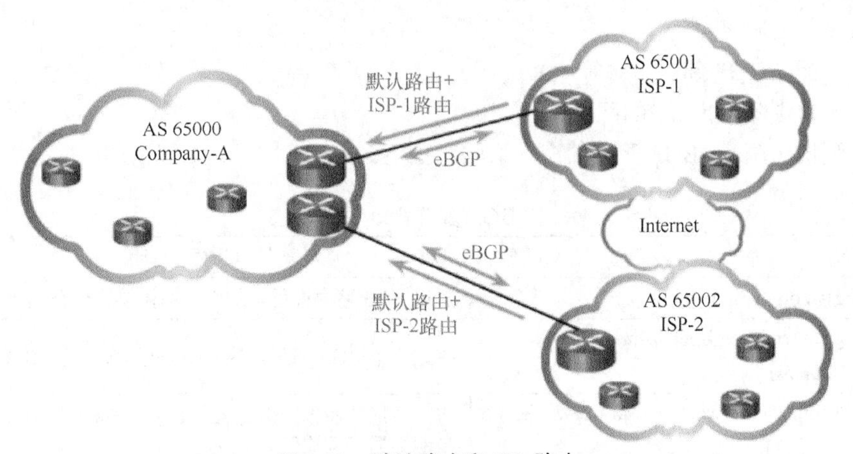

图 3-31 默认路由和 ISP 路由

该方法允许 Company-A 将流量转发到 ISP 通告的网络所对应的 ISP。例如，Company-A 会为 ISP-1 通告的网络选择 ISP-1。所有其他网络可以使用两条默认路由之一，这意味着所有其他 Internet 路由仍会出现次优路由。

所有 Internet 路由

ISP 将所有 Internet 路由通告给 Company-A，如图 3-32 所示。

由于 Company-A 接收来自两个 ISP 的所有 Internet 路由，因此，Company-A 可以确定将哪个 ISP 作为转发任何网络流量的最佳路径。虽然这解决了次优路由的问题，但是 Company-A 的 BGP 路由器必须具有足够的资源来维护 500 000 个以上的 Internet 网络。

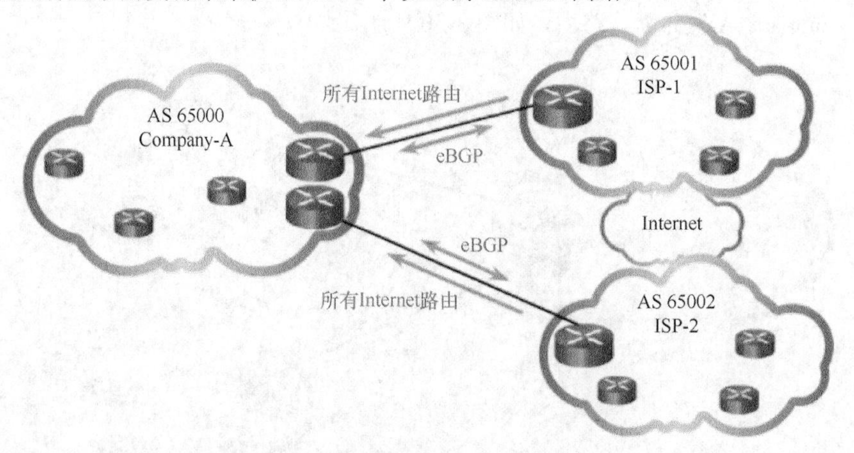

图 3-32 所有 Internet 路由

3.5.3 eBGP 分支机构设置

本小节将讲解如何配置一个 eBGP 的分支连接。

1. 配置 eBGP 的步骤

要实施 eBGP，您需要完成以下任务。

步骤 1 启用 BGP 协议。

步骤 2 配置 BGP 邻居（对等体）。

步骤 3 通告源自此 AS 的网络。

表 3-2 列出了基本 eBGP 配置的命令语法和描述。

表 3-2 BGP 配置命令

命令	说明
Router(config)# **router bgp** *as-number*	启用 BGP 路由过程，从而将路由器置于路由器配置模式
Router(config-router)# **neighbor** *ip-address* **remote-as** *as-number*	指定一个 BGP 邻居。*as-number* 是邻居的 AS 编号
Router(config-router)# **network** *network-address* [**mask** *network-mask*]	将网络地址通告给由此 AS 发起的 eBGP 邻居。*network-mask* 是网络的子网掩码

2. BGP 示例配置

在此单宿主 BGP 拓扑中，AS 65000 中的 Company-A 使用 eBGP 向位于 AS 65001 的 ISP-1 通告其 198.133.219.0/24 网络。ISP-1 将其 eBGP 更新中的默认路由通告给 Company-A。

注意： 在单宿主自治系统中，BGP 通常不是必要的。这里只是为了提供简单的配置示例。

图 3-33 所示为 BGP 配置拓扑。

例 3-16 显示了 Company-A 和 ISP-1 的 BGP 配置。客户通常将私有 IPv4 地址空间用于其自己网络中的内部设备。Company-A 路由器使用 NAT 将这些私有 IPv4 地址转换为其公共 IPv4 地址之一，由 BGP 通告给 ISP。

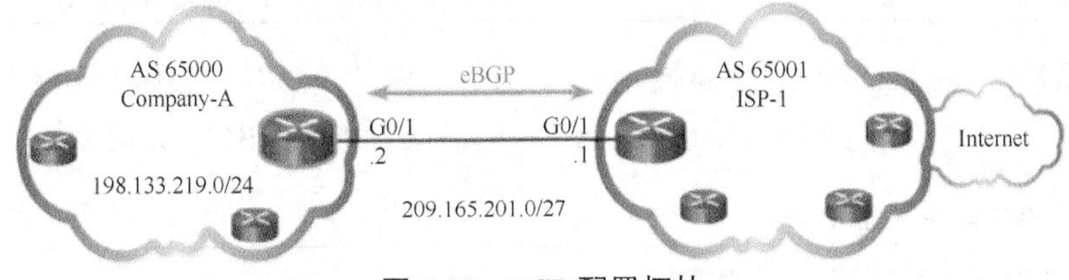

图 3-33 BGP 配置拓扑

例 3-16 公司 A 和 ISP 的 BGP 配置

```
Company-A(config)# router bgp 65000
Company-A(config-router)# neighbor 209.165.201.1 remote-as 65001
Company-A(config-router)# network 198.133.219.0 mask 255.255.255.0
```

```
ISP-1(config)# router bgp 65001
ISP-1(config-router)# neighbor 209.165.201.2 remote-as 65000
ISP-1(config-router)# network 0.0.0.0
```

router bgp 全局配置命令可启用 BGP 并确定 Company-A 的 AS 编号。一台路由器可能仅属于一个自治系统，因此一台路由器上仅可以运行单个 BGP 进程。

Neighbor 路由器配置命令可确定 BGP 对等体 IP 地址以及其 AS 编号。注意，ISP 的 AS 编号与 Company-A 的 AS 编号不同。这会向 BGP 进程通告：邻居处于不同的自治系统中，因此是一个外部 BGP 邻居。

network *network-address* [**mask** *network-mask*]路由器配置命令将 *network-address* 输入到本地 BGP 表中。BGP 表包含了通过 BGP 学习到的或者使用 BGP 通告的所有路由。eBGP 然后将 *network-address* 通告到 eBGP 邻居。

当通告的网络与其有类网络不等同时，必须使用 **mask** *network-mask* 命令参数。在本例中，198.133.219.0/24 相当于一个 C 类网络。C 类网络具有一个/24 子网掩码，因此，本例中无需 **mask** 选项。如果 Customer-A 通告 198.133.0.0/16 网络，则需要使用 **mask** 选项。否则，BGP 将通告带/24 有类掩码的网络。

注意： 与 IGP 协议相比，**network** 命令中使用的 *network-address* 不一定是直连网络。路由器只需在其路由表中包含通向此网络的路由。

ISP-1 路由器上的 eBGP 命令与 Company-A 上的配置类似。注意如何使用 **network 0.0.0.0** 路由器配置命令将默认网络通告给 Company-A。

注意： 虽然 **network 0.0.0.0** 命令是有效的 BGP 配置选项，但是 eBGP 中有更好的通告默认路由的方法。不过，这些方法不属于本课程的范围。

3. 验证 eBGP

表 3-3 中所示的 3 个命令可用于验证 eBGP。

表 3-3 BGP 验证命令

命 令	描 述
Router# **show ip route**	验证由 BGP 邻居通告的路由是否在 IPv4 路由表中
Router# **show ip bgp**	验证已接收和通告的 IPv4 网络是否在 BGP 表中
Router# **show ip bgp summary**	验证 IPv4 BGP 邻居和其他 BGP 信息

例 3-17 显示了 Company-A 的 IPv4 路由表的输出。注意源代码 **B** 是如何确定路由是使用 BGP 来获知的。具体而言，在本例中，Company-A 已接收来自 ISP-1 的由 BGP 通告的默认路由。

例 3-17 在路由表中验证 BGP

```
Company-A# show ip route | include Gateway

Gateway of last resort is 209.165.201.1 to network 0.0.0.0

B*       0.0.0.0/0 [20/0] via 209.165.201.1, 00:36:03
        10.0.0.0/8 is variably subnetted, 2 subnets, 2 masks
C          198.133.219.0/24 is directly connected, GigabitEthernet0/0
L          198.133.219.1/32 is directly connected, GigabitEthernet0/0
         209.165.201.0/24 is variably subnetted, 2 subnets, 2 masks
C          209.165.201.0/27 is directly connected, GigabitEthernet0/1
L          209.165.201.2/32 is directly connected, GigabitEthernet0/1
Company-A#
```

例 3-18 显示了 Company-A 的 BGP 表的输出。

例 3-18 验证 BGP

```
Company-A# show ip bgp
BGP table version is 3, local router ID is 209.165.201.2
Status codes: s suppressed, d damped, h history, * valid, > best, i - internal,
              r RIB-failure, S Stale, m multipath, b backup-path, f RT-Filter,
              x best-external, a additional-path, c RIB-compressed,
Origin codes: i - IGP, e - EGP, ? - incomplete
RPKI validation codes: V valid, I invalid, N Not found

     Network          Next Hop            Metric LocPrf     Weight Path
*>   0.0.0.0          209.165.201.1            0                 0 65001 i
*>   198.133.219.0/24 0.0.0.0                  0             32768 i
Company-A#
```

第一个带有下一跳地址 209.165.201.1 的条目 0.0.0.0 是由 ISP-1 通告的默认路由。自治系统路径显示单个 65001 自治系统，因为由 ISP-1 通告的 0.0.0.0/0 网络源自同一个自治系统。大多数 BGP 表条目显示路径中的多个自治系统编号，列出到达目的网络所需的 AS 编号顺序。

第二个条目 198.133.219.0/24 是由 Company-A 的路由器通告给 ISP-1 的网络。下一跳地址 0.0.0.0 表示 198.133.219.0/24 网络源自此路由器。

例 3-19 显示了 Company-A 上 BGP 连接的状态。第一行显示与另一个 BGP 邻居对等的本地 IPv4 地址和此路由器的本地 AS 编号。远程 BGP 邻居的地址和 AS 编号显示在输出的底部。

例 3-19 验证 BGP 汇总

```
Company-A# show ip bgp summary
BGP router identifier 209.165.201.2, local AS number 65000
BGP table version is 3, main routing table version 3
2 network entries using 288 bytes of memory
2 path entries using 160 bytes of memory
```

```
2/2 BGP path/bestpath attribute entries using 320 bytes of memory
1 BGP AS-PATH entries using 24 bytes of memory
0 BGP route-map cache entries using 0 bytes of memory
0 BGP filter-list cache entries using 0 bytes of memory
BGP using 792 total bytes of memory
BGP activity 2/0 prefixes, 2/0 paths, scan interval 60 secs

Neighbor        V        AS MsgRcvd MsgSent    TblVer   InQ OutQ  Up/Down State/PfxRcd
209.165.201.1   4     65001      66      66         3     0    0 00:56:11            1
Company-A#
```

3.6 总结

宽带传输可由包括DSL、光纤到户、同轴电缆系统、无线和卫星在内的各种技术提供。此传输需要在家庭端和企业端配备额外的组件。宽带无线解决方案包括城市 WiFi、蜂窝/移动网络和卫星 Internet。城市 WiFi 网状网络并未广泛部署。蜂窝/移动网络的覆盖范围可能会受到限制，而且带宽可能会成为问题。卫星 Internet 相对昂贵且存在限制，但它可能是唯一提供访问的方式。

如果某特定位置可以使用多种宽带连接，则应执行成本效益分析，以确定最佳解决方案。最佳解决方案可以连接到多家运营商，以提供冗余性和可靠性。

PPPoE 是将远程网络连接到其 ISP 的常用数据链路协议。PPPoE 提供 PPP 的灵活性和以太网的便利性。

VPN 用于在第三方网络（例如 Internet）上创建安全的端到端专用网络连接。GRE 是基本的无安全措施的站点到站点 VPN 隧道协议，可将各种协议数据包类型封装在 IP 隧道内，从而允许组织通过基于 IP 的 WAN 传递其他协议。如今，它主要用于在纯 IPv4 单播连接上传递 IP 组播流量或 IPv6 流量。

BGP 是在自治系统之间实施的路由协议。下面列出了 eBGP 的三个基本设计选项：

- ISP 仅向客户通告默认路由；
- ISP 向客户通告默认路由及其所有路由；
- ISP 向客户通告所有 Internet 路由。

在单宿主网络中实施 eBGP 仅需要执行几条命令。

检查你的理解

请完成以下所有复习题，以检查您对本章要点和概念的理解情况。答案列在本书附录中。

1. 哪种技术提供了 SOHO 与总部办公室之间的安全连接？（　　）

A．PPPoE　　　　B．QoS

C．VPN　　　　D．WiMax

2. 远程工作人员在从家庭远程连接到公司网络且有安全性要求时，该选择哪两个网络组件？（选两项）（　　）

A．认证服务器

B．宽带 Internet 连接

C．VPN 客户端软件或启用 VPN 的路由器

D．多功能安全设备

E．VPN 服务器或集线器

3．DSL 与电缆技术相比有什么优势？（　　）

A．DSL 没有距离限制　　B．DSL 更快

C．DSL 不是共享媒体　　D．DSL 上传和下载速度始终相同

4．通过 PSTN 使用 DSL 技术传输数据的媒介是什么？（　　）

A．铜　　B．光纤

C．射频　　D．无线

5．什么技术为服务提供商提供了通过以太网为客户使用验证、记账和链接管理功能的能力？（　　）

A．DSL　　B．ISDN

C．PPPoE　　D．QoS

6．为什么 PPPoE DSL 配置的 MTU 从 1500 字节减少到 1492？（　　）

A．适应 PPPoE 报头　　B．启用 CHAP 认证

C．建立一个开销较小的安全隧道　　D．减少 DSL 链路的拥塞

7．思科客户路由器上 PPPoE 配置的两个特点是什么？（选两项）（　　）

A．在以太网接口上配置 1492 字节的 MTU 大小

B．客户路由器 CHAP 用户名和密码独立于 ISP 路由器上配置的内容

C．**dialer pool** 命令应用于以太网接口，以将其链接到拨号器接口

D．以太网接口没有 IP 地址

E．PPP 配置在拨号器接口上

8．当在客户路由器上配置 PPPoE 时，哪两个命令必须具有相同的值才能使配置生效？（选两项）（　　）

A．**dialer pool 2**

B．**interface dialer 2**

C．**interface gigabitethernet 0/2**

D．**ppp chap hostname 2**

E．**ppp chap password 2**

F．**pppoe-client dial-pool-number 2**

9．网络设计工程师正在计划实施一种经济高效的方法，通过 Internet 安全地连接多个网络。需要哪种类型的技术？（　　）

A．专用 ISP　　B．GRE IP 隧道

C．租用线路　　D．一个 VPN 网关

10．哪个语句描述了站点到站点 VPN 的功能？（　　）

A．单个主机可以启用和禁用 VPN 连接　　B．内部主机发送正常的未封装数据包

C．VPN 连接不是静态定义的　　D．每台主机都安装 VPN 客户端软件

11．哪种远程接入实施方案将支持使用通用路由封装隧道？（　　）

A．一个安全连接到中心站点的分支机构

B．一个中央站点，连接到没有加密的 SOHO 站点

C．连接到中央站点上的路由器的移动用户

D．连接到 SOHO 站点的移动用户

12．下面哪两项是 BGP 的重要特征？（选两项）（　　）

A．它提供了自治系统之间的域间路由

B．它是一种高级的距离矢量路由协议

C．它使用成本作为其度量

D．它是一个链路状态路由协议

E．它使用带宽和延迟作为其度量

F．它是基于策略的路由协议

13．哪些 BGP 路由器将成为对等体并共享路由信息？（　　）

A．默认情况下，同一域中的所有 BGP 路由器共享路由信息

B．配置了相同 **network** 命令的 BGP 路由器

C．配置了相同 **peer** 命令的 BGP 路由器

D．用 **neighbor** 命令标识的 BGP 路由器

14．以下哪个 BGP 语句是正确的？（　　）

A．BGP 是用于与另一个 AS 交换路由信息的 IGP

B．BGP 更新使用 TCP 端口 179 进行封装

C．每个 AS 被分配一个唯一的 160 位自治系统号（ASN）

D．当有一个去往 Internet 或另一个 AS 的连接时使用 BGP

15．假设 R1 在 AS 5000 中，并且想要与另一个路由器建立 eBGP 对等关系。以下哪个命令可以正确配置 eBGP 关系？（　　）

A．R1(config-router)# **neighbor 209.165.201.1 remote-as 5000**

B．R1(config-router)# **neighbor 209.165.201.1 remote-as 10000**

C．R1(config-router)# **peer 209.165.201.1 remote-as 5000**

D．R1(config-router)# **peer 209.165.201.1 remote-as 10000**

第 4 章

访问控制列表

学习目标

通过完成本章学习，您将能够回答下列问题：

- ACL 在中小型企业网络中的用途是什么？
- 标准 IPv4 ACL 和扩展 IPv4 ACL 之间有什么区别？
- 在中小型企业网络中配置标准 IPv4 ACL 以过滤流量的步骤是什么？
- 扩展访问控制条目（ACE）的结构是什么？
- 根据网络要求配置扩展 IPv4 ACL 以过滤流量的步骤是什么？
- IPv4 ACL 和 IPv6 ACL 的创建有什么区别？
- 根据网络要求配置 IPv6 ACL 以过滤流量的步骤是什么？
- 路由器在应用 ACL 时如何处理数据包？
- 使用 CLI 命令排除常见 ACL 错误的步骤有哪些？

掌握访问控制列表（ACL）是网络管理员最重要的技能之一。ACL 提供数据包过滤功能来控制流量。

网络设计师使用防火墙来防止网络被未授权用户使用。防火墙是强制执行网络安全策略的硬件或软件解决方案。您可以想象大楼内一间房间的门锁,该锁仅允许拥有钥匙或门卡的授权用户进入那道门。类似地，防火墙过滤未经授权或可能存在危险的数据包，防止其进入网络。

在思科路由器上，您可以配置简单的防火墙，使用 ACL 提供基本的流量过滤。管理员使用 ACL 过滤网络中的流量，允许或拒绝指定的数据包。

本章首先回顾 ACL 和标准 IPv4 ACL 的配置，然后介绍如何在思科路由器上配置扩展 IPv4 ACL 和 IPv6 ACL，使其作为安全解决方案的一部分。本章还包含 ACL 的使用技巧、注意事项、建议和一般指导原则。

4.1 标准 ACL 操作和配置回顾

本节将讲解如何配置标准 IPv4 ACL。

4.1.1 ACL 操作概述

本小节将讲解 ACL 在中小型企业网络中的用途和操作。

1. ACL 和通配符掩码

注意：本节包括标准 IPv4 ACL 操作和配置的简要回顾。如果需要了解更多内容，请参阅《路由与交换基础（第 6 版）》的第 7 章。

ACL 是由一系列被称为访问控制条目（ACE）的 **permit** 或 **deny** 语句组成的顺序列表。ACE 通常也称为 ACL 语句。当网络流量经过配置了 ACL 的接口时，路由器会将数据包中的信息与每个 ACE 按顺序进行比较，以确定数据包是否匹配其中一个 ACE。

IPv4 ACE 包括通配符掩码。通配符掩码是由 32 位二进制数字组成的字符串，路由器用来检查匹配地址的哪些位。

图 4-1 所示为不同通配符掩码过滤 IPv4 地址的方式。在本示例中，请记住，二进制 0 表示必须匹配的位，二进制 1 表示可以忽略的位。

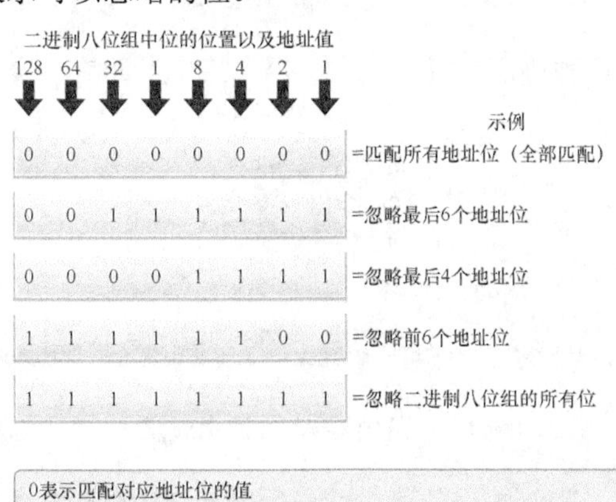

图 4-1 通配符掩码

图 4-2 提供了通配符掩码匹配子网的 3 个示例。

示例1

	十进制地址	二进制地址
IP地址	192.168.1.1	11000000.10101000.00000001.00000001
通配符掩码	0.0.0.0	00000000.00000000.00000000.00000000
结果	192.168.1.1	11000000.10101000.00000001.00000001

示例2

	十进制地址	二进制地址
IP地址	192.168.1.1	11000000.10101000.00000001.00000001
通配符掩码	255.255.255.255	11111111.11111111.11111111.11111111
结果	0.0.0.0	00000000.00000000.00000000.00000000

示例3

	十进制地址	二进制地址
IP地址	192.168.1.1	11000000.10101000.00000001.00000001
通配符掩码	0.0.0.255	00000000.00000000.00000000.11111111
结果	192.168.1.0	11000000.10101000.00000001.00000000

图 4-2 通配符掩码示例

在第 1 个示例中，通配符掩码规定 IPv4 地址 192.168.1.1 中的每一位都必须精确匹配。

在第 2 个示例中，通配符掩码规定任意地址都能匹配。

在第 3 个示例中，通配符掩码规定 192.168.1.0/24 网络中的任意主机都可匹配。

2. 将 ACL 应用于接口

如图 4-3 所示，ACL 可以配置为应用于入站流量和出站流量。ACL 的最后一条语句都是隐式拒绝语句。每个 ACL 的末尾都会自动插入此语句，尽管 **show** 命令输出中并不显示该语句。

图 4-3 入站和出站 ACL

如图 4-4 所示，可以在每种协议、每个方向、每个接口上配置一个 ACL。

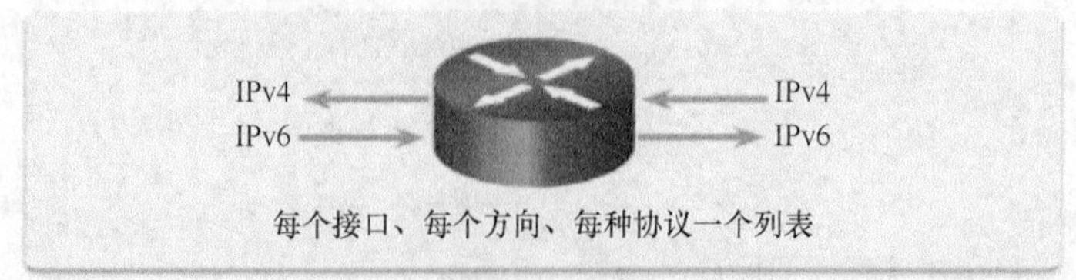

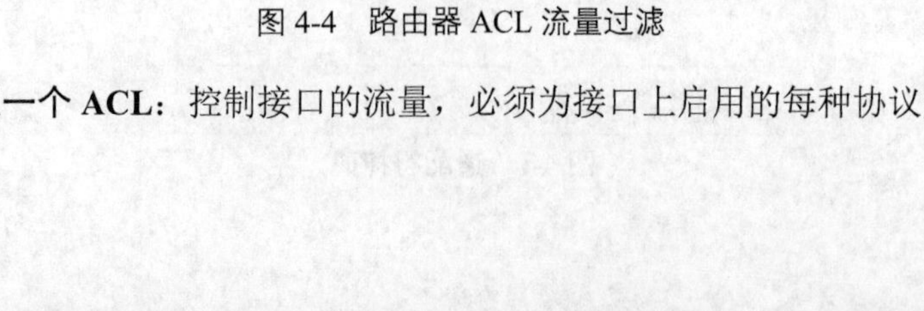

图 4-4 路由器 ACL 流量过滤

- **每种协议一个 ACL**：控制接口的流量，必须为接口上启用的每种协议定义一个 ACL。

- **每个方向一个 ACL**：一个 ACL 一次只能在一个接口上控制一个方向的流量。若要同时控制入站和出站流量，则必须分别创建两个 ACL。
- **每个接口一个 ACL**：ACL 为一个接口控制流量，例如 GigabitEthernet 0/0。

3. TCP 会话

管理员可以根据许多特征（包括正在被请求的 TCP 端口）控制网络流量。通过检查 TCP 会话中出现的对话（例如请求网页时），让人更容易理解 ACL 过滤流量的方式。

当客户端向 Web 服务器请求数据时，IP 协议将会管理 PC（源）和服务器（目的）之间的通信。TCP 将会管理 Web 浏览器（应用）和网络服务器软件之间的通信。

图 4-5 展现了 TCP/IP 会话是如何发生的。

TCP 数据段标有指示其用途的标志：SYN 表示开启（同步）会话；ACK 是对收到预期数据段的确认；FIN 则可以表示结束会话。SYN/ACK 标志用于确认传输的同步。TCP 数据段包含将应用数据引导到正确应用所需的高层协议。

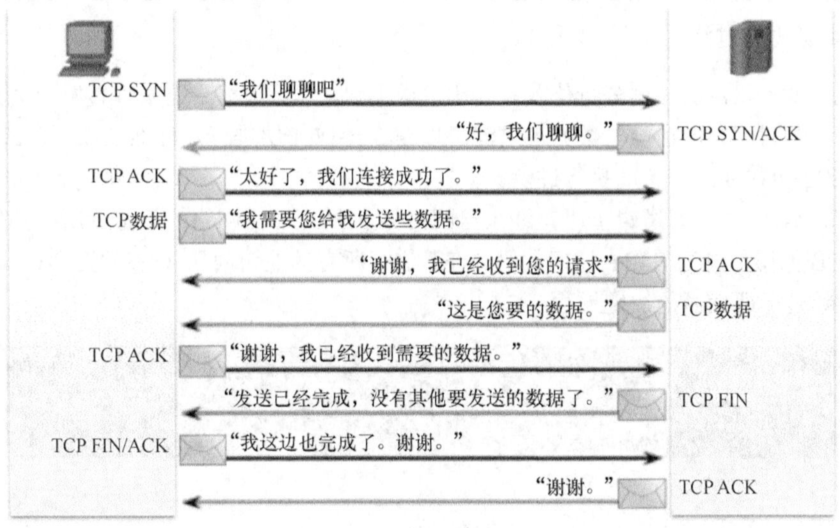

图 4-5 TCP 会话

TCP 数据段还会标识与请求的服务相匹配的端口。表 4-1 显示了 UDP 和 TCP 端口的范围。

表 4-1 UDP 和 TCP 端口号范围

端口号范围	端口类别
0～1023	周知端口
1024～49151	注册端口
49152～65535	私有和/或动态端口

表 4-2 则显示了周知端口号。

表 4-2 一些周知端口号

端口号	协议	应用	缩写词
20	TCP	文件传输协议（数据）	FTP
21	TCP	文件传输协议（控制）	FTP

续表

端口号	协议	应用	缩写词
22	TCP	安全外壳	SSH
23	TCP	Telnet	-
25	TCP	简单邮件传输协议	SMTP
53	UDP、TCP	域名服务	DNS
67、68	UDP	动态主机配置协议	DHCP
69	UDP	简单文件传输协议	TFTP
80	TCP	超文本传输协议	HTTP
110	TCP	邮局协议第 3 版	POP3
143	TCP	Internet 消息访问协议	IMAP
161	UDP	简单网络管理协议	SNMP
443	TCP	安全超文本传输协议	HTTPS

4. ACL 数据包过滤

数据包过滤是路由器通过分析传入和传出的数据包，然后根据给定条件转发或丢弃分析后的数据包，来控制对网络的访问。数据包过滤可以在 3 层或 4 层进行。标准 ACL 仅在 3 层执行过滤。扩展 ACL 可在 3 层和 4 层执行过滤。

例如，将 ACL 配置为逻辑上"允许来自网络 A 的用户访问网络，但拒绝所有其他服务；拒绝来自网络 B 的用户进行 HTTP 访问，但允许其进行所有其他访问"。请参照图 4-6，了解数据包过滤器完成该任务所使用的决定过程。

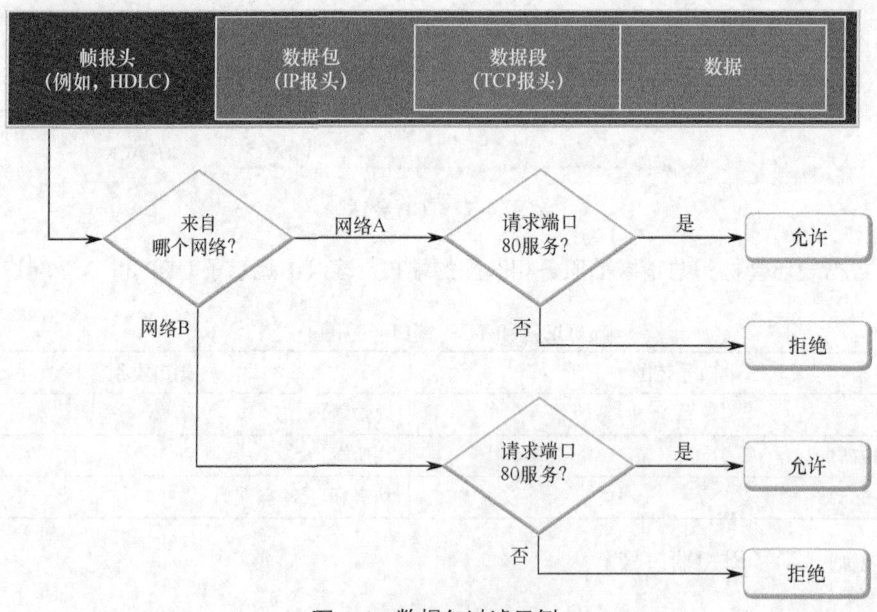

图 4-6 数据包过滤示例

在本场景中，数据包过滤器按如下方式检查每个数据包。

- 如果数据包是一个来自网络 A 的 TCP SYN 数据包，且使用了端口 80，则允许其通过。但会拒绝用户的所有其他访问。

- 如果数据包是一个来自网络 B 的 TCP SYN 数据包，且使用了端口 80，则将其阻止。但会允许用户的所有其他访问。

这仅仅是个简单示例。可配置多条规则，以便进一步针对特定用户允许或拒绝服务。

4.1.2 IPv4 ACL 的类型

本小节将对标准 IPv4 ACL 和扩展 IPv4 ACL 进行比较。

1. 标准和扩展 IPv4 ACL

思科 IPv4 ACL 的两种类型是标准 IPv4 ACL 和扩展 IPv4 ACL。

标准 ACL 可以用于允许或拒绝仅来自源 IPv4 地址的流量。它不检查数据包的目的地址及其端口。例如，允许来自网络 192.168.30.0/24 的所有流量通过，其配置如下：

```
Router(config)#access-list 10 permit 192.168.30.0 0.0.0.255
```

由于此 ACL 末尾隐含了 deny any，因此它将阻止除来自 192.168.30.0/24 网络以外的所有其他流量。标准 ACL 是在全局配置模式中创建的。

扩展 ACL 根据多种属性过滤 IP 数据包：

- 协议类型；
- 源 IPv4 地址；
- 目的 IPv4 地址；
- 源 TCP 或 UDP 端口；
- 目的 TCP 或 UDP 端口；
- 用于进行精确控制的可选协议类型信息。

ACL 103 允许来自 192.168.30.0/24 网络中任一地址的流量去往任何 IPv4 网络，只要目的主机端口为 80（HTTP）。扩展 ACL 是在全局配置模式下创建的。

```
Router(config)#access-list 103 permit tcp 192.168.30.0 0.0.0.255 any eq 80
```

注意： 扩展 ACL 命令语法将在 4.1.3 节详细讨论。

2. 编号 ACL 和命名 ACL

可以使用编号或名称标识 ACL 及其语句列表，从而创建标准 ACL 和扩展 ACL。

编号 ACL 适用于在具有较多类似流量的小型网络中定义 ACL 类型。但是，编号不会提供有关 ACL 用途的信息。出于此原因，可以使用名称来标识思科 ACL。

为了配置编号 ACL，可基于要过滤的协议来指派一个编号。IPv4 ACL 使用了下述编号。

- 1～99 和 1300～1999：标准 IP ACL。
- 100～199 和 2000～2699：扩展 IP ACL。

注意： IPv6 ACL 不使用编号。

要配置命名 ACL，可指派一个名称来标识 ACL。

- 名称可以包含字母、数字字符。
- 建议名称采用大写字母。
- 名称不能含有空格或标点符号。
- 可以在 ACL 中添加或删除条目。

3. ACL 的放置位置

每个 ACL 都应该放置在最能发挥作用的位置。

放置 ACL 的基本规则如下。

- **扩展 ACL**：将扩展 ACL 放置在尽可能靠近需要过滤的流量源的位置上。这样，不需要的流量会在靠近源网络的位置遭到拒绝，而无需通过网络基础设施。
- **标准 ACL**：由于标准 ACL 不指定目的地址，所以其位置应该尽可能靠近目的地。如果将标准 ACL 放置在流量源处，则将会根据给定的源地址进行 permit 或 deny，而无论流量要发向何处。

图 4-7 所示为当需要配置一个 ACL 来过滤从 R1 到 R3 的流量时，所应用的基本的 ACL 放置规则。

ACL 的放置位置以及使用的 ACL 类型还可能取决于多种因素。

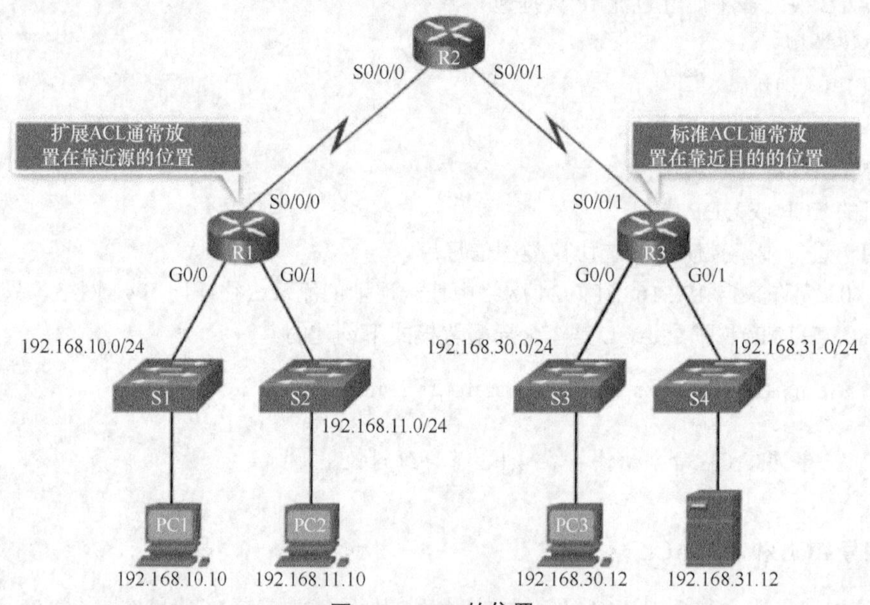

图 4-7　ACL 的位置

- **网络管理员的控制范围**：ACL 的放置位置取决于网络管理员是否能够同时控制源网络和目的网络。
- **相关网络的带宽**：在源上过滤不需要的流量，可以在流量消耗通往目的地的路径上的带宽之前阻止流量传输。这对于带宽较低的网络尤为重要。
- **配置的难易程度**：如果网络管理员希望拒绝来自几个网络的流量，一种选择就是在靠近目的地的路由器上使用单个标准 ACL。缺点是来自这些网络的流量会浪费带宽。扩展 ACL 可以在每台发出流量的路由器上使用。这通过在源上过滤流量而节省了带宽，但需要在多台路由器上创建扩展 ACL。

注意： 对于 CCNA 认证考试，一般规则是将扩展 ACL 放在尽可能靠近源的位置上，而标准 ACL 放在尽可能靠近目的地的位置上。

4. 标准 ACL 的位置示例

在图 4-8 中，管理员希望阻止源自 192.168.10.0/24 网络的流量到达 192.168.30.0/24 网络。

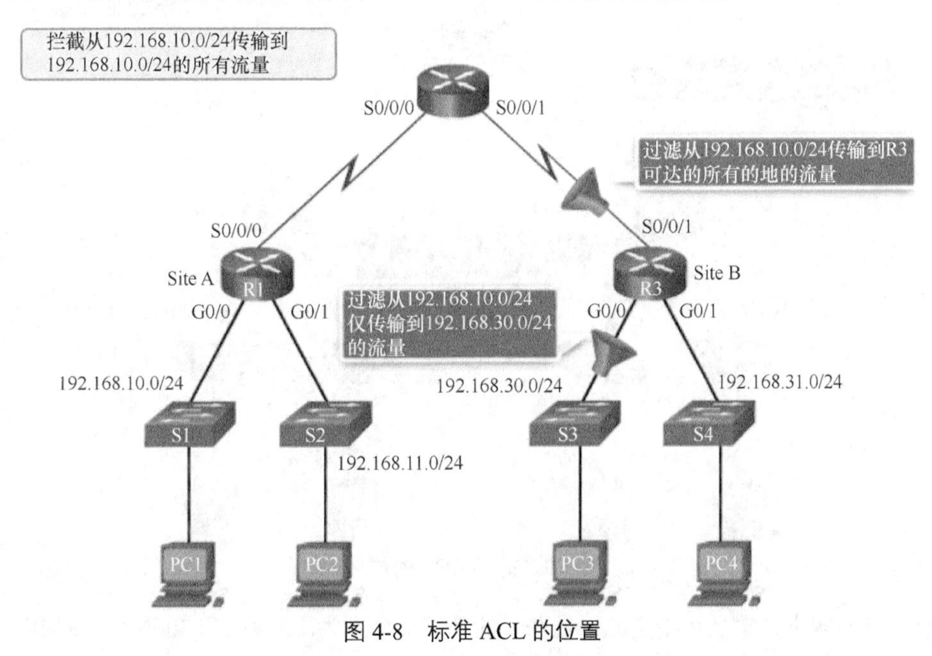

图 4-8 标准 ACL 的位置

如果标准 ACL 放置在 R1 的出站接口（图中未显示），则这将阻止 192.168.10.0/24 网络上的流量通过 R1 的 Serial 0/0/0 接口到达任何可到达网络。

根据将标准 ACL 置于靠近目的地位置的基本放置原则，图中显示了 R3 上两个可能应用标准 ACL 的接口。

- **R3 S0/0/1 接口**：应用标准 ACL 以阻止来自 192.168.10.0/24 网络的流量进入 S0/0/1 接口，这将阻止该流量到达 192.168.30.0/24 网络以及通过 R3 可到达的所有其他网络。这将包括 192.168.31.0/24 网络。由于 ACL 的意图是只过滤去往 192.168.30.0/24 网络的流量，因此不应将标准 ACL 应用到此接口。
- **R3 G0/0 接口**：将标准 ACL 应用于从 G0/0 接口流出的流量，这将过滤从 192.168.10.0/24 网络发送到 192.168.30.0/24 网络的数据包。这不会影响通过 R3 可到达的其他网络。来自 192.168.10.0/24 网络的数据包仍可到达 192.168.31.0/24 网络。

5. 扩展 ACL 的位置示例

放置扩展 ACL 的基本规则是将其置于尽量靠近源地址的位置。这可以阻止将不需要的流量通过多个网络发送，直到其到达目的地时才拒绝它。但是，网络管理员仅可在自己能够控制的设备上放置 ACL。因此，放置位置必须在网络管理员的控制范围内。

在图 4-9 中，公司 A（包括 192.168.10.0/24 网络和 192.168.11.0/24 网络，在本例中称为.10 和.11）的管理员想要控制通往公司 B 的流量。

具体而言，管理员希望拒绝来自.11 网络的 Telnet 和 FTP 流量发送到公司 B 的 192.168.30.0/24（本例中称为.30）网络中。同时，必须允许来自.11 网络的所有其他流量无限制地传出公司 A。

管理员可以采用多种方法实现这些目标。在 R3 上放置扩展 ACL 以阻止来自.11 网络的 Telnet 和 FTP，这样可以完成任务，但是管理员不能控制 R3。另外，此解决方案还是无法阻止不需要的流量通过整个网络，它仅在目的地阻止不需要的流量。这影响了总体网络效率。

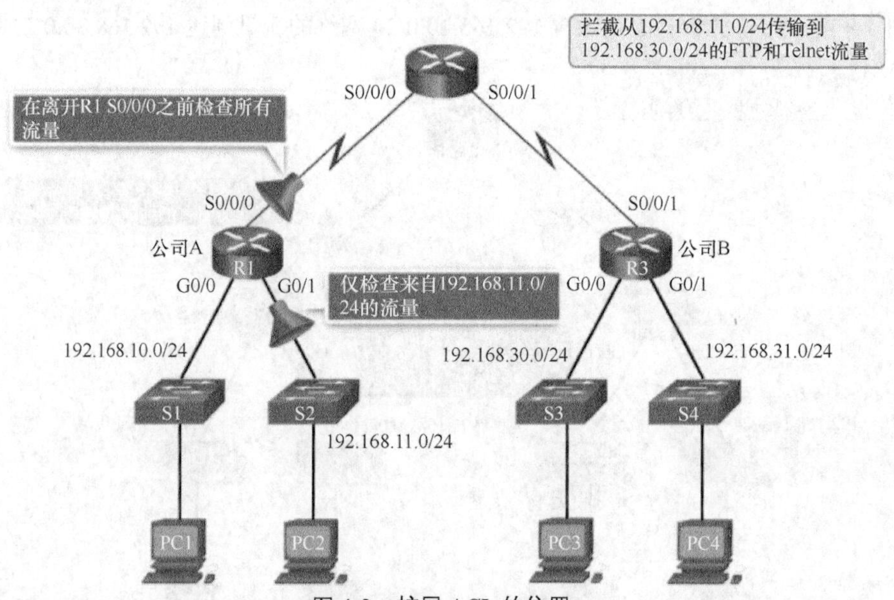

图 4-9 扩展 ACL 的位置

一个更好的解决方案是在指定源地址和目的地址（分别为.11 网络和.30 网络）的 R1 上放置扩展 ACL，并执行规则“不允许来自.11 网络的 Telnet 和 FTP 流量流向.30 网络”。

图 4-9 显示了 R1 上两个可能应用扩展 ACL 的接口。

- **R1 S0/0/0 接口（出站）**：一种可能性就是在 S0/0/0 接口的出站方向上应用扩展 ACL。由于扩展 ACL 会同时检查源地址和目的地址，因此只有来自 192.168.11.0/24 的 FTP 和 Telnet 数据包将会被拒绝。来自 192.168.11.0/24 以及其他网络的所有其他流量都将通过 R1 转发。在此接口放置扩展 ACL 的缺点就是所有从 S0/0/0 流出的流量都必须经过 ACL 的处理，包括来自 192.168.10.0/24 的数据包。
- **R1 G0/1 接口（入站）**：将扩展 ACL 应用于进入 G0/1 接口的流量，这意味着只有来自 192.168.11.0/24 网络的数据包将在 R1 上由 ACL 进行处理。由于过滤仅限于传出 192.168.11.0/24 网络的这些数据包，因此在 G0/1 上应用扩展 ACL 是最佳解决方案。

4.1.3 标准 IPv4 ACL 实施

本小节将讲解如何配置标准 IPv4 ACL 以过滤中小型企业网络中的流量。

1. 配置标准 IPv4 ACL

要创建标准的 ACL，可使用 **access-list** *access-list-number* {**remark** *description* | {**deny** | **permit**} *source* [*source-wildcard*][**log**]}全局配置命令。

表 4-3 详细介绍了标准 ACL 的语法。

ACE 能够允许或拒绝单个主机地址或者一个范围内的主机地址。

例如，要创建一个编号 ACL 10，使其允许 IPv4 地址为 192.168.10.10 的特定主机，则可以使用 **host** 关键词然后输入下述命令。

```
R1(config)# access-list 10 permit host 192.168.10.10
```

例 4-1 输入了一个编号 ACL 10，可以允许网络 192.168.10.0/24 中的所有 IPv4 地址。

表 4-3 标准 ACL 命令语法

参　数	说　明
access-list-number	ACL 的编号；这是一个十进制数，取值范围为 1～99 或 1300～1999（适用于标准 ACL）
remark *description*	在 ACL 中添加描述性文本，以提高 ACL 的可读性
deny	符合条件时拒绝访问
permit	符合条件时允许访问
source	发送数据包的网络或主机的编号
source-wildcard	（可选）指定了应用于 source 的通配符比特
log	（可选）将匹配条目的数据包生成的信息性日志消息发送到控制台（记录到控制台的消息级别由 **logging console** 命令控制） 消息内容包括 ACL 号、数据包被允许还是被拒绝、源地址和数据包的数量。此消息将在出现与条件匹配的第一个数据包时生成，随后每 5 分钟生成一次，其中包含在过去的 5 分钟内被允许或拒绝的数据包的数量

例 4-1 创建一个标准 ACL

```
R1(config)# access-list 10 permit 192.168.10.0 0.0.0.255
R1(config)# exit
R1# show access-lists
Standard IP access list 10
    10 permit 192.168.10.0, wildcard bits 0.0.0.255
R1#
```

要删除一个 ACL，可以输入 **no access-list** {*number* | *name*}全局配置命令。

例 4-2 删除了 ACL1 10，并且使用 **show access-list** 特权 EXEC 命令进行了验证，确认该 ACL 被删除。

例 4-2 删除一个标准 ACL

```
R1(config)# no access-list 10
R1(config)# exit
R1#
R1# show access-lists
R1#
```

在例 4-3 中可以看到，**remark** *description* 关键字用于记录 ACL。**show running-config | include access-list 10** 显示了 ACL 10 中的 ACE。注意注释（remark）是如何指明了接下来的 ACE 的功能，从而使得 ACL 更容易理解。

例 4-3 添加注释到一个 ACL

```
R1(config)# access-list 10 remark Permit hosts from the 192.168.10.0 LAN
```

```
R1(config)# access-list 10 permit 192.168.10.0 0.0.0.255
R1(config)# exit
R1#
R1# show running-config | include access-list 10
access-list 10 remark Permit hosts from the 192.168.10.0 LAN
access-list 10 permit 192.168.10.0 0.0.0.255
R1#
```

2. 应用标准 IPv4 ACL

在配置了标准 IPv4 ACL 之后，可以在接口配置模式下使用 **ip access-group** {*access-list-number* | *access-list-name*} {**in** | **out**}命令将其关联到接口。

请参阅图 4-10 以查看如何允许单个网络脱离接口的示例。

例 4-4 所示为一个只允许来自 192.168.10.0/24 网络的流量才能从 Serial 0/0/0 接口发出的配置示例。

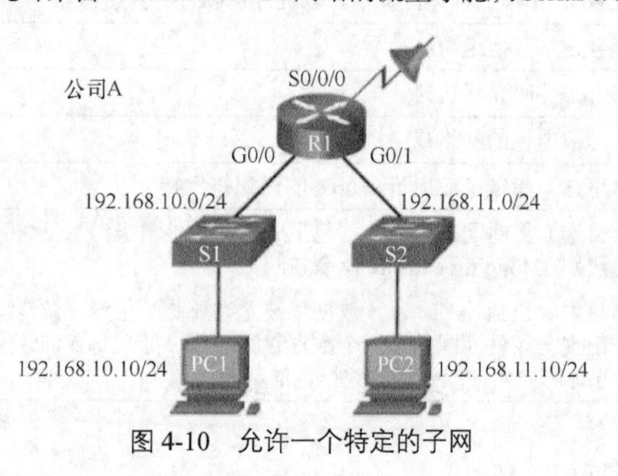

图 4-10 允许一个特定的子网

例 4-4 允许一个特定子网的 R1 配置

```
R1(config)# access-list 1 permit 192.168.10.0 0.0.0.255
R1(config)#
R1(config)# interface s0/0/0
R1(config-if)# ip access-group 1 out
```

如果必须删除一个 ACL，需要在接口使用 **no ip access-group** {*access-list-number* | *access-list-name*}命令将其从接口上删除，然后输入全局命令 **no access-list** 来删除整个 ACL。

3. 标准 IPv4 命名 ACL

使用 **ip access-list** [**standard** | **extended**] *acl-name* 全局配置命令来配置一个命名 ACL。

创建标准命名 ACL 的步骤包括以下内容。

步骤 1 使用 **ip access-list** ***acl-name*** 命令创建命名 ACL。ACL 名称可由字母、数字组成，它区分大小写，并且必须是唯一的。在输入命令后，路由器提示符变为标准（std）命名 ACL（nacl）配置模式，即 Router(config-std-nacl)#。

步骤 2 在命名 ACL 配置模式下，使用[**permit** | **deny** | **remark** *description*] {*source* [*source-wildcard*]} [**log**]命令配置 ACE。使用 **permit** 或 **deny** 语句指定一个或多个条件，以确定应该转发还是丢弃数据包。可以使用 **remark** *description* 向 ACL 添加注释。

步骤 3 使用 **ip access-group** *acl-name* [**in** | **out**]命令将 ACL 应用于接口。请指定应当在数据包进入接口（**in**）时还是在数据包离开接口（**out**）时将 ACL 应用于数据包。

请参照图 4-11 以查看如何配置标准命名 ACL 的示例。

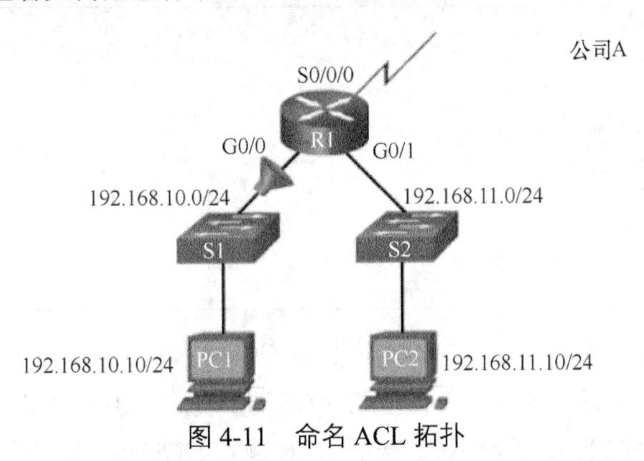

图 4-11 命名 ACL 拓扑

例 4-5 在路由器 R1 接口配置了一个标准的命名 ACL，其名称为 NO_ACCESS。该 ACL 拒绝主机 192.168.11.10 访问 192.168.10.0 网络。前面讲到，在应用标准 ACL 时应该尽可能靠近目的，因此命名 ACL 将应用到 G0/0 接口的出站流量上。

例 4-5 命名 ACL 示例

```
R1(config)# ip access-list standard NO_ACCESS
R1(config-std-nacl)# deny host 192.168.11.10
R1(config-std-nacl)# permit any
R1(config-std-nacl)# exit
R1(config)#
R1(config)# interface g0/0
R1(config-if)# ip access-group NO_ACCESS out
```

4. 验证 ACL

如例 4-6 所示，**show ip interface** 命令用于验证接口上的 ACL。

例 4-6 检验接口上的 ACL

```
R1# show ip interface s0/0/0
Serial0/0/0 is up, line protocol is up
  Internet address is 10.1.1.1/30
  <output omitted>
  Outgoing access list is 1
  Inbound access list is not set
  <output omitted>
R1# show ip interface g0/0
GigabitEthernet0/1 is up, line protocol is up
  Internet address is 192.168.10.1/24
  <output omitted>
  Outgoing access list is NO_ACCESS
  Inbound access list is not set
  <output omitted>
```

该命令的输出包含了访问列表的编号或名称以及应用 ACL 的方向。输出显示，路由器 R1 上的 access list 1 应用于其 S0/0/0 出站接口，而访问列表 NO_ACCESS 应用于其 G0/0 接口，也是在出站方向上。

例 4-7 显示了在路由器 R1 上执行 **show access-lists** 命令后得到的结果。

例 4-7 验证标准的 ACL 语句

```
R1# show access-lists
Standard IP access list 1
    10 deny   192.168.10.10
    20 permit  192.168.0.0, wildcard bits 0.0.255.255
Standard IP access list NO_ACCESS
    15 deny   192.168.11.11
    10 deny   192.168.11.10
    20 permit  192.168.11.0, wildcard bits 0.0.0.255
R1#
```

注意，NO_ACCESS 语句的顺序乱了，序列号 15 显示在序列号 10 的前面。这是因为 Cisco IOS 针对标准 ACL 使用了特殊的哈希函数，对主机 ACE 进行了重新排序，以便能得到优先处理，从而优化了主机 ACL 条目的查询。标准 ACL 按照 ACE 输入的顺序来处理网络 ACE，因此标准 ACL 按照 ACE 的编号来处理 ACE，而不是按照它们在屏幕上显示的顺序来处理。

注意： IOS 标准 ACL 哈希函数的细节超出了本书的范围。

要查看单独的访问列表，可使用 **show access-lists** 命令，并在该命令后面添加访问列表的编号或名称。

4.2 扩展 IPv4 ACL

本节将讲解如何配置扩展 IPv4 ACL。

4.2.1 扩展 IPv4 ACL 的结构

本小节将讲解如何配置扩展 IPv4 ACL。

1. 扩展 ACL

为了更精确地控制流量过滤，可以创建扩展 IPv4 ACL。扩展 ACL 的数字编号在 100~199 和 2000~2699 两个区间内，总共可能产生 799 个扩展编号 ACL。与标准 ACL 一样，也可以对扩展 ACL 命名。

扩展 ACL 能提供更大程度的控制，因此它的使用频率比标准 ACL 高。与标准 ACL 一样，扩展 ACL 也可以检查数据包的源地址，但它们还可以检查目的地址、协议和端口号（或服务）。如此一来，我们便可基于更多的条件来创建 ACL。例如，一个扩展 ACL 可以允许从某网络发送到特定目的地的邮件流量，同时拒绝文件传输和网页浏览。

2. 过滤端口和服务

根据协议和端口号进行过滤的功能可让网络管理员构建非常具体的扩展 ACL。可通过配置端口号或周知端口的名称来指定应用。

例 4-8 中显示了管理员通过在扩展 ACL 语句末尾添加 TCP 或 UDP 端口号的方法来指定端口

号。可以使用逻辑运算，例如等于（**eq**）、不等于（**neq**）、大于（**gt**）和小于（**lt**）。

例 4-8 使用端口号或关键字配置扩展 ACL

```
Router(config)# access-list 114 permit tcp 192.168.20.0 0.0.0.255 any eq 23
Router(config)# access-list 114 permit tcp 192.168.20.0 0.0.0.255 any eq 21
Router(config)# access-list 114 permit tcp 192.168.20.0 0.0.0.255 any eq 20
Router(config)# !Using Keywords
Router(config)# access-list 114 permit tcp 192.168.20.0 0.0.0.255 any eq telnet
Router(config)# access-list 114 permit tcp 192.168.20.0 0.0.0.255 any eq ftp
Router(config)# access-list 114 permit tcp 192.168.20.0 0.0.0.255 any eq ftp-data
```

例 4-9 显示了如何显示一个端口号和关键字列表，以便在使用命令构建 ACL 时使用。

例 4-9 显示一系列端口号和关键字

```
Router(config)# access-list 101 permit tcp any any eq ?
  <0-65535>      Port number
  bgp            Border Gateway Protocol (179)
  chargen        Character generator (19)
  cmd            Remote commands (rcmd, 514)
  daytime        Daytime (13)
  discard        Discard (9)
  domain         Domain Name Service (53)
  drip           Dynamic Routing Information Protocol (3949)
  echo           Echo (7)
  exec           Exec (rsh, 512)
  finger         Finger (79)
  ftp            File Transfer Protocol (21)
  ftp-data          FTP data connections (20)
  gopher         Gopher (70)
  hostname          NIC hostname server (101)
  ident          Ident Protocol (113)
  irc            Internet Relay Chat (194)
  klogin         Kerberos login (543)
  kshell         Kerberos shell (544)
  login          Login (rlogin, 513)
  lpd            Printer service (515)
  nntp           Network News Transport Protocol (119)
  onep-plain     ONEP Cleartext (15001)
  onep-tls            ONEP TLS (15002)
  pim-auto-rp    PIM Auto-RP (496)
  pop2           Post Office Protocol v2 (109)
  pop3           Post Office Protocol v3 (110)
  smtp           Simple Mail Transport Protocol (25)
  sunrpc         Sun Remote Procedure Call (111)
  tacacs         TAC Access Control System (49)
  talk           Talk (517)
  telnet         Telnet (23)
  time           Time (37)
  uucp           Unix-to-Unix Copy Program (540)
  whois          Nicname (43)
  www            World Wide Web (HTTP, 80)
  Router(config)# access-list 101 permit tcp any any eq
```

4.2.2 配置扩展 IPv4 ACL

本小节将讲解如何配置扩展 IPv4 ACL 以根据网络要求过滤流量。

1. 配置扩展 ACL

配置扩展 ACL 的过程步骤与配置标准 ACL 一样。首先配置扩展 ACL，然后在接口上应用它。不过，用于支持扩展 ACL 所提供的附加功能的命令语法和参数较为复杂。

注意：应用于标准 ACL 语句排序的内部逻辑并不适用于扩展 ACL。在配置过程中输入语句的顺序就是显示和处理这些语句的顺序。

扩展 IPv4 ACL 的常用命令语法如下所示。

```
Router(config)# access-list access-list-number {deny | permit | remark description} protocol {source source-wildcard} [operator port [port-number | acl-name]] {destination destination-wildcard} [operator port [port-number | acl-name]]
```

请注意，扩展 ACL 有许多关键字和参数。配置扩展 ACL 时，不需要全部使用关键字和参数。可以使用问号（?）在输入复杂命令时获得帮助。

表 4-4 显示了常用的扩展 IPv4 ACL 语法的每个部分的描述。

表 4-4 扩展 IPv4 ACL 常用命令语法

参　数	说　明
access-list-number	使用 100～199（扩展 IP ACL）和 2000～2699（扩充 IP ACL）之间的编号标识访问列表
deny	匹配条件时拒绝访问
permit	匹配条件时允许访问
remark *description*	用于输入注释，便于理解
protocol	Internet 协议的名称或编号。常用关键字包括 **icmp**、**ip**、**tcp** 或 **udp**。要匹配所有 Internet 协议（包括 ICMP、TCP 和 UDP），则使用 **ip** 关键字
source	指定了发送数据包的网络号或主机号
source-wildcard	指定了用于源地址的通配符比特
destination	指定了接收数据包的网络号或主机号
destination-wildcard	指定了用于目的地址的通配符比特
operator	（可选）比较源或目的端口。可能的运算符包括 **lt**（小于）、**gt**（大于）、**eq**（等于）、**neq**（不等于）、**range**（包括的范围）
port	（可选）指定 TCP 或 UDP 端口的编号或名称
established	（可选）仅用于 TCP 协议；指示已建立的连接

有关如何配置扩展 ACL 的示例请见图 4-12。

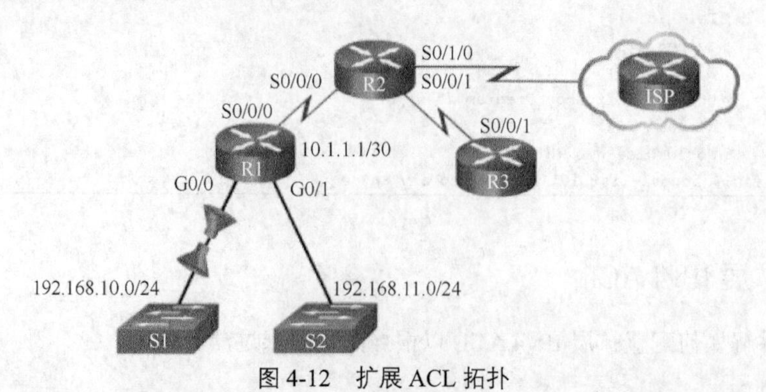

图 4-12 扩展 ACL 拓扑

例 4-10 显示了图 4-12 中拓扑的扩展 ACL 的配置。

例 4-10　配置一个扩展 ACL

```
R1(config)# access-list 103 permit tcp 192.168.10.0 0.0.0.255 any eq 80
R1(config)# access-list 103 permit tcp 192.168.10.0 0.0.0.255 any eq 443
R1(config)#
R1(config)# access-list 104 permit tcp any 192.168.10.0 0.0.0.255 established
R1(config)#
R1(config)# interface S0/0/0
R1(config-if)# ip access-group 103 out
R1(config-if)# ip access-group 104 in
```

在本示例中，网络管理员已经配置了用于限制网络访问的两个 ACL，只允许从与接口 G0/0 连接的 LAN 对任何外部网络进行网站浏览。ACL 103 允许来自 192.168.10.0 网络中任意地址的流量发送到任何目的地，条件是这些流量仅使用端口 80（HTTP）和 443（HTTPS）。

HTTP 的性质要求流量从通过内部客户端访问的网站返回到网络中。网络管理员希望将返回的流量限制为从所请求的网站进行 HTTP 交换，同时拒绝所有其他流量。ACL 104 即可实现这一点，它会阻止除之前建立的连接以外的所有其他传入流量。ACL 104 中的 **permit** 语句使用 **established** 参数允许入站流量。

established 参数仅允许对源自 192.168.10.0/24 网络的流量作出的响应返回该网络。当返回的 TCP 数据段设有 ACK 或重置（RST）位时将出现匹配项，表示该数据包属于现有连接。如果 ACL 语句中没有 **established** 参数，则客户端可以向 Web 服务器发送流量，但不会收到从 Web 服务器返回的流量。

在例 4-10 中，网络管理员配置了一个 ACL，允许来自 192.168.10.0/24 网络的用户浏览不安全和安全的网站。即使已经配置，ACL 也不会过滤流量，直到将其应用于接口。

2. 将扩展 ACL 应用于接口

要将 ACL 应用到接口上，首先要考虑需要过滤的流量是传入流量还是传出流量。当内部 LAN 上的用户访问 Internet 中的网站时，流量是传出到 Internet 的。当内部用户收到来自 Internet 的一封邮件时，流量是传入本地路由器的。但是，在将 ACL 应用于接口时，**in** 和 **out** 具有不同的含义。从 ACL 的角度来讲，**in** 和 **out** 与路由器接口有关。

在图 4-12 的拓扑中，R1 有一个串行接口 S0/0/0 以及两个吉比特以太网接口 G0/0 和 G0/1。前文讲到，通常将扩展 ACL 应用到尽可能靠近源的位置上。在该拓扑中，离目标流量的源最近的接口是 G0/0 接口。

来自 192.168.10.0/24 LAN 上的用户的 Web 请求流量去往 G0/0 接口。从已建立连接去往 LAN 上的用户的返回流量是离开 G0/0 接口。

例 4-11 在 G0/0 接口的两个方向上都应用了 ACL。入站 ACL 103 将检查流量类型。出站 ACL 104 检查从已建立连接返回的流量。这会将 192.168.10.0 的 Internet 访问限定为仅允许浏览网站。

例 4-11　应用一个扩展 ACL

```
R1(config)# interface S0/0/0
R1(config-if)# ip access-group 103 out
R1(config-if)# ip access-group 104 in
```

注意：　可以将访问列表应用到 S0/0/0 接口，但在这种情况下，路由器的 ACL 进程必须要检查进入路由器的所有数据包，而不仅是检查往返于 192.168.11.0 的流量。这将使路由器进行不必要的数据包处理。

3. 使用扩展 ACL 过滤流量

请参见图 4-13 以查看另一个扩展 ACL 示例。

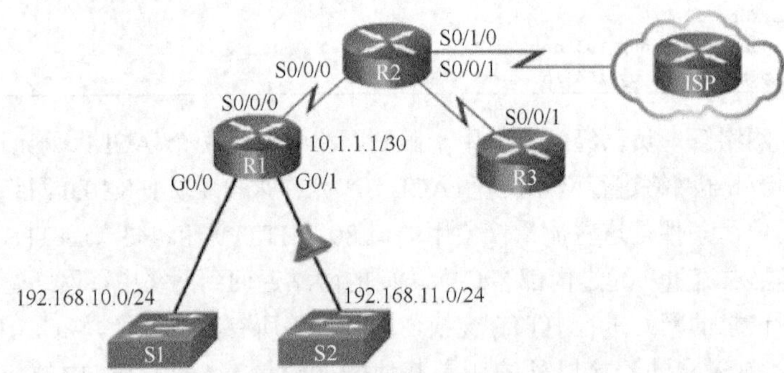

图 4-13 用于拒绝 FTP 的扩展 ACL 拓扑

例 4-12 显示了一个扩展 ACL 配置，该配置拒绝来自子网 192.168.11.0 的 FTP 流量进入子网 192.168.10.0，但允许所有其他所有流量。

例 4-12 配置并应用一个扩展 ACL，来拒绝 FTP

```
R1(config)# access-list 101 deny tcp 192.168.11.0 0.0.0.255 192.168.10.0 0.0.0.255
 eq ftp
R1(config)# access-list 101 deny tcp 192.168.11.0 0.0.0.255 192.168.10.0 0.0.0.255
 eq ftp-data
R1(config)# access-list 101 permit ip any any
R1(config)#
R1(config)# interface g0/1
R1(config-if)# ip access-group 101 in
```

请记住，FTP 使用 TCP 端口 20 和 21，因此 ACL 需要同时使用端口名称关键字 **ftp** 和 **ftp-data**。当然，也可以通过指定端口号的方式来拒绝 FTP 流量。

例 4-13 将删除先前配置的 ACL 101，并使用端口号而不是端口名称来配置 ACL。

例 4-13 使用端口号配置并应用一个扩展 ACL

```
R1(config)# no access-list 101
R1(config)# access-list 101 deny tcp 192.168.11.0 0.0.0.255 192.168.10.0 0.0.0.255
 eq 20
R1(config)# access-list 101 deny tcp 192.168.11.0 0.0.0.255 192.168.10.0 0.0.0.255
 eq 21
R1(config)# access-list 101 permit ip any any
R1(config)#
```

为了防止 ACL 末尾隐含的 **deny any** 语句阻止所有流量，可以添加 **permit ip any any** 语句。如果 ACL 中没有 **permit** 语句，则应用了该 ACL 的接口上的所有流量都将被丢弃。应当将 ACL 应用于 G0/1 接口的入站方向，以便在流量进入路由器接口时过滤来自 192.168.11.0/24 LAN 的流量。

请参见图 4-14 以查看另一个扩展 ACL 示例。

例 4-14 显示了扩展 ACL 配置，该配置拒绝从任何源到 192.168.11.0/24 LAN 的 Telnet（TCP 23）流量，但允许所有其他 IP 流量。

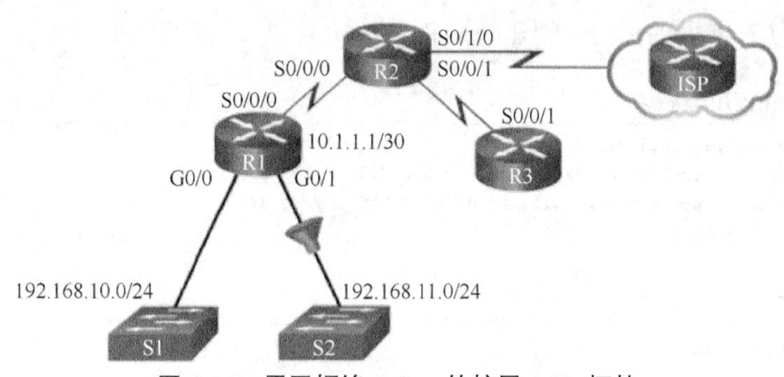

图 4-14 用于拒绝 Telnet 的扩展 ACL 拓扑

因为发往 192.168.11.0/24 LAN 的流量在接口 G0/1 上出站，所以 ACL 将通过 **out** 关键字应用于 G0/1。请注意在 **permit** 语句中使用的 **any** 关键字。添加这个 **permit** 语句可以确保不会阻塞其他流量。

例 4-14 配置和应用一个扩展 ACL，来拒绝 Telnet

```
R1(config)# access-list 102 deny tcp 192.168.11.0 0.0.0.255 any eq 23
R1(config)# access-list 102 permit ip any any
R1(config)#
R1(config)# interface g0/1
R1(config-if)# ip access-group 102 out
```

注意： 例 4-13 和例 4-14 中的配置在 ACL 的末尾均使用了 **permit ip any any** 语句。为了更加安全，可使用 **permit 192.168.11.0 0.0.0.255 any** 命令。

4. 创建扩展命名 ACL

实际上，扩展命名 ACL 的创建方法和标准命名 ACL 的创建方法相同。请按照以下步骤使用名称创建扩展 ACL。

步骤 1 在全局配置模式下使用 **ip access-list extended** *acl-name* 命令定义扩展 ACL 的名称。

步骤 2 在命名 ACL 配置模式下，指定 **permit** 或 **deny** 的条件。

步骤 3 在接口配置模式下，使用 **ip access-group** *acl-name* [**in** | **out**]命令应用命名 ACL。

要删除扩展命名 ACL，请使用 **no ip access-list extended** *acl-name* 全局配置命令。

请参见图 4-15 以查看扩展命名 ACL 示例。

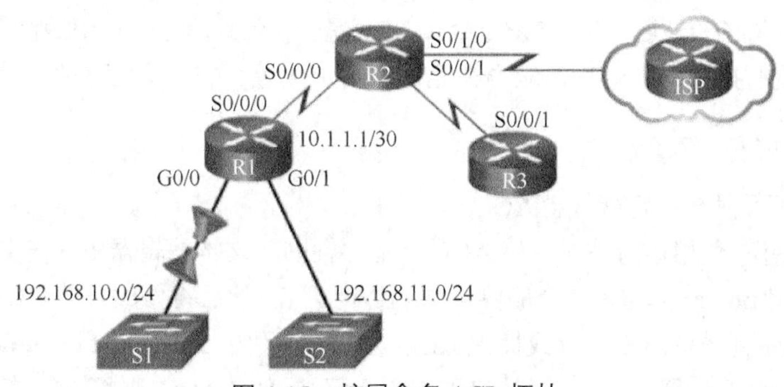

图 4-15 扩展命名 ACL 拓扑

例4-15显示了在前面的示例中创建的命名ACL。

例4-15　配置和应用命名ACL

```
R1(config)# access-list extended SURFING
R1(config-ext-nacl)# permit tcp 192.168.10.0 0.0.0.255 any eq 80
R1(config-ext-nacl)# permit tcp 192.168.10.0 0.0.0.255 any eq 443
R1(config-ext-nacl)# exit
R1(config)#
R1(config)# access-list extended BROWSING
R1(config-ext-nacl)# permit tcp any 192.168.10.0 0.0.0.255 established
R1(config-ext-nacl)# exit
R1(config)#
R1(config)# interface g0/0
R1(config-if)# ip access-group SURFING in
R1(config-if)# ip access-group BROWSING out
```

命名ACL SURFING允许192.168.10.0/24 LAN上的用户访问网站。命名ACL BROWSING允许来自已建立连接的返回流量。使用ACL名称时，会将规则应用到G0/0接口的入站或出站方向上。

5. 验证扩展ACL

当ACL已配置并已应用于接口后，可以使用Cisco IOS **show**命令验证配置，如例4-16所示。

show access-list命令用来显示所有ACL的内容。与标准ACL不同，扩展ACL并不实施相同的内部逻辑和哈希函数。**show access-lists**命令输出中显示的输出和序列号就是扩展ACL语句的输入顺序。host条目不会自动列在range条目之前。

例4-16　检验扩展ACL

```
R1# show access-lists
Extended IP access list BROWSING
     10 permit tcp any 192.168.10.0 0.0.0.255 established
Extended IP access list SURFING
     10 permit tcp 192.168.10.0 0.0.0.255 any eq www
     20 permit tcp 192.168.10.0 0.0.0.255 any eq 443
R1#
R1# show ip interface g0/0 | include access list
  Outgoing access list is BROWSING
  Inbound access list is SURFING
```

show ip interface g0/0命令用于验证接口是否应用了ACL。该命令的输出包括访问列表的编号或名称以及应用ACL的方向。在对命名ACL进行命名时采用大写字母有助于在配置的输出中格外醒目。

在完成ACL配置的验证后，下一步就是确认ACL是否按计划运行：如预期那样阻止和允许流量。本节先前所述的指导原则建议，应当在测试网络上配置ACL，然后在生产网络中实施。

6. 编辑扩展ACL

可以通过以下两种方式编辑扩展ACL。

- **文本编辑器**：使用该方法时，将ACL复制并粘贴到文本编辑器中，在文本编辑器中进行更改。使用**no access-list**命令删除当前的访问列表，然后将修改后的ACL粘贴回配置中。
- **序列号**：序列号可用于删除或插入ACL语句。使用**ip access-list extended** *acl-name*命令进入命名ACL配置模式。如果是编号ACL而不是命名ACL，则将ACL编号用到*acl-name*参数中。可以插入或删除ACE。

在下面的例子中，在过滤 HTTP 流量时指定了错误的网络地址。具体来说，应该使用网络 192.168.10.0 用来拒绝 HTTP 访问，而网络 192.168.11.0 会允许 HTTP 访问（这是不正确的）。

例 4-17 显示了与 ACL 中每个 ACE 相关联的行号，改正了错误的 ACE，并验证了最终的 ACL ACE。

例 4-17 编辑 ACL

```
R1# show access-lists
Extended IP access list BROWSING
    10 permit tcp any 192.168.10.0 0.0.0.255 established
Extended IP access list SURFING
    10 permit tcp 192.168.11.0 0.0.0.255 any eq www
    20 permit tcp 192.168.10.0 0.0.0.255 any eq 443
R1#
R1# configure terminal
R1(config) # ip access-list extended SURFING
R1(config-ext-nacl)# no 10
R1(config-ext-nacl)# 10 permit tcp 192.168.10.0 0.0.0.255 any eq www
R1(config-ext-nacl)# exit
R1#
R1# show access-lists
Extended IP access list BROWSING
    10 permit tcp any 192.168.10.0 0.0.0.255 established
Extended IP access list SURFING
    10 permit tcp 192.168.10.0 0.0.0.255 any eq www
    20 permit tcp 192.168.10.0 0.0.0.255 any eq 443
```

show access-list 命令在识别 ACL 中的序列号时相当有用。在这个例子中，需要进行改正的不正确的语句被标识为语句 10。

注意最初的语句是如何使用 **no** *sequence_#*命令删除的，以及改正后的语句是如何输入的（由此取代了最初的语句）。最后，再次使用 **show access-list** 来验证已经输入了所需的 ACE。

4.3 IPv6 ACL

本节将讲解如何配置 IPv6 ACL。

4.3.1 IPv6 ACL 创建过程

本小节将比较 IPv4 和 IPv6 ACL 的创建。

1. IPv6 ACL 的类型

IPv6 ACL 在操作和配置方面类似于 IPv4 ACL。如果熟悉 IPv4 访问控制列表，则也会很容易理解和配置 IPv6 ACL。

在 IPv4 中，有两种类型的 ACL：标准 ACL 和扩展 ACL。两种类型的 ACL 都可以是编号 ACL 或命名 ACL。

在 IPv6 中，只有一种 ACL 类型，它等同于 IPv4 扩展命名 ACL。IPv6 中没有编号 ACL。

IPv4 命名 ACL 和 IPv6 ACL 不能共享同一名称。

2. 比较 IPv4 ACL 和 IPv6 ACL

尽管 IPv4 和 IPv6 ACL 相似，但它们之间有 3 个主要差异。

- IPv4 使用 **ip access-group** {*access-list-number* | *acl-name*} {**in** | **out**}接口配置命令将 IPv4 ACL 应用于接口。IPv6 使用的是 **ipv6 traffic-filter** *acl-name* {**in** | **out**}命令。
- IPv4 ACL 使用通配符掩码。IPv6 ACL 使用前缀长度表示应匹配 IPv6 源地址或目的地址的多少位。
- IPv4 ACL 的尾都是一条隐式的 **deny any** 或 **deny ip any any**。IPv6 ACL 的末尾是一条类似的 **deny ipv6 any any** 语句，但是还包含另外两条隐式语句，具体来说是 **permit icmp any any nd-na** 和 **permit icmp any any nd-ns** 语句。

添加到 IPv6 ACL 中的这两条新的隐式语句允许路由器参与与 IPv4 ARP 等效的 IPv6 对应物。前面已经讲过，在 IPv4 中使用 ARP 将第 3 层地址解析为第 2 层 MAC 地址。如图 4-16 所示，IPv6 使用 ICMP 邻居发现（ND）消息来完成同一任务。ND 使用邻居请求（NS）和 ICMPv6 邻居通告（NA）消息。

需要将 ND 消息封装到 IPv6 数据包中并要求使用 IPv6 网络层的服务，而 IPv4 的 ARP 并不使用第 3 层。由于 IPv6 使用第 3 层服务来发现邻居，因此 IPv6 ACL 需要隐式允许在接口上发送和接收 ND 数据包。具体而言，需要同时允许邻居发现-邻居通告（nd-na）和邻居发现-邻居请求（nd-ns）消息。

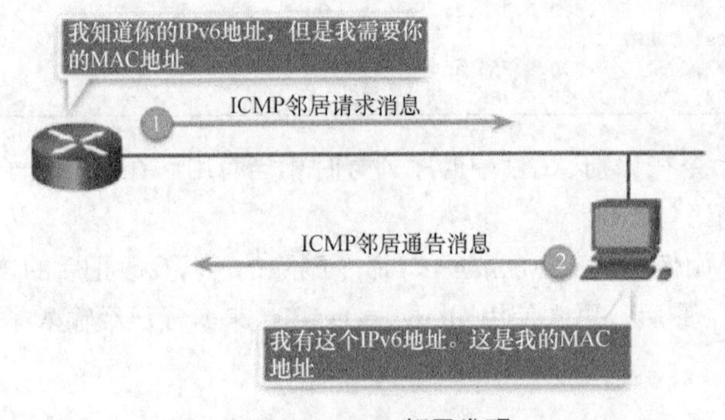

图 4-16 IPv6 邻居发现

4.3.2 配置 IPv6 ACL

本小节将讲解如何根据网络要求配置 IPv6 ACL 以过滤流量。

1. 配置 IPv6 的拓扑

图 4-17 显示了用于配置 IPv6 ACL 的拓扑。

该拓扑类似于前面的 IPv4 拓扑，除了使用 IPv6 寻址方案。有 3 个 2001:DB8:CAFE::/64 的子网：

- 2001:DB8:CAFE:10::/64
- 2001:DB8:CAFE:11::/64
- 2001:DB8:CAFE:30::/64

2 个串行网络连接 3 个路由器：

- 2001:DB8:FEED:1::/64
- 2001:DB8:FEED:2::/64

例 4-18 到例 4-20 显示了每一个路由器的 IPv6 地址配置。

例 4-18 R1 的配置

```
R1(config)# interface g0/0
R1(config-if)# ipv6 address 2001:db8:cafe:10::1/64
```

```
R1(config-if)# exit
R1(config)#
R1(config)# interface s0/0/0
R1(config-if)# ipv6 address 2001:db8:feed:1::1/64
R1(config-if)# exit
R1(config)#
R1(config)# interface g0/1
R1(config-if)# ipv6 address 2001:db8:cafe:11::1/64
R1(config-if)# end
R1#
```

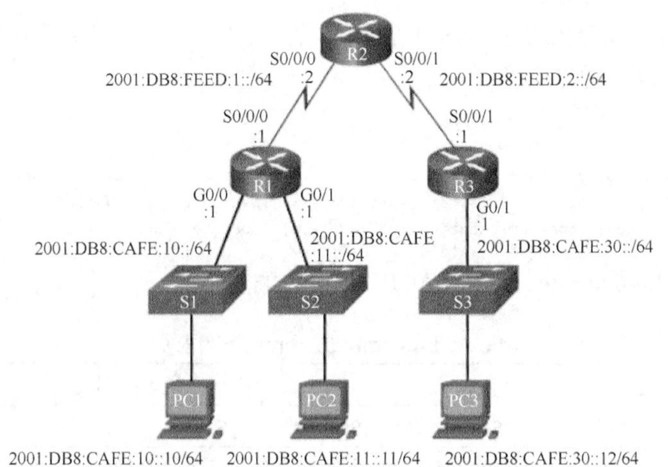

图 4-17 IPv6 配置拓扑

例 4-19 R2 的配置

```
R2(config)# interface s0/0/0
R2(config-if)# ipv6 address 2001:db8:feed:1::2/64
R2(config-if)# exit
R2(config)#
R2(config)# interface s0/0/1
R2(config-if)# ipv6 address 2001:db8:feed:2::2/64
R2(config-if)# end
R2#
```

例 4-20 R3 的配置

```
R3(config)# interface s0/0/1
R3(config-if)# ipv6 address 2001:db8:feed:2::1/64
R3(config-if)# exit
R3(config)#
R3(config)# interface g0/0
R3(config-if)# ipv6 address 2001:db8:cafe:30::1/64
R3(config-if)# end
R3#
```

注意： **no shutdown** 命令和 **clock rate** 命令没有显示。

在配置了接口后，应该使用 **show ipv6 interface brief** 命令来验证地址以及配置接口的状态。

2. 配置 IPv6 ACL

IPv6 中只有命名 ACL，其配置与 IPv4 扩展命名 ACL 的配置类似。

配置 IPv6 ACL 要执行 3 个基本步骤。

步骤 1 在全局配置模式下，使用 **ipv6 access-list** *acl-name* 命令创建 IPv6 ACL。与 IPv4 命名 ACL 一样，IPv6 名称由字母、数字组成，区分大小写且必须是唯一的。而与 IPv4 不同的是，不需要标准或扩展选项。

步骤 2 在命名 ACL 配置模式下，使用 **permit** 或 **deny** 语句指定一个或多个条件，以确定应该转发还是丢弃数据包。

步骤 3 将 ACL 应用到接口上。

permit 和 **deny** 的语法类似于 IPv4 扩展 ACL 所使用的语法。一个重要区别就是使用 IPv6 前缀长度而不使用 IPv4 通配符掩码。

具体来说，ACL 的语法如下所示：

```
R1(config-ipv6-acl)# deny | permit protocol {source-ipv6-prefix/prefix-length | any
  | host source-ipv6-address} [operator [port-number]] {destination-ipv6-prefix/
  prefix-length | any | host destination-ipv6-address} [operator [port-number]]
```

表 4-5 总结了 IPv6 **permit** 和 **deny** ACL 命令的功能。

表 4-5　IPv6 ACL **permit** 或 **deny** 命令语法

参　数	说　明
deny | permit	指定允许还是拒绝数据包
protocol	输入 Internet 协议的名称或编号，或代表 IPv6 协议号的整数
source-ipv6-prefix/prefix-length *destination-ipv6-address*	要设置拒绝或允许条件的源或目的 IPv6 网络或网络类别
any	输入 **any** 作为 IPv6 前缀::/0 的缩写；这将匹配所有地址
host	对于 **host** *source-ipv6-address* 或 *destination-ipv6-address*，输入要设置拒绝或允许条件的源或目的 IPv6 主机地址
operator	（可选）比较指定协议的源或目的端口的运算。运算包括 **lt**（小于）、**gt**（大于）、**eq**（等于）、**neq**（不等于）和 **range**
port-number	（可选）分别用于过滤 TCP 或 UDP 的 TCP 或 UDP 端口的十进制数或名称

例 4-21 显示了基于图 4-17 中的拓扑创建简单的 IPv6 ACL 的命令。

例 4-21　配置 IPv6 ACL

```
R1(config)# ipv6 access-list NO-R3-LAN-ACCESS
R1(config-ipv6-acl)# deny ipv6 2001:db8:cafe:30::/64 any
R1(config-ipv6-acl)# permit ipv6 any any
R1(config-ipv6-acl)# end
R1#
```

第一个语句的作用是命名 IPv6 访问列表 NO-R3-LAN-ACCESS。与 IPv4 命名 ACL 类似，IPv6 ACL 名称不要求大写，但查看运行配置输出时大写字母会比较醒目。

第二个语句的作用是拒绝从 2001:DB8:CAFE:30::/64 发往任意 IPv6 网络的所有 IPv6 数据包。第三个语句允许所有其他 IPv6 数据包通过。

3. 将 IPv6 ACL 应用于接口

配置 IPv6 ACL 后，可使用 **ipv6 traffic-filter** *acl-name* **{in | out}**接口配置命令将 ACL 应用到

接口上。

例 4-22 所示为应用到 S0/0/0 接口入站方向的 NO-R3-LAN-ACCESS ACL。将 ACL 应用于 S0/0/0 接口的入站方向，将会拒绝来自 2001:DB8:CAFE:30::/64 的数据包通往 R1 上的任一 LAN。

例 4-22　应用 IPv6 ACL

```
R1(config)# interface s0/0/0
R1(config-if)# ipv6 traffic-filter NO-R3-LAN-ACCESS in
```

要从接口上删除 ACL，请先在接口上输入 **no ipv6 traffic-filter** 命令，然后输入全局命令 **no ipv6 access-list** 删除此访问列表。

注意：　IPv4 和 IPv6 都使用 **access-class** 命令将访问列表应用到 VTY 端口。

4. IPv6 ACL 示例

为了有助于理解如何配置 IPv6 ACL，请参阅以下两个示例。

拒绝 FTP

在例 4-23 中，路由器 R1 配置了 IPv6 访问列表，以拒绝 FTP 流量通向 2001:DB8:CAFE:11::/64。需要同时阻止 FTP 数据（端口 20）和 FTP 控制（端口 21）的端口。由于过滤器应用于 R1 上 G0/0 接口的入站方向，因此系统将仅拒绝来自 2001:DB8:CAFE:10::/64 网络的流量。

例 4-23　配置用于拒绝 FTP 的 IPv6 ACL

```
R1(config)# ipv6 access-list NO-FTP-TO-11
R1(config-ipv6-acl)# deny tcp any 2001:db8:cafe:11::/64 eq ftp
R1(config-ipv6-acl)# deny tcp any 2001:db8:cafe:11::/64 eq ftp-data
R1(config-ipv6-acl)# permit ipv6 any any
R1(config-ipv6-acl)# exit
R1(config)#
R1(config)# interface g0/0
R1(config-if)# ipv6 traffic-filter NO-FTP-TO-11 in
R1(config-if)#
```

有限访问权限

在例 4-24 中，IPv6 ACL 被配置为赋予 R3 上的 LAN 有限访问 R1 上 LAN 的权限。

例 4-24　配置用于限制访问的 IPv6 ACL

```
R3(config)# ipv6 access-list RESTRICTED-ACCESS
R3(config-ipv6-acl)# remark Permit access only HTTP and HTTPS to Network 10
R3(config-ipv6-acl)# permit tcp any host 2001:db8:cafe:10::10 eq 80
R3(config-ipv6-acl)# permit tcp any host 2001:db8:cafe:10::10 eq 443
R3(config-ipv6-acl)#
R3(config-ipv6-acl)# remark Deny all other traffic to Network 10
R3(config-ipv6-acl)# deny ipv6 any 2001:db8:cafe:10::/64
R3(config-ipv6-acl)#
R3(config-ipv6-acl)# remark Permit PC3 telnet access to PC2
R3(config-ipv6-acl)# permit tcp host 2001:DB8:CAFE:30::12 host 2001:DB8:CAFE:11::11
  eq 23
R3(config-ipv6-acl)#
R3(config-ipv6-acl)# remark Deny telnet access to PC2 for all other devices
R3(config-ipv6-acl)# deny tcp any host 2001:db8:cafe:11::11 eq 23
R3(config-ipv6-acl)#
```

```
R3(config-ipv6-acl)# remark Permit access to everything else
R3(config-ipv6-acl)# permit ipv6 any any
R3(config-ipv6-acl)# exit
R3(config)#
R3(config)# interface g0/0
R3(config-if)# ipv6 traffic-filter RESTRICTED-ACCESS in
R3(config-if)#
```

注意，配置中的内联注释有助于记录 ACL 的功能。

下文对例 4-24 中的 ACL 配置进行了总结。

- 前两条 **permit** 语句允许通过任意设备访问地址为 2001:DB8:CAFE:10::10 的 Web 服务器。
- 下一条 **deny** 语句拒绝所有其他设备访问 2001:DB8:CAFE:10::/64 网络。
- 下一条 **permit** 语句允许地址为 2001:DB8:CAFE:30::12 的 PC3 对 IPv6 地址为 2001:DB8:CAFE:11::11 的 PC2 进行 Telnet 访问。
- 下一条 **deny** 语句拒绝以 Telnet 方式访问其他所有设备。
- 最后一条 **permit** 语句允许所有其他 IPv6 流量到达所有其他目的地址。

IPv6 访问列表应用于接口 G0/0 的入站方向，因此只有 2001:DB8:CAFE:30::/64 网络会受到影响。

5. 验证 IPv6 ACL

用于验证 IPv6 访问列表的命令和 IPv4 ACL 使用的命令类似。使用这些命令，可以对先前配置的 IPv6 访问列表 RESTRICTED-ACCESS 进行验证。

例 4-25 显示了 **show ipv6 interface** 命令的输出。

例 4-25 验证接口上的 IPv6 ACL

```
R3# show ipv6 interface g0/0
GigabitEthernet0/0 is up, line protocol is up
  Global unicast address(es):
    2001:DB8:CAFE:30::1, subnet is 2001:DB8:CAFE:30::/64
  Input features: Access List
  Inbound access list RESTRICTED-ACCESS
<output omitted>
```

该输出证实了 RESTRICTED-ACCESS ACL 已配置到 G0/0 接口的入站方向上。

如例 4-26 所示，这里用来显示 IPv6 ACL 的 **show access-lists** 命令，与用来验证路由器配置的 IPv4 ACL 所用的命令相同。

例 4-26 验证 IPv6 ACL 语句

```
R3# show access-lists
IPv6 access list RESTRICTED-ACCESS
    permit tcp any host 2001:DB8:CAFE:10::10 eq www sequence 20
    permit tcp any host 2001:DB8:CAFE:10::10 eq 443 sequence 30
    deny ipv6 any 2001:DB8:CAFE:10::/64 sequence 50
    permit tcp host 2001:DB8:CAFE:30::12 host 2001:DB8:CAFE:11::11 eq telnet
  sequence 70
    deny tcp any host 2001:DB8:CAFE:11::11 eq telnet sequence 90
    permit ipv6 any any sequence 110
R3#
```

与 IPv4 扩展 ACL 类似，IPv6 访问列表以语句的输入顺序来处理。需要注意的是，IPv6 ACL 的序列号显示在语句的末尾，而不是像 IPv4 访问列表那样显示在开头。

尽管语句是以它们输入的顺序显示的，但是语句的序列号的增量并不总是以 10 为单位。原因是输入的注释语句也使用了序列号，但不会在 **show access-lists** 命令的输出中显示出来。

如例 4-27 所示，**show running-config** 命令的输出包括所有 ACE 和注释语句。注释语句可以出现在 **permit** 或 **deny** 语句的前面或后面，但其位置应当保持一致。

例 4-27 检验 IPv6 ACL 配置

```
R3# show running-config
<output omitted>
ipv6 access-list RESTRICTED-ACCESS
  remark Permit access only HTTP and HTTPS to Network 10
  permit tcp any host 2001:DB8:CAFE:10::10 eq www
  permit tcp any host 2001:DB8:CAFE:10::10 eq 443
  remark Deny all other traffic to Network 10
  deny ipv6 any 2001:DB8:CAFE:10::/64
  remark Permit PC3 telnet access to PC2
  permit tcp host 2001:DB8:CAFE:30::12 host 2001:DB8:CAFE:11::11 eq telnet
  remark Deny telnet access to PC2 for all other devices
  deny tcp any host 2001:DB8:CAFE:11::11 eq telnet
  remark Permit access to everything else
  permit ipv6 any any
```

4.4 ACL 故障排除

本节将讲解如何将对 IPv4 和 IPv6 ACL 进行故障排除。

4.4.1 使用 ACL 处理数据包

本小节将讲解在应用 ACL 时路由器如何处理数据包。

1. 入站和出站 ACL 的逻辑

如果您想对 IPv6 ACL 进行故障排除，那么理解入站和出站 IPv6 ACL 的运行方式会有所帮助。下文将介绍应用于入站和出站 IPv6 ACL 的逻辑。

入站 ACL 的逻辑

图 4-18 显示了入站 ACL 的逻辑示意图。

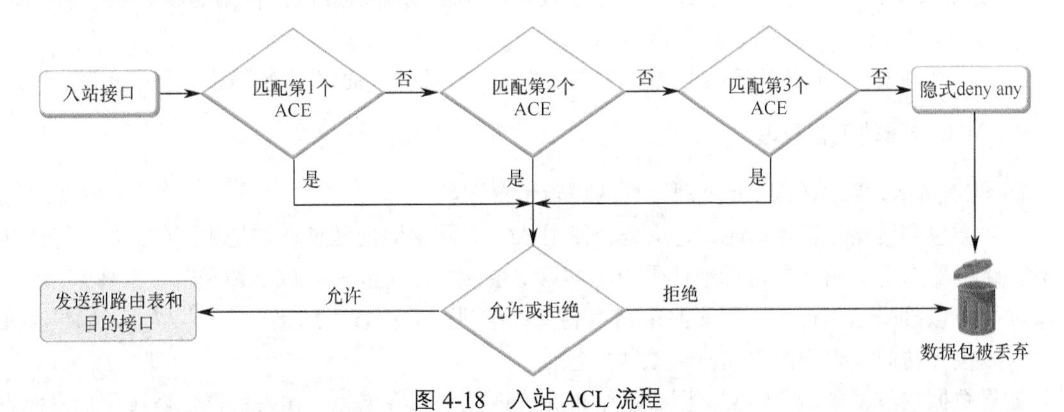

图 4-18 入站 ACL 流程

在图 4-18 所示的示意图中，如果数据包报头中的信息与某条 ACL 语句匹配，则会跳过列表中的其他语句，由匹配的语句决定是允许还是拒绝该数据包。如果数据包报头与 ACL 语句不匹配，那么将使用列表中的下一条语句测试数据包。此匹配过程会一直继续，直到抵达列表末尾。

每条 ACL 的末尾都有一条隐式的 **deny any** 语句。该语句在输出中不显示。最后这条隐式语句将应用到不满足之前任何条件的所有数据包。这条最后的测试条件与所有其他数据包都匹配，并会产生“拒绝”操作。此时路由器不会让这些数据包进入或送出接口，而是直接丢弃它们。最后这条语句通常称为“隐式 deny any 语句”或“拒绝所有流量”语句。由于该语句的存在，ACL 中应该至少包含一条 **permit** 语句，否则 ACL 将阻止所有流量。

出站 ACL 的逻辑

图 4-19 显示了出站 ACL 的逻辑示意图。

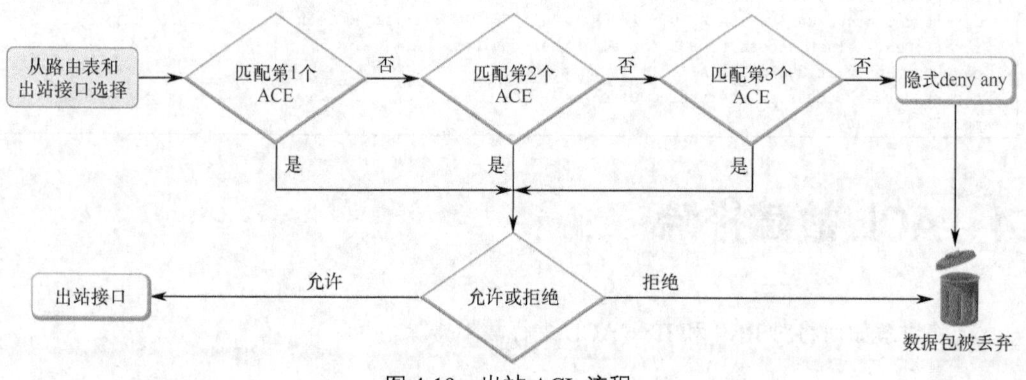

图 4-19 出站 ACL 流程

在数据包转发到出站接口之前，路由器检查路由表以查看是否可以路由该数据包。如果该数据包不可路由，则将其丢弃，并且不进行 ACE 测试。

接下来，路由器检查出站接口是否与一个 ACL 相关联。如果出站接口没有与之关联的 ACL，那么数据包可以发送到输出缓冲区。

下面是出站 ACL 的运作示例。

- **没有 ACL 应用于接口**：如果出站接口没有与出站 ACL 相关联，那么数据包可以直接发送到出站接口。
- **ACL 应用于接口**：如果出站接口与出站 ACL 相关联，那么只有在经过出站接口所关联的 ACE 语句的测试之后，才会将数据包发送到出站接口。根据 ACL 测试的结果，数据包会被允许或拒绝。

对于出站列表，“允许”表示将数据包发送到输出缓冲区，而“拒绝”则表示丢弃数据包。

2. ACL 逻辑的工作原理

图 4-20 所示为路由和 ACL 处理过程的逻辑示意图。

当数据包到达路由器接口时，无论是否使用 ACL，路由器处理过程都是相同的。当帧进入接口时，路由器查看其第 2 层目标地址是否与其第 2 层接口地址匹配，或该帧是否是广播帧。

如果可以接受该帧地址，那么路由器将剥离帧信息，并检查入站接口上的 ACL。如果存在 ACL，则按照访问列表中的语句测试该数据包。

如果数据包与某条语句匹配，则根据结果允许或拒绝该数据包。如果数据包被接受，将检查路由表条目来确定目的接口。如果存在去往目的接口的路由表条目，数据包将被转发到出站接口，否则数据包将被丢弃。

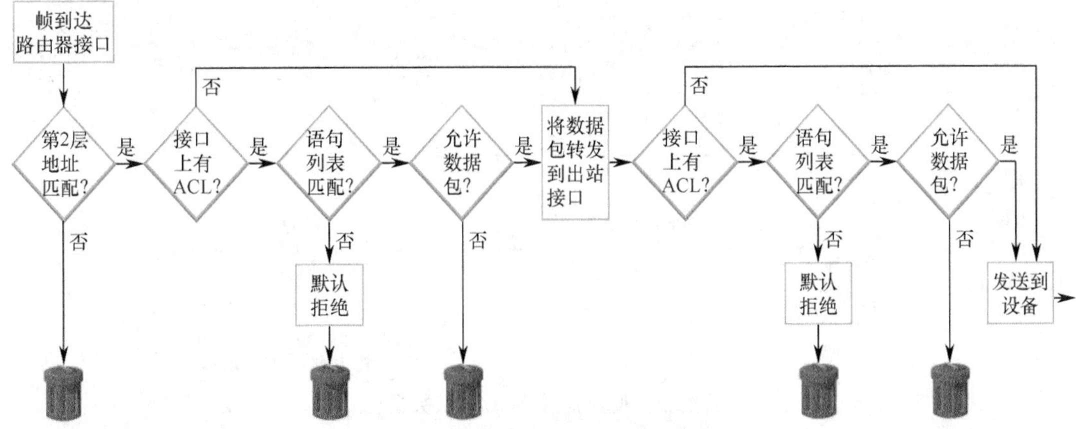

图 4-20 路由器中 ACL 和路由流程

接下来，路由器检查出站接口是否具有 ACL。如果存在 ACL，则按照访问列表中的语句测试该数据包。

如果数据包与某条语句匹配，则根据结果允许或拒绝该数据包。

如果没有 ACL 或数据包被允许，则将数据包封装在新的第 2 层协议中，并从相应接口转发到下一台设备。

3. 标准 ACL 的决策过程

标准 ACL 仅检查源 IPv4 地址，不考虑数据包的目的地址和所涉及的端口。

图 4-21 所示为标准 ACL 的决策过程。

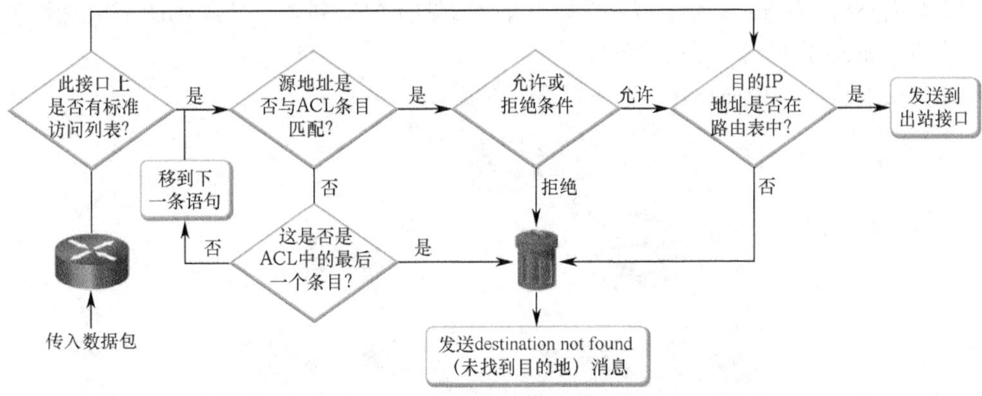

图 4-21 标准 ACL 工作原理

Cisco IOS 软件按照 ACL 中的这些条件逐个测试地址。第一个匹配的条件决定了软件是接受还是拒绝该地址。因为软件将在匹配第一个条件之后停止测试，所以条件的顺序至关重要。如果没有匹配的条件，该地址会遭到拒绝。

4. 扩展 ACL 的决策过程

图 4-22 显示了用来过滤源和目的地址、协议和端口号的扩展 ACL 所使用的逻辑决定路径。

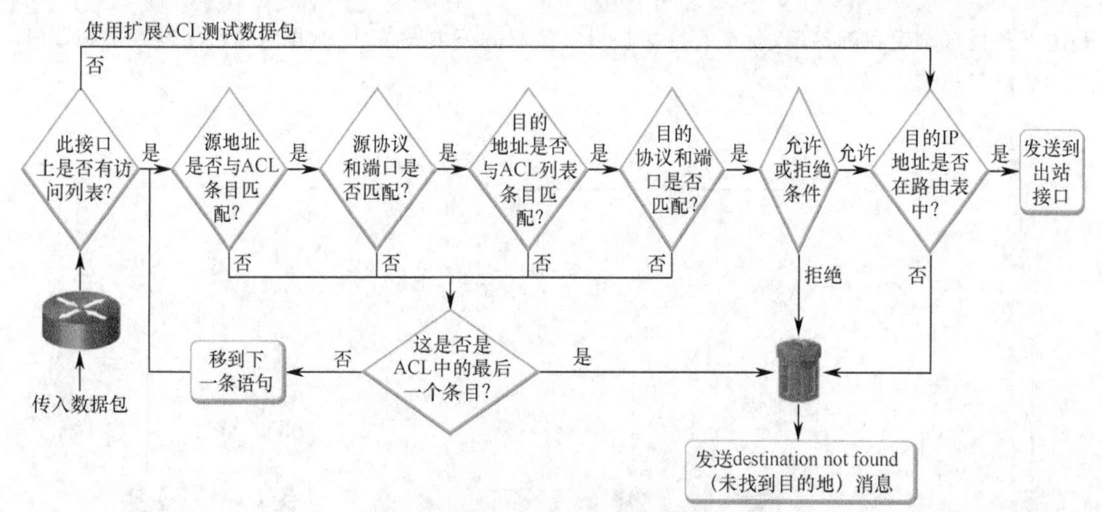

图 4-22　使用扩展 ACL 测试数据包

在本例中，ACL 首先过滤源地址，然后过滤源的端口和协议。它接着过滤目的地址，然后是目的端口和协议，最后做出最终的允许或拒绝决定。

前面讲到，ACL 中的条目是逐个处理的，因此结果“否”并不一定等于“拒绝”。沿着逻辑决策路径前进，会发现“否”表示转到下一个条目，直到有一个条件被匹配。

4.4.2 常见 ACL 错误

本小节将讲解如何使用 CLI 命令解决常见的 ACL 错误。

1. IPv4 ACL 故障排除：示例 1

使用前面介绍过的 **show** 命令可以发现大部分常见的 ACL 错误。最常见的错误包括 ACE 的输入顺序错误和 ACL 规则中应用的条件不足。

该场景使用图 4-23 中的拓扑和例 4-28 中的配置。

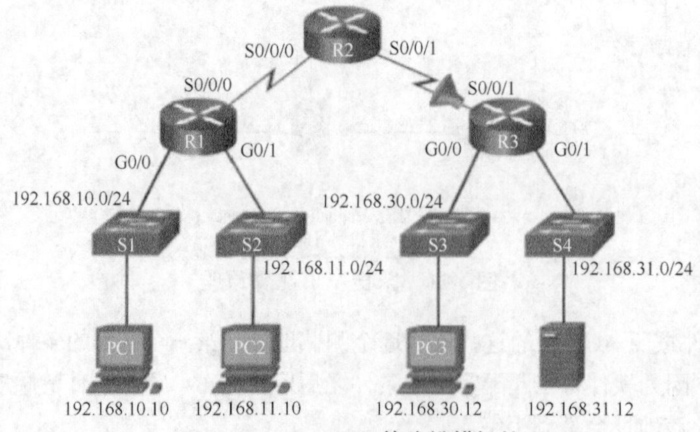

图 4-23　IPv4 ACL 故障排错拓扑

例 4-28　IPv4 ACL 故障排错：场景 1

```
R3# show access-lists
Extended IP access list 110
```

```
    10 deny tcp 192.168.10.0 0.0.0.255 any (12 match(es))
    20 permit tcp 192.168.10.0 0.0.0.255 any eq telnet
    30 permit ip any any
```

在该示例中，ACL 110 应用在 R3 的 S0/0/1 接口的入站方向上。主机 192.168.10.10 无法建立与 192.168.30.12 的 Telnet 连接。在查看 **show access-lists** 命令的输出时，显示了第一个 **deny** 语句的匹配项。这表示已经有流量与该语句匹配。

解决方案：检查 ACE 的顺序。主机 192.168.10.10 无法连接到 192.168.30.12，原因是访问列表中规则 10 的顺序错误。因为路由器从上到下处理 ACL，语句 10 会拒绝主机 192.168.10.10，所以永远无法匹配语句 20。语句 10 和 20 应该交换顺序。最后一行允许所有非 TCP 的其他 IP 流量（ICMP、UDP 等）。

2. IPv4 ACL 故障排除：示例 2

该场景基于图 4-23 中显示的拓扑结构和例 4-29 中的配置。但是在该示例中，将 ACL 120 应用于 R1 的 G0/0 接口的入站方向。

例 4-29　IPv4 ACL 故障排错：场景 2

```
R1# show access-lists 120
Extended IP access list 120
    10 deny tcp 192.168.10.0 0.0.0.255 any eq telnet
    20 deny tcp 192.168.10.0 0.0.0.255 host 192.168.31.12 eq smtp
    30 permit tcp any any
```

192.168.10.0/24 网络无法使用 TFTP 连接到 192.168.30.0/24 网络。

解决方案：192.168.10.0/24 网络无法使用 TFTP 连接到 192.168.30.0/24 网络，原因是 TFTP 使用的传输协议是 UDP。访问列表 120 中的语句 30 允许所有其他 TCP 流量。但是，由于 TFTP 使用的是 UDP 而不是 TCP，因此它被隐式拒绝。前面讲到，隐含的 **deny any** 语句不会在 **show access-lists** 的输出中显示，因此该语句的匹配项没有显示。

语句 30 应该改为 **ip any any**。

无论是应用到 R1 的 G0/0 还是 R3 的 S0/0/1，或者 R2 上 S0/0/0 的传入方向，该 ACL 都能发挥作用。但是，根据“将扩展 ACL 放置在最靠近源的位置”的原则，最佳做法是将 ACL 放置在 R1 的 G0/0 的入站方向上，因为这样能够在不需要的流量进入网络基础设施之前将它们过滤掉。

3. IPv4 ACL 故障排除：示例 3

该场景基于图 4-23 中显示的拓扑结构和例 4-30 中的配置。但是在该示例中，将 ACL 130 应用于 R1 的 G0/1 接口的入站方向上。

例 4-30　IPv4 ACL 故障排错：场景 3

```
R1# show access-lists 130
Extended IP access list 130
    10 deny tcp any eq telnet any
    20 deny tcp 192.168.11.0 0.0.0.255 host 192.168.31.12 eq smtp
    30 permit tcp any any (12 match(es))
```

192.168.11.0/24 网络可以使用 Telnet 连接到 192.168.30.0/24，但是根据公司策略，该连接应该是不允许的。**show access-lists 130** 命令的结果表明 **permit** 语句已经匹配。

解决方案：192.168.11.0/24 网络可以使用 Telnet 连接到 192.168.30.0/24 网络，因为在访问列表 130 的语句 10 中，Telnet 端口号被列在 ACL 语句的错误位置上。语句 10 目前拒绝任何端口号等于 Telnet 的源数据包。为了在 G0/1 上拒绝入站 Telnet 流量，应该拒绝等于 Telnet 的目的端口号，例如 **10 deny tcp 192.168.11.0 0.0.0.255 192.168.30.0 0.0.0.255 eq telnet**。

4. IPv4 ACL 故障排除：示例 4

该场景基于图 4-23 中显示的拓扑结构和例 4-31 中的配置。但是在该示例中，将 ACL 140 应用于 R3 的 G0/0 接口的入站方向上。

例 4-31 IPv4 ACL 故障排除：场景 4

```
R3# show access-lists 140
Extended IP access list 140
    10 deny tcp host 192.168.30.1 any eq telnet
    20 permit ip any any (5 match(es))
```

主机 192.168.30.12 可以通过 Telnet 连接至 192.168.31.12，但是公司策略规定不应允许此连接。**show access-lists 140** 命令的输出表明 **permit** 语句已经匹配。

解决方案：主机 192.168.30.12 可以使用 Telnet 连接到 192.168.31.12，因为没有拒绝该源（主机 192.168.30.12 或其所在的网络）的规则。访问列表 140 中的语句 10 拒绝了在流量进入路由器时使用的路由器接口。语句 10 中的主机 IPv4 地址应该是 192.168.30.12。

5. IPv4 ACL 故障排除：示例 5

该场景基于图 4-23 中显示的拓扑结构和例 4-32 中的配置。但是在该示例中，将 ACL 150 应用于 R3 的 G0/1 接口的入站方向上。

在该示例中，安全策略明确规定不允许以 Telnet 方式访问地址为 192.168.31.12 的服务器。然而，测试证明可以采用 Telnet 方式从 PC3 访问服务器。

例 4-32 显示了在 R3 上配置的 ACL 150 中的 ACE。

例 4-32 IPv4 ACL 故障排错：场景 5

```
R3# show access-lists 150
Extended IP access list 150
    10 deny tcp any host 192.168.31.12 eq telnet
    20 permit ip any any
```

解决方案：语句 10 看起来是正确的，原因是它拒绝任何源地址采用 Telnet 方式访问主机 192.168.31.12。但是，输出并没有列出任何匹配项，原因就在于 ACL 的方向。注意在该示例中，ACL 是应用到 G0/1 的入站方向。要想进行正确过滤，应该将 ACL 应用到 G0/1 的出站方向。

6. IPv6 ACL 故障排除：示例 1

与 IPv4 ACL 类似，可使用 **show ipv6 access-lists** 和 **show running-config** 命令显示典型的 IPv6 ACL 错误。

该场景使用了图 4-24 中的拓扑。R1 已配置了 IPv6 ACL，以拒绝从:10 网络到:11 网络的 FTP 访问。但是，配置 ACL 之后，PC1 仍可以连接到 PC2 上运行的 FTP 服务器。

参考例 4-33 中 **show ipv6 access-list** 命令的输出，可以看到 **permit** 语句的匹配项而不是 **deny** 语句的匹配项。

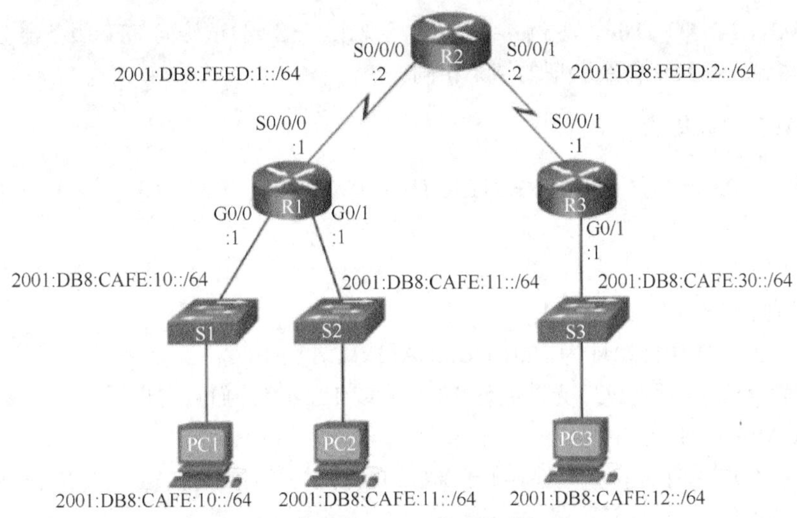

图 4-24　IPv6 ACL 故障排错拓扑

例 4-33　验证 IPv6 ACL 配置和应用：场景 1

```
R1# show ipv6 access-list
IPv6 access list NO-FTP-TO-11
    deny tcp any 2001:DB8:CAFE:11::/64 eq ftp sequence 10
    deny tcp any 2001:DB8:CAFE:11::/64 eq ftp-data sequence 20
    permit ipv6 any any (11 matches) sequence 30
R1# show running-config | begin interface G
  interface GigabitEthernet0/0
  no ip address
  ipv6 traffic-filter NO-FTP-TO-11 out
  duplex auto
  speed auto
  ipv6 address FE80::1 link-local
  ipv6 address 2001:DB8:1:10::1/64
  ipv6 eigrp 1
<output omitted>
R1#
```

解决方案：ACL 中的 ACE 顺序或规则条件没有出现任何问题。下一步是考虑如何使用 **ipv6 traffic-filter** 命令在接口上应用 ACL。应用 ACL 时是否使用了正确的名称、正确的接口和正确的方向？要检查接口配置错误，请显示运行配置，如例 4-34 所示。

例 4-34　更正和验证 IPv6 ACL：场景 1

```
R1(config)# interface g0/0
R1(config-if)# no ipv6 traffic-filter NO-FTP-TO-11 out
R1(config-if)# ipv6 traffic-filter NO-FTP-TO-11 in
R1(config-if)# end
R1#

<PC1 attempts to access the FTP server again.>

R1# show ipv6 access-list
IPv6 access list NO-FTP-TO-11
    deny tcp any 2001:DB8:CAFE:11::/64 eq ftp (37 matches) sequence 10
    deny tcp any 2001:DB8:CAFE:11::/64 eq ftp-data sequence 20
    permit ipv6 any any (11 matches) sequence 30
```

应用 ACL 时使用了正确的名称，但未使用正确的方向。方向 **in** 或 **out** 是从路由器的角度来看待的，这意味着流量在被转发出 G0/0 接口并进入:10 网络之前，应用了 ACL。

要纠正这个问题，请删除 **ipv6 traffic-filter NO-FTP-TO-11 out** 语句，并将其替换为 **ipv6**

traffic-filter NO-FTP-TO-11 in，如例 4-34 所示。现在，PC1 尝试访问 FTP 服务器会被拒绝，与使用 **show ipv6 access-lists** 命令验证的结果相同。

7. IPv6 ACL 故障排除：示例 2

在该场景中，R3 已配置了名为 RESTRICTED-ACCESS 的 IPv6 ACL，该 ACL 会为 R3 LAN 实施以下策略：

- 允许访问:10 网络；
- 拒绝访问:11 网络；
- 允许通过 SSH 访问地址为 2001:DB8:CAFE:11::11 的 PC。

但是，配置 ACL 之后，PC3 无法到达:10 网络或:11 网络，而且它也无法通过 SSH 进入地址为 2001:DB8:CAFE:11::11 的主机。

解决方案：在这种情况下，问题不在于 ACL 的应用方式。在接口上，ACL 未拼错，方向和位置也都正确，如例 4-35 所示。

例 4-35 验证 IPv6 ACL 配置和应用：场景 2

```
R3# show running-config | section interface GigabitEthernet0/0
interface GigabitEthernet0/0
  no ip address
  duplex auto
  speed auto
  ipv6 address FE80::3 link-local
  ipv6 address 2001:DB8:1:30::1/64
  ipv6 eigrp 1
  ipv6 traffic-filter RESTRICTED-ACCESS in
R3#
R3# show ipv6 access-list
IPv6 access list RESTRICTED-ACCESS
    permit ipv6 any host 2001:DB8:CAFE:10:: sequence 10
    deny ipv6 any 2001:DB8:CAFE:11::/64 sequence 20
    permit tcp any host 2001:DB8:CAFE:11::11 eq 22 sequence 30
R3#
```

仔细查看 IPv6 ACL 会发现，问题在于 ACE 规则的顺序和条件。第一条 **permit** 语句应允许对:10 网络的访问。但是，管理员配置了一条 host 语句，并且未指定前缀。在这种情况下，仅允许对 2001:DB8:CAFE:10::主机的访问。

要纠正此问题，请删除 host 参数并将前缀更改为/64。不需要删除 ACL，只需要用序列号 10 替换 ACE 即可，如例 4-36 所示。

例 4-36 替换 IPv6 ACL 的 host 语句

```
R3(config)# ipv6 access-list RESTRICTED-ACCESS
R3(config-ipv6-acl)# permit ipv6 any 2001:db8:cafe:10::/64 sequence 10
R3(config-ipv6-acl)# end
R3#
R3# show access-list
IPv6 access list RESTRICTED-ACCESS
    permit ipv6 any 2001:DB8:CAFE:10::/64 sequence 10
    deny ipv6 any 2001:DB8:CAFE:11::/64 sequence 20
    permit tcp any host 2001:DB8:CAFE:11::11 eq 22 sequence 30
R3#
```

ACL 中的第二个错误是接下来两个语句的顺序。该策略指定 R3 LAN 上的主机应该能够通过 SSH 进入主机 2001:DB8:CAFE:11::11。但是，针对:11 网络的 **deny** 语句列于 **permit** 语句之前。因此，在允许通过 SSH 访问的语句能够被评估之前，所有访问:11 网络的尝试都被拒绝。匹配成功之后，将不再分析更多语句。

要纠正此问题，需要先删除这些语句，然后按正确的顺序输入，如例 4-37 所示。

例 4-37 重新排序 IPv6 ACL 语句

```
R3(config)# ipv6 access-list RESTRICTED-ACCESS
R3(config-ipv6-acl)# no deny ipv6 any 2001:DB8:CAFE:11::/64
R3(config-ipv6-acl)# no permit tcp any host 2001:DB8:CAFE:11::11 eq 22
R3(config-ipv6-acl)# permit tcp any host 2001:DB8:CAFE:11::11 eq 22
R3(config-ipv6-acl)# deny ipv6 any 2001:DB8:CAFE:11::/64
R3(config-ipv6-acl)# end
R3#
R3# show access-list
IPv6 access list RESTRICTED-ACCESS
    permit ipv6 any 2001:DB8:CAFE:10::/64 sequence 10
    permit tcp any host 2001:DB8:CAFE:11::11 eq 22 sequence 20
    deny ipv6 any 2001:DB8:CAFE:11::/64 sequence 30
R3#
```

8. IPv6 ACL 故障排除：示例 3

在该场景中，R1 已配置了名为 DENY-ACCESS 的 IPv6 ACL，该 ACL 应该会为 R3 LAN 实施以下策略：

- 允许从:30 网络访问:11 网络；
- 拒绝访问:10 网络。

例 4-38 显示了 IPv6 ACL 的配置和应用。

例 4-38 验证 IPv6 ACL 配置和应用

```
R1# show access-list
IPv6 access list DENY-ACCESS
    permit ipv6 any 2001:DB8:CAFE:11::/64 sequence 10
    deny ipv6 any 2001:DB8:CAFE:10::/64 sequence 20
R1#
R1# show running-config interface GigabitEthernet0/1
interface GigabitEthernet0/1
  no ip address
  duplex auto
  speed auto
  ipv6 address FE80::1 link-local
  ipv6 address 2001:DB8:CAFE:11::1/64
  ipv6 eigrp 1
  ipv6 traffic-filter DENY-ACCESS out
R1#
```

DENY-ACCESS ACL 应该允许从:30 网络访问:11 网络，同时拒绝对:10 网络的访问。但是，对接口应用 ACL 之后，仍可从:30 网络访问:10 网络。

解决方案：在这种情况下，问题不在于 ACL 语句的编写方式，而在于 ACL 的位置。由于 IPv6 ACL 必须配置源和目的地址，因此应将它们应用于最靠近流量源的位置。DENY-ACCESS ACL 应用于 R1 G0/1 接口的出站方向，该位置最靠近目的地。因此，到:10 网络的流量完全不受影响，因为它是通过其他 LAN 接口（G0/0）到达:10 网络。可将 ACL 应用于 R1 S0/0/0 接口的入站方向上。但是，因为我们可以控制 R3，因此最佳位置是将 ACL 配置和应用于最靠近流量源的位置。

例 4-39 显示了如何在 R1 上删除 ACL 以及如何在 R3 上正确配置并应用 ACL。

例 4-39 删除 R1 上的 ACL，然后配置并应用 ACL 至 R2

```
R1(config)# no ipv6 access-list DENY-ACCESS
R1(config)#
```

```
R1(config)# interface g0/1
R1(config-if)# no ipv6 traffic-filter DENY-ACCESS out
R1(config-if)#
!---------------------------------------------------
R3(config)# ipv6 access-list DENY-ACCESS
R3(config-ipv6-acl)# permit ipv6 any 2001:DB8:CAFE:11::/64
R3(config-ipv6-acl)# deny ipv6 any 2001:DB8:CAFE:10::/64
R3(config-ipv6-acl)# exit
R3(config)#
R3(config)# interface g0/0
R3(config-if)# ipv6 traffic-filter DENY-ACCESS in
R3(config-if)#
```

4.5 总结

默认情况下路由器不会过滤流量。进入路由器的流量仅根据路由表内的信息进行路由。

数据包过滤通过分析传入和传出的数据包并根据条件（例如源 IP 地址、目的 IP 地址和数据包内传输的协议）传递或丢弃数据包，从而控制网络访问。数据包过滤路由器使用规则来确定是允许还是拒绝流量。路由器还可以在第 4 层（传输层）过滤数据包。

ACL 是由一系列 **permit** 或 **deny** 语句组成的顺序列表。ACL 的最后一个语句始终为阻止所有流量的隐式 **deny any** 语句。如需防止 ACL 末尾的隐式 **deny any** 语句阻止所有流量，可添加 **permit ip any any** 语句。

当网络流量经过配置了 ACL 的接口时，路由器会将数据包中的信息与每个条目按顺序进行比较，以确定数据包是否匹配其中一个语句。如果找到匹配项，就将数据包进行相应的处理。

ACL 要么配置为用于控制入站流量，要么用于控制出站流量。

标准 ACL 可用于允许或拒绝仅来自源 IPv4 地址的流量。它不评估数据包的目标地址和所涉及的端口。放置标准 ACL 的基本规则是使其接近目的。

扩展 ACL 根据多种属性过滤数据包：协议类型、源或目的 IPv4 地址以及源或目标端口。放置扩展 ACL 的基本规则是将其置于尽量靠近源地址的位置。

access-list 全局配置命令使用 1~99 范围内的一个数字定义标准 ACL，或使用 100~199 之间或 2000~2699 之间的数字定义扩展 ACL。标准 ACL 和扩展 ACL 都可以用命名来代替编号。**ip access-list standard** *acl-name* 用于创建标准命名 ACL，而 **ip access-list extended** *acl-name* 命令用于创建扩展访问列表。IPv4 ACE 包括通配符掩码。

配置 ACL 后，即可在接口配置模式下使用 **ip access-group** 命令将其关联到一个关联到接口。设备的每种协议、每个方向和每个接口只能有一个 ACL。

要从接口上删除 ACL，请先在接口上输入 **no ip access-group** 命令，然后输入全局命令 **no access-list** 来删除整个 ACL。

show running-config 和 **show access-lists** 命令用于验证 ACL 配置。**show ip interface** 命令用于验证接口上的 ACL 及其应用方向。

线路配置模式下的 **access-class** 命令可限制特定 VTY 与访问列表中地址之间的传入和传出连接。

与 IPv4 命名 ACL 一样，IPv6 ACL 的名称由字母、数字组成，区分大小写且必须是唯一的。而与 IPv4 不同的是，不需要标准或扩展选项。

在全局配置模式下，使用 **ipv6 access-list** *acl-name* 命令创建 IPv6 ACL。与 IPv4 ACL 不同的

是，IPv6 ACL 不使用通配符掩码，而使用前缀长度表示应匹配 IPv6 源地址或目的地址的多少位。

配置 IPv6 ACL 后，可使用 **ipv6 traffic-filter** 命令将该 ACL 关联到接口。

检查你的理解

请完成以下所有复习题，以检查您对本章主题和概念的理解情况。答案列在本书附录中。

1．下面哪 3 条语句描述了数据包的 ACL 处理？（选 3 项）（　　）

A．数据包一旦与 ACE 相匹配，则将根据 ACE 的指示被拒绝或被转发

B．不匹配任何 ACE 条件的数据包，默认情况下将被转发

C．被一个 ACE 拒绝的数据包可以被后续 ACE 允许

D．一个隐含的 **deny any** 语句将拒绝与任何 ACE 不匹配的数据包

E．每条语句都将被检查，直到检测到匹配或到达 ACE 列表末端

F．在做出转发决定之前，每个数据包都会与 ACL 中每一个 ACE 条件进行比较

2．使用访问控制列表可以实现哪两个功能？（选择两项）（　　）

A．ACL 有助于路由器确定到达目的地的最佳路径

B．ACL 可以控制主机能够访问网络上的哪些区域

C．ACL 可以基于源路由器的 MAC 地址来允许或拒绝流量

D．ACL 为网络访问提供了基本的安全级别

E．标准 ACL 可以限制对特定应用程序和端口的访问

3．下面哪个配置应该优先考虑放置出站 ACL 而非入站 ACL？（　　）

A．当路由器有有多个 ACL 时

B．当接口被出站 ACL 过滤，且连接到该接口的网络是 ACL 内正在过滤的源网络时

C．当出站 ACL 更接近流量的源时

D．当 ACL 应用到出站接口，且来自多个入站接口的数据包在离开接口之前进行过滤时

4．标准 ACL 和扩展 ACL 共享哪两个特性？（选两项）（　　）

A．两种 ACL 都可以基于协议类型进行过滤

B．两者都可以通过端口号来允许或拒绝特定服务

C．两者都包含一条隐含的拒绝作为最终的条目

D．两者都针对特定目的主机 IP 地址来过滤数据包

E．两者都可以使用描述性名称或数字来创建

5．网络管理员需要配置一个标准 ACL，以便其 IP 地址为 192.168.15.23 的管理员工作站能访问主路由器的虚拟终端。哪两个配置命令可以完成这项任务？（选两项）（　　）

A．R1(config)#**access-list 10 permit host 192.168.15.23**

B．R1(config)#**access-list 10 permit 192.168.15.23 0.0.0.0**

C．R1(config)#**access-list 10 permit 192.168.15.23 0.0.0.255**

D．R1(config)#**access-list 10 permit 192.168.15.23 255.255.255.0**

E．R1(config)#**access-list 10 permit 192.168.15.23 255.255.255.255**

6．哪 3 条语句通常被当做 ACL 放置位置的最佳实践？（选 3 项）（　　）

A．在传输到低带宽链路之前过滤不必要的流量

B．对于放置在接口上的每个入站 ACL，都应该有一个匹配的出站 ACL

C．将扩展 ACL 放置在靠近流量的目的 IP 地址处

D．将扩展 ACL 放置在靠近流量的源 IP 地址处

E．将标准 ACL 放置在靠近流量的目的 IP 地址处

F．将标准 ACL 放置在靠近流量的源 IP 地址处

7．哪种流量匹配命令行 **access-list 110 permit tcp 172.16.0.0 0.0.0.255 any eq 22?**（　　）

A．任意主机到 172.16.0.0 网络的任意 TCP 流量

B．从 172.16.0.0 网络到任意目的网络的任意 TCP 流量

C．从任意源网络到 172.16.0.0 网络的 SSH 流量

D．从 172.16.0.0 网络到任意目的网络的任意 SSH 流量

8．哪条语句描述了入站 ACL 和出站 ACL 之间的区别?（　　）

A．相比出站 ACL，入站 ACL 可以采用多个标准过滤数据包

B．入站 ACL 是在数据包被路由之前进行处理，而在出站 ACL 是在数据包被路由后进行处理

C．入站 ACL 可用于路由器和交换机，而出站 ACL 只能用于路由器

D．在一个网络接口上，可以配置多个入站 ACL，但仅能配置一个出站 ACL

9．当在一台路由器上同时使用 IPv4 ACL 和 IPv6 ACL 时，其限制是什么？（　　）

A．一台设备仅能运行 IPv4 ACL 或 IPv6 ACL

B．IPv4 ACL 和 IPv6 ACL 都能配置到一台设备上，但不能共享相同的名字

C．IPv4 ACL 可以是编号或命名的，而 IPv6 ACL 必须是编号的

D．IPv6 ACL 执行与 IPv4 标准 ACL 相同的功能

10．将一个 IPv6 ACL 应用到一台路由器的接口上时，可以采用什么方法？（　　）

A．使用 **access-class** 命令　　B．使用 **ip access-group** 命令

C．使用 **ipv6 access-list** 命令　　D．使用 **ipv6 traffic-filter** 命令

11．哪个 IPv6 ACL 命令条目将允许来自任何主机的流量去往网络 2001:DB8:10:10::/64 上的 SMTP 服务器？（　　）

A．**permit tcp any host 2001:DB8:10:10::100 eq 23**

B．**permit tcp any host 2001:DB8:10:10::100 eq 25**

C．**permit tcp host 2001:DB8:10:10::100 any eq 23**

D．**permit tcp host 2001:DB8:10:10::100 any eq 25**

12．与 IPv4 ACL 相比，IPv6 ACL 的哪些功能是唯一的？（　　）

A．一条隐式的 **deny any any ACE**　　B．一条隐式的允许邻居发现数据包

C．使用命名的 ACL 条目　　D．使用通配符掩码

13．哪 3 个隐式的访问控制条目被自动添加到 IPv6 ACL 的末尾？（选 3 项）（　　）

A．**deny icmp any any**　　B．**deny ip any any**

C．**deny ipv6 any any**　　D．**permit icmp any any nd-na**

E．**permit icmp any any nd-ns**　　F．**permit ipv6 any any**

14．可用于 IPv6 的 ACL 的唯一类型是什么？（　　）

A．命名扩展　　B．命名标准

C．编号扩展　　D．编号标准

第 5 章

网络安全和监控

学习目标

通过完成本章学习，您将能够回答下列问题：

- 常见的 LAN 安全攻击是什么？
- 如何使用安全最佳实践来缓解 LAN 攻击？
- SNMP 是如何运行的？
- 如何配置 SNMP 来编译（compile）网络性能数据？
- SPAN 的特性和特征是什么？
- 如何配置本地 SPAN？
- 如何使用 SPAN 来排查可疑的 LAN 流量？

网络安全性取决于其最薄弱的链路，而第2层可能是最薄弱的链路。常见的第2层攻击包括CDP侦察攻击、Telnet攻击、MAC地址表泛洪攻击、VLAN攻击以及DHCP欺骗攻击。网络管理员必须知道如何缓解这些攻击，以及如何使用AAA保护管理访问和使用IEEE 802.1X保护端口访问。

监控正在运行的网络可以为网络管理员提供相关信息，从而主动管理网络并向其他人报告网络使用情况。链路活动、出错率和链路状态是有助于网络管理员确定网络运行状况和使用情况的几个因素。长期收集和查看此类信息使网络管理员能够发现并预测增长趋势，还可能使管理员能够在故障部件彻底瘫痪之前检测和更换故障部件。简单网络管理协议（SNMP）常用于收集设备信息。

网络管理员使用端口分析器和入侵防御设备（IPS）帮助监控网络流量中是否存在恶意流量。但是，在默认情况下，交换基础设施不启用端口镜像。必须实施思科SPAN以启用端口镜像。这使交换机能够向端口分析器或IPS设备发送复制的流量，以便监控恶意流量或有问题的流量。

本章介绍常见的LAN安全威胁及其缓解方法。然后，将介绍SNMP和如何启用它来监控网络，以及如何实施本地SPAN，以便通过端口分析器或IPS设备捕获和监控流量。

5.1 LAN安全

本节将讲解如何缓解常见的LAN安全攻击。

5.1.1 LAN安全攻击

本小节将介绍常见的LAN安全攻击。

1. 常见的LAN攻击

组织通常使用路由器、防火墙、入侵防御系统（IPS）和VPN设备实施安全解决方案。它们可以保护第3层至第7层中的网络设备。

第2层LAN通常被视为安全的环境。但是，如图5-1所示，如果第2层被入侵，则其上方的所有层也会受影响。如今，BYOD（Bring Your Own Device）和一些更复杂的攻击使得LAN变得更脆弱。

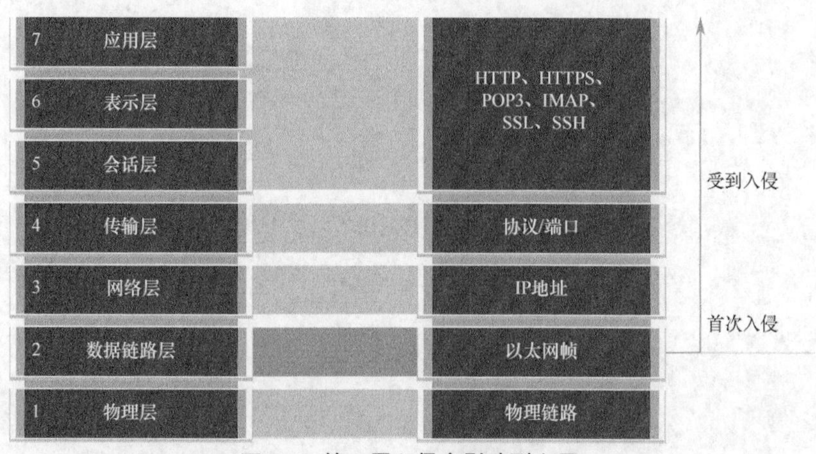

图5-1 第2层入侵会影响到上层

例如，一位拥有内部网络访问权限且心怀不满的员工可以捕获第 2 层的帧。攻击者也可以对第 2 层 LAN 网络基础设施造成严重破坏，并导致 DoS 攻击，从而使得第 3 层以及上方各层实施的所有安全措施失效。因此，除了保护第 3 层到第 7 层之外，网络安全从业人员也必须缓解针对第 2 层 LAN 基础设施的威胁。

缓解针对第2层基础设施的攻击的第一步是理解第2层的基础操作和第2层基础设施带来的威胁。

针对第 2 层 LAN 基础设施发起的常见攻击包括：

- CDP 侦察攻击；
- Telnet 攻击；
- MAC 地址表泛洪攻击；
- VLAN 攻击；
- DHCP 攻击。

前两种攻击侧重于获得网络设备的管理访问权限，其余的攻击侧重于中断网络运行。还存在其他更复杂的攻击。但是，本小节重点关注的是常见的第 2 层攻击。

注意：　有关第 2 层攻击的更多信息，请参阅“CCNA 安全”课程。

2. CDP 侦察攻击

思科发现协议（CDP）是专有的第 2 层链路发现协议。所有思科设备默认启用了该协议。CDP 可以自动发现其他启用了 CDP 的设备并帮助自动配置其连接。网络管理员还使用 CDP 帮助进行网络设备配置和故障排除。

CDP 信息会定期以未加密的广播形式从支持 CDP 的端口发送。CDP 信息包含设备的 IP 地址、IOS 软件版本、平台、性能和本征 VLAN。接收到 CDP 消息的设备会更新其 CDP 数据库。

在执行网络故障排除时，CDP 信息非常有用。例如，CDP 可用于验证第 1 层和第 2 层连接。如果管理员无法对直连接口执行 ping 操作，但是仍在接收 CDP 信息，则问题很可能与第 3 层配置有关。

但是，CDP 也可以用于恶意的用途。例如，网络犯罪分子可以使用 CDP 提供的信息进行侦察并尝试发现网络基础设施的漏洞。

在图 5-2 中，这个 Wireshark 捕获示例显示了 CDP 数据包的内容。攻击者能够识别设备使用的思科 IOS 软件版本。这可让攻击者确定此设备是否有该 IOS 版本特有的安全漏洞。

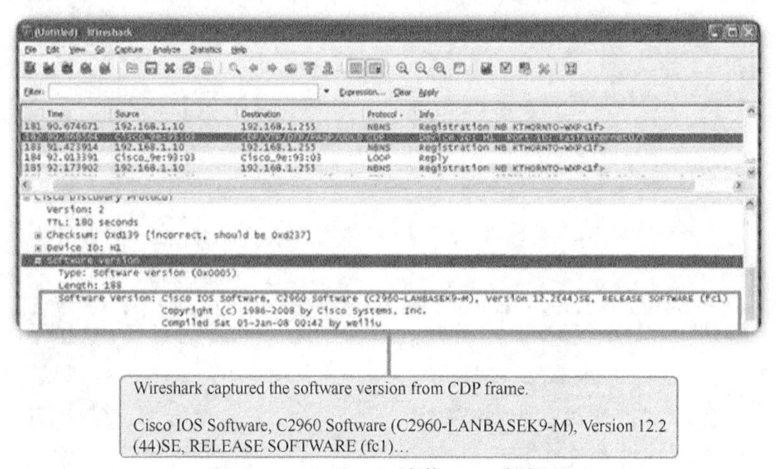

图 5-2　Wireshark 捕获 CDP 数据包

CDP 广播在发送时未加密且不进行身份验证。因此，攻击者可通过向直连的思科设备发送特别制作的包含虚假设备信息的 CDP 帧来干扰网络基础设施。

要缓解 CDP 漏洞攻击，请限制设备或端口上 CDP 的使用。例如，在连接到不受信任的设备的边缘端口上禁用 CDP。

要在设备上全局禁用 CDP，请使用 **no cdp run** 全局配置模式命令。要全局启用 CDP，请使用 **cdp run** 全局配置模式命令。

要在端口上禁用 CDP，请使用 **no cdp enable** 接口配置模式命令。要在端口上启用 CDP，请使用 **cdp enable** 接口配置模式命令。

注意：链路层发现协议（LLDP）也容易受到侦察攻击。可配置 **no lldp run** 全局禁用 LLDP。要在接口上禁用 LLDP，请配置 **no lldp transmit** 和 **no lldp receive** 命令。

---

3. Telnet 攻击

远程管理交换 LAN 基础设施的能力是一项操作要求；因此，必须支持此功能。但是，Telnet 协议本质上是不安全的，可被攻击者用来远程侵入思科网络设备。攻击者可以利用某些工具对交换机的 vty 线路发动攻击。

Telnet 攻击有下面两种类型。

- **Telnet DoS 攻击**：攻击者不断请求 Telnet 连接，以试图在网管员尝试远程访问设备时使 Telnet 服务不可用。该攻击可与网络上的其他的直接攻击相结合，以阻止在入侵期间网络管理员访问核心设备进行调试。
- **暴力密码攻击**：攻击者可能会使用常用密码列表、字典文字和文字变体发现管理密码。如果在第一阶段没有发现密码，则开始第二阶段。攻击者使用专用的密码审计工具，该工具软件创建连续的字符组合，试图猜出密码。只要有足够的时间和合适的条件，暴力密码攻击可破解几乎所有密码。

图 5-3 显示了试图用暴力破解工具 L0phtCrack 破解密码的示例截图。

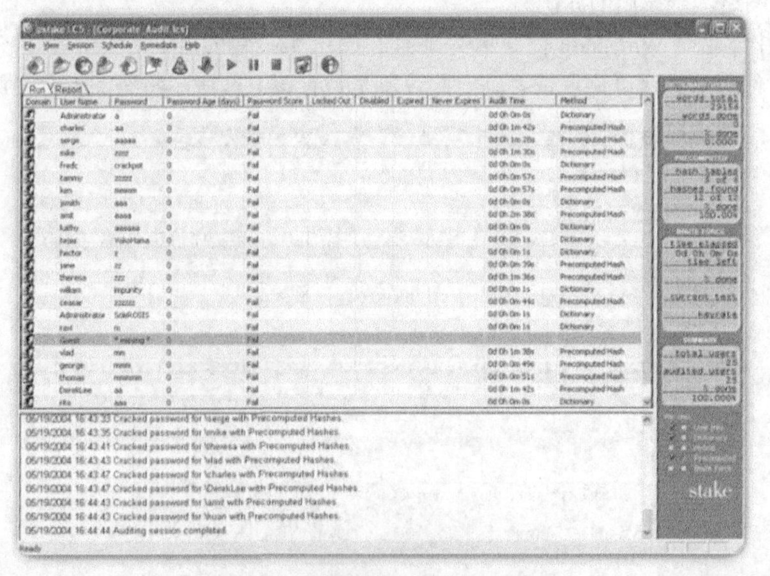

图 5-3　暴力破解工具 L0phtCrack

有下面几种方法可以缓解 Telnet 攻击。

- 使用 SSH（而不是 Telnet）进行远程管理连接。
- 使用强密码并经常更换密码。强密码应该使用大写和小写字母的组合，而且应包括数字和符号（特殊字符）。
- 使用访问控制列表（ACL）限制对 vty 线路的访问，仅允许管理员设备并拒绝所有其他设备。
- 使用 AAA 和终端访问控制器访问控制系统（TACACS +）协议或远程身份验证拨入用户服务（RADIUS）协议，对设备进行身份验证和授权管理访问。

4. MAC 地址表泛洪攻击

一种最基本且最常见的 LAN 交换机攻击是 MAC 地址泛洪攻击。此类攻击也称为 MAC 地址表溢出攻击或 CAM 表溢出攻击。

考虑一下交换机在接收传入帧时发生了什么。交换机的 MAC 地址表包含与每个物理端口相关联的 MAC 地址以及每个端口的相关 VLAN。当第 2 层交换机收到帧时，交换机在 MAC 地址表中查找目的 MAC 地址。所有型号的 Catalyst 交换机都使用 MAC 地址表来进行第 2 层交换。当帧到达交换机端口时，交换机会将源 MAC 地址记录到 MAC 地址表中。如果存在 MAC 地址条目，则交换机会将帧转发到正确的端口。如果 MAC 地址在 MAC 地址表中不存在，则交换机会将帧泛洪到交换机上除发送该帧的端口之外的每个端口。

图 5-4 至图 5-6 描述了这一交换机默认行为。

在图 5-4 中，主机 A 向主机 B 发送流量。交换机收到帧，并在其 MAC 地址表中添加主机 A 的源 MAC 地址。然后，交换机在其 MAC 地址表中查找目的 MAC 地址。如果交换机在 MAC 地址表中找不到目的 MAC，它将复制帧并将其泛洪（广播）到除发送该帧的端口之外的每个交换机端口。

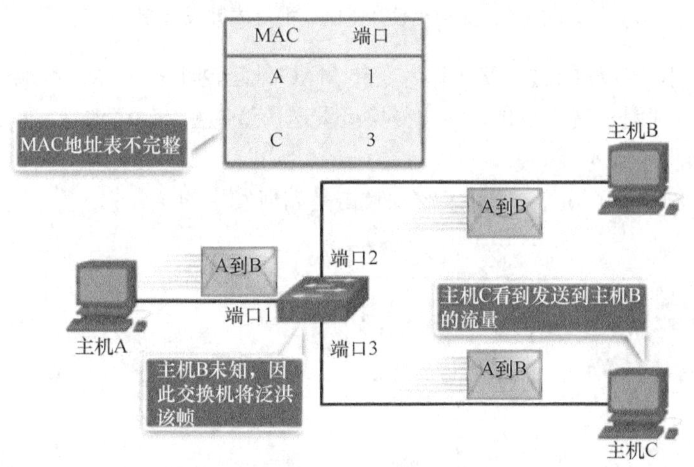

图 5-4 交换机泛洪未知 MAC 帧

在图 5-5 中，主机 B 接收并处理帧。然后，它向主机 A 发送响应。交换机接收来自主机 B 的传入帧。然后，交换机将主机 B 的源 MAC 地址和端口映射添加到其 MAC 地址表。交换机随后在其 MAC 地址表中查找目的 MAC 地址，并将帧从端口 1 转发到主机 A。

交换机的 MAC 地址表最终获知与之连接的所有 MAC 地址，并且仅在通信端口之间转发帧。以图 5-6 为例，主机 A 向主机 B 发送的所有帧均通过交换机的端口 2 转发出去。由于交换机知道目的 MAC 地址的位置，因此不从每个端口广播出去。

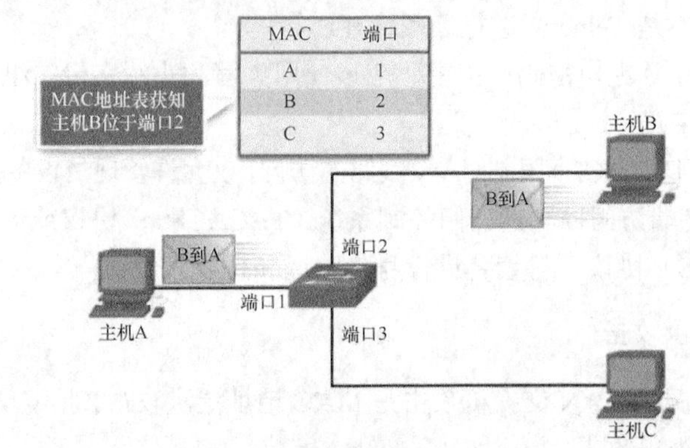

图 5-5 交换机记录 MAC 地址

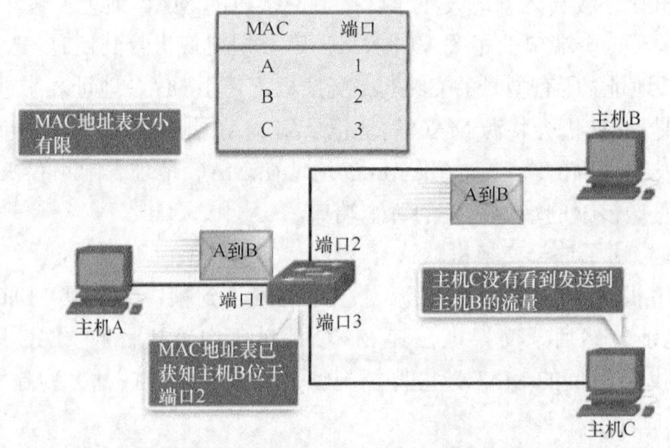

图 5-6 交换机使用 MAC 地址表转发流量

攻击者可以利用交换机的这一默认行为发起 MAC 地址泛洪攻击。MAC 地址表的大小是有限的，MAC 泛洪攻击利用了这个限制，并向交换机发送伪造的源 MAC 地址，直到交换机 MAC 地址表全满并且交换机不堪重负。

图 5-7 和图 5-8 显示了 MAC 地址表泛洪攻击是如何发生的。

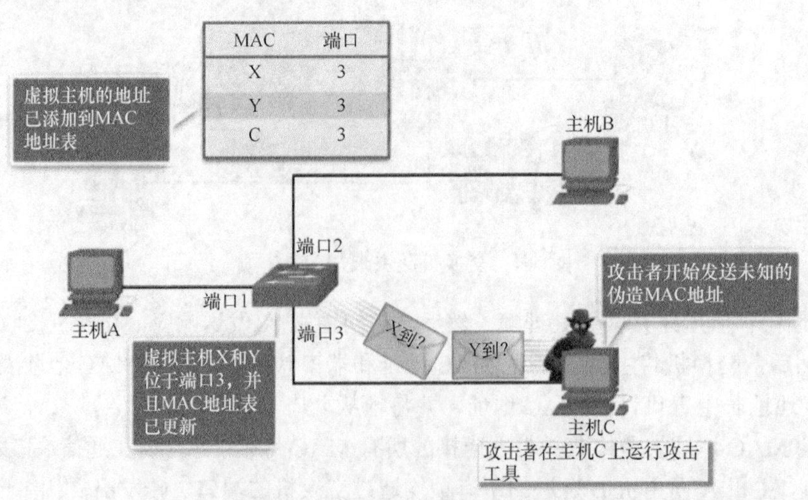

图 5-7 攻击者发起 MAC 泛洪攻击

在图 5-7 中，攻击者使用一种网络攻击工具并持续向交换机发送随机生成的虚假的源和目的 MAC 地址的帧。交换机不断使用虚假帧中的信息更新其 MAC 地址表。

最终，MAC 地址表中填满伪造的 MAC 地址，交换机将进入失效开放（fail-open）模式。在该模式中，交换机会将所有帧广播到网络中的所有计算机上。因此，攻击者可以捕获所有帧，甚至是地址不在其 MAC 地址表中的帧。

在图 5-8 中，交换机处于失效开放模式并从每个端口将所有接收到的帧广播出去。因此，从主机 A 发送到主机 B 的帧也会从交换机的端口 3 广播出去，并被攻击者看到。

在交换机上配置端口安全可缓解 MAC 地址表溢出攻击。5.1.2 节将更详细地讨论此技术。

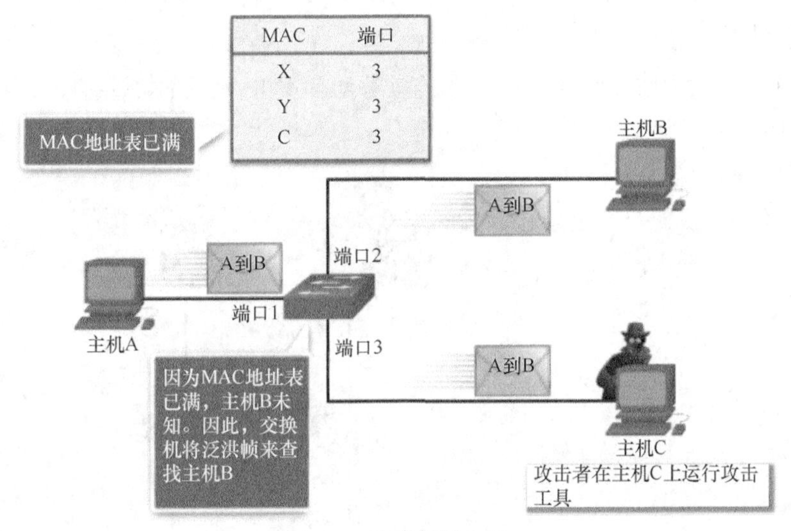

图 5-8 交换机被入侵

5. VLAN 攻击

VLAN 体系结构能够简化网络维护并提高网络性能，但同时也为滥用打开了方便之门。当前有多种与 VLAN 有关的攻击。图 5-9 所示为一种名为交换机欺骗攻击的 VLAN 威胁。

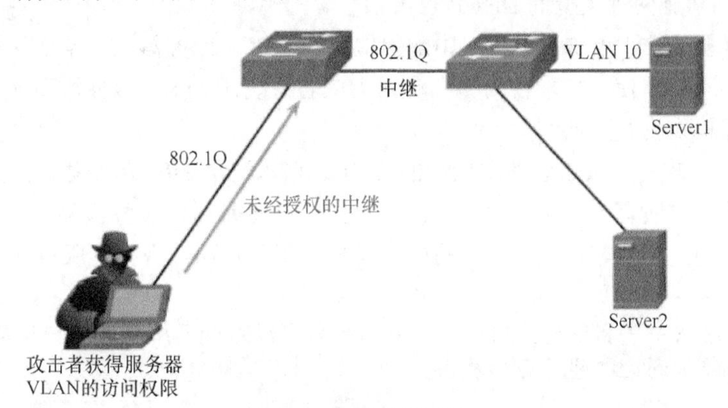

图 5-9 交换机欺骗攻击

攻击者尝试通过配置主机以欺骗交换机来实现 VLAN 访问，并使用 802.1Q 中继协议和思科专有的动态中继协议（DTP）功能与连接的交换机建立中继链路。如果成功，并且交换机与主机建立中继链路，则攻击者可以访问交换机上的所有 VLAN，并转移（即发送和接收）所有 VLAN 上的流量。

有下述几种方法可以缓解 VLAN 攻击：

- 显式配置访问链路；
- 显式禁用 auto 中继；
- 手动启用中继链路；
- 禁用未使用的端口，使其成为接入端口，并将其分配给黑洞 VLAN；
- 更改默认的本征 VLAN；
- 实施端口安全。

5.1.2 节将更详细地讨论 VLAN 攻击缓解技术。

6. DHCP 攻击

DHCP 是用于从 DHCP 地址池中为主机自动分配有效 IP 地址的协议。图 5-10 所示为一个 DHCP 攻击者的拓扑。

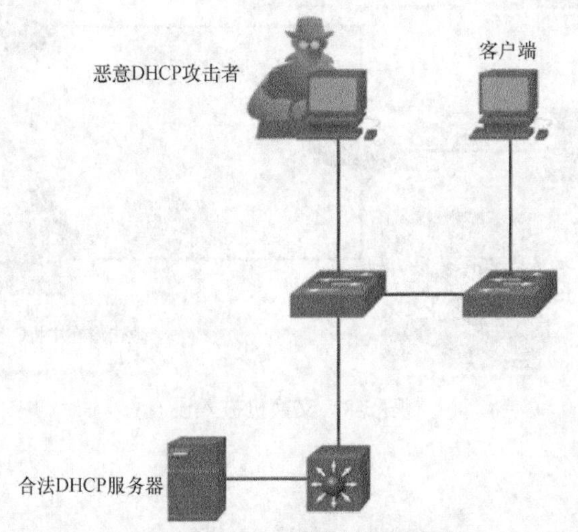

图 5-10 DHCP 欺骗和耗竭攻击

可对交换网络实施两种类型的 DHCP 攻击。

- **DHCP 欺骗攻击**：攻击者在网络中配置虚假的 DHCP 服务器，向客户端发出 IP 地址。这种类型的攻击迫使客户端使用一个错误的域名系统（DNS）服务器和一个在攻击者控制下的计算机作为其默认网关。
- **DHCP 耗竭攻击**：攻击者使用伪造的 DHCP 请求泛洪 DHCP 服务器，最终租用 DHCP 服务器池中的所有可用 IP 地址。在发出这些 IP 地址后，服务器无法发出更多地址，这种情况将导致新的客户端不能获得网络访问权限，从而实现拒绝服务（DoS）攻击。

注意： DoS 攻击是指任何使用非法流量迫使特定设备和网络服务进行过载，从而阻止合法流量到达这些资源的攻击。

通常在 DHCP 欺骗攻击之前使用 DHCP 耗竭攻击，以拒绝去往合法 DHCP 服务器的服务。这样更容易让伪造的 DHCP 服务器进入到网络中。

在交换机上配置 DHCP 侦听和端口安全可缓解 DHCP 攻击。DHCP 攻击缓解技术将在 5.1.2 节详细讨论。

5.1.2 LAN 安全最佳实践

本节将讲解如何使用安全最佳实践来缓解 LAN 攻击。

1. 保护 LAN

如本章开头部分所述，安全性取决于系统中最薄弱的链路，而第 2 层被认为是最薄弱的链路。因此，必须实施第 2 层安全解决方案以帮助保护网络。

包括 Telnet、Syslog、SNMP、TFTP 和 FTP 在内的许多网络管理协议都不安全。有多种策略有助于保护网络的第 2 层：

- 始终使用这些协议的安全变体，例如 SSH、SCP、SSL、SNMPv3 和 SFTP；
- 始终使用强密码并经常更换密码；
- 仅在选定端口上启用 CDP；
- 保护 Telnet 访问；
- 使用专用的管理 VLAN（其中仅存在管理流量）；
- 使用 ACL 过滤不需要的访问。

以下 4 种思科交换机安全解决方案有助于缓解第 2 层攻击：

- 端口安全可以防止许多类型的攻击，包括 CAM 表溢出攻击和 DHCP 耗竭攻击；
- DHCP 监听可防止 DHCP 耗竭攻击和 DHCP 欺骗攻击；
- 动态 ARP 检查可防止 ARP 欺骗和 ARP 中毒攻击；
- IP 源地址保护可防止 MAC 和 IP 地址欺骗攻击。

这里将介绍几种第 2 层安全解决方案：

- 使用端口安全缓解 MAC 地址表泛洪攻击；
- 缓解 VLAN 攻击；
- 使用 DHCP 侦听缓解 DHCP 攻击；
- 使用 AAA 保护管理性访问；
- 使用 802.1X 端口身份验证保护设备访问。

注意：IP 源保护（IPSG）和动态 ARP 检测（DAI）是“CCNA 安全”课程中讨论的高级交换机安全解决方案。

2. 缓解 MAC 地址表泛洪攻击

防止 MAC 表泛洪攻击最简单且最有效的方法是启用端口安全。

端口安全允许管理员为端口静态指定 MAC 地址，或允许交换机动态获取有限数量的 MAC 地址。通过将端口上允许的 MAC 地址数限制为 1，管理员可以使用端口安全控制网络的未授权扩展，如图 5-11 所示。

为安全端口分配了 MAC 地址之后，该端口将不会转发源地址不在所定义的地址组中的帧。在配置了端口安全的端口接收到帧之后，将该帧的源 MAC 地址与端口上手动配置或自动配置（获取）的安全源地址列表进行比较。

如果端口已配置为安全端口，并且 MAC 地址的数量已达到最大值，那么任何其他未知 MAC 地址的连接尝试都将导致安全违规。图 5-11 中总结了这些要点。

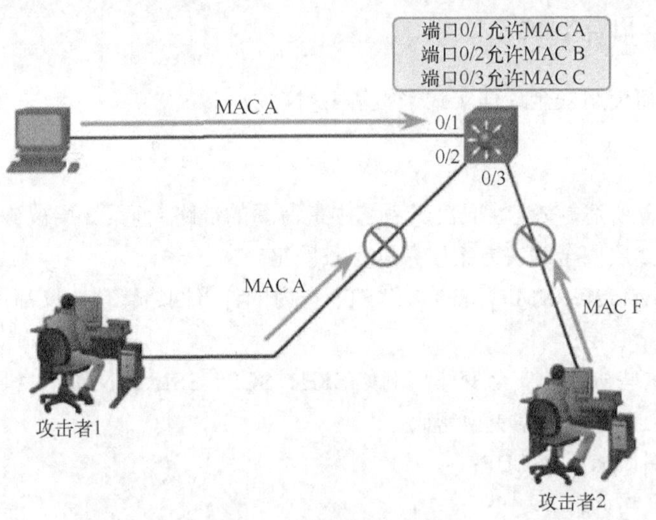

图 5-11 端口安全操作

3. 缓解 VLAN 攻击

图 5-12 和下文解释了防止基本 VLAN 攻击的最佳方法。

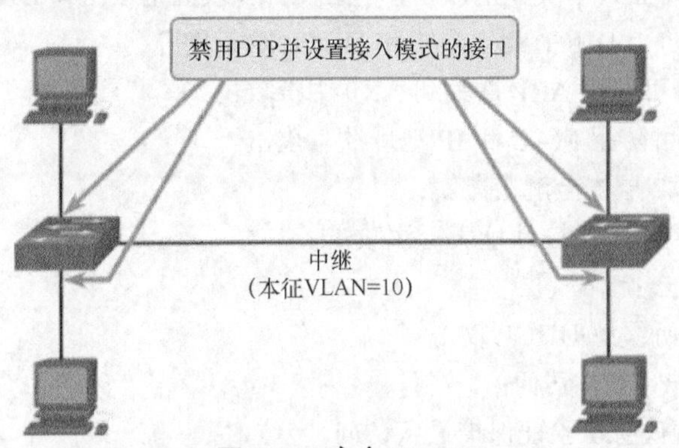

图 5-12 安全 VLAN

- 使用 **switchport mode access** 接口配置命令禁用非中继端口上的 DTP（动态中继）协商。
- 使用 **switchport mode trunk** 接口配置命令手动启用中继端口上的中继链路。
- 使用 **switchport no-negotiate** 接口配置命令禁用中继端口上的 DTP（动态中继）协商。
- 将本征 VLAN 设置为除 VLAN 1 之外的 VLAN。使用 **switchport trunk native vlan** *vlan_number* 接口配置模式命令将其设置为未使用的 VLAN。
- 禁用未使用的端口并将其分配给未使用的 VLAN。

4. 缓解 DHCP 攻击

当非法 DHCP 服务器连接到网络并向合法客户端提供虚假的 IP 配置参数时，会出现 DHCP 欺骗攻击。DHCP 欺骗非常危险，因为客户端可能租用了恶意的 DNS 服务器地址、恶意的默认网关和恶意的 IP 分配等 IP 信息。

安全最佳实践是建议使用 DHCP 侦听来缓解 DHCP 欺骗攻击。

当在接口或 VLAN 上启用 DHCP 侦听并且交换机在不可信端口上收到 DHCP 数据包时，交换机将源数据包信息与 DHCP 侦听绑定数据库中保留的信息进行比较。交换机将拒绝包含以下任何信息的数据包：

- 来自不可信端口的未经授权的 DHCP 服务器消息；
- 不遵守 DHCP 监听绑定数据库或速率限制的未经授权的 DHCP 客户端消息。

在大型网络中，DHCP 侦听绑定数据库在启用之后可能还需要花时间进行构建。例如，如果 DHCP 租用时间为 4 天，则 DHCP 侦听可能需要 2 天才能完成数据库的构建。

DHCP 监听识别两种类型的端口。

- **可信 DHCP 端口**：只有连接到上游 DHCP 服务器的端口应为可信端口。这些端口才允许合法的 DHCP 服务器响应 DHCP Offer 和 DHCP Ack 消息。必须在配置中明确标识可信端口。
- **不可信端口**：这些端口连接到不应提供 DHCP 服务器消息的主机。默认情况下，所有交换机端口都不可信。

图 5-13 提供了如何在网络上分配 DHCP 侦听端口的直观示例。注意可信端口总是通向合法的 DHCP 服务器，而其他端口（即连接到终端的接入端口）在默认情况下均不可信。

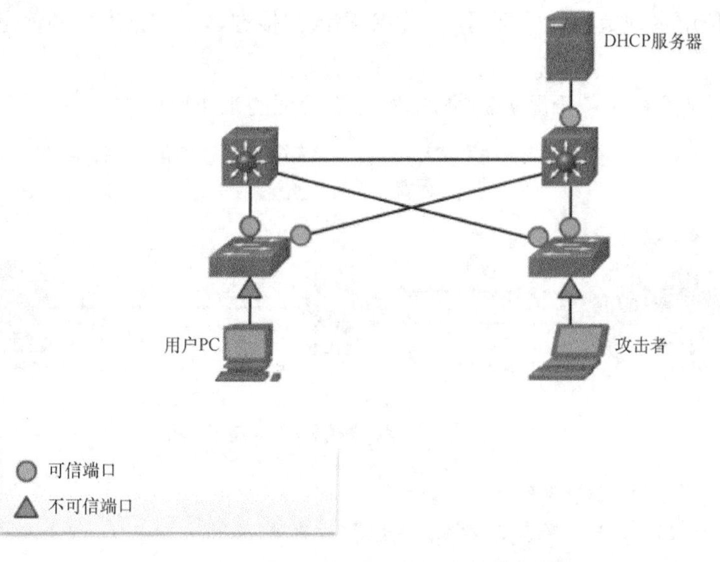

图 5-13 DHCP 监听可信端口和不可信端口的分配

注意： 有关 DHCP 侦听的更多信息，请参阅“CCNA 安全”课程。

5. 使用 AAA 保护管理访问

为了防止恶意用户访问敏感网络设备和服务，管理员必须启用访问控制。访问控制能够限制使用特定资源的人或设备。它还限制授予访问权限之后的可用服务或选项。

有很多在思科设备上实施身份验证的不同方法，每种方法均提供不同级别的安全性。验证、授权和审计（AAA）框架用于帮助保护设备访问。AAA 身份验证可用于验证进行管理访问的用户的身份，也可用于验证进行远程网络访问的用户的身份。

思科提供两种常用的实施 AAA 服务的方法：

- **本地 AAA 身份验证**：本地 AAA 使用本地数据库进行身份验证。此方法有时也称为独立的身份验证。此方法在思科路由器本地存储用户名和密码，并根据本地数据库对用户进行身份验证。本地 AAA 是小型网络的理想选择。

- **基于服务器的 AAA 身份验证**：基于服务器的 AAA 身份验证是一种可扩展性更强的解决方案。使用该方法时，路由器访问中央 AAA 服务器。AAA 服务器包含所有用户的用户名和密码，并用作所有基础设施设备的中央身份验证系统。

图 5-14 以及下文解释了本地 AAA 身份验证的工作原理。

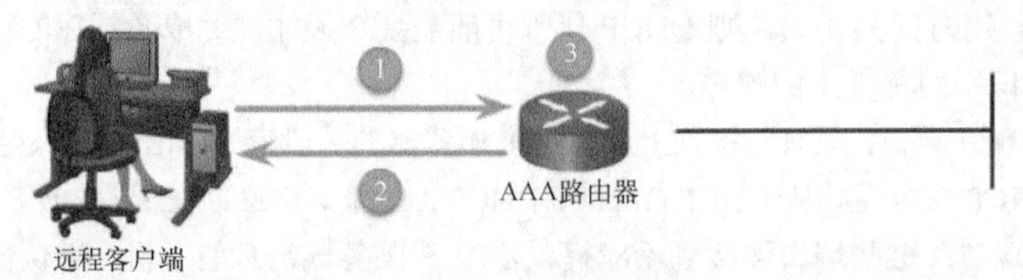

图 5-14　本地 AAA 身份验证

1．客户端与路由器建立连接。

2．AAA 路由器提示用户输入用户名和密码。

3．路由器使用本地数据库验证用户名和密码，并根据本地数据库中的信息为用户提供网络访问权限。

图 5-15 和下文解释了基于服务器的 AAA 身份验证的工作原理。

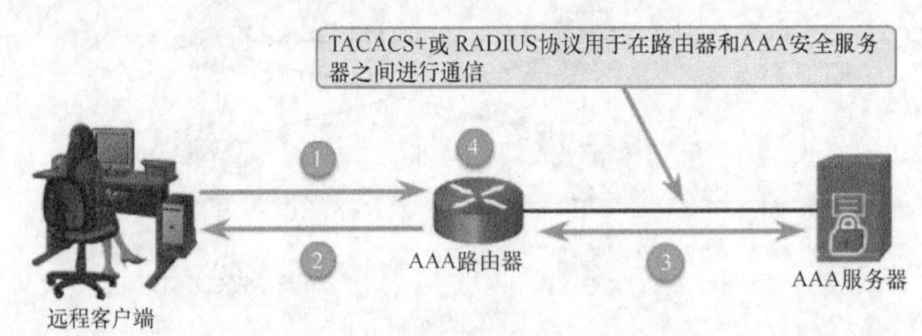

图 5-15　基于服务器的 AAA 身份验证

1．客户端与路由器建立连接。

2．AAA 路由器提示用户输入用户名和密码。

3．路由器使用远程 AAA 服务器验证用户名和密码。

如图 5-15 所示，启用了 AAA 的路由器使用 TACACS+（终端访问控制器访问控制系统）协议或 RADIUS（远程认证拨号用户服务）协议与 AAA 服务器通信。虽然两个协议均可用于在路由器和 AAA 服务器之间进行通信，但是 TACACS+被视为较安全的协议。这是因为所有的 TACACS+协议交换都被加密，而 RADIUS 仅加密用户密码，不加密用户名、记账信息或 RADIUS 消息中传输的其他信息。

注意：　有关 AAA 的更多信息，请参阅“CCNA 安全”课程。

6. 使用 802.1X 保护设备访问

网络用户认证可以通过基于 AAA 服务器的认证来提供。802.1X 协议/标准可用于对企业网络中的网络设备执行身份验证。这是另外一种用于保护连接到 LAN 的计算机的协议。

IEEE 802.1X 标准定义了基于端口的访问控制和身份验证协议。IEEE 802.1X 可限制未经授权的工作站通过可公开访问的交换机端口连接到 LAN。在使用交换机或 LAN 提供的任何服务之前，身份验证服务器会对连接到交换机端口的每一个工作站进行身份验证。

使用 802.1X 基于端口的身份验证时，网络中的设备都有特定角色，如图 5-16 所示。

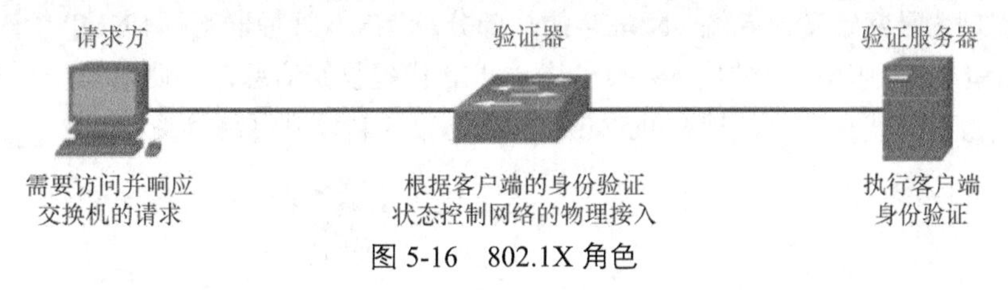

图 5-16 802.1X 角色

- **请求方**：通常是客户端设备上启用了 802.1X 的端口。设备请求访问 LAN 和交换机服务，然后响应来自交换机的请求。在图 5.16 中，设备是运行与 802.1X 兼容的客户端软件的 PC。另一种客户端请求方是与 802.1X 兼容的无线设备，例如笔记本电脑或平板电脑。
- **验证器**：根据客户端的身份验证状态控制对网络的物理访问。交换机充当客户端和验证服务器之间的中间人（代理）。它从客户端请求识别信息，借助验证服务器验证该信息，并将响应转播到客户端。交换机使用 RADIUS 软件代理，该软件代理负责封装和解封装 EAP（可扩展身份验证协议）帧并与验证服务器进行交互。另一种可以充当验证器的是无线接入点，充当无线客户端和验证服务器之间的中间设备。
- **验证服务器**：执行客户端的实际身份验证。验证服务器验证客户端的身份，并通知交换机或其他验证器（例如无线接入点）该客户端是否有权访问 LAN 和交换机服务。由于交换机充当代理，因此身份验证服务对客户端透明。使用 EAP 扩展的 RADIUS 安全系统是唯一受支持的验证服务器。

注意： 有关 802.1X 的更多信息，请参阅“CCNA 安全”课程。

5.2 SNMP

本节将讲解如何配置 SNMP 来监视中小型企业网络中的网络操作。

5.2.1 SNMP 操作

本小节将讲解 SNMP 的运作方式。

1. SNMP 简介

简单网络管理协议（SNMP）旨在让管理员管理 IP 网络上的各个节点，例如服务器、工作站、路由器、交换机和安全设备。它使网络管理员能够监控和管理网络性能，查找和解决网络故障以及针对网络的增长进行规划。

SNMP 是一种应用层协议，提供管理器和代理之间的通信消息格式。SNMP 系统包括 3 个元素：

- SNMP 管理器；
- SNMP 代理（托管节点）；
- 管理信息库（MIB）。

要配置网络设备的 SNMP，首先需要定义管理器和代理之间的关系。

SNMP 管理器是网络管理系统（NMS）的一部分。SNMP 管理器运行 SNMP 管理软件。如图 5-17 所示，SNMP 管理器可以使用 get 操作从 SNMP 代理收集信息，并使用 set 操作更改代理的配置。此外，SNMP 代理可以使用 SNMP trap 将信息直接转发到网络管理器。

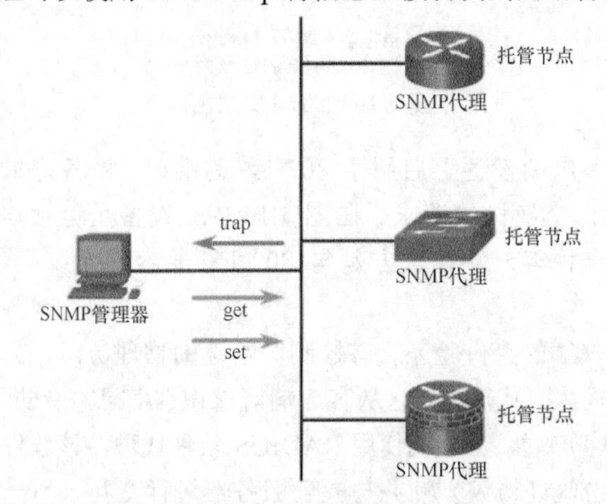

图 5-17 SNMP 元素

SNMP 代理和 MIB 位于 SNMP 客户端设备上。必须托管的网络设备（例如，交换机、路由器、服务器、防火墙和工作站）均配备 SNMP 代理软件模块。MIB 存储与设备和操作统计信息有关的数据，并提供给通过身份验证的远程用户。SNMP 代理负责提供对本地 MIB 的访问。

SNMP 定义了网络管理应用和管理代理之间如何交换管理信息。SNMP 管理器轮询代理并在 MIB 中查询 UDP 端口 161 上的 SNMP 代理。SNMP 代理向 UDP 端口 162 上的 SNMP 管理器发送任意 SNMP trap。

2. SNMP 操作

位于托管设备上的 SNMP 代理收集并存储与设备及其运行有关的信息。代理将此信息存储在 MIB 本地。然后，SNMP 管理器使用 SNMP 代理访问 MIB 中的信息。

SNMP 管理器请求主要有两种，如下所示。

- get 请求：NMS 使用 get 请求查询设备的数据。
- set 请求：NMS 使用 set 请求更改代理设备中的配置变量。set 请求还可以在设备内发起操作。

例如，set 请求可以使路由器重新启动、发送配置文件或接收配置文件。SNMP 管理器使用 get 和 set 操作执行表 5-1 中的操作。

SNMP 代理响应 SNMP 管理器请求的方式如下。

- 获取 MIB 变量：SNMP 代理执行此功能以响应来自网络管理器的 GetRequest-PDU。代理检索请求的 MIB 变量的值并向网络管理器回复该值。
- 设置 MIB 变量：SNMP 代理执行此功能以响应来自网络管理器的 SetRequest-PDU。SNMP 代理将 MIB 变量的值更改为网络管理器指定的值。SNMP 代理回复 set 请求，该请求包含设备中新的设置。

表 5-1 SNMP 操作

操 作	说 明
get-request	检索特定变量的值
get-next-request	检索表中某个变量的值；SNMP 管理器不需要知道确切的变量名称。为了从表中找到需要的变量，需要依次进行搜索
get-bulk-request	检索大块数据，例如表中的多行数据，否则将需要传输许多小块数据（仅适用于 SNMPv2 或更高版本）
get-response	回复 NMS 发送的 get-request、get-next-request 和 set-request
set-request	存储特定变量的值

图 5-18 显示了如何使用 SNMP GetRequest 来确定接口 G0/0 是否为 up/up。

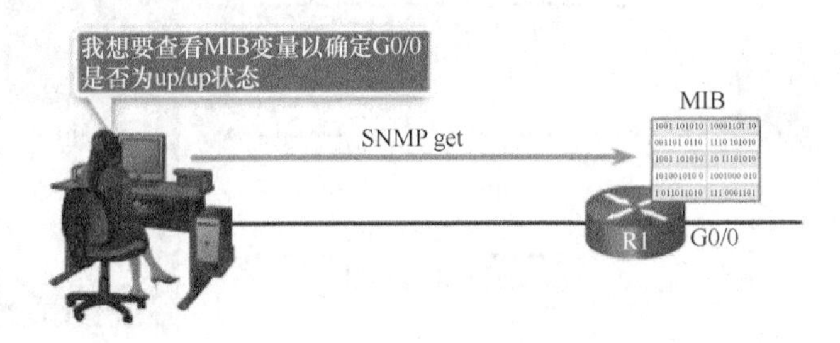

图 5-18 SNMP get 请求

3. SNMP 代理 trap

NMS 通过使用 get 请求查询设备的数据，定期轮询位于托管设备上的 SNMP 代理。使用此方法，网络管理应用可以收集信息来监控流量负载并验证托管设备的设备配置。信息可以通过 NMS 上的 GUI 显示。可以计算平均值、最小值或最大值，可以将数据绘制成图，也可设置阈值以在超过阈值时触发通知流程。例如，NMS 可以监控思科路由器上的 CPU 使用率。SNMP 管理器对该值进行定期采样，并以图表形式显示此信息，以便网络管理员用来创建网络基线、创建报告或查看实时信息。

定期 SNMP 轮询也有不足之处。首先，事件发生的时间和 NMS 通过轮询发现事件的时间之间存在延迟。其次，轮询频率和带宽使用情况之间需要进行折衷。

为了弥补这些不足，SNMP 代理可以生成并发送 trap，以将某些事件立即告知 NMS。trap 是未经请求的消息，提醒 SNMP 管理器在网络上的一个条件或事件。trap 示例包括但不限于如下情况：不适当的用户身份验证、重新启动、链路状态（up 或 down）、MAC 地址跟踪、TCP 连接关闭、到邻居的连接断开或其他重要事件。定向的 trap 通知不需要发送某些 SNMP 轮询请求，从而减少了网络和代理资源。

图 5-19 显示了如何使用 SNMP trap 警告网络管理员接口 G0/0 连接失败。NMS 软件可以向网络管理员发送文本消息，在 NMS 软件上弹出一个窗口，或将 NMS GUI 中的路由器图标变为红色。

图 5-20 显示了所有 SNMP 消息的交换过程。

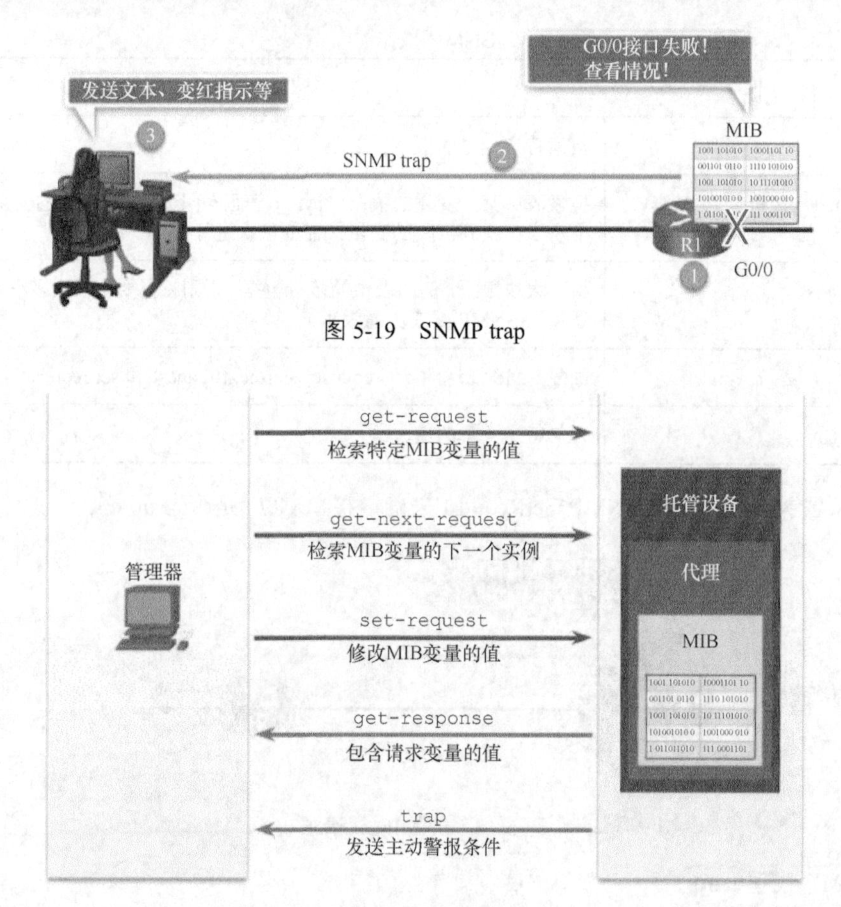

图 5-19 SNMP trap

图 5-20 SNMP 操作

4. SNMP 版本

SNMP 有若干版本。

- **SNMPv1**：简单网络管理协议，在 RFC 1157 中定义的完整 Internet 标准。
- **SNMPv2c**：在 RFC 1901~1908 中定义；采用基于社区字符串的管理框架。
- **SNMPv3**：基于标准的可互操作协议，最早在 RFC 2273~2275 中定义；它通过对网络上的数据包进行验证和加密来提供对设备的安全访问。SNMPv3 包含了下述安全特性：通过检查消息完整性来确保数据包在传输中未被篡改；通过身份验证来确定消息是否来自合法的源；通过加密来防止消息内容被未经授权的源读取。

所有版本均使用 SNMP 管理器、代理和 MIB。思科 IOS 软件支持上述 3 个版本。版本 1 是传统解决方案，在现今的网络中并不常见；因此，本课程重点介绍版本 2c 和 3。

SNMPv1 和 SNMPv2c 都使用基于社区形式的安全性。能够访问代理 MIB 的管理器社区通过 ACL 和密码定义。

与 SNMPv1 不同，SNMPv2c 包括批量检索机制和向管理站报告的更详细的错误消息。批量检索机制可以检索表格和大量信息，从而最大限度减少所需的往返次数。SNMPv2c 包含能够区分不同种类的错误情况的扩展错误代码，改进了错误处理过程。而在 SNMPv1 中，这些情况通过单一错误代码报告。SNMPv2c 的错误返回代码包括错误类型。

注意：SNMPv1 和 SNMPv2c 提供最低安全功能。具体而言，SNMPv1 和 SNMPv2c 既不验证管理消息的源，也不提供加密功能。RFC 3410~3415 提供了 SNMPv3 的最新描述。它增添了确保托管设备之间的关键数据安全传输的方法。

SNMPv3 同时提供了安全模型和安全等级。安全模型是为用户和用户所在组设置的身份验证策略。安全等级是安全模型中允许的安全级别。安全等级和安全模型两者共同决定了处理 SNMP 数据包时使用的安全机制。可用的安全模型有 SNMPv1、SNMPv2c 和 SNMPv3。

表 5-2 显示了安全模型和安全等级不同组合的特征。

表 5-2 SNMP 安全模型和等级

模型	级别	身份验证	加密	结果
SNMPv1	noAuthNoPriv	社区字符串	否	使用社区字符串匹配进行身份验证
SNMPv2c	noAuthNoPriv	社区字符串	否	使用社区字符串匹配进行身份验证
SNMPv3	noAuthNoPriv	用户名	否	使用用户名匹配进行身份验证（对 SNMPv2c 的改进）
SNMPv3	authNoPriv	消息摘要 5（MD5）或安全散列算法（SHA）	否	提供基于 HMAC-MD5 或 HMAC-SHA 算法的身份验证
SNMPv3	authPriv（需要加密软件映像）	MD5 或 SHA	数据加密标准（DES）或高级加密标准（AES）	提供基于 HMAC-MD5 或 HMAC-SHA 算法的身份验证。允许使用这些加密算法指定用户安全模型（USM）： ■ 除了基于 CBC-DES（DES-56）标准的身份验证之外，还有 DES-56 位加密 ■ 3DES 168 位加密 ■ AES 128 位、192 位或 256 位加密

网络管理员必须配置 SNMP 代理以使用 NMS 支持的 SNMP 版本。由于代理可以与多个 SNMP 管理器通信，因此可以配置软件以支持使用 SNMPv1、SNMPv2c 或 SNMPv3 进行通信。

5. 社区字符串

要使 SNMP 正常运行，NMS 必须能够访问 MIB。为了确保访问请求的有效性，必须采用某些形式的身份验证。

SNMPv1 和 SNMPv2c 使用社区字符串控制对 MIB 的访问。社区字符串是明文密码。SNMP 社区字符串用于验证对 MIB 对象的访问。

社区字符串分为两种类型。

- **只读（ro）**：提供对 MIB 变量的访问，但不允许更改这些变量，只能读取。由于版本 2c 提供最低安全功能，因此很多组织在只读模式下使用 SNMPv2c。
- **读写（rw）**：提供对 MIB 中所有对象的读写访问权限。

要查看或设置 MIB 变量，用户必须指定读或写访问的相应社区字符串。

图 5-21 至图 5-24 演示了 SNMP 如何与社区字符串一起工作。

步骤 1 客户打电话报告她在访问 Web 服务器时速度很慢（见图 5-21）。

步骤 2 管理员使用 NMS 向 Web 服务器 SNMP 代理（获取 192.168.1.10）发送 get 请求以获取其连接统计信息。get 请求还包括社区字符串（2#B7!9）（见图 5-22）。

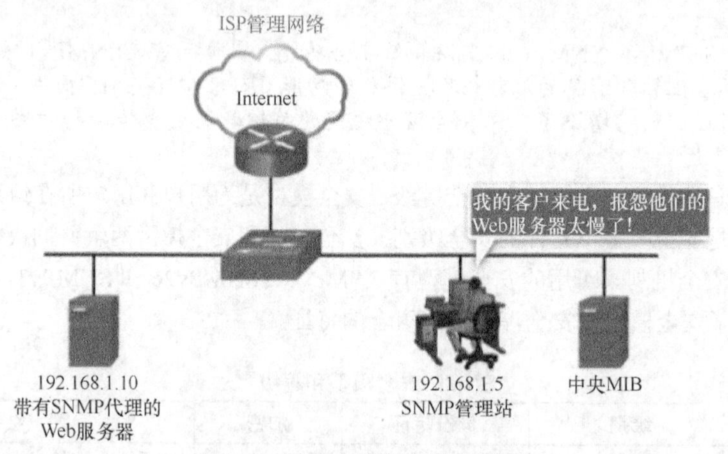

图 5-21　社区字符串示例：步骤 1

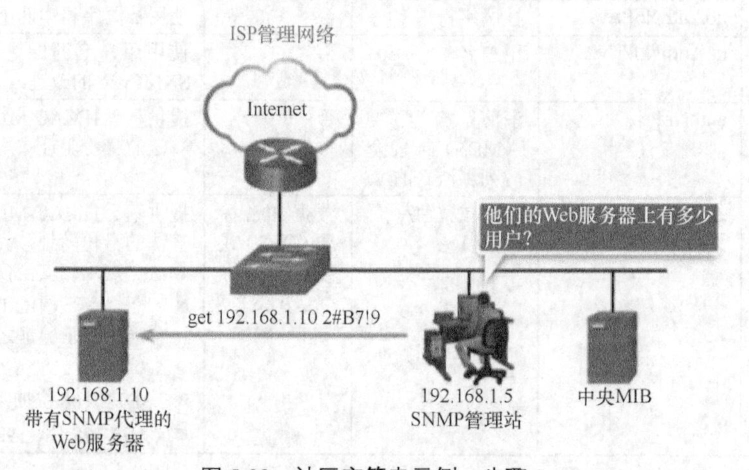

图 5-22　社区字符串示例：步骤 2

步骤 3　在回复 get 请求之前，SNMP 代理验证收到的社区字符串和 IP 地址（见图 5-23）。

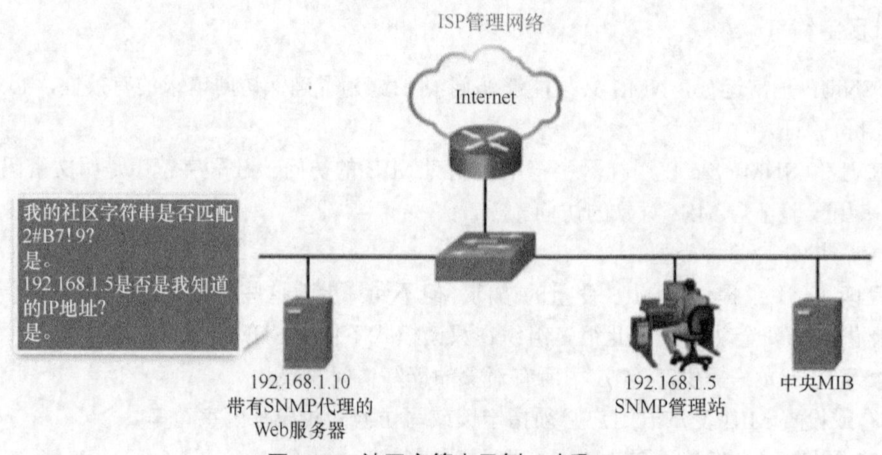

图 5-23　社区字符串示例：步骤 3

步骤 4　SNMP 代理将所请求的统计信息发送到 NMS，连接变量报告当前有 10000 个用户连接到 Web 服务器（见图 5-24）。

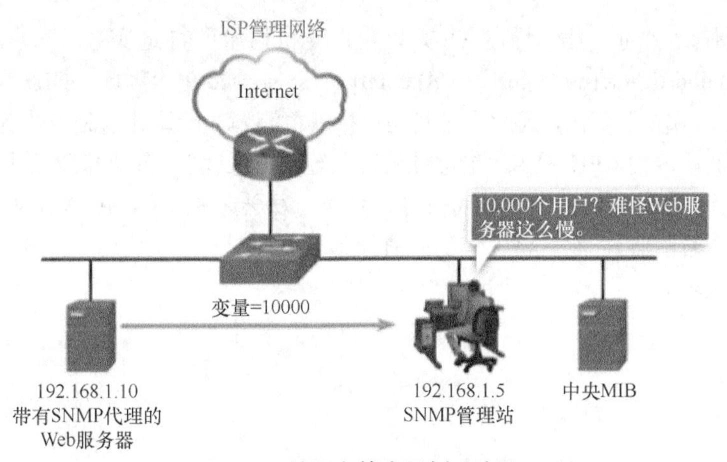

图 5-24　社区字符串示例：步骤 4

注意：　明文密码不属于安全机制。这是因为明文密码非常容易受到中间人攻击，攻击者会通过捕获数据包获悉密码。

6. 管理信息库对象 ID

MIB 以分层方式组织变量。管理软件可以使用 MIB 变量监视和控制网络设备。MIB 将每个变量定义为一个对象 ID（OID）。OID 在 MIB 层次结构中唯一标识托管对象。MIB 根据 RFC 标准将 OID 组织为 OID 层次结构，通常显示为树形。

任何给定设备的 MIB 树都包含一些分支，有些分支具有许多网络设备共有的变量，还有些分支具有特定于该设备或供应商的变量。

RFC 中定义了一些常见的公共变量。大多数设备实施了这些 MIB 变量。此外，像思科这样的网络设备供应商可以定义各自树的专用分支，以适应特定于其设备的新变量。图 5-25 显示了思科定义的部分 MIB 结构。

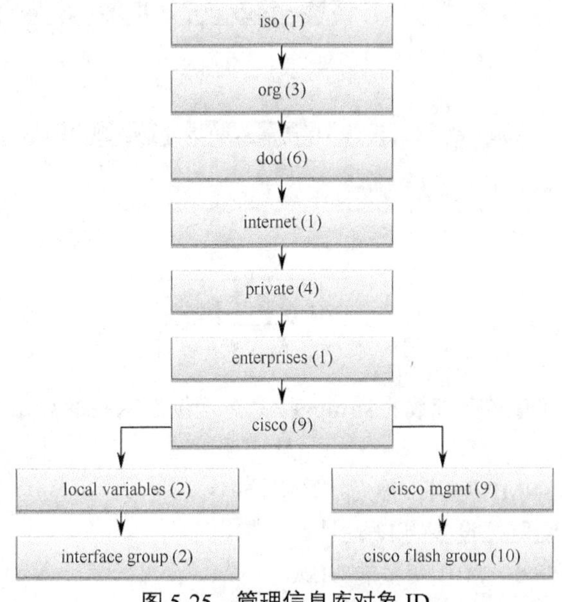

图 5-25　管理信息库对象 ID

请注意如何使用字词或号码描述 OID 以帮助定位树中的特定变量。思科的 OID 编号如下：.iso(1).org(3).dod(6).internet(1).private(4).enterprises(1).cisco(9)。因此，OID 为 1.3.6.1.4.1.9。

由于 CPU 是一项重要资源，因此应对其进行持续检测。CPU 统计信息应在 NMS 上编译并制图。观察较长时间段内的 CPU 利用率能够让管理员建立 CPU 利用率的基线预估，然后可以根据基线设定阈值。当 CPU 利用率超过该阈值时，系统会发送通知。SNMP 绘图工具可以定期轮询 SNMP 代理（例如路由器），然后将收集到的值绘制成图。图 5-26 显示了几周时间内路由器 CPU 利用率的 5 分钟采样。

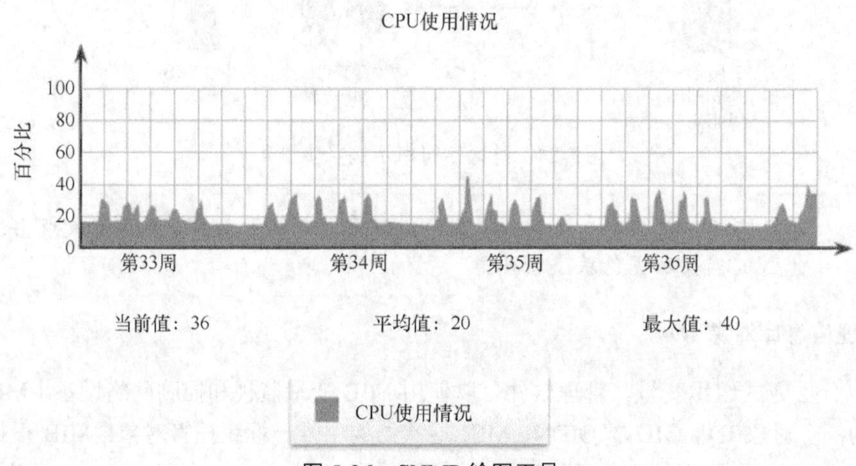

图 5-26 SNMP 绘图工具

这些数据是通过在 NMS 上执行 snmpget 而获得的。通过使用 snmpget 实用程序，可以手动检索实时数据或让 NMS 运行报告，该报告将为用户提供一段时间的数据，可以使用这些数据获取平均值。snmpget 实用程序要求设置 SNMP 版本、正确的社区、要查询的网络设备的 IP 地址以及 OID 编号。

图 5-27 所示为使用免费软件 snmpget 实用程序从 MIB 快速检索信息的过程。

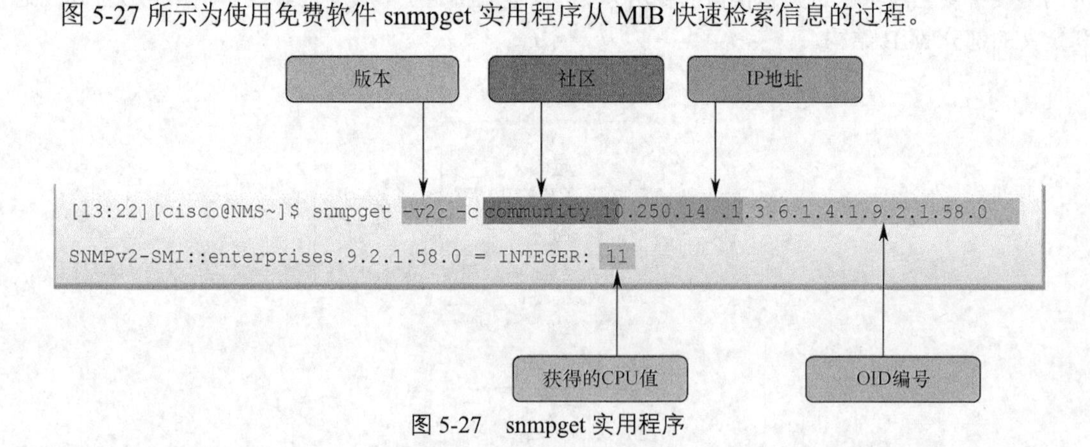

图 5-27 snmpget 实用程序

图 5-27 显示了一个拥有多个参数的 **snmpget** 命令示例，这些参数如下所示。

- **-v2c**：SNMP 版本。
- **-c community**：SNMP 密码，称为社区字符串。
- **10.250.250.14**：受监控设备的 IP 地址。
- **1.3.6.1.4.1.9.2.1.58.0**：MIB 变量的 OID。

最后一行显示了响应。输出显示了 MIB 变量的缩略版，然后列出了 MIB 位置中的实际值。

在这种情况下，5 分钟内 CPU 繁忙百分比的指数移动平均值为 11%。该实用程序能够揭示 SNMP 的基本工作原理。然而，使用较长的 MIB 变量名称（如 1.3.6.1.4.1.9.2.1.58.0）会对普通用户造成困难。通常，网络操作人员会更多使用具有易用 GUI（图形用户界面）的网络管理产品，整个 MIB 数据变量命名过程对用户是透明的。

许多 NMS 使用简单的 GUI 仪表板，使整个 MIB 数据变量的命名对用户透明。

思科 SNMP 导航器（见思科官方网站）允许网络管理员研究有关特定 OID 的详细信息。图 5-28 显示了更改思科 2960 交换机配置的相关示例。

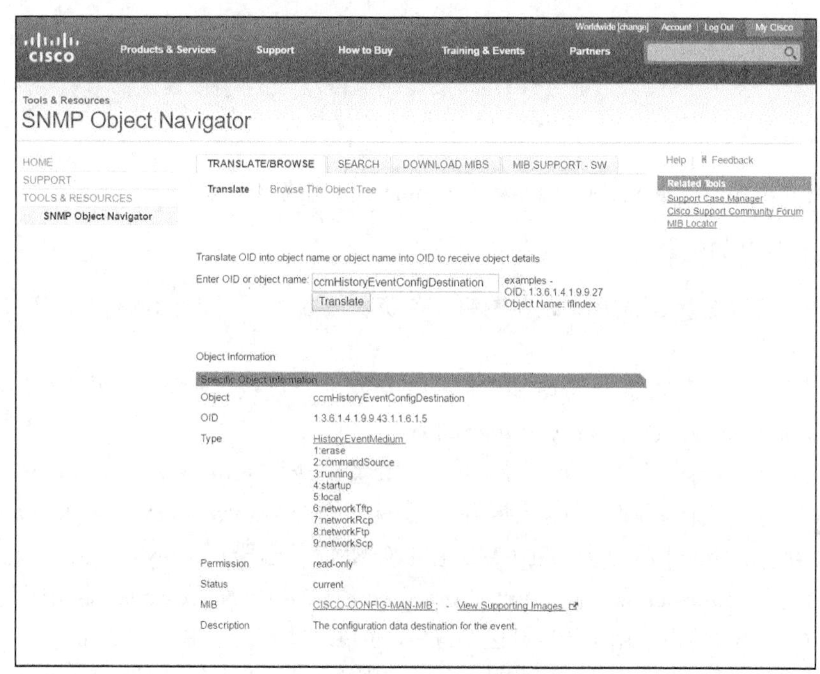

图 5-28　SNMP 对象导航器

7. SNMPv3

简单网络管理协议版本 3（SNMPv3）对网络上的包进行验证和加密，以提供对设备的安全访问。SNMPv3 增加了身份验证和加密功能，解决了 SNMP 早期版本的漏洞。

SNMPv3 验证和加密通过网络传输的数据包，以实现对设备的安全访问，如图 5-29 所示。

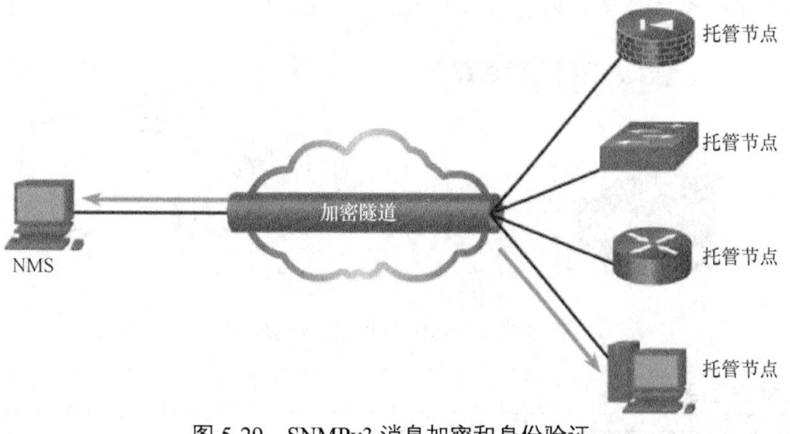

图 5-29　SNMPv3 消息加密和身份验证

SNMPv3 提供 3 种安全特性。

- **消息完整性和身份验证**：可对从 SNMP 管理器（NMS）到代理（托管节点）的传输进行身份验证，以确保发送方的身份和消息的完整性和实时性。这确保数据包在传输过程中未被篡改，并且来自合法的源。
- **加密**：可以加密 SNMPv3 消息以确保其私密性。加密会混杂数据包的内容，防止其被未经授权的源看到。
- **访问控制**：将 SNMP 管理器的操作限制为对数据特定部分的特定操作。例如，你可能不希望 NMS 获得防火墙设备的完全访问权限。

5.2.2　配置 SNMP

本小节将介绍如何配置 SNMP，以编译（complie）网络性能数据。

1. 配置 SNMP 的步骤

网络管理员可以配置 SNMPv2 以从网络设备获取网络信息。配置 SNMP 的基本步骤都在全局配置模式下完成。

步骤 1（必要）配置社区字符串和访问权限级别（只读或读写），使用的全局配置命令为 **snmp-server community** *string* **ro | rw**。

步骤 2（可选）记录设备的位置，使用的全局配置命令为 **snmp-server location** *text*。

步骤 3（可选）记录系统联系人，使用的全局配置命令为 **snmp-server contact** *text*。

步骤 4（可选）限制对 ACL 允许的 NMS 主机（SNMP 管理器）的 SNMP 访问：定义 ACL，然后使用 **snmp-server community** *string access-list-number-or-name* 全局配置命令引用该 ACL。该命令既可用于指定社区字符串，也可通过 ACL 限制 SNMP 访问。如果需要，步骤 1 和步骤 4 可合并为一个步骤；如果分别输入，思科网络设备会将两个命令合二为一。

步骤 5（可选）指定 SNMP trap 操作的接收方，使用的全局配置命令为 **snmp-server host** *host-id* [**version {1| 2c | 3 [auth | noauth | priv]}**] *community-string*。默认情况下未定义 trap 管理器。

步骤 6（可选）在 SNMP 代理上启用 trap，使用的全局配置命令为 **snmp-server enable traps** *notification-types*。如果该命令中未指定 trap 通知类型，则发送所有 trap 类型。如果需要 trap 类型的特定子集，则需重复使用该命令。

例 5-1 显示了图 5-30 中路由器 R1 上的 SNMP v2c 配置。

图 5-30　SNMP 管理器的配置示例

例 5-1　SNMP 配置示例

```
R1(config)# snmp-server community batonaug ro SNMP_ACL
```

```
R1(config)# snmp-server location NOC_SNMP_MANAGER
R1(config)# snmp-server contact Wayne World
R1(config)# snmp-server host 192.168.1.3 version 2c batonaug
R1(config)# snmp-server enable traps
R1(config)# ip access-list standard SNMP_ACL
R1(config-std-nacl)# permit 192.168.1.3
```

注意：默认情况下，SNMP 没有设置任何 trap。如果没有 **snmp-server enable traps** *notification-types* 命令，SNMP 管理器必须轮询所有相关信息。

2. 验证 SNMP 配置

可以使用多种软件解决方案查看 SNMP 输出。这里将使用 Kiwi 系统日志服务器显示与 SNMP trap 相关的 SNMP 消息。

PC1 和 R1 均配置为在 SNMP 管理器上显示与 SNMP trap 相关的输出。

如图 5-30 所示，PC1 分配了 IP 地址 192.168.1.3/24。PC1 已安装 Kiwi 系统日志服务器。

配置好 R1 后，每当事件触发陷阱时，SNMP trap 消息就被发送到 SNMP 管理器。例如，如果接口打开，trap 就会发送到服务器。路由器配置发生更改也会触发 SNMP trap 发送到 SNMP 管理器。使用 **snmp-server enable traps ?**命令可以查看 60 种以上的 trap 通知类型。在 R1 的配置中，**snmp-server enable traps** *notification-types* 命令中没有指定 trap 通知类型，因此发送所有 trap。

在图 5-31 中，**Setup** 菜单中的复选框已选中，表示网络管理员希望 SNMP 管理器软件在 UDP 端口 162 上侦听 SNMP trap 消息。

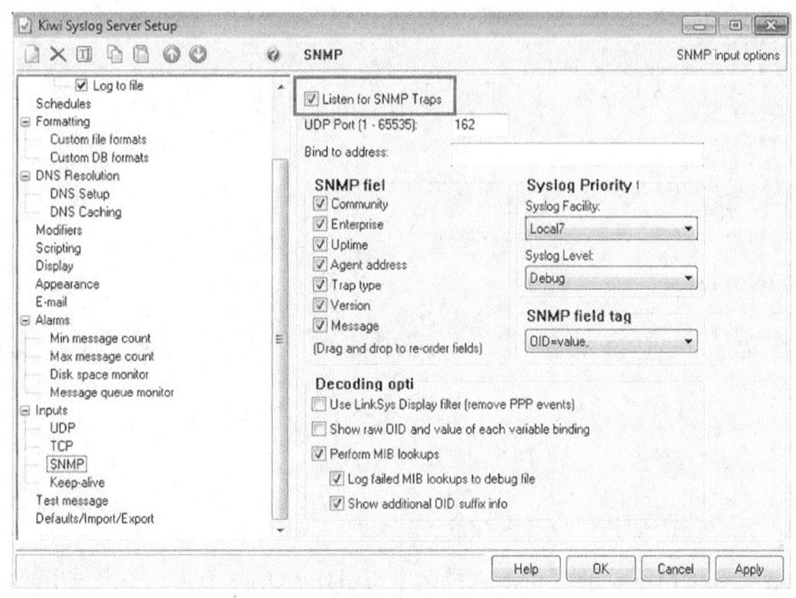

图 5-31　设置系统日志用于监听 SNMP

在图 5-32 中，显示 SNMP trap 输出的第一行表示接口 GigabitEthernet0/0 状态已更改为 up。此外，每次从特权 EXEC 模式进入全局配置模式时，SNMP 管理器都会收到 trap，如突出显示的行所示。

若要验证 SNMP 配置，可使用 **show snmp** 特权 EXEC 模式命令的任何变体。其中最有用的命令是 **show snmp** 命令，因为它能显示检验 SNMP 配置时最为相关的信息。除非有相关的 SNMPv3 配置，否则对于大多数命令，其他命令选项仅显示 **show snmp** 命令输出的选定部分。例 5-2 显示

了 **show snmp** 输出示例。

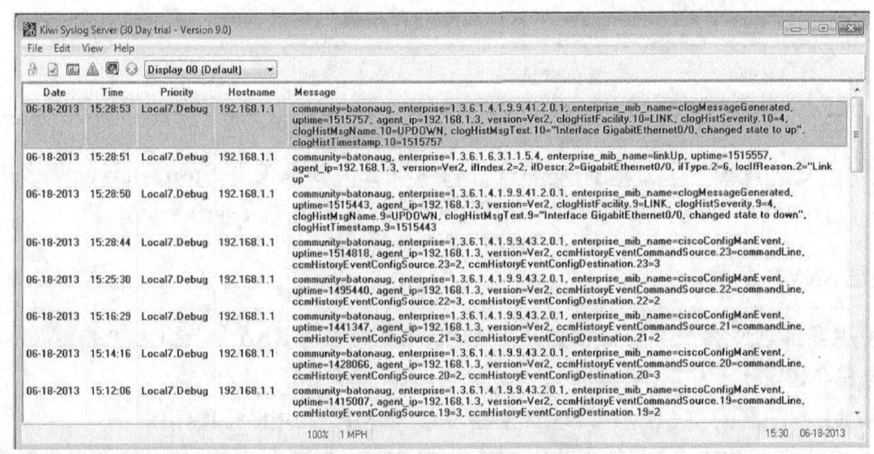

图 5-32 查看 SNMP trap 日志

例 5-2 检验 SNMP 配置

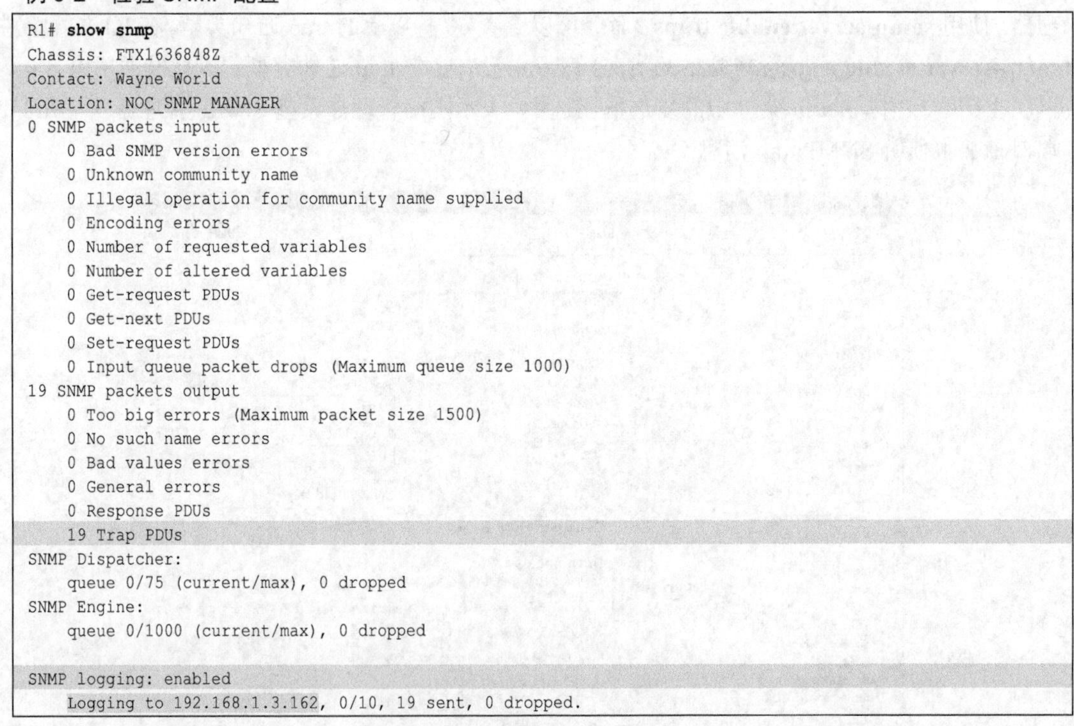

```
R1# show snmp
Chassis: FTX1636848Z
Contact: Wayne World
Location: NOC_SNMP_MANAGER
0 SNMP packets input
    0 Bad SNMP version errors
    0 Unknown community name
    0 Illegal operation for community name supplied
    0 Encoding errors
    0 Number of requested variables
    0 Number of altered variables
    0 Get-request PDUs
    0 Get-next PDUs
    0 Set-request PDUs
    0 Input queue packet drops (Maximum queue size 1000)
19 SNMP packets output
    0 Too big errors (Maximum packet size 1500)
    0 No such name errors
    0 Bad values errors
    0 General errors
    0 Response PDUs
    19 Trap PDUs
SNMP Dispatcher:
    queue 0/75 (current/max), 0 dropped
SNMP Engine:
    queue 0/1000 (current/max), 0 dropped

SNMP logging: enabled
    Logging to 192.168.1.3.162, 0/10, 19 sent, 0 dropped.
```

show snmp 命令输出不显示与 SNMP 社区字符串或者关联 ACL（如果适用）相关的信息。例 5-3 显示了使用 **show snmp community** 命令显示的 SNMP 社区字符串和 ACL 信息。

例 5-3 SNMP 社区服务

```
R1# show snmp community

Community name: ILMI
Community Index: cisco0
Community SecurityName: ILMI
storage-type: read-only      active
```

```
Community name: batonaug
Community Index: cisco7
Community SecurityName: batonaug
storage-type: nonvolatile     active       access-list: SNMP_ACL

Community name: batonaug@1
Community Index: cisco8
Community SecurityName: batonaug@1
storage-type: nonvolatile      active       access-list: SNMP_ACL
```

3. SNMP 最佳安全做法

对于监视和故障排除来说，SNMP 相当有用。例如，在图 5-33 中，NMS 管理器可以使用 SNMP 和 Syslog 来管理路由器和交换基础结构。

SNMP 也可以造成安全漏洞。出于这个原因，在实施 SNMP 之前，请考虑最佳做法。

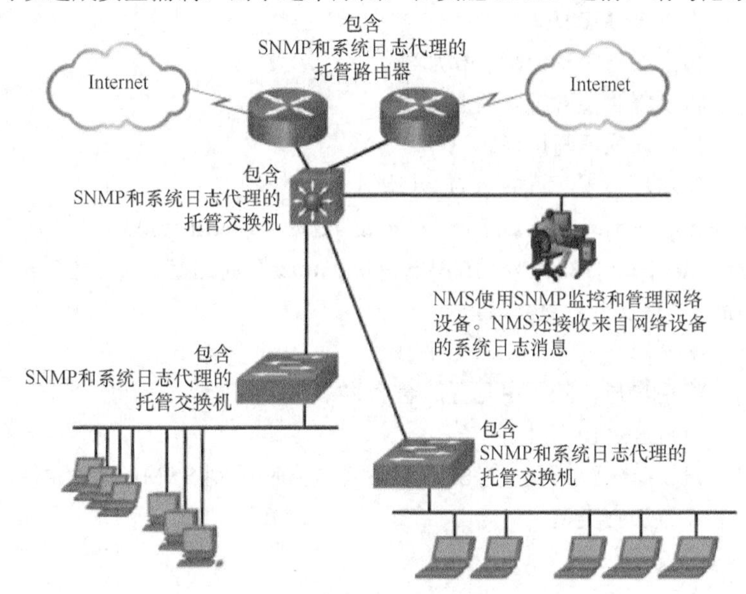

图 5-33　SNMP 最佳做法

SNMPv1 和 SNMPv2c 都依靠明文形式的 SNMP 社区字符串验证对 MIB 对象的访问。这些社区字符串与所有密码一样，应仔细选择以确保它们不被轻松破解。此外，应根据网络安全策略定期更换社区字符串。例如，当网络管理员更换职位或离开公司后，应更改此字符串。如果 SNMP 仅用于监控设备，则使用只读社区字符串。

确保 SNMP 消息不会扩散到管理控制台之外。应使用 ACL 来防止 SNMP 消息进入所需设备的范围之外。受监控设备上还应使用 ACL，以仅允许管理系统访问。

建议使用 SNMPv3，因为它提供安全身份验证和加密。网络管理员还可实施许多其他全局配置模式命令，以便充分利用 SNMPv3 中的身份验证和加密支持：

- **snmp-server group** *groupname* **{v1 | v2c | v3 {auth | noauth | priv}}**命令在设备上创建新的 SNMP 组。
- **snmp-server user** *username groupname* **v3 [encrypted] [auth {md5 | sha}** *auth-password*] **[priv {des | 3des | aes {128 | 192 | 256}}** *priv-password*]命令用于将新用户添加到在 **snmp-server group** *groupname* 命令中指定的 SNMP 组。

4. 配置 SNMPv3 的步骤

可通过 4 个步骤保护 SNMPv3。

步骤 1　配置标准 ACL，允许经过授权的 SNMP 管理器访问。

步骤 2　使用 **snmp-server view** *view-name old-tree* 全局配置命令配置 SNMP 视图，以识别 SNMP 管理器能够读取哪些 MIB 对象标识符（OID）。配置视图需要将 SNMP 消息限制为只读访问。

步骤 3　使用 **snmp-server group** *group-name* **v3 priv read** *view-name* **access** [*acl-number* | *acl-name*]全局配置命令配置 SNMP 组功能。

该命令具有以下参数。

- 为组配置名称。
- 设置 SNMP 版本。
- 指定所需的身份验证和加密。
- 将步骤 2 中的视图关联到组。
- 指定读或读写访问。
- 使用步骤 1 配置的 ACL 过滤组。

步骤 4　使用 **snmp-server user** *user-name group-name* **v3 auth {md5 | sha}** *auth-password* **priv {des | 3des | aes {128 | 192 | 256}}** *priv-password* 全局配置命令配置 SNMP 组用户功能。

该命令具有以下参数。

- 配置用户名。
- 将用户与步骤 3 中配置的组名称相关联。
- 设置 SNMP 版本。
- 设置身份验证类型。SHA 应为首选且应受到 SNMP 管理软件的支持。
- 设置加密类型。
- 配置加密密码。

5. 验证 SNMPv3 配置

例 5-4 所示为一个 SNMPv3 配置示例。

例 5-4　SNMPv3 配置

```
R1(config)# ip access-list standard PERMIT-ADMIN
R1(config-std-nacl)# permit 192.168.1.0 0.0.0.255
R1(config-std-nacl)# exit
R1(config)#
R1(config)# snmp-server view SNMP-RO iso included
R1(config)# snmp-server group ADMIN v3 priv read SNMP-RO access PERMIT-ADMIN
R1(config)# snmp-server user BOB ADMIN v3 auth sha cisco12345 priv aes 128
   cisco54321
R1(config)# end
R1#
```

该示例首先配置了一个名为 PERMIT-ADMIN 且仅允许 192.168.1.0/24 网络的标准 ACL。连接到该网络的所有主机被允许访问 R1 上运行的 SNMP 代理。

随后，该示例创建了一个名为 SNMP-RO 的 SNMP 视图，且该视图被配置为包含来自 MIB 的整个 ISO 树。在生产网络上，网络管理员可能会将此视图配置为仅包含监控和管理网络所需的 MIB OID。

再后，该示例创建了一个名为 ADMIN 的 SNMP 组。SNMP 被设置为要求身份验证和加密的第 3 版。该组被授予对该视图（SNMP-RO）的只读权限。该组的访问通过 PERMIT-ADMIN ACL 来限制。

最后，SNMP 用户（BOB）被配置为组 ADMIN 的成员。SNMP 被设置为第 3 版。身份验证被设置为使用 SHA，且已配置身份验证密码。尽管 R1 最高可支持 AES 256 加密，但 SNMP 管理软件仅支持 AES 128。因此，加密被设置为 AES 128，且已配置加密密码。

5.3 思科交换机端口分析器

本节将讲解如何使用 SPAN 对网络问题进行故障排除。

5.3.1 SPAN 概述

本小节将讲解 SPAN 的功能和特性。

1. 端口镜像

数据包分析器（也称为嗅探器、数据包嗅探器或流量嗅探器）是帮助监控网络和排除网络故障的一个重要工具。数据包分析器通常是捕获出入网络接口卡（NIC）的数据包的软件。例如，Wireshark 是一款常用于捕获和分析本地计算机上的数据包的数据包分析器。

如果网络管理员希望捕获许多其他关键设备的数据，而不仅限于本地 NIC，该怎么办？解决方案是配置网络设备，把进入相关端口的流量复制并发送到与数据包分析器相连的端口。然后管理员就可以分析网络上各种来源的流量。

但是，现代交换网络的基本操作禁用了数据包分析器捕获其他来源流量的功能。例如，运行 Wireshark 的用户只能捕获进入其 NIC 的流量。他们无法捕获另一台主机和服务器之间的流量。这是因为第 2 层交换机会根据源 MAC 地址和以太帧的入口端口填充 MAC 地址表。构建该表之后，交换机仅将要发送到 MAC 地址的流量直接转发到相应的端口。这可以防止连接到交换机上的其他端口的数据包分析器“侦听”其他交换机流量。

解决此困境的方案是启用端口镜像。端口镜像功能可使交换机复制来自特定端口的以太帧并发送到与数据包分析器相连的目的端口。原始帧仍以正常方式转发。

图 5-34 中显示了端口镜像的一个示例。注意 PC1 和 PC2 之间的流量是如何被发送到已安装数据包分析器的笔记本电脑上的。

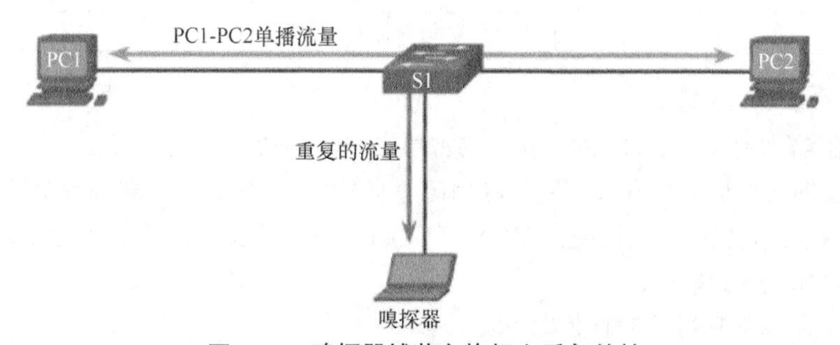

图 5-34 嗅探器捕获交换机上重复的帧

2. 分析可疑流量

思科交换机上的交换端口分析器（SPAN）特性是端口镜像的一种类型，它将帧的副本发送到同一交换机上的另一个端口。SPAN 使管理员或设备能够收集和分析流量。

如图 5-35 所示，实施 SPAN 通常是为了向以下专用设备传输流量。

- **数据包分析器**：使用软件（例如 Wireshark）捕获和分析流量，以便进行故障排除。例如，管理员可以捕获发往服务器的流量，以排除网络应用的次优操作故障。
- **入侵防御系统（IPS）**：IPS 侧重于流量安全，其实施的目的是在网络攻击发生时检测网络攻击，并在攻击发生时发出警告甚至阻止恶意数据包。IPS 通常作为服务部署在 ISR G2 路由器上或使用专用设备部署（如 IPS 传感器）。

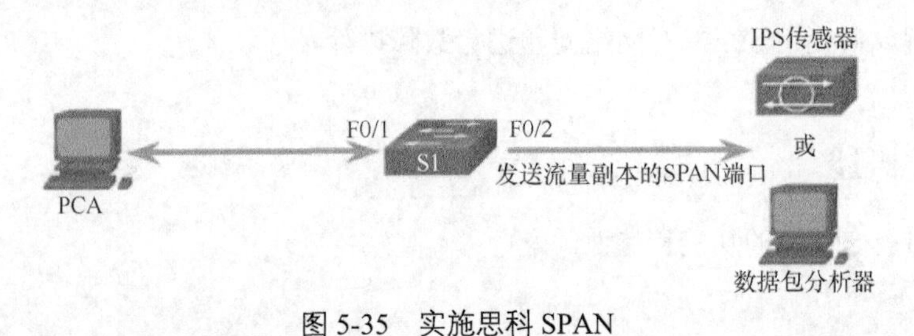

图 5-35　实施思科 SPAN

数据包分析器通常用于故障排除，而 IPS 则寻找流量的特定模式。当流量流经 IPS 时，它实时分析流量，并在发现恶意流量模式时采取行动。

现代网络是交换环境。因此，SPAN 对于有效的 IPS 操作至关重要。SPAN 可作为本地 SPAN 或远程 SPAN（RSPAN）实施。

3. 本地 SPAN

在本地 SPAN 的实施中，交换机上的流量被镜像到该交换机上的另一个端口上。如表 5-3 所示，有各种术语用于标识传入和传出端口。

表 5-3　SPAN 术语

术　语	定　义
入口流量	进入交换机的流量
出口流量	离开交换机的流量
源（SPAN）端口	使用 SPAN 功能进行监控的端口
目的（SPAN）端口	监控源端口的端口，通常是数据包分析器、IDS 或 IPS 的连接端口。该端口也称为监控端口
SPAN 会话	目的端口与一个或多个源端口的关联
源 VLAN	为了分析流量而监控的 VLAN

图 5-36 标识了 SPAN 端口。

SPAN 会话是源端口（或 VLAN）和目的端口之间的关联。

目的端口上的交换机复制进入或离开源端口（或 VLAN）的流量。虽然 SPAN 可以支持同一会话下的多个源端口，也可以支持整个 VLAN 作为流量源，但会话能同时不支持二者。第二层和第三层端口均可配置为源端口。

配置 SPAN 时需考虑以下 3 个重要事项。

- 目的端口不能是源端口，源端口也不能是目的端口。

- 目的端口的数量取决于平台。一些平台允许多个目的端口。
- 目的端口不再是普通的交换机端口。仅允许被监控的流量通过该端口。

当被监控的端口都与目的端口位于同一交换机上时，SPAN 功能被视为本地功能。与之相对的一个功能是远程 SPAN（RSPAN）。

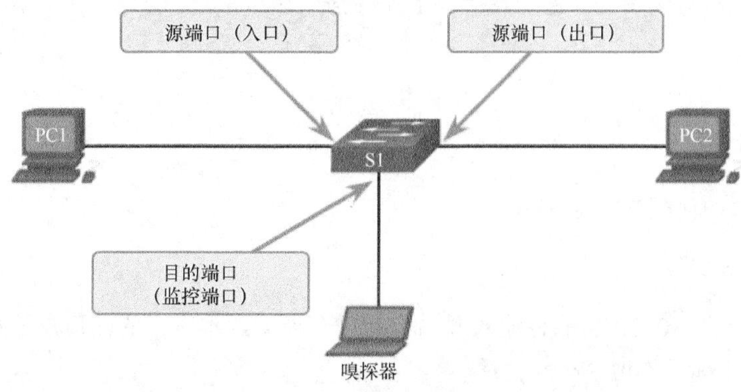

图 5-36 SPAN 端口

4. 远程 SPAN

远程 SPAN（RSPAN）允许源端口和目的端口位于不同的交换机中。当数据包分析器或 IPS 所在的交换机不是流量受监控的交换机时，RSPAN 非常有用。

表 5-4 描述了 RSPAN 术语。

表 5-4 RSPAN 术语

术 语	定 义
RSPAN 源会话	这是从中复制流量的源端口或 VLAN
RSPAN 目的会话	这是向其发送流量的 VLAN 或端口
RSPAN VLAN	■ 将流量从一个交换机传输到另一个交换机需要唯一的 VLAN ■ VLAN 使用 **remote-span vlan** 配置命令进行配置 ■ 该 VLAN 必须在路径中的所有交换机上进行定义，并且还需要在源和目的之间的中继端口上得到允许

图 5-37 展示了如何在两台交换机之间转发 RSPAN。注意 RSPAN 如何通过启用网络上的多个交换机的远程监控来扩展 SPAN。

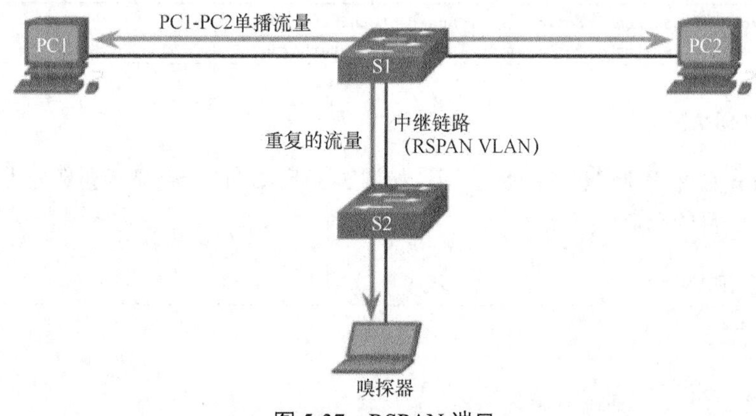

图 5-37 RSPAN 端口

RSPAN 使用两个会话。一个会话用作源，另外一个会话用于从 VLAN 复制或接收流量。每个 RSPAN 会话的流量在用户指定的 RSPAN VLAN 中的中继链路上传输，这个 RSPAN VLAN 在所有的参与交换机中是专用的（用于 RSPAN 会话）。

注意： “RSPAN 配置”包含在“CCNA 安全”课程中。

5.3.2 SPAN 配置

本小节将讲解如何配置本地 SPAN。

1. 配置本地 SPAN

思科交换机上的 SPAN 功能将输入源端口的每个帧的副本从目的端口发往数据包分析器或 IPS。会话编号用于标识本地 SPAN 会话。

SPAN 是使用 **monitor session** 全局配置命令配置的。该命令用于将源端口和目的端口与 SPAN 会话相关联。每个会话使用单独的 **monitor session** 命令。可以指定 VLAN 而不是物理端口。

要将 SPAN 会话与源端口关联，请使用 **monitor session** *number* **source** [**interface** *interface* | **vlan** *vlan*]全局配置命令。

要将 SPAN 会话与目标端口相关联，请使用 **monitor session** *number* **destination** [**interface** *interface* | **vlan** *vlan*]全局配置命令。

例如，在图 5-38 中，PCA 连接到 F0/1，装有数据包分析器的计算机连接到 F0/2。

图 5-38 SPAN 配置拓扑

目的是捕获 PCA 通过端口 F0/1 发送或接收的所有流量，并将这些帧的副本发送到端口 F0/2 上的数据包分析器（或 IPS）。交换机上的 SPAN 会话将通过源端口 F0/1 发送和接收的所有流量复制到目的端口 F0/2。例 5-5 所示为 SPAN 配置。

例 5-5 SPAN 配置

```
S1(config)# monitor session 1 source interface fastethernet 0/1
S1(config)# monitor session 1 destination interface fastethernet 0/2
```

2. 验证本地 SPAN

show monitor 命令用于验证 SPAN 会话。如例 5-6 所示，该命令显示会话的类型、每个流量方向的源端口以及目的端口。

例 5-6 验证 SPAN

```
S1# show monitor
Session 1
---------
Type                   : Local Session
Source Ports           :
```

```
    Both                     : Fa0/1
Destination Ports            : Fa0/2
    Encapsulation            : Native
          Ingress            : Disabled

S1#
```

在本例中，会话编号为 1，源端口（F0/1）将传入流量和传入流量镜像（复制）到目的端口。目的端口（F0/2）只将出站流量（Ingress = Disabled）转发到所连设备。

5.3.3 作为故障排除工具的 SPAN

本小节将讲解如何使用 SPAN 对可疑的 LAN 流量进行故障排除。

使用 SPAN 进行故障排除概述

SPAN 允许管理员对网络问题进行故障排除。例如，网络应用执行任务的时间可能过长。为了进行调查，网络管理员可使用 SPAN 将流量复制并重定向到数据包分析器，例如 Wireshark。然后，管理员可以分析所有设备的流量，以排除网络应用的次优操作。

具有故障网卡的陈旧系统也可能导致问题。如果在交换机上启用 SPAN 以向数据包分析器发送流量，则网络技术人员可以检测和隔离导致过多流量的终端设备，如图 5-39 所示。

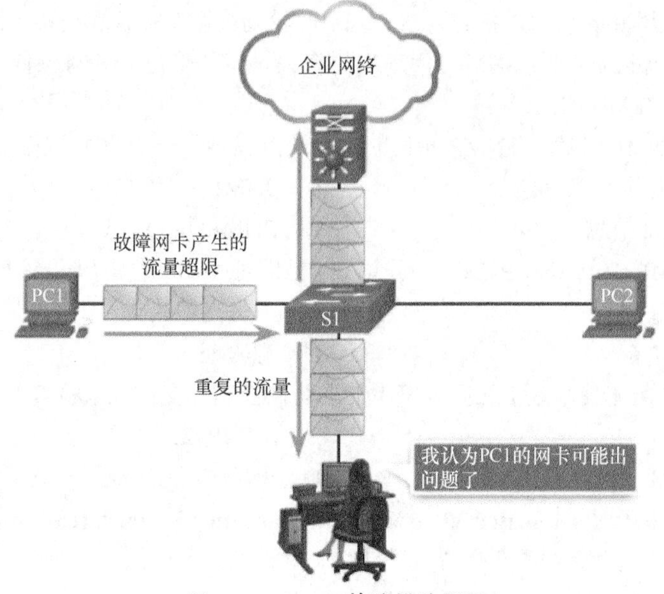

图 5-39 SPAN 故障排除场景

5.4 总结

在第 2 层，存在大量需要采用专业缓解技术的漏洞：

- 通过端口安全处理 MAC 地址表泛洪攻击；

- 通过禁用 DTP 和遵循配置中继端口的基本指南来控制 VLAN 攻击；
- 使用 DHCP 侦听处理 DHCP 攻击。

SNMP 协议包含 3 个元素：管理器、代理和 MIB。SNMP 管理器位于 NMS 上，而代理和 MIB 则在客户端设备上。SNMP 管理器可以轮询客户端设备以获取信息，或者它可以使用 trap 消息，该消息通知客户端在其达到特定阈值时立即向管理器报告。SNMP 还可以用于更改设备的配置。推荐版本为 SNMPv3，因为它提供安全保障。SNMP 是一款功能全面且强大的远程管理工具。**show** 命令中可用的项目几乎都可以通过 SNMP 获得。

交换端口分析器（SPAN）用于镜像流入或来自主机的流量。通常情况下，实施它是为了向流量分析器或 IPS 设备提供支持。

检查你的理解

请完成以下所有复习题，以检查您对本章要点和概念的理解情况。答案列在本书附录中。

1．以下哪句话描述了 SNMP 操作？（　　）

A．SNMP 代理使用 get 请求来查询设备的数据

B．NMS 使用 set 请求来更改代理设备中的配置变量

C．NMS 使用 trap 查询设备的数据，来定时轮询驻留在被管理设备上的 SNMP 代理

D．位于受管设备上的 SNMP 代理收集有关设备的信息，并将该信息远程存储在位于 NMS 上的 MIB 中

2．以下哪个 SNMP 特性为 SNMP 轮询的主要缺点提供了一个解决方案？（　　）

A．SNMP 社区字符串　　B．SNMP get 消息

C．SNMP set 信息　　D．SNMP trap 信息

3．当使用 SNMPv1 或 SNMPv2 时，哪个功能提供对 MIB 对象的安全访问？（　　）

A．社区字符串　　B．消息完整性

C．数据包加密　　D．源验证

4．哪个 SNMP 版本使用基于社区字符串的弱访问控制并支持批量检索？（　　）

A．SNMPv1　　B．SNMPv2c

C．SNMPv3　　D．SNMPv2 Classic

5．网络管理员执行了 **snmp-server user admin1 admin v3 encrypted auth md5 abc789 priv des 256 key99** 命令。这个命令的两个特点是什么？（选两项）（　　）

A．它为 SNMP 组添加一个新用户

B．它允许网络管理员在 SNMP 服务器上配置一个秘密的加密密码

C．它强制网络管理员登录到代理以检索 SNMP 消息

D．它限制了对定义的 SNMP 管理器的 SNMP 访问

E．它使用 SNMP 消息的 MD5 认证

6．网络管理员在路由器上执行了两个命令：

R1(config)# **snmp-server host 10.10.50.25 version 2c campus**

R1(config)# **snmp-server enable traps**

输入命令后可以得出什么结论？（　　）

A．如果有一个接口为 up，则会向服务器发送 trap

B．没有 trap 发送，因为通知类型参数尚未指定

C．如果需要 trap 类型的特定子集，则需要重复使用 **snmp-server enable traps** 命令

D．使用源 IP 地址 10.10.50.25 发送 trap

7．应该启用哪个安全功能以防止攻击者溢出交换机的 MAC 地址表？（　　）

A．BPDU 过滤　　B．端口安全

C．根保护　　D．风暴控制

8．应禁用什么协议来帮助减轻 VLAN 跳跃攻击？（　　）

A．ARP　　B．CDP

C．DTP　　D．STP

9．哪种网络攻击试图通过阻止客户获得 DHCP 租约来创建 DoS？（　　）

A．CAM 表攻击　　B．DHCP 欺骗攻击

C．DHCP 耗竭攻击　　D．IP 地址欺骗

10．就网络设备上的发现协议（比如 CDP 和 LLDP）来说，其最佳做法是什么？（　　）

A．在不需要它们的所有接口上禁用这两种协议

B．在边缘设备上启用 CDP 并在内部设备上启用 LLDP

C．使用 CDP 和 LLDP 的默认路由器设置

D．使用开放标准 LLDP 而不是 CDP

11．为什么今天的交换机需要 SPAN 功能？（　　）

A．交换机不会在所有端口上泛洪流量；它们根据目的 MAC 地址交换流量

B．在所有端口上交换洪泛数据流量，导致探测器和流量嗅探器过载

C．在所有端口上交换洪水控制流量，导致探测器和流量嗅探器过载

12．应该使用哪个命令来验证 SPAN 会话？（　　）

A．**show monitor**　　B．**show monitor span**

C．**show monitor span session**　　D．**show session**

第 6 章

服务质量

学习目标

通过完成本章学习，您将能够回答下列问题：

- 网络传输特性如何影响质量？
- 语音、视频和数据流量的最低网络要求是什么？
- 网络设备使用的排队算法是什么？
- 什么是不同的 QoS 模型？
- QoS 如何使用机制来确保传输质量？

在当今网络中，用户都希望能够立即访问网络内容。但是，如果流量超出内容源与用户之间的链路带宽，网络管理员该如何确保体验质量？

可将服务质量（QoS）工具纳入网络，以确保特定的流量类型（如语音和视频）优先于不具时间敏感性的流量（例如电子邮件和 Web 浏览）。

本章介绍网络传输质量、流量特征、队列算法、QoS 模型和 QoS 实施技术。

6.1 QoS 概述

本节将讲解 QoS 的目的和特性。

6.1.1 网络传输质量

本小节将讲解网络传输特性如何影响质量。

1. 确定流量优先级

当今网络对服务质量的要求不断提高。用户所用的新应用（例如语音和实时视频传输）对交付的质量提出了更高的期望。

当多条通信线路汇聚到单个设备（如路由器）上时，会发生拥塞，然后系统会将大部分数据放置在较少数量的出站接口或较慢的接口上。当较大的数据包阻止较小的数据包及时传输时，也会发生拥塞。

如果流量规模大于可通过网络传输的量，设备会将数据包以队列的形式放入内存中，直到有资源可以传输它们。将数据包进行排队会导致延迟，因为上一个数据包处理完之前不能发送新的数据包。如果要排队的数据包不断增多，设备内存会被填满，并会丢弃数据包。QoS 技术可将数据分类到多个队列（见图 6-1），从而帮助解决这一问题。

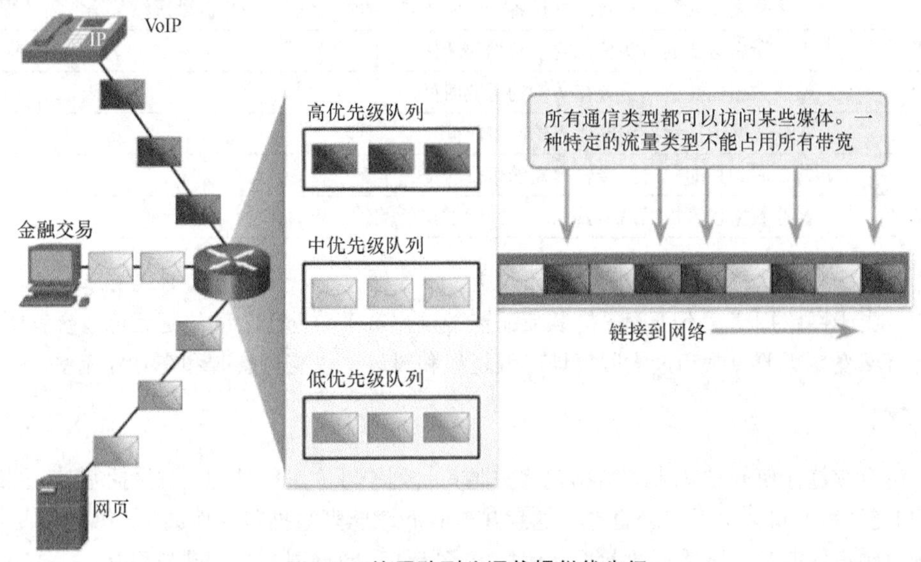

图 6-1 使用队列为通信提供优先级

注意： 设备仅在遇到某种类型的拥塞时实施 QoS。

2. 带宽、拥塞、延迟和抖动

网络带宽用 1 秒内传输的比特数进行衡量，或表示为比特/秒（bit/s）。例如，网络设备可以被描述为有能力以 10 吉比特每秒（Gbit/s）的速度运行。

网络拥塞会导致延迟。接口上的流量超出其处理能力时就会出现拥塞。网络拥塞点是 QoS 机制发挥用武之地的地方。图 6-2 显示了典型拥塞点的 3 个示例。

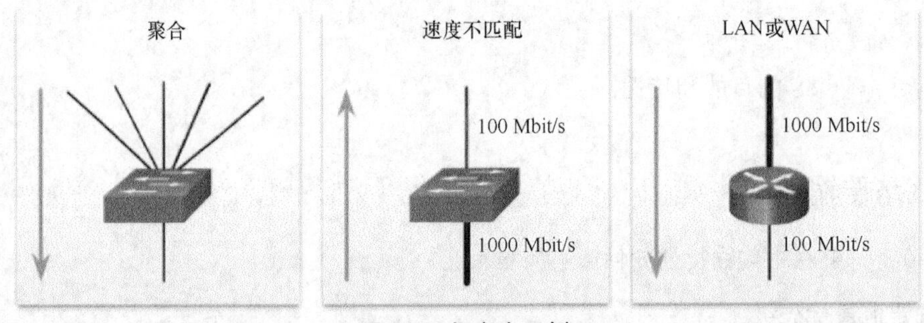

图 6-2 拥塞点示例

延迟（delay）或延时（latency）是指数据包从源传输到目的地所需的时间。两种类型的延迟如下所示。

- 固定延迟：特定的过程需要特定的时间，例如，将一个比特放到传输介质上所花费的时间。
- 可变延迟：过程需要的时间不确定，且受到诸如流量被如何处理等因素的影响。

表 6-1 总结了延迟的来源。

表 6-1 延迟来源

延　迟	描　述
代码延迟	在将数据传输到第一台连网设备（通常为交换机）之前，在来源处压缩数据所需的固定时间
分包延迟	使用所有必要的报头信息封装数据包所需的固定时间
排队延迟	帧或数据包在链路上等待传输的可变时间
串行延迟	将帧从网卡传输到线路所需的固定时间
传播延迟	帧在源和目的地之间传输所需的可变时间
去抖动延迟	缓冲数据包流量然后将其以均匀间距发出所需的固定时间

抖动是指接收数据包的延迟的变化。在发送方，数据包是以持续流的形式发出，并且数据包间距均匀。由于网络拥塞、不正确的排队或配置错误，每个数据包之间的延迟可能会有所不同，而不是保持不变。需要控制和最大限度地降低延迟和抖动，以支持实时和交互式流量。

3. 丢包

如果没有实施任何 QoS 机制，数据包将按照其收到的顺序进行处理。发生拥塞时，网络设备（路由器和交换机）可能会丢弃数据包。这意味着时间敏感型数据包（例如实时视频和语音）将与拥有同一频率的非时间敏感型的数据（例如电子邮件和网页浏览）一同被丢弃。

例如，当路由器收到一个 IP 语音的实时协议（RTP）数字音频流时，它必须补偿其遇到的抖动。处理此功能的机制为播放延迟缓冲区。播放延迟缓冲区必须缓冲这些数据包，然后以稳定的流形式进行播放，如图 6-3 所示。数字数据包后续会转换回模拟音频流。

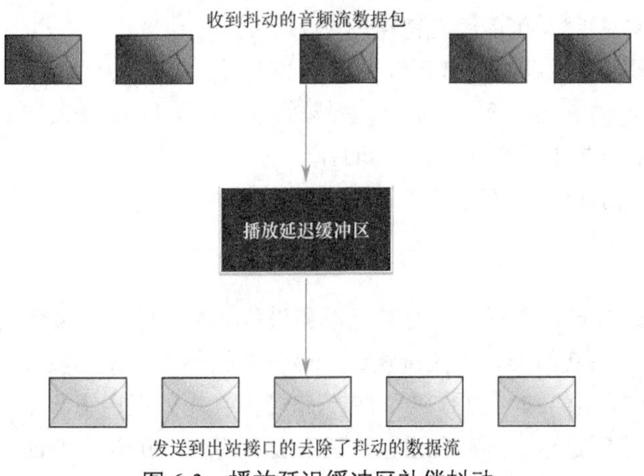

图 6-3 播放延迟缓冲区补偿抖动

如果抖动太大而导致数据包超出此缓冲区范围，则超出范围的数据包将被丢弃，而且音频中会听出丢包现象，如图 6-4 所示。

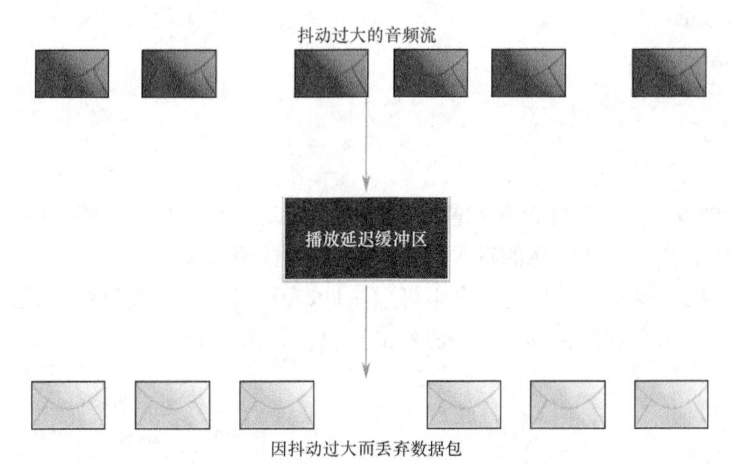

图 6-4 数据包由于抖动过大而丢弃

对于小到一个数据包的丢包，数字信号处理器（DSP）可插入其认为合适的音频内容并且用户不会听出任何问题。但是，当抖动超出 DSP 能够弥补的丢包时，就会听出音频问题。

丢包是 IP 网络上出现语音质量问题的一个非常常见的原因。在设计合理的网络中，丢包应接近零。DSP 使用的语音编解码器能够容忍一定程度的丢包，不会对语音质量产生巨大影响。网络工程师使用 QoS 机制划分语音数据包，以实现零丢包。通过为语音流量提供高于非时间敏感型流量的优先级，可以保证用于语音通话的带宽。

6.1.2 流量特性

本小节将讲解支持语音、视频和数据流量的最低网络要求。

1. 网络流量趋势

在 21 世纪初，IP 流量的主要类型是语音和数据。语音流量具有可预测的带宽需求和已知的数据包到达时间。数据流量不是实时流量且具有不可预测的带宽需求。当下载大型文件时，数据流量可以临时突发。这种突发可能消耗链路的全部带宽。

近年来，视频流量对于业务通信和运营变得日益重要。根据思科可视化网络指数（VNI），2014 年视频流量占所有流量的 67%。到 2019 年，视频将占所有流量的 80%。此外，移动视频流量将增加 600%以上，从 113672TB 增加到 768334TB。

语音、视频和数据流量对于网络的需求类型各不相同。

2. 语音

语音流量可预测且流畅，但是，语音对延迟和丢包非常敏感，如果数据包丢失，将没有办法重新传输语音。因此，与其他类型的流量相比，语音数据包必须获得较高的优先级。

例如，思科产品使用 16384~32767 的 RTP 端口范围优先处理语音流量。语音可以容忍不会造成明显影响的一定数量的延迟、抖动和丢包。延迟应不超过 150 毫秒（ms）。抖动应不超过 30 毫秒，而且语音丢包应不超过 1%。语音流量需要至少 30kbit/s 的带宽。

以下总结了语音单向需求：

- 带宽（30~128kbit/s）；
- 延迟≤150ms；
- 抖动≤30ms；
- 损失≤1%。

3. 视频

如果没有 QoS 和大量的额外带宽容量，视频质量通常会降低。视频中的图像看起来似乎模糊、参差不齐或处于慢动作中。视频源的音频部分可能与视频不同步。

与语音流量相比，视频流量往往具有不可预测性、不一致性和突发性。与语音相比，视频的丢包恢复力较低并且每个数据包具有较高容量的数据，如图 6-5 所示。

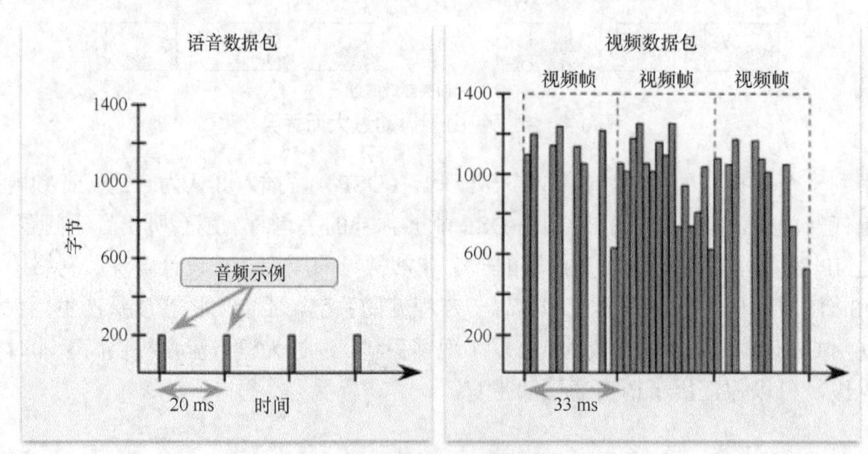

图 6-5 语音和视频采样比较

注意语音数据包如何以每 20 毫秒的间隔到达，而且每个数据包都是可预测的 200 个字节。相比之下，视频数据包的数量和大小因视频内容的不同，每 33 毫秒变化一次。例如，如果视频流包含的内容从帧到帧变化不大，则视频数据包会比较小，且只需要少量的视频数据包就能维持可接受的用户体验。但是，如果视频流包含迅速变化的内容（例如电影中的动作顺序），则视频数据包会比较大，且每 33 毫秒内需要更多视频数据包才能维持可接受的用户体验。

用于实时流协议（RSTP）的 UDP 端口（如 554），其优先级应该高于其他对时间不太敏感的网络流量。与语音类似，视频也能够在不会造成任何影响的情况下容忍一定量的延迟、抖动和丢包。延迟应不超过 400 毫秒（ms）。抖动应不超过 50 毫秒，而且视频丢包应不超过 1%。视频流量需要至少 384kbit/s 的带宽。

下面总结了视频单向要求：

- 延迟≤200~400ms；
- 抖动≤30~50ms；
- 损耗≤0.1%~1.0%；
- 带宽（384kbit/s~20Mbit/s）

4. 数据

大多数应用使用 TCP 或 UDP。与 UDP 不同，TCP 执行错误恢复。不能承受数据丢失的数据应用（例如电子邮件和网页）使用 TCP 来确保数据包在传输过程中丢失时可重新发送。数据流量可能流畅也可能突发。网络控制流量通常流畅且可预测。当拓扑发生变化时，网络控制流量可能突发几秒钟。不过，随着网络的融合，当今网络的容量可以轻松应对增加的网络控制流量。

但是，某些 TCP 应用可能是恶性的，会消耗网络容量的一大部分。当您下载大型文件（例如电影或游戏）时，FTP 将消耗其能够获得的全部带宽。

以下列出了数据流量特征：

- 流量可以是平滑的或突发的；
- 流量可以是良性的或贪婪的；
- 流量可以是低敏感的或高敏感的；
- 流量可以是低延迟的或高延迟的；
- 流量可能容易发生 TCP 重新传输。

虽然与语音和视频流量相比，数据流量对丢包和延迟相对不敏感，但是网络管理员仍需要考虑用户体验的质量，有时称为体验质量（QoE）。有关数据流量的流动，网络管理员需要询问以下两个主要因素：

- 数据是否来自交互式应用程序？
- 数据是否是任务关键型？

表 6-2 对这两个因素进行了比较。

表 6-2 考虑数据延迟的因素

因　素	任务关键型	非任务关键型
交互式	优先考虑所有数据流量的最低延迟，并争取 1~2 秒的响应时间	应用可受益于更低的延迟
非交互式	尽管提供了必要的最低带宽，但是延迟的差别可能非常大	在满足所有语音、视频和其他数据应用需求之后，获取任何剩余带宽

6.1.3 排队算法

本小节将讲解网络设备使用的排队算法。

1. 排队概述

当链路上发生拥塞时，网络管理员实施的 QoS 策略变为活动状态。排队是一种拥塞管理工具，可以缓冲、确定优先级，而且可以在数据包传输到目的地之前对数据包进行重新排序（如果需要）。有许多排队算法可用。本课程将着重介绍以下内容：

- 先进先出（FIFO）；
- 加权公平队列（WFQ）；
- 基于类的加权公平队列（CBWFQ）；
- 低延迟队列（LLQ）。

2. 先进先出（FIFO）

先进先出（FIFO）排队最简单的形式也称为先来先服务（first-come, first-served）排队，它按照数据包的到达顺序缓冲和转发数据。

FIFO 没有优先级或流量类别的概念，因此，它不会做出有关数据包优先级的决策。因为只有一个队列，因此所有数据包会受到同等对待。数据包按照到达接口的顺序来发出，如图 6-6 所示。虽然根据优先级划分，一些数据更加重要或更具时间敏感性，但是请注意流量是按照其接收的顺序来发出的。

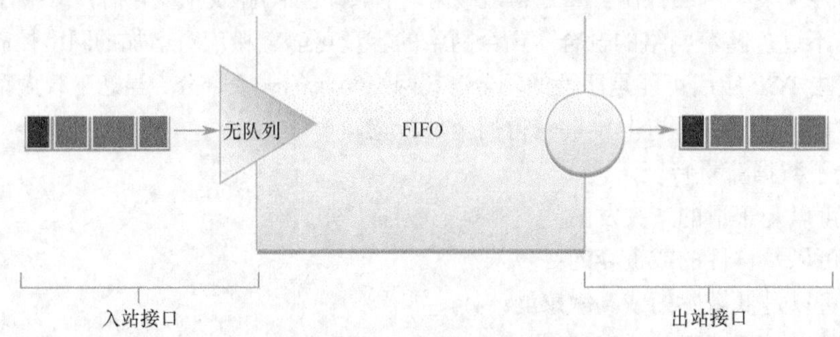

图 6-6 FIFO 排队示例

使用 FIFO 时，如果路由器或交换机接口上发生拥塞，重要流量或时间敏感型流量可能被丢弃。当未配置其他排队策略时，除了 E1（2.048Mbit/s）和之下的串行接口以外的所有接口都默认使用 FIFO（E1 和之下的串行接口默认使用 WFQ）。

FIFO 是最快的排队方法，对于几乎无延迟和最低拥塞的大型链路非常有效。如果链路几乎没有拥塞，FIFO 排队可能是需要使用的唯一排队。

3. 加权公平队列（WFQ）

WFQ 是为所有网络流量提供公平带宽分配的自动化调度方法。WFQ 应用优先级（或权重）识别流量并将其分类为对话或流，如图 6-7 所示。

WFQ 确定每个流相对于其他流所需的带宽。WFQ 使用的基于流的算法同时将交互式流量安排到队列的前面，以缩短响应时间。然后它公平地在多个高带宽流中共享剩余的带宽。WFQ 可为低容量的交互式流量（例如 Telnet 会话和语音）提供高于高容量流量（例如 FTP 会话）的优先级。当多个文件传输流同时出现时，这些传输会获得相当的带宽。

WFQ 根据数据包报头编址（例如源和目的 IP 地址、MAC 地址、端口号、协议和服务类型[ToS]值等特征）将流量分类为不同的流。IP 报头中的 ToS 值可用于分类流量。ToS 将在 6.2.2 节的第 5

小节进行讨论。

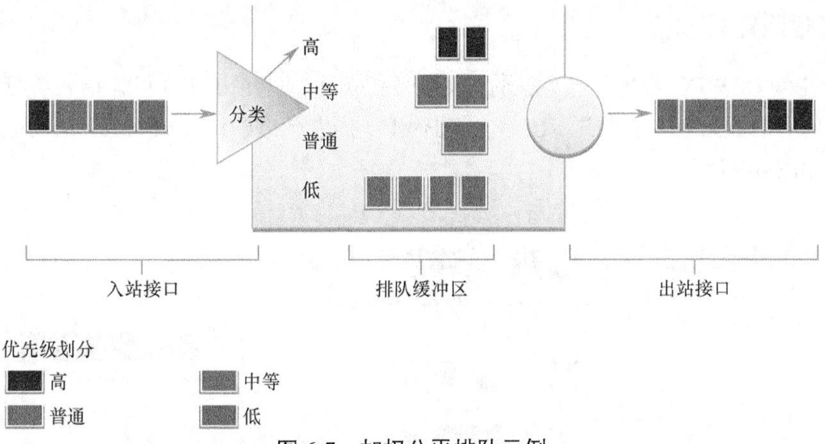

图 6-7 加权公平排队示例

占流量绝大部分的低带宽流量流获得优质服务，从而可以及时发送所有提供的负载。高容量的信息流按比例分享剩余容量。

限制

WFQ 不支持隧道和加密，因为隧道和加密功能会修改 WFQ 用于分类所需的数据包的内容信息。

虽然 WFQ 可自动适应不断变化的网络流量情况，但是它不能像 CBWFQ 那样提供对带宽分配的精确控制度。

4. 基于类的加权公平队列（CBWFQ）

CBWFQ 扩展了标准的 WFQ 功能，以支持用户定义的流量类别。对于 CBWFQ，可以根据匹配标准，包括协议、访问控制列表（ACL）和输入接口，定义流量类别。满足一个类别的匹配标准的数据包构成该类别的流量。每个类别均保留一个 FIFO 队列，属于一个类别的流量将定向到该类别的队列，如图 6-8 所示。

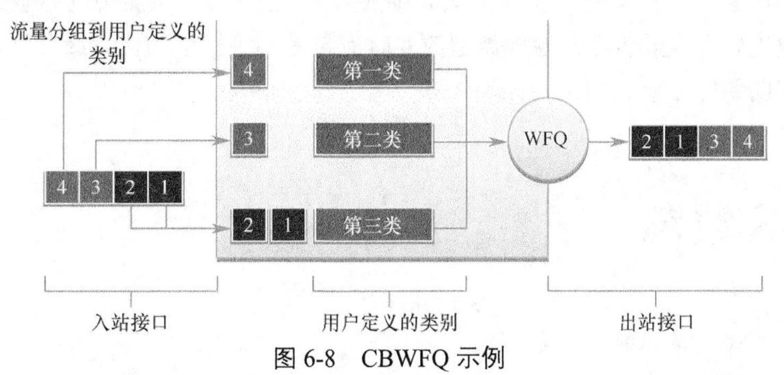

图 6-8 CBWFQ 示例

当根据匹配标准定义了一个类别之后，可以为其分配特征。为了描述类别的特征，将为其分配带宽、权重和最大数据包限制。为一个类别分配的带宽是在拥塞期间传输到该类别的保证带宽。

为了描述类别的特征，还要为该类别指定队列限制，即允许在该类别的队列中积累的数据包的最大数量。属于某个类别的数据包将受限于该类别的带宽和队列限制。

在队列达到其配置的队列限制之后，向该类别添加更多数据包将导致帧尾丢失或丢包（取决于类别策略的配置方式）。帧尾丢失意味着路由器丢弃到达已耗尽其数据包保留资源的队列末端的任何数据包。这是针对拥塞的默认队列响应。帧尾丢失平等处理所有流量，不区分服务的类别。

5. 低延迟队列（LLQ）

LLQ 功能为 CBWFQ 带来了严格的优先级队列（PQ）。严格的 PQ 可使语音等延迟敏感型数据在其他队列中的数据包之前发送。LLQ 为 CBWFQ 提供严格的优先级队列，从而减少语音对话中的抖动，如图 6-9 所示。

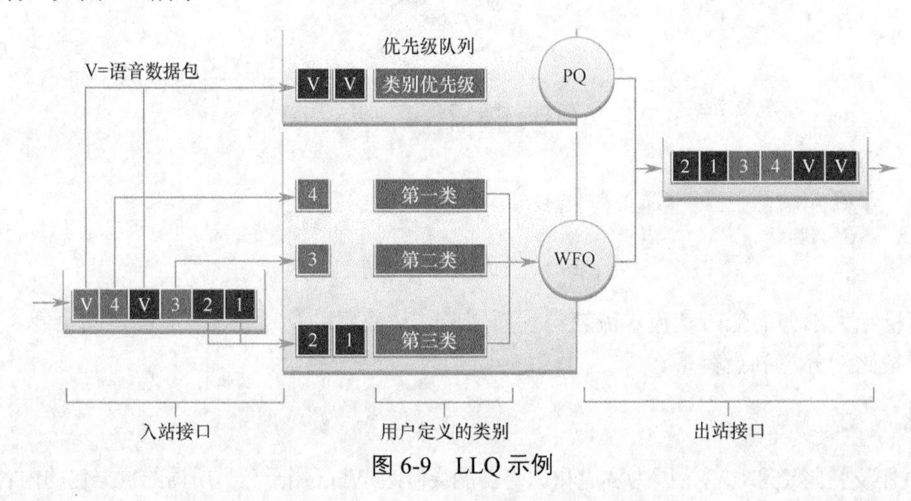

图 6-9 LLQ 示例

如果没有 LLQ，CBWFQ 基于已定义的类别提供 WFQ，并且没有针对实时流量的严格优先级队列。属于特定类别的数据包的权重源自于在配置时为该类别分配的带宽。因此，为某个类别的数据包分配的带宽决定了数据包的发送顺序。所有数据包根据权重公平享受服务；任何类别的数据包都不会被授予严格的优先级。此方案会为在很大程度上不能容忍延迟（尤其是延迟变化）的语音流量带来问题。对于语音流量而言，延迟方面的变化将导致传输不规则性，具体表现为听到的对话中出现抖动。

借助 LLQ，延迟敏感型数据将在其他队列中的数据包被处理之前首先发送。LLQ 可使延迟敏感型数据（如语音）首先发送（在其他队列中的数据包之前），从而使延迟敏感型数据获得高于其他流量的优先处理。虽然可将各种类型的实时流量排列到严格的优先级队列，但是思科建议仅将语音流量定向到优先级队列。

6.2 QoS 机制

本节将讲解网络设备如何实现 QoS。

6.2.1 QoS 模型

本小节将讲解不同的 QoS 模型。

1. 选择适当的 QoS 策略模型

QoS 如何在网络中实现？表 6-3 总结了实现 QoS 的 3 种模型。

QoS 是通过使用 IntServ 或 DiffServ 真正实施在网络中的。虽然 IntServ 可提供 QoS 的最高保证，但是它非常占用资源，因此可扩展性有限。相反，DiffServ 不太占用资源，因此可扩展性更强。这二者有时会共同部署到网络 QoS 实施中。

表 6-3 实施 QoS 的模型

模　型	描　述
尽力而为模型	不是真正的实现，因为没有明确配置 QoS 在不需要 QoS 时使用
集成服务（IntServ）	向 IP 数据包提供极高的 QoS，并确保送达 它定义了一个信令过程，用于应用向网络发送信号，以通知它们在一段时间内需要特殊 QoS，并且应保留带宽 但是，IntServ 可能会严重限制网络的可扩展性
差分服务（DiffServ）	在实施 QoS 时提供高可扩展性和灵活性 网络设备识别流量类型，并为不同的流量类型提供不同级别的 QoS

2. 尽力而为

Internet 的基本设计提供尽力而为的数据包传输服务，但不提供保证。这种方法在当今依然是主流，并适用于大多数情况。尽力而为模型以相同的方式处理所有网络数据包，因此紧急语音消息的处理方式与电子邮件附带的数字图片的处理方式是一样的。没有 QoS 网络就无法区分数据包之间的差别，就无法优先处理数据包。

尽力而为模型在概念上类似于使用标准的邮寄方式发一封信。您的信与所有其他信件的处理方式完全相同。利用尽力而为模型，信可能永远不会送达，除非您另行通知收信人，否则您可能永远不会知道信没有送达。

表 6-4 列出了尽力而为模型的优点和缺点。

表 6-4 尽力而为模型的优点和缺点

优　点	缺　点
该模型是最具可扩展性的	没有传输保证
可扩展性仅受限于带宽限制，这种情况下所有流量都会受影响	数据包会随时以任何顺序到达
无需特殊的 QoS 机制	没有任何数据包会被优先处理
这是最简单和最快的部署模型	关键数据包和普通邮件的处理是一样的

3. 集成服务

对实时应用的需求，例如远程视频、多媒体会议、虚拟化和虚拟现实等在 1994 年推动了 IntServ 架构模型的发展（RFC 1633、2211 和 2212）。IntServ 是一种多服务模型，可适应多个 QoS 的需求。

IntServ 提供了实时应用所需的交付端到端 QoS 的方式，通过明确地管理网络资源，向特定用户数据包流提供 QoS。它使用资源预留和准入控制机制作为构建模块来建立并维护 QoS。这种做法类似于“硬 QoS”的概念。硬 QoS 可保证端到端的流量特征（例如带宽、延迟和丢包率等）。硬 QoS 可确保任务关键型应用的服务级别是可预测的和有保证的。

图 6-10 是 IntServ 模型的简单示意图。

IntServ 使用从电话网络设计中继承的面向连接的方法。每个单独的通信必须明确指定其流量描述符和到网络的所需资源。边缘路由器执行准入控制，以确保网络中的可用资源充足。IntServ标准假设路径上的路由器都设置并维护每个单独通信的状态。

在 IntServ 模型中，在数据发送前应用向网络请求特定类型的服务。应用将其流量配置文件通知给网络并请求特定类型的服务，包含其对带宽和延迟的要求。IntServ 使用资源预留协议（RSVP）将应用的流量所需的 QoS 需求，沿着端到端的网络路径发送给沿途的网络设备。如果路径中的网络设备可以保留必要的带宽，则始发应用可以开始传输。如果路径中请求的预留失败，则始发应用不发送任何数据。

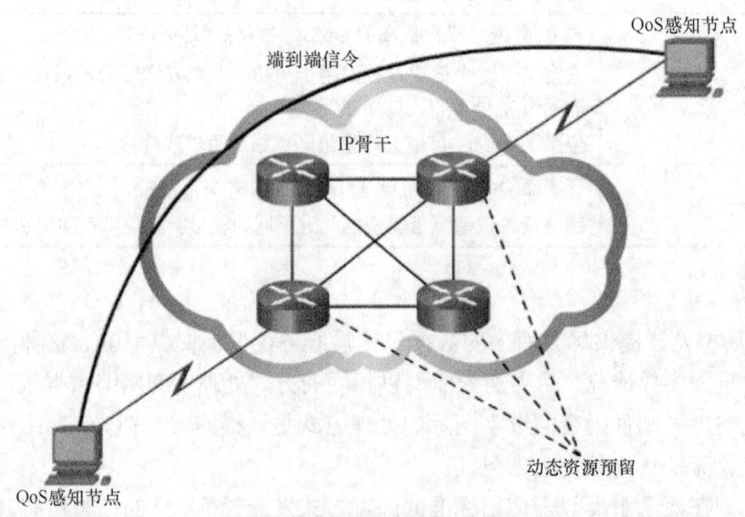

图 6-10 简单 IntServ 示例

边缘路由器根据来自应用和可用网络资源的信息执行准入控制。网络致力于满足 QoS 对应用的需求，只要配置文件说明中仍保留有流量。网络履行其承诺的方式是根据此状态维护每个数据流状态然后执行数据包分类、管制和智能排队。

表 6-5 列出了 IntServ 模型的优点和缺点。

表 6-5　IntServ 模型的优点和缺点

优　点	缺　点
显式的端到端资源准入控制	由于连续信令需要状态化的架构，所以会占用大量资源
每个请求策略准入控制	基于流的方法不能扩展到 Internet 等大型实施中
动态端口号信令	

4. 差分服务

差分服务（DiffServ）QoS 模型指定了一种简单且可扩展的机制，用于对网络流量进行分类和管理，并在现代 IP 网络中提供 QoS 保证。例如，DiffServ 可以为重要的网络流量（例如语音或视频）提供保证低延迟的服务，同时为不重要的服务（例如 Web 流量或文件传输）提供简单的尽力而为的流量保证服务。

DiffServ 设计克服了尽力而为和 IntServ 模型的限制。RFC 2474、2597、2598、3246、4594中介绍了 DiffServ 模型。DiffServ 能提供“几乎有保证的”QoS，同时具有成本效益并且可扩展。

DiffServ 模型在概念上类似于使用投递服务发送包裹。当发送包裹时，您会请求（并支付）服务级别。您支付的服务级别会在网络中得到认可，并且可根据您的请求为包裹提供优先或普通服务。

DiffServ 不是一个端到端的 QoS 策略，因为它无法执行端到端保证。但是，DiffServ QoS 是实施 QoS 的一个更具可扩展性的方法。不像 IntServ 和硬 QoS，它们中的终端主机发送 QoS 需求信令给网络，DiffServ 不使用信令。相反，DiffServ 使用一种“软 QoS”方法。它工作在已配置 QoS 的模型中，此模型中的网络元素已被设置，可以随不同 QoS 的需求为多个流量类别提供服务。

图 6-11 是 DiffServ 模型的简单示意图。

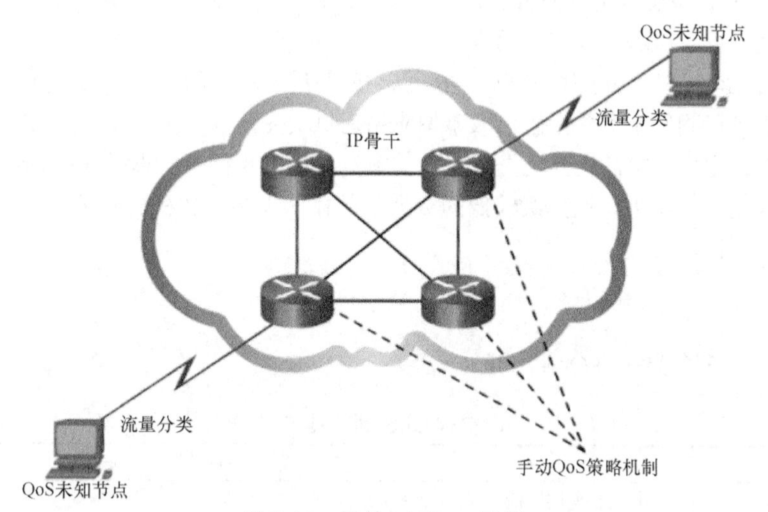

图 6-11 简单 DiffServ 示例

当主机将流量转发到路由器时，路由器会将数据流分类汇聚并为各个类别提供相应的 QoS 策略。DiffServ 在逐跳基础上实施和应用 QoS 机制，为每个流量类别统一应用全局意义，以提供可扩展性和灵活性。例如，DiffServ 可配置为将所有的 TCP 流都分为一个类别并为此类别分配带宽，而不是像 IntServ 那样为单独的数据流分配带宽。除了流量分类，DiffServ 还最大限度地减少每个网络节点上的信令和状态维护需求。

具体而言，DiffServ 根据业务需求对网络流量进行分类。每一类别会分配一个不同的服务级别。当数据包遍历网络时，每台网络设备都会识别该数据包类别并根据其类别为数据包提供服务。可利用 DiffServ 选择许多服务级别。例如，IP 电话的语音流量通常会优先于所有其他应用流量进行处理，邮件通常获得尽力而为的传输服务，非业务流量通常获得很差的服务或被完全阻止。

表 6-6 列出了 DiffServ 模型的优点和缺点。

表 6-6 DiffServ 模型的优点和缺点

优　点	缺　点
高度可扩展	服务质量无法绝对保证
提供许多不同的质量等级	需要一套复杂机制在网络中协同工作

注意：现代网络主要使用 DiffServ 模型。但是，由于延迟敏感型和抖动敏感型流量的日益增加，有时会共同部署 IntServ 和 RSVP。

6.2.2 QoS 实施技术

本小节将讲解 QoS 如何使用机制来确保传输质量。

1. 避免丢包

丢包通常是接口拥塞的结果。大多数使用 TCP 的应用都会经历速度缓慢的情况，因为 TCP 会自动适应网络拥塞。丢弃的 TCP 数据段导致 TCP 会话减小其窗口大小。某些应用不使用 TCP，因此不能处理丢包（易碎数据流）。

以下方法可防止敏感应用中的丢包。

- 提高链路容量以缓解或防止拥塞。
- 确保有足够的带宽并提高缓冲空间，以适应易碎数据流的突发。思科 IOS QoS 软件中有几种机制可确保带宽并为丢包敏感型应用提供优先转发。例如 WFQ、CBWFQ 和 LLQ。
- 通过在拥塞出现之前丢弃优先级较低的数据包以防止拥塞。思科 IOS QoS 提供几种在拥塞出现之前开始丢弃优先级较低的数据包的排队机制。加权随机早期检测（WRED）就是一个示例。

2. QoS 工具

表 6-7 给出了 3 个类别的 QoS 工具。

表 6-7　实施 QoS 的工具

QoS 工具	描　述
分类和标记工具	分析会话或数据流，以确定它们属于哪种流量类别 一旦确定类别，则对数据包进行标记
拥塞避免工具	按照 QoS 策略的定义，流量类别是网络资源分配的部分 QoS 策略还确定了如何选择性地丢弃、延迟或重新标记某些流量以避免拥塞 主要的拥塞避免工具是 WRED，用于在队列溢出而造成尾部丢弃之前以有限带宽调节 TCP 数据流量
拥塞管理工具	当流量超出可用网络资源时，流量将排队等待资源的可用性 常见的基于思科 IOS 的拥塞管理工具包括 CBWFQ 和 LLQ 算法

参考图 6-12 以理解当 QoS 应用于数据包流时使用这些工具的顺序。

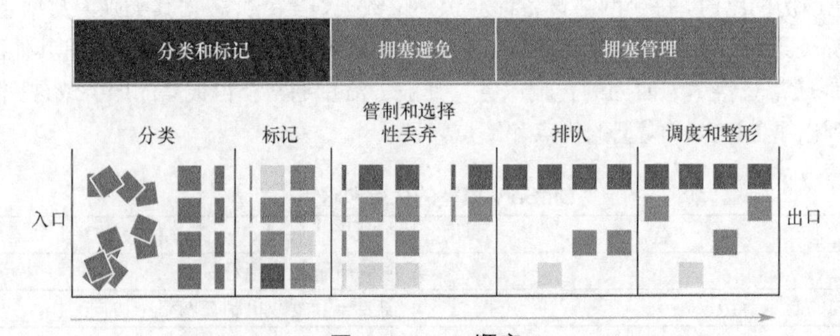

图 6-12　QoS 顺序

在图 6-12 中可以看到，对入口数据包进行了分类并对相应的 IP 报头做了标记。要避免拥塞，则根据定义的策略为数据包分配资源。数据包则根据其定义的 QoS 整形和管制策略排队并从出口接口转发出去。

注意：　分类和标记可以在入口或出口上完成，而其他 QoS 操作（例如排队和整形）通常在出口上完成。

3. 分类和标记

在对数据包应用 QoS 策略之前，必须对其进行分类。分类和标记允许我们确定或“标记”数据包的类型。分类可确定数据包或帧所属的流量类别。策略仅可在标记流量之后才能应用于流量。

数据包的分类方式取决于 QoS 的实施。对第 2 层和第 3 层的流量进行分类的方法包括使用接口、ACL 和类别映射。也可使用网络应用识别（NBAR）对第 4 层到第 7 层的流量进行分类。

注意：NBAR 是与 QoS 功能配合使用的思科 IOS 软件分类和协议发现功能。NBAR 不属于本课程的范围。

标记表示我们添加一个值到数据包报头。接收数据包的设备查看此字段以确定它是否与已定义的策略相符。标记应尽量靠近源设备进行。这可以建立信任边界。

流量的标记方式通常取决于技术。表 6-8 介绍了各种技术中使用的一些标记字段。

表 6-8 QoS 的流量标记

QoS 工具	层	标记字段	位宽
以太网（802.1Q、801.1p）	2	服务等级（CoS）	3
802.11（WiFi）	2	WiFi 流量标识符（TID）	3
MPLS	2	实验（EXP）	3
IPv4 和 IPv6	3	IP 优先权（IPP）	3
IPv4 和 IPv6	3	差分服务代码点（DSCP）	6

要决定在第 2 层、第 3 层还是两层都标记流量并非易事，应先考虑以下几点：

- 第 2 层帧的标记可以针对非 IP 流量；
- 第 2 层帧标记是唯一的 QoS 选项，针对非“IP 感知”的交换机；
- 第 3 层标记可以在端到端之间传输 QoS 信息。

4. 第 2 层标记

802.1Q 是 IEEE 标准，支持在以太网的第 2 层进行 VLAN 标记。实施 802.1Q 时，会向以太网帧中添加两个字段。如图 6-13 所示，这两个字段将被插入以太网帧的源 MAC 地址字段后面。

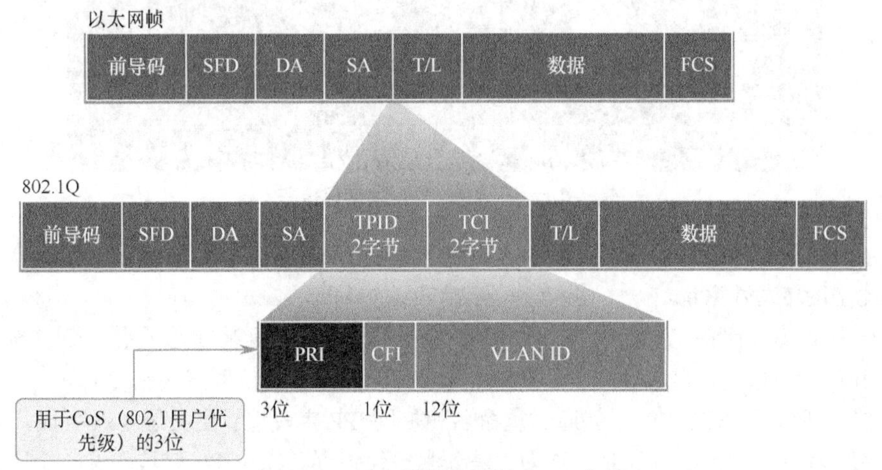

图 6-13 以太网服务等级（CoS）值

802.1Q 标准还包括称为 IEEE 802.1p 的 QoS 优先级方案。802.1p 标准使用 802.1Q 标记控制信息（TCI）字段的前 3 个比特。这称为优先级（PRI）字段，这个 3 比特字段用于识别服务等级（CoS）标记。3 个比特表示可以使用表 6-9 中的 8 个优先级级别（值 0~7）标记第 2 层以太网帧。

表 6-9 以太网服务等级（CoS）标记

CoS 值	CoS 二进制值	说　明
0	000	尽力而为数据
1	001	中等优先级数据
2	010	高优先级数据
3	011	调用信号
4	100	视频会议
5	101	语音承载（语音流量）
6	110	保留
7	111	保留

5. 第 3 层标记

IPv4 和 IPv6 在其数据包报头中指定一个 8 比特字段，以标记数据包。如图 6-14 所示，IPv4 和 IPv6 均支持用于标记的 8 比特字段：IPv4 的服务类型（ToS）字段和 IPv6 的流量类别字段。

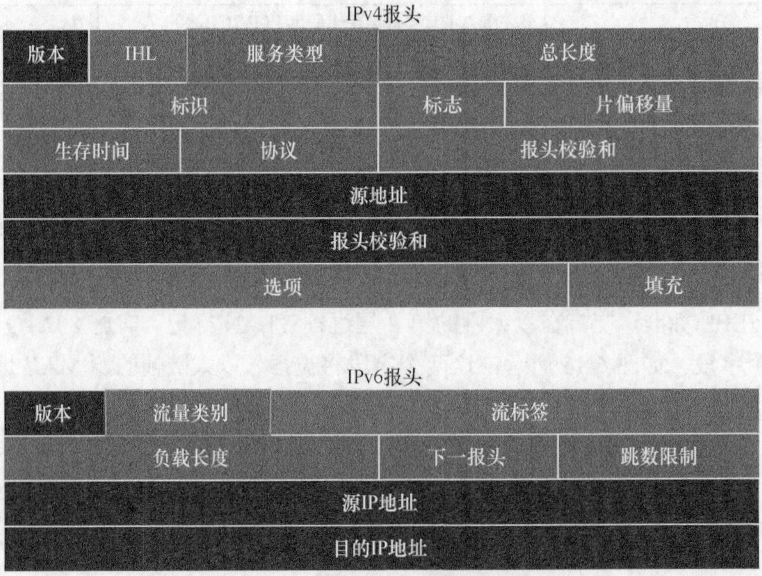

图 6-14 IPv4 和 IPv6 数据包报头

这些字段用于传输由 QoS 分类工具分配的数据包标记。然后接收设备会根据相应分配的 QoS 策略引用此字段转发数据包。

图 6-15 所示为 8 比特字段的内容。在 RFC 791 中，原始 IP 标准指定了用于 QoS 标记的“IP 优先权”（IPP）字段。但在实践中，这 3 个比特没有提供足够的粒度来实施 QoS。

RFC 2474 取代了 RFC 791，并通过重命名和扩展 IPP 字段重新定义了 ToS 字段。如图 6-15 所示，新字段为 QoS 分配了 6 比特。称为“差分服务代码点”（DSCP）字段，这 6 个比特提供最多 64 个可能的服务类别。其余两个 IP 扩展拥塞通知（ECN）比特可由 ECN 感知路由器用于标记数据包而不是将其丢弃。ECN 标记会通知下游路由器数据包流中存在拥塞。

64 个 DSCP 值分为 3 类。

- 尽力而为（BE）：这是所有 IP 数据包的默认值。DSCP 值为 0。每跳行为是正常路由。当路由器遇到拥塞时，将丢弃这些数据包。没有实施 QoS 计划。

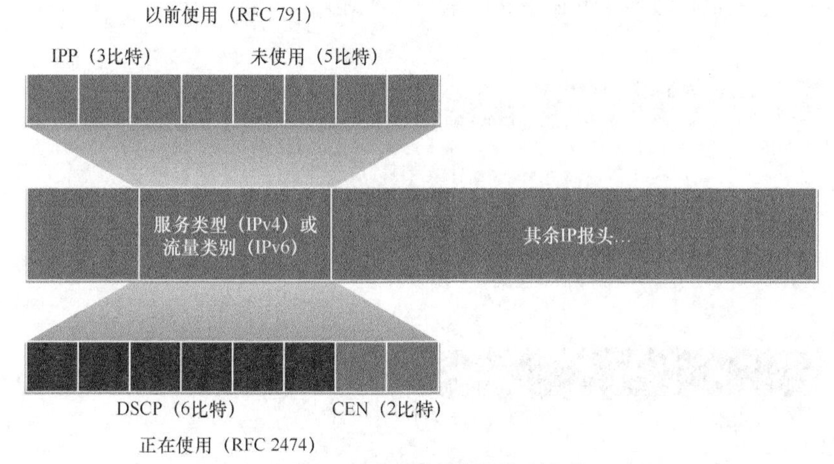

图 6-15　服务类型/流量类别字段

- 加速转发（EF）：RFC 3246 将 EF 定义为 DSCP 十进制值 46（二进制 **101**110）。前 3 比特（101）直接映射至用于语音流量的第 2 层 CoS 值 5。在第 3 层，思科建议只使用 EF 标记语音数据包。
- 保证转发（AF）：RFC 2597 将 AF 定义为使用 5 个 DSCP 最高有效位表示队列和丢弃优先级。如图 6-16 所示，前 3 个最高有效位用于指定类。4 类是最佳队列，1 类是最差的队列。第 4 和第 5 个最高有效位用于指定丢弃优先级。第 6 个最高有效位设置为零。Afxy 公式说明了 AF 值的计算方式。例如，AF32 属于 3 类（二进制 011），并具有中等丢弃优先级（二进制 10）。完整的 DSCP 值为 28，因为您添加了第 6 个 0 比特（二进制 011100）。

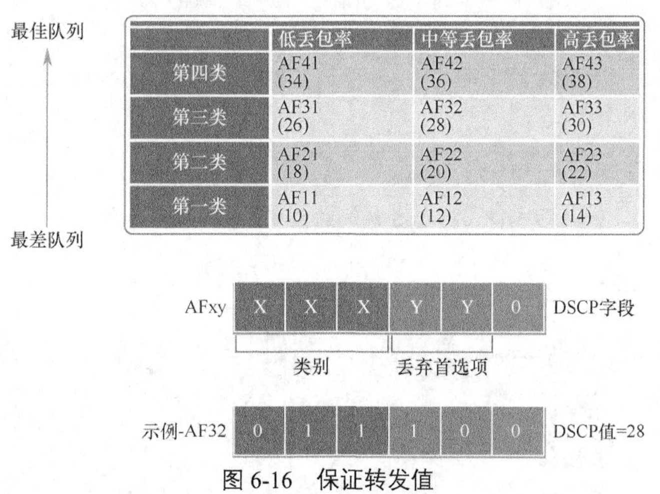

	低丢包率	中等丢包率	高丢包率
第四类	AF41 (34)	AF42 (36)	AF43 (38)
第三类	AF31 (26)	AF32 (28)	AF33 (30)
第二类	AF21 (18)	AF22 (20)	AF23 (22)
第一类	AF11 (10)	AF12 (12)	AF13 (14)

图 6-16　保证转发值

由于 DSCP 字段的前 3 个最高有效位表示类，因此这些位也称为类选择器（CS）位。如图 6-17 所示，这 3 位直接映射到 CoS 字段和 IPP 字段的 3 位以维持与 802.1p 和 RFC 791 的兼容性。

图 6-18 中的表显示了 CoS 值如何映射到类选择器和对应的 DSCP 6 比特值。该表可用于将

IPP 值映射到类选择器。

6. 信任边界

应在哪里标记？应利用可行的技术和管理，尽可能靠近流量源对流量进行分类和标记。这定义了如图 6-19 所示的信任边界，并在下文中进行了描述。

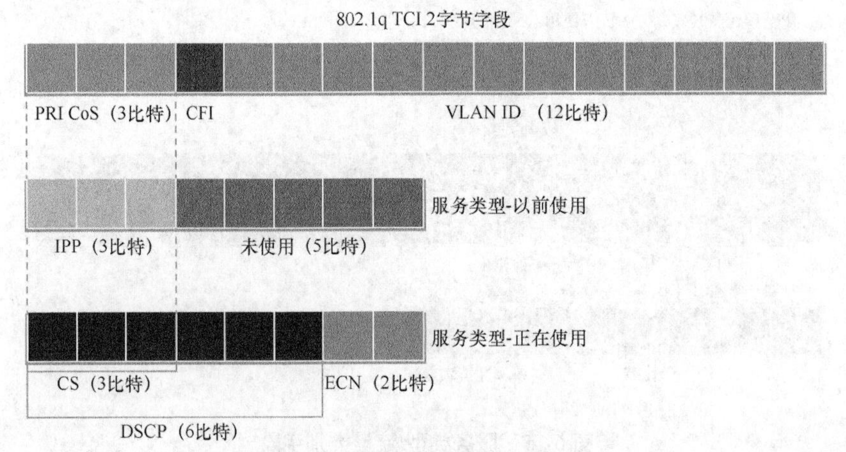

图 6-17　第 2 层 CoS 和第 3 层 ToS

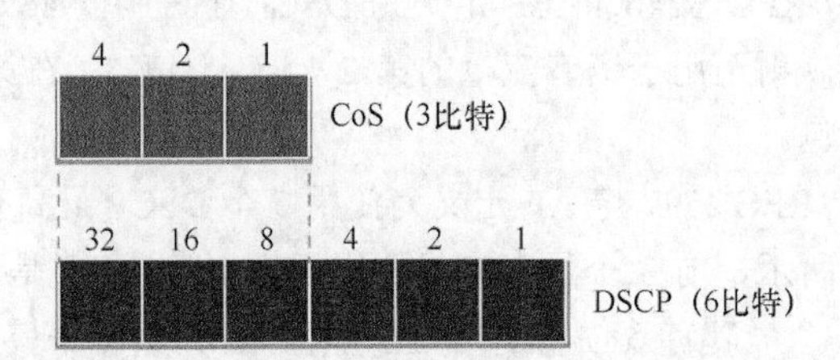

CoS值	CoS二进制值	类别选择器（CS）	CS二进制值	DSCP十进制值
0	000	CS0*/DF	000 000	0
1	001	CS1	001 000	8
2	010	CS2	010 000	16
3	011	CS3	011 000	24
4	100	CS4	100 000	32
5	101	CS5	101 000	40
6	110	CS6	110 000	48
7	111	CS7	111 000	56

图 6-18　将 CoS 映射到 DSCP 中类别选择器

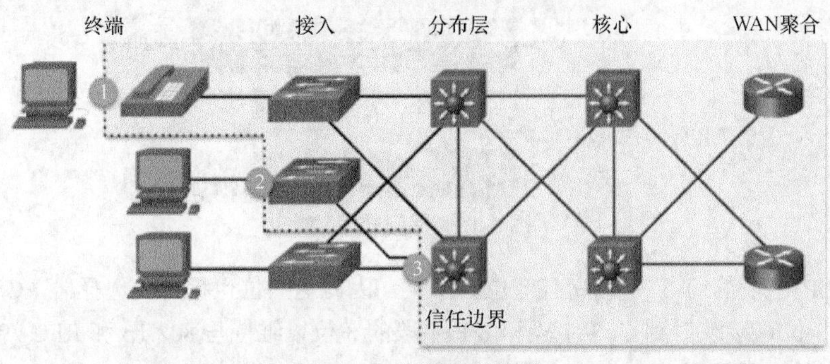

图 6-19　各种信任边界

- 可信终端拥有将应用流量标记到相应的第 2 层 CoS 或第 3 层 DSCP 值的功能和智能。可信终端示例包括 IP 电话、无线接入点、视频会议网关和系统、IP 会议站等。
- 安全终端可在第 2 层交换机标记流量。
- 还可以在第 3 层交换机或路由器标记流量。

通常需要重新标记流量。例如，将 CoS 值重新标记到 IP 优先级或 DSCP 值。

7. 拥塞避免

拥塞管理包括排队和调度方法，当额外流量在出接口上等待发送时会缓冲或排队（有时会丢弃）。拥塞避免工具更加简单。在拥塞造成困扰之前，它们监控网络流量负载，试图在通用网络和网际网络瓶颈处预见并避免拥塞。这些工具可以监控队列的平均深度，如图 6-20 所示。在队列长度小于最小阈值时，不会丢弃数据包。当队列达到最大阈值时，会丢弃一小部分数据包。当超过最大阈值后，会丢弃所有数据包。

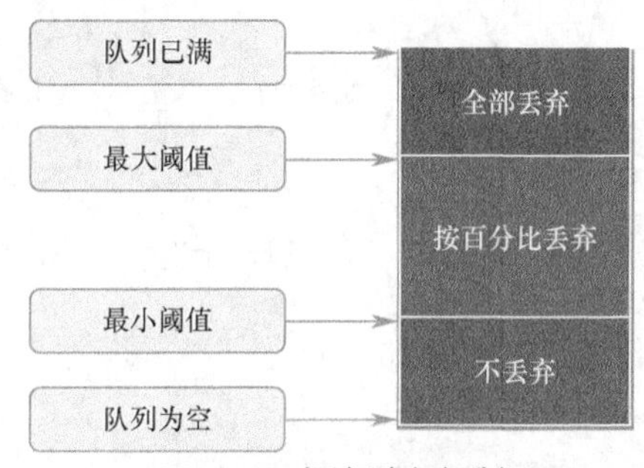

图 6-20　拥塞避免机制

有些拥塞避免技术可以优先处理将被丢弃的数据包。例如，思科 IOS QoS 包括作为一种可能的拥塞避免解决方案的加权随机早期探测（WRED）。WRED 算法允许在网络接口上通过提供缓冲区管理和允许在缓冲区耗尽之前减小或向后调节 TCP 流量，以进行拥塞避免。WRED 有助于避免尾部丢弃并最大限度地提高网络利用率和基于 TCP 的应用性能。基于 UDP 的流量（例如语音流量）没有拥塞避免。对于基于 UDP 的流量，诸如排队和压缩技术等方法可帮助减少甚至防止 UDP 丢包。

8. 整形和管制

流量整形和流量管制是思科 IOS QoS 软件提供的防止拥塞的两种机制。

流量整形在队列中保留额外的数据包，然后对额外的数据包进行调度，以便随时间的增加稍后传输。如图 6-21 所示，流量整形的结果是一个平滑的数据包输出速率。

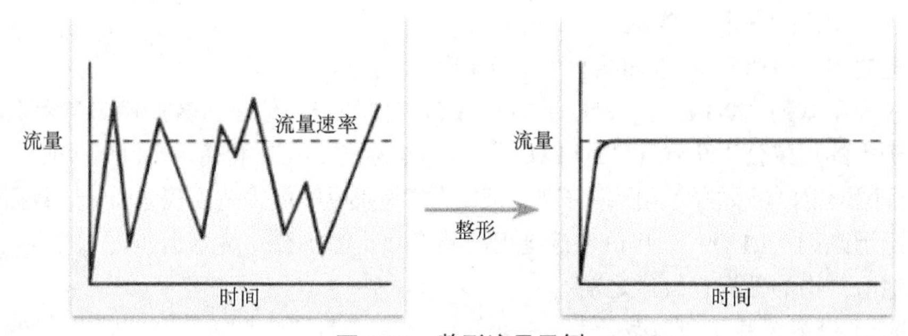

图 6-21　整形流量示例

整形表明存在队列并拥有足够的内存供缓冲延迟的数据包使用，而管制却无法做到。

确保在启用整形时有足够的内存。此外，整形需要调度功能，以便对任何延迟的数据包进行稍后传输。可以利用此调度功能将整形队列组织到不同的队列中。调度功能的示例为CBWFQ和LLQ。

整形是一个出站概念；可以对出站的数据包进行排队和整形。相反，管制可应用于接口上的入站流量。当流量速率达到配置的最大速率时，会丢弃（或重新标记）额外的流量。

管制通常由服务提供商实施，以便实施合同规定的客户信息速率（CIR）。但是，如果服务提供商的网络当前未遇到拥塞，则服务提供商可能还会允许超过CIR的突发流量。图6-22显示了一个流量管制示例。

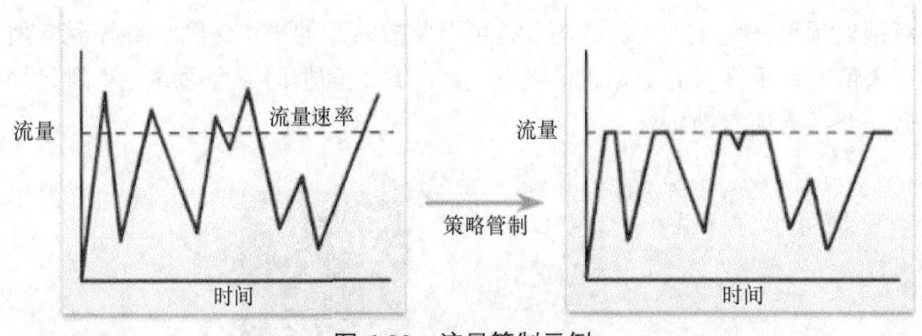

图6-22 流量管制示例

6.3 总结

网络传输质量受以下因素影响：源和目的之间链路的带宽、在数据包路由到目的时延迟的来源和抖动（即接收数据包的延迟的变化）。如果未设置QoS机制，则系统会按照接收数据包的顺序来处理数据包。发生拥塞时，时间敏感型数据包将会与同频率且对时间不敏感的数据包一起被丢弃。

语音数据包要求延迟不超过150毫秒（ms）。抖动应不超过30毫秒，而且语音丢包应不超过1%。语音流量需要至少30kbit/s的带宽。

视频数据包要求延迟不超过400毫秒（ms）。抖动应不超过50毫秒，而且视频丢包应不超过1%。视频流量需要至少384kbit/s的带宽。

对于数据包，有两个因素影响终端用户的体验质量（QoE）：

- 数据是否来自交互式应用？
- 数据是否是任务关键型数据？

本章讨论了以下4种队列算法。

- **先进先出（FIFO）**：按照接收的顺序转发数据包。
- **加权公平队列（WFQ）**：根据包括ToS值在内的报头信息将数据包归类为不同流。
- **基于类的加权公平队列（CBWFQ）**：根据与协议、ACL和输入接口等标准的匹配将数据包分配给用户定义的类。网络管理员可以为每个类别分配带宽、权重和最大数据包限制。
- **低延迟队列（LLQ）**：将语音等延迟敏感型数据添加到优先级队列，以便优先发送（在其他队列中的数据包发送之前）。

本章讨论了以下3种队列模型。

- **尽力而为**：这是接口的默认队列模型。所有数据包的处理方式均相同。没有 QoS。
- **集成服务（IntServ）**：IntServ 提供了实时应用所需的交付端到端 QoS 的方式，通过明确地管理网络资源，向特定用户数据包流（有时称为微流）提供 QoS。
- **差分服务**（DiffServ）：DiffServ 使用取决于网络设备的软 QoS 方法，这些设备经过设置后可以为 QoS 要求各不相同的多个流量类别提供服务。虽然无 QoS 保证，但 DiffServ 模型的成本效益和可扩展性比 IntServ 高。

QoS 工具包括下列内容。

- **分类和标记**：分类可确定数据包或帧所属的流量类别。标记表示可添加一个值到数据包报头。接收数据包的设备查看此字段以确定它是否与已定义的策略相符。
- **拥塞避免**：拥塞避免工具监控网络流量负载，尽力预见并避免拥塞。当队列达到最大阈值时，会丢弃一小部分数据包。当超过最大阈值后，会丢弃所有数据包。
- **整形和管制**：整形在队列中保留额外的数据包，然后对额外的数据包进行调度，以便随时间的增加稍后传输。整形用于出站流量。管制会丢弃或重新标记超限流量。管制通常应用于入站流量。

检查你的理解

请完成以下所有复习题，以检查您对本章要点和概念的理解情况。答案列在本书附录中。

1. 在具有语音、视频和数据流量的融合网络中，拥塞发生在哪种情况下？（　　）

A. 如果用户下载超过服务器上设置的文件限制的文件

B. 如果带宽请求超过可用带宽的数量

C. 如果视频流量请求比语音流量请求更多的带宽

D. 如果网络中的语音流量延迟开始下降

2. 路由器需要哪些功能来为远程员工提供 VoIP 和视频会议功能？（　　）

A. IPSec　　B. PPPoE

C. QoS　　D. VPN

3. 当路由器接口入口队列已满并收到新的网络流量时，会发生什么情况？（　　）

A. 路由器立即发送接收到的通信

B. 路由器将丢弃到达的数据包

C. 路由器丢弃队列中的所有流量

D. 路由器在发送先前接收到的流量的同时，对接收的流量进行排队

4. 哪种排队方法提供用户定义的流量类别，其中每个流量类别都有一个 FIFO 队列？（　　）

A. CBWFQ　　B. FIFO

C. WFQ　　D. WRED

5. 当使用低延迟队列（LLQ）时，思科推荐将哪种类型的流量置于严格优先级队列（PQ）中？（　　）

A. 数据　　B. 管理

C. 视频　　D. 语音

6．思科设备的 LAN 接口上使用的默认排队方法是什么？（　　）

A．CBWFQ　　B．FIFO

C．LLQ　　D．WFQ

7．思科设备的较慢 WAN 接口上使用的默认排队方法是什么？（　　）

A．CBWFQ　　B．FIFO

C．LLQ　　D．WFQ

8．哪种模型是唯一没有数据包分类机制的 QoS 模型？（　　）

A．尽力而为　　B．区分服务

C．硬 QoS　　D．集成服务

9．当使用 IntServ QoS 的边缘路由器确定数据路径不能支持请求的 QoS 级别时，会发生什么情况？（　　）

A．使用尽力而为的方式沿着途径转发数据

B．使用 DiffServ 沿着路径转发数据

C．数据不会沿着路径转发

D．数据通过使用 IntServ 的路径转发，但未提供优先级处理

10．哪种说法描述了 QoS 分类和标记工具？（　　）

A．在流量被标记后进行分类

B．分类应尽可能靠近目的设备

C．标记是为数据包头部添加一个值

D．标记是应该将哪个 QoS 策略应用于特定数据包的标识

11．哪个设备将被归类为可信端点？（　　）

A．防火墙　　B．IP 会议电站

C．路由器　　D．交换机

12．有多少比特用于标识帧中的服务等级（CoS）标记？（　　）

A．3　　B．8

C．24　　D．64

13．在帧上使用服务级别（CoS）标记时，总共有多少级别的优先级？（　　）

A．3　　B．8

C．24　　D．64

第7章

网络发展历程

学习目标

通过完成本章学习，您将能够回答下列问题：

- 什么是思科物联网系统？
- 思科物联网系统的支柱是什么？
- 云计算的重要性是什么？
- 虚拟化的重要性是什么？
- 什么是网络设备和服务的虚拟化？
- 什么是软件定义网络？
- 网络编程中如何使用控制器？

技术在不断变化，网络也在不断发展。

物联网（IOT）一词表示数十亿电子设备现在可以连接到我们的数据网络和 Internet。

云计算和虚拟化允许个人和组织存储和访问大量数据，而无需担心物理组件问题。

软件定义网络（SDN）正在重新定义网络管理员思考其网络架构的方式。

本章将介绍当今网络中的这些新趋势。

7.1 物联网

本节将讲解物联网的价值。

7.1.1 IoT 元素

本小节将讲解思科的物联网系统。

1. IoT 是什么

Internet 在极短的时间内大大改变了我们的工作、生活、娱乐和学习方式。但是，我们还只是停留在肤浅的表面。使用现有的技术和新技术，我们正在将物理世界与 Internet 连接起来。通过将无关联的事物连接起来，我们从互联网过渡到了物联网（IoT）时代。

1969 年，高级研究计划署网络（ARPANET）低调诞生，当时仅互连几个节点。预计到 2020 年，Internet 将互连 500 亿个事物。IoT 指的是可以通过 Internet 访问的这些物理对象组成的网络。

500 亿个事物提供了数万亿 GB 的数据。它们如何协同工作，以促进我们的决策制定和交互，从而改善我们的生活和业务的呢？启用的这些连接就是我们日常使用的网络。

2. 融合网络和事物

据思科估计，在现实世界中，99%的事物目前都是没有连接到网络的。因此，随着我们将越来越多未连接的事物连接到网络，物联网将经历巨大发展。

目前许多事物使用一个独立的、具有特定用途的松散网络集合连接起来，如图 7-1 所示。

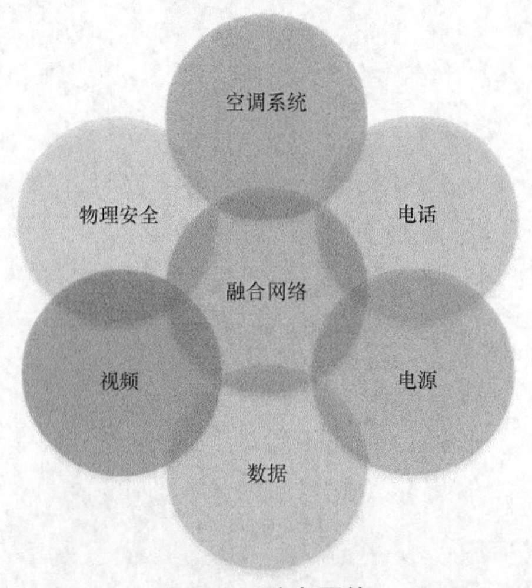

图 7-1 融合网络

例如，当今的汽车采用多个专有网络来控制引擎功能、安全功能和通信系统。将这些系统单独地融合到一个公共网络上，可以使一款全尺寸轿车节省超过 50 磅（23 千克）的电缆。其他示例包括商业楼和居民住宅，它们具有各种控制系统和网络，用于控制取暖、通风和空调（HVAC）系统、电话服务、安全和照明。

这些不同的网络不断融合，以共享同一基础设施。这个基础设施包括全面的安全、分析和管理功能。将组件连接到使用 IoT 技术的融合网络中可以提升网络的功能，以帮助人们改善日常生活。

3. 连接事物的挑战

IoT 将智能对象连接到 Internet。它既能连接传统的计算机设备，也能连接非传统的设备。在 IoT 内，通信方式为机器间（M2M）通信，实现了无人为干预的机器之间的通信。例如，在汽车中，温度传感器和油液传感器与一台车载计算机进行通信，就形成了 M2M。

4. 思科 IoT 系统的六大支柱

IoT 所面临的挑战是将来自多个供应商的数百万新事物安全地集成到现有网络中。为了应对这些挑战，思科引入了思科 IoT 系统帮助组织和行业采用 IoT 解决方案。具体来说，思科 IoT 系统降低了制造业、公用事业、石油和天然气、运输、采矿业和公共部门等行业全数字化的复杂性。

IoT 系统提供的基础设施旨在管理由完全不同的终端和平台组成的大型系统，及其产生的大量数据。思科 IoT 系统使用一组新产品和现有产品及技术，以帮助降低全数字化的复杂性。

思科 IoT 系统使用支柱的概念识别基本元素。具体而言，物联网系统确定了图 7-2 中显示的 6 个技术支柱。

图 7-2 物联网的六大支柱

7.1.2 IoT 支柱

本小节将讲解思科物联网系统的支柱。

1. 网络连接支柱

有很多不同类型的网络：家庭网络、公共 WiFi 网络、小型企业网络、企业网络、服务提供商网络、数据中心网络、云网络和物联网网络。不论何种类型的网络，都需要设备提供网络连接。但是，网络连接设备因网络类型而异。例如，家庭网络通常包括一个无线宽带路由器，而企业网络则包括多个交换机、无线接入点、防火墙、路由器等。

思科 IoT 网络连接支柱识别可用于向各个行业和应用提供 IoT 连接的设备。

2. 雾计算支柱

网络模型介绍了数据在网络中的流动方式。网络模型包括下面这些。

- **客户端/服务器模型**（见图 7-3）：这是网络中最常用的模型。客户端设备请求服务器的服务。
- **云计算模型**（见图 7-4）：这是一种支持云计算的新模型，其中服务器和服务分布在全球范围内的分布式数据中心。稍后将在 7.2.1 节中更详细地讨论云计算。
- **雾计算模型**（见图 7-5）：该 IoT 网络模型识别距离网络边缘较近的分布式计算基础设施。它使边缘设备可在本地运行应用并即时做出决策。这样可以降低网络的数据负担，因为原始数据不需要通过网络连接来发送。在网络连接丢失时，它可以让 IoT 设备运行，这增加了网络弹性。它还能防止将敏感数据传输到边缘以外需要它的地方，这提高了安全性。

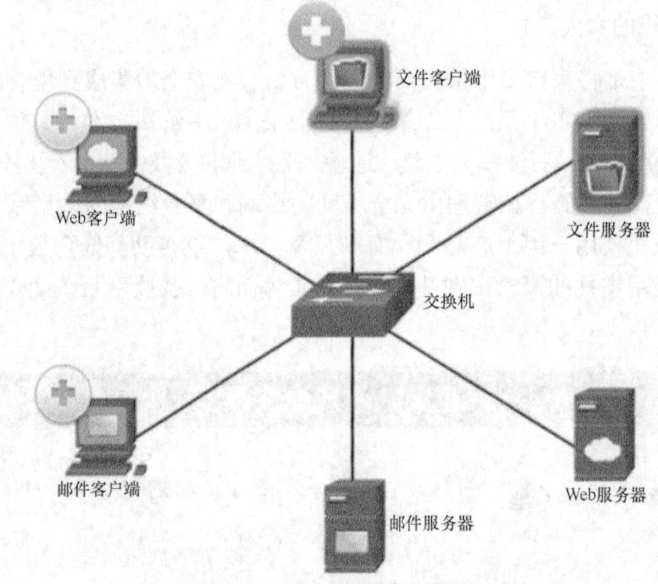

图 7-3 客户端/服务器模型

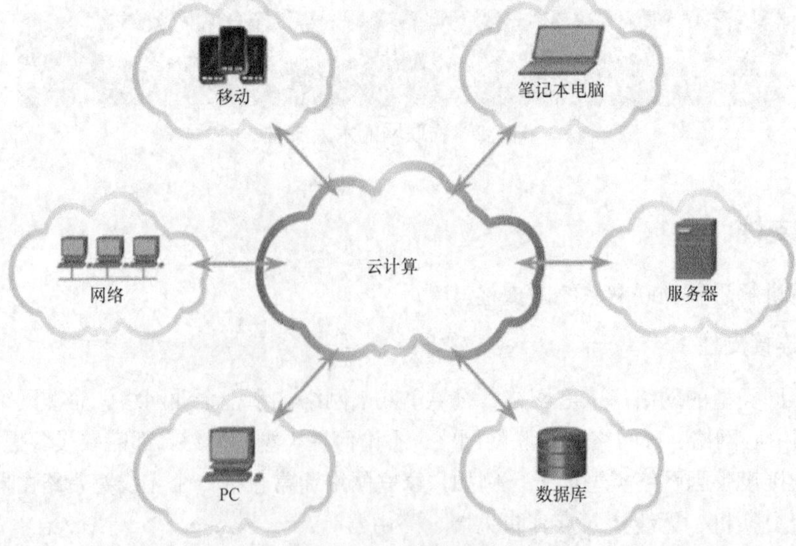

图 7-4 云计算模型

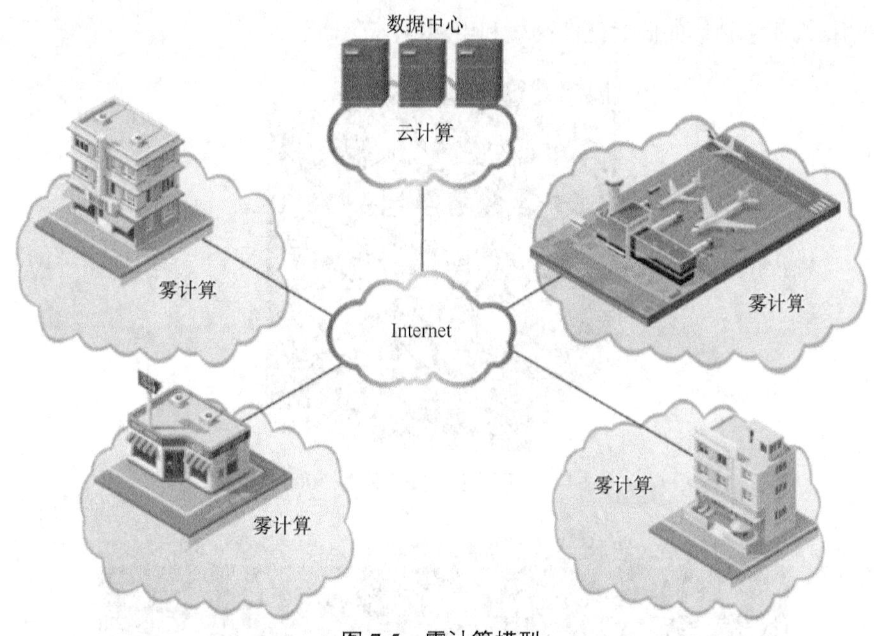

图 7-5　雾计算模型

这些模型并不互相排斥。网络管理员可以使用这 3 种模型的任意组合处理网络用户的需求。

从本质上来说，雾计算支柱会将云连接扩展到更接近边缘。它使终端设备（例如智能仪表、行业传感器、机器人设备等）可以连接至本地集成计算、网络和存储系统。

使用雾计算的应用可以监控或分析来自网络连接事物的实时数据，并会采取各种措施，如锁门、更改设备设置、使用火车上的刹车等。例如，交通信号灯可与检测行人和骑行者状态的大量传感器进行本地交互，并测量正在靠近的车辆的距离和速度。交通信号灯还可与附近的信号灯进行交互。根据此信息，智能灯向正在靠近的车辆发送警告信号，并修改其变灯周期，以防止发生事故。智能交通灯系统收集的数据会在本地处理，以便进行实时分析。在雾计算中，与相邻的智能交通灯系统进行交互可对变灯周期进行修改。例如，它会更改信号灯的时间周期，以响应路况或交通模式。智能交通灯系统集群生成的数据将被发送到云，以便长期分析交通模式。

据思科预测，到 2018 年，IoT 产生的数据将有 40%通过雾计算进行处理。

3. 安全支柱

所有网络都需要受到保护。但是，IoT 带来了一般企业网络通常不会遇到的新攻击媒介。思科 IoT 安全支柱提供可扩展的网络安全解决方案，使组织能够快速有效地发现攻击、遏制攻击并加以修复，最大程度地降低损失。

这些网络安全解决方案如下所示。

- **运营技术（OT）安全**：运营技术（OT）是指维持动力装置运行和管理工厂生产线的硬件和软件。OT 安全包括 ISA 3000 工业安全设备（见图 7-6）和雾计算数据服务。
- **IoT 网络安全**：包括网络和周边安全设备，例如交换机、路由器、ASA 防火墙设备和思科 FirePower 下一代入侵防御服务（NGIPS）（见图 7-7）。
- **IoT 物理安全**：包括网络监控摄像机，如思科视频监控 IP 摄像机（见图 7-8）。这些设备是功能丰富的数码相机，可在各种环境中进行监控。具有高清和标清、盒机和半球机、有线和无线以及固定和平移-旋转-变焦（PTZ）版本。这些摄像头支持 MPEG-4 和 H.264，在拍摄高质量视频的同时还能高效利用网络。

图 7-6　思科工业安全设备 3000

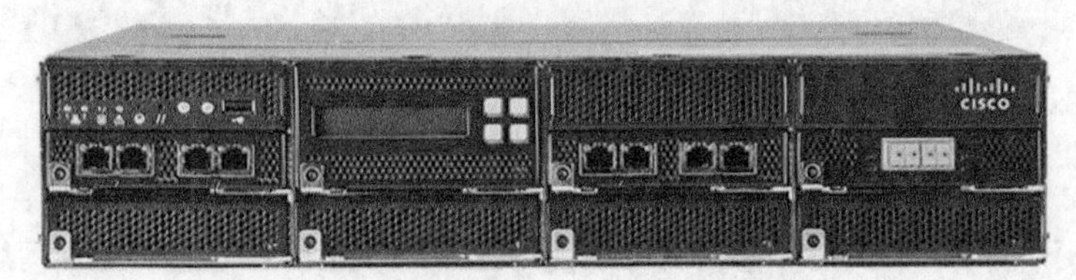

图 7-7　思科 FirePower 8000 系列设备

图 7-8　思科视频监控 IP 摄像头

4. 数据分析支柱

IoT 可连接数十亿台每天可产生数艾字节（exabyte）数据的设备。必须快速地处理此类数据并将其转换为可用来行动的情报，才能产生价值。

思科 IoT 数据分析支柱包括分布式网络基础设施组件和 IoT 专用的应用编程接口（API）。

5. 管理和自动化支柱

IoT 极大扩展了网络的规模和多样性，可以纳入数十亿感知、监控、控制和反应的智能对象。尽管将这些之前未联网的设备连接到网络，可以提供超高级别的企业和运营情报，但了解操作环境是由多个完全不同的功能区组成的也非常重要。在这些功能区中，每一个区域都有自己独特的需求，包括跟踪特定指标的需求。运营技术系统可能因行业和特定行业的功能而大不相同。

思科在整个扩展网络中提供了广泛的物联网管理和自动化能力。思科管理和自动化产品可为特定行业定制，以提供增强的安全性、控制性和支持能力。

思科 IoT 系统管理和自动化支柱包括思科 IoT Field Network Director 等管理工具，如图 7-9 所示。其他管理工具包括思科 Prime、思科视频监控管理器等。

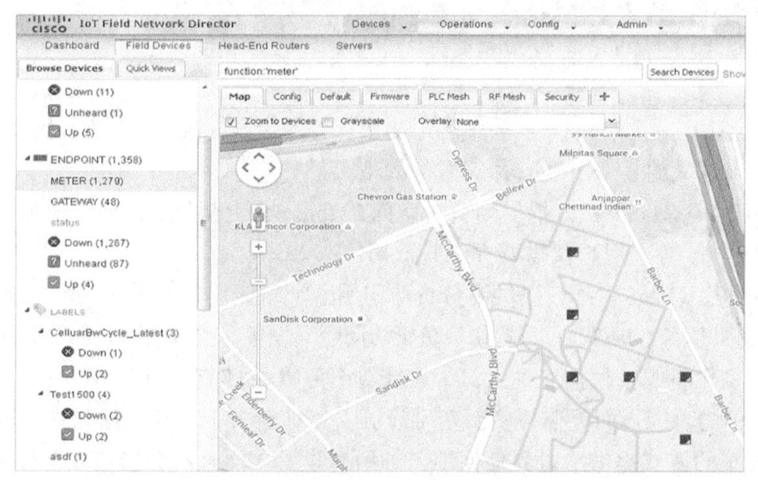

图 7-9　管理和自动化支柱

6. 应用支持平台支柱

应用支持平台支柱为云计算和雾计算之间的应用托管和应用移动性提供基础设施。雾计算环境允许在不同的终端设备和传感器之间存在多个应用实例。这些实例相互之间可以通信以实现冗余和数据共享的目的，从而创建业务模式，例如物体、机器和产品的即付即用消费。

例如，作为思科 IOS 和 Linux 混合体的思科 IOx，它允许路由器将应用与需要监视、控制、分析和优化的对象紧密地结合在一起。思科 IOx 服务是在多个硬件设备上提供的，这些设备是针对不同行业需求定制的，可以支持特定行业的应用。

7.2　云和虚拟化

本节将讲解为什么云计算和虚拟化对于不断发展的网络是必需的。

7.2.1　云计算

本小节将讲解云计算的重要性。

1. 云概述

云计算涉及物理上位于任何地方可通过网络连接的计算机。提供商很大程度上依赖虚拟化提供云计算服务。云计算通过更高效地使用资源来降低运营成本。云计算支持各种数据管理问题：

- 允许随时随地访问组织内的数据；
- 通过只订购所需的服务来简化组织的 IT 运营；
- 消除或降低现场 IT 设备、维护和管理的需求；
- 降低设备、能源、物理设施需求和人员培训需求的成本；

- 对增长的数据量需求实现快速响应。

云计算（与其“即付即用”模式）使组织将计算和存储成本看作是对实用程序的投资，而不是对基础设施的投资。资本支出转换为运营支出。

2. 云服务

云服务提供各种定制的选项，以满足客户需求。美国国家标准与技术研究院（NIST）在其特定版本 800-145 中定义的 3 个主要云计算服务如下。

- 软件即服务（SaaS）：云提供商负责访问在 Internet 上交付的服务，例如电子邮件、通信和 Office 365 等。用户仅需要提供其数据。
- 平台即服务（PaaS）：云提供商负责访问用于交付应用的开发工具和服务。
- 基础设施即服务（IaaS）：云提供商负责访问网络设备、虚拟网络服务并支持网络基础设施。

云服务提供商已将此模型扩展到为每个云计算服务提供IT支持（ITaaS）。对于企业而言，ITaaS 可以扩展 IT 部门的功能，而无需投资新基础设施、培训新员工或获取新软件许可。这些服务按需提供，并以经济的方式提供给世界任何地方的所有设备，而且不会影响安全性或功能。

3. 云模型

有 4 种主要的云模式。

- **公有云**：公有云中提供的基于云的应用和服务可供普通人群使用。服务可以免费，也可以按即用即付模式提供，比如为在线存储付费。公有云利用 Internet 提供服务。
- **私有云**：私有云中提供的基于云的应用和服务仅用于特定组织或实体，例如政府。私有云可以使用组织的私有网络来设置，不过其构建和维护会非常昂贵。私有云也可以由具有严格访问安全控制的外部组织管理。
- **混合云**：混合云由两种或多种云组成（例如，部分为私有，部分为社区，部分为公有），每一部分保持为独立的对象，但两部分使用一个架构连接。混合云的个人可以根据用户访问权限获得各种服务的访问权限。
- **社区云**：社区云是专为特定社区使用而创建的。公有云和社区云之间的区别在于为社区定制的功能需求。例如，医疗机构必须遵从要求特殊身份验证和保密性的政策与法律（比如 HIPAA）。

4. 云计算与数据中心

术语“数据中心”和“云计算”经常会被误用。数据中心和云计算的正确定义如下。

- **数据中心**：通常是内部 IT 部门或异地租用站点运行的数据存储和处理设施。
- **云计算**：通常是指提供按需访问可配置计算资源共享池的外部服务。这些资源可以快速调配和发布，仅需要最低的管理投入。

没有数据中心，就无法实现云计算。数据中心是用于容纳计算机系统和相关组件的设施。数据中心可能会占用大楼的一个房间、一个或多个楼层，甚至整个大楼。数据中心的构建和维护成本通常很高。因此，只有大型企业会使用专门构建的数据中心来容纳数据并为用户提供服务。对于没有能力维护自己的专用数据中心的小型企业，可以租用云中大型数据中心企业的服务器和存储服务来降低总拥有成本。

云计算通常是数据中心提供的服务，如图 7-10 所示。云服务提供商使用数据中心来托管其云服务和基于云的资源。为了确保数据服务和资源的可用性，提供商经常会在多个远程数据中心维护空间。

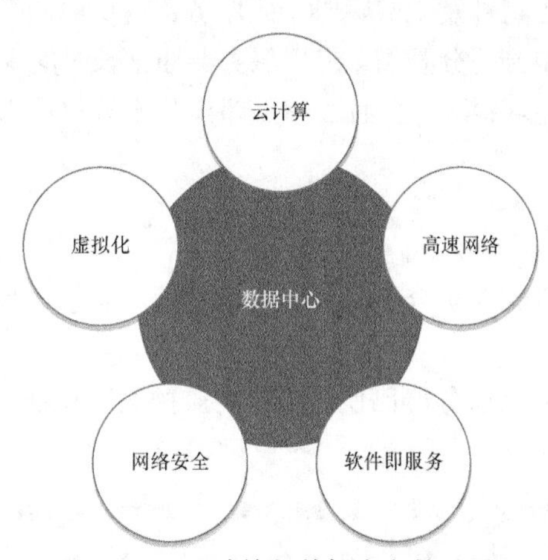

图 7-10 云计算与数据中心的关系

7.2.2 虚拟化

本小节将讲解虚拟化的重要性。

1. 云计算和虚拟化

术语“云计算”和“虚拟化”经常混用；然而，它们指的却是截然不同的事物。虚拟化是云计算的基础。没有虚拟化，就不可能广泛实施云计算。

云计算将应用从硬件分离出来。虚拟化将操作系统从硬件分离出来。各提供商提供可以动态调配所需服务器的虚拟云服务。例如，亚马逊弹性计算云（Amazon EC2）Web 服务为客户提供动态调配所需计算资源的简单方式。这些服务器虚拟化实例是在 Amazon EC2 中按需创建的。

2. 专用服务器

要充分认识虚拟化，首先有必要理解一些服务器技术的历史。过去，企业服务器包括服务器操作系统（OS），例如安装在特定硬件中的 Windows 服务器或 Linux 服务器，如图 7-11 所示。服务器的 RAM、处理能力和硬盘空间都专用于所提供的服务（例如 Web、电子邮件服务等）。

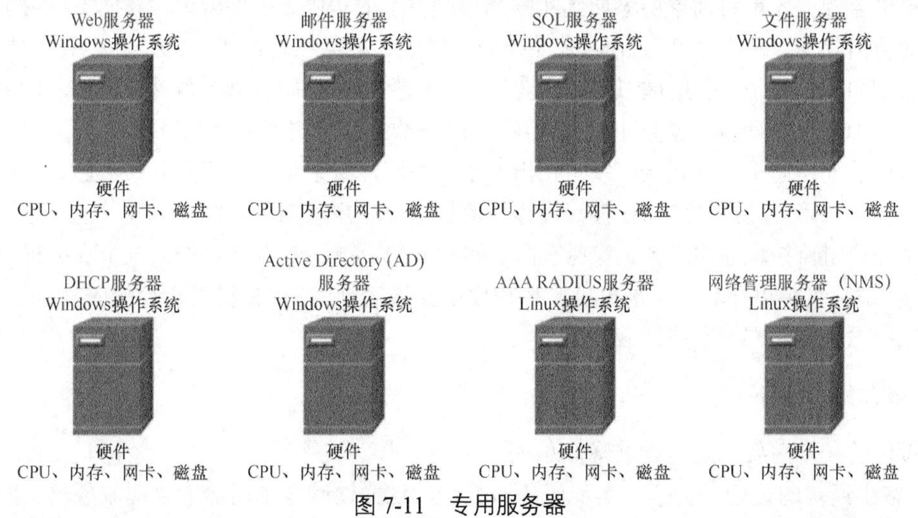

图 7-11 专用服务器

该配置的主要问题是，当组件发生故障时，此服务器提供的服务不可用。这称为单点故障。另一个问题是专用服务器未得到充分利用。专用服务器通常长时间闲置，等待有需要交付给它们的特定服务。这些服务器的能耗很大，并且占用了超出其服务数量所保证的空间。这称为服务器蔓延（server sprawl）。

3. 服务器虚拟化

服务器虚拟化利用空闲资源并整合所需的服务器数量。服务器虚拟化还可以让一个硬件平台上存在多个操作系统。

例如，图 7-12 中前 8 个专用服务器已使用虚拟机监控程序整合为两台服务器，以支持多个操作系统虚拟实例。

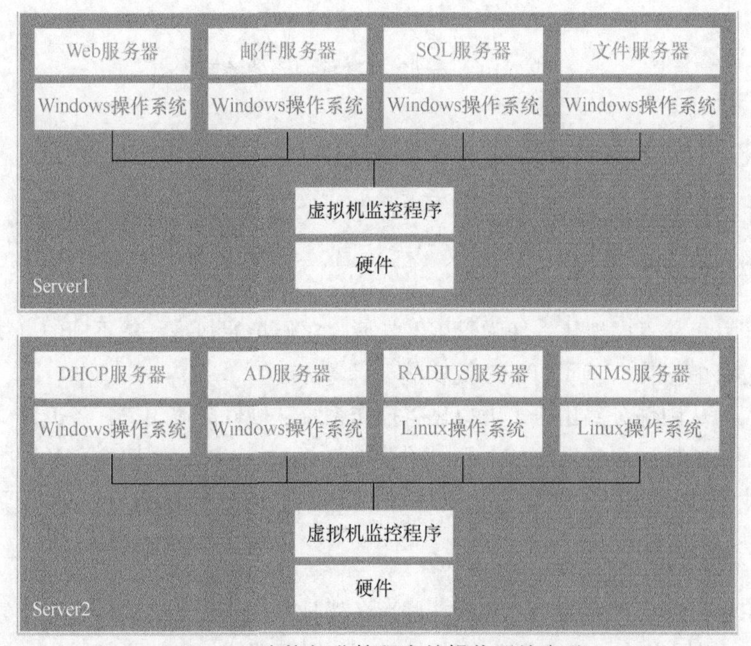

图 7-12 虚拟机监控程序的操作系统安装

虚拟机监控程序是将抽象层添加到实际物理硬件上的程序、固件或硬件。抽象层用于创建虚拟机，能访问物理计算机中所有硬件（如 CPU、内存、磁盘控制器和 NIC）。每一台虚拟机运行完整和独立的操作系统。利用虚拟化，企业现在可以整合所需服务器的数量。例如，使用虚拟机监控程序将 100 台物理服务器整合为 10 台物理服务器上的虚拟机并不稀奇。

虚拟化的使用通常包括冗余，以防止出现单点故障。冗余可以以不同方式实施。如果虚拟机监控程序发生故障，虚拟机可以在其他虚拟机监控程序中重新启动。此外，同一台虚拟机可以同时在两个虚拟机监控程序中运行，复制它们之间的 RAM 和 CPU 指令。如果一个虚拟机监控程序发生故障，虚拟机可以在另一个虚拟机监控程序中继续运行。在虚拟机上运行的服务也是虚拟的，并且可以根据需要动态安装或卸载。

4. 虚拟化的优势

虚拟化的一个主要优点是能够降低总成本。

- **减少所需的设备**：虚拟化实现服务器整合，这样便减少了所需的物理服务器、网络设备和支持的基础设施。它还意味着维护成本更低。

- **减少能源消耗**：整合服务器可降低每月的电力和冷却成本。降低功耗可帮助企业实现更少的碳排放。
- **减少所需空间**：利用虚拟化的服务器整合可减少数据中心的整体占地面积。减少服务器、网络设备和机架就减少了所需的占地面积。

以下是虚拟化的其他优点。

- **更轻松的原型制作**：可以快速创建在隔离网络中运行的独立实验，对网络部署进行测试和原型制作。如果出现错误，管理员可以恢复为先前版本。测试环境可以联机，但要与终端用户隔离。当测试完成后，可向终端用户部署服务器和系统。
- **更快速的服务器调配**：创建虚拟服务器比调配物理服务器快得多。
- **提高服务器正常运行时间**：大多数服务器虚拟化平台现在提供高级冗余容错功能，例如实时迁移、存储迁移、高可用性和分布式资源调度。
- **改进的灾难恢复**：虚拟化提供高级业务连续性解决方案。它提供了硬件抽象功能，以便恢复站点不再需要与生产环境中的硬件相同的硬件。大多数企业服务器虚拟化平台还有软件，可以帮助测试和在灾难发生之前自动进行故障转移。
- **传统技术支持**：虚拟化可以延长操作系统和应用的使用寿命，为组织提供更多时间迁移至新解决方案。

5. 抽象层

为了帮助解释虚拟化的工作原理，在计算机架构中使用抽象层非常有用。计算机系统的抽象层如图 7-13 所示。

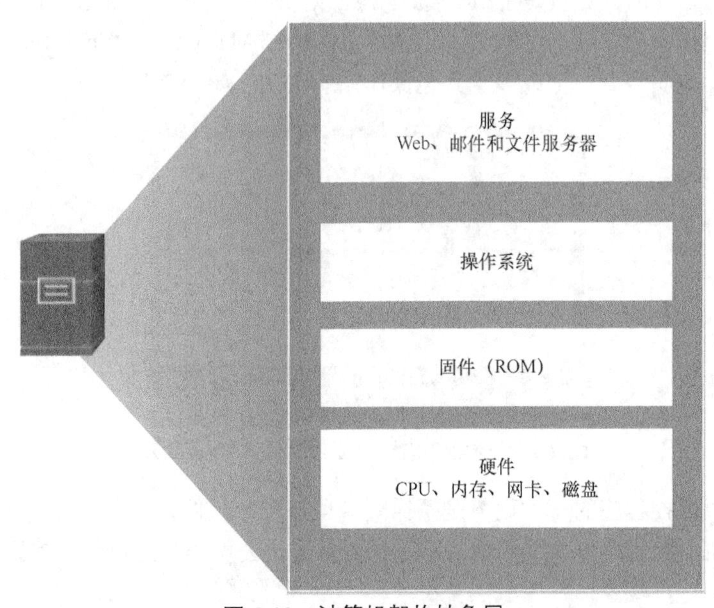

图 7-13 计算机架构抽象层

在这些抽象层的每一层中，有些编程代码可用作下一层和上一层之间的接口。例如，C 编程语言常用于对访问硬件的固件进行编程。

图 7-14 所示为一个虚拟化的例子。虚拟机监控程序安装在固件和操作系统之间。虚拟机监控

程序可以支持多个操作系统实例。

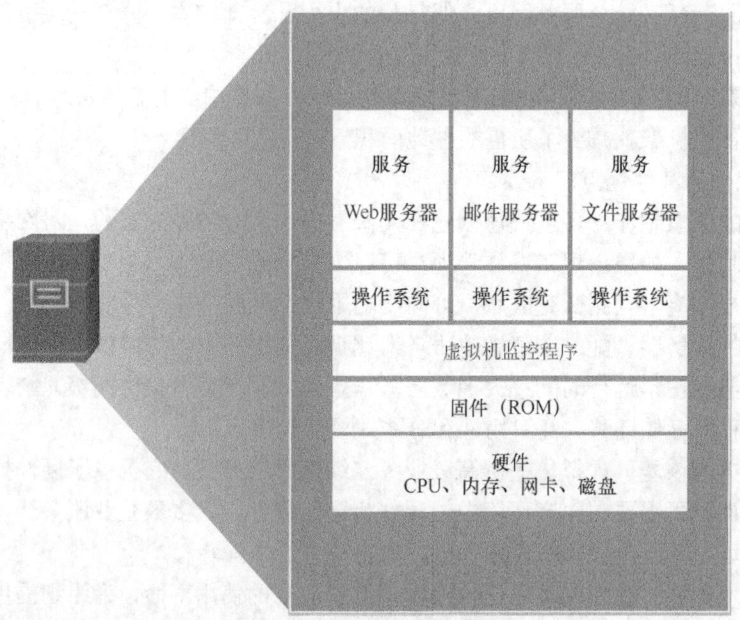

图 7-14 虚拟机架构抽象层

6. 类型 2 虚拟机监控程序

类型 2 虚拟机监控程序是创建并运行虚拟机实例的软件。计算机上的虚拟机监控程序支持一个或多个虚拟机，这样的计算机是主机。类型 2 虚拟机监控程序也称为托管的虚拟机监控程序。这是因为虚拟机监控程序安装在现有的操作系统上，例如 Mac OSX、Windows 和 Linux。此外，虚拟机监控程序上也安装有一个或多个其他操作系统实例，如图 7-15 所示。

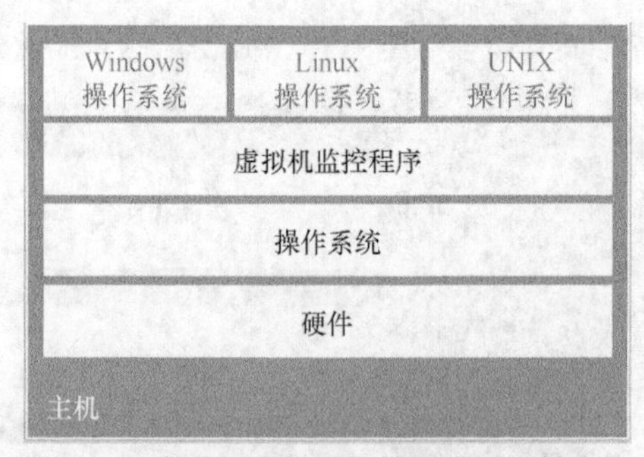

图 7-15 类型 2 虚拟机监控程序：托管方法

类型 2 虚拟机监控程序的一大优势是不需要管理控制台软件。

类型 2 虚拟机监控程序非常受消费者欢迎，而且方便公司体验虚拟化。常见的类型 2 虚拟机监控程序包括：

- Virtual PC；
- VMware Workstation；
- Oracle VM VirtualBox；
- VMware Fusion；

■ Mac OS X Parallels。

这些类型 2 虚拟机监控程序中有许多是免费的，有些则提供了付费使用的高级功能。

注意： 必须确保主机的性能足够强大，既可以安装和运行虚拟机，又不会耗尽资源。

7.2.3 虚拟网络基础设施

本小节将讲解网络设备和服务的虚拟化。

1. 类型 1 虚拟机监控程序

类型 1 虚拟机监控程序也称为“裸金属”架构，因为虚拟机监控程序直接在硬件上安装。类型 1 虚拟机监控程序通常在企业服务器和数据中心网络设备上使用。

在类型 1 虚拟机监控程序中，虚拟机监控程序直接在服务器或连网硬件上安装。此外，操作系统的实例也安装在虚拟机监控程序上，如图 7-16 所示。类型 1 虚拟机监控程序可以对硬件资源进行直接访问；因此，它们比托管式架构更高效。类型 1 虚拟机监控程序可以改善可扩展性、性能和稳定性。

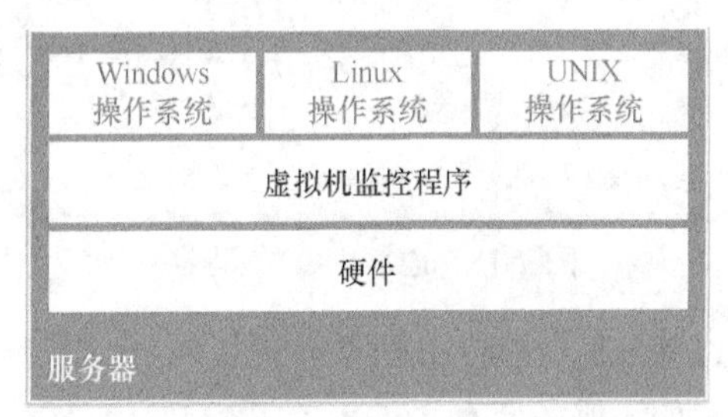

图 7-16 类型 1 虚拟机监控程序：“裸金属”架构

2. 在虚拟机监控程序中安装虚拟机

当安装类型 1 虚拟机监控程序时，服务器重新启动，仅显示基本信息，例如操作系统版本、RAM 数量和 IP 地址。操作系统实例无法在此屏幕中创建。类型 1 虚拟机监控程序需要一个管理控制台（management console）来管理虚拟机监控程序。管理软件用于管理使用了相同的虚拟机监控程序的多个服务器。管理控制台可以自动整合服务器，并根据需要打开或关闭服务器。

例如，假设图 7-17 中 Server1 的资源变得很少。要获得更多可用资源，管理控制台会将 Windows 实例移至 Server2 上的虚拟机监控程序。

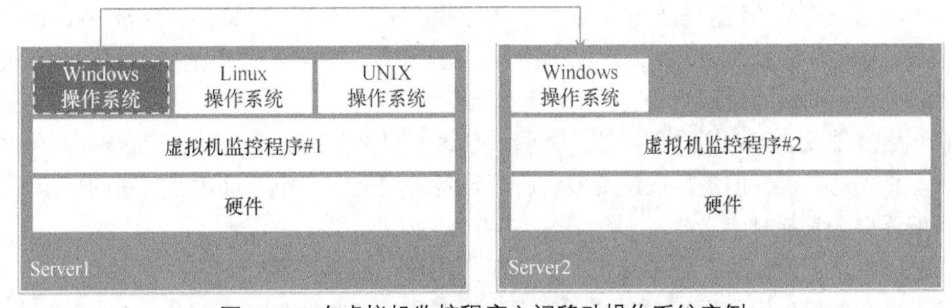

图 7-17 在虚拟机监控程序之间移动操作系统实例

管理控制台提供硬件故障的恢复。如果服务器组件故障，管理控制台会将虚拟机自动无缝地移到另一台服务器。思科统一计算系统（UCS）的管理控制台如图 7-18 所示。思科 UCS 管理器可以对思科 UCS 中的所有软件和硬件组件进行管理。它可以控制多个服务器，并管理上千台虚拟机的资源。

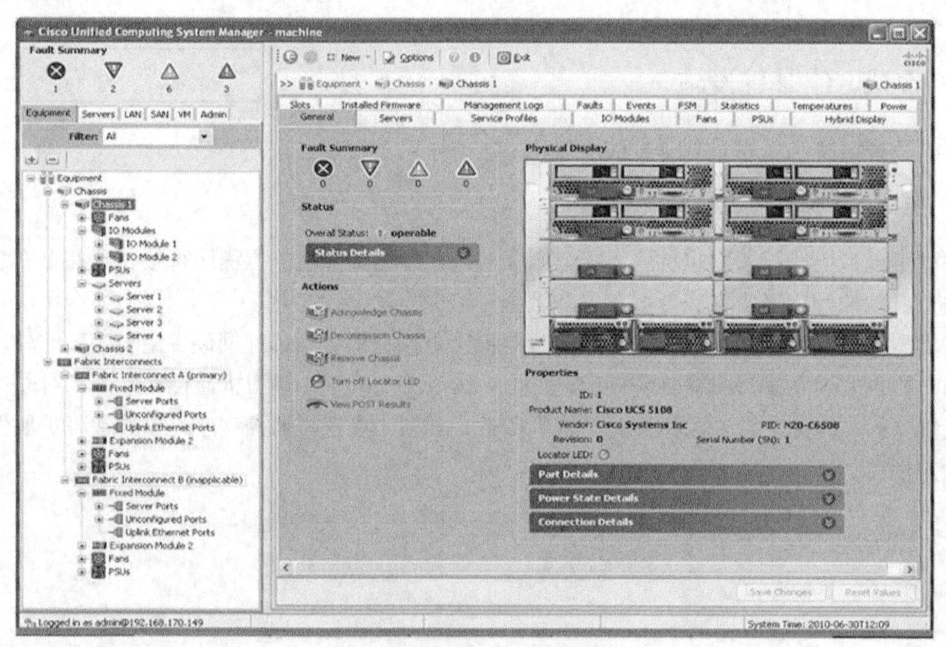

图 7-18　思科 UCS 管理器

一些管理控制台还允许过度分配。过度分配是当安装多个操作系统实例时，其内存分配超出了服务器拥有的内存总量。例如，服务器有 16GB 的 RAM，但是管理员创建了 4 个操作系统实例，每个操作系统实例分配有 10GB 的 RAM。这类过度分配是一种常见做法，因为所有 4 个操作系统实例几乎不会同时需要全部 10GB 的 RAM。

3. 网络虚拟化

服务器虚拟化时用来隐藏来自服务器用户的服务器资源（例如，物理服务器、处理器和操作系统的编号和标识）。如果数据中心使用传统网络架构，这种做法可能会产生问题。

例如，虚拟机使用的虚拟 LAN（VLAN）必须分配到与运行虚拟机管理程序的物理服务器相同的交换机端口。但是，虚拟机是可移动的，并且网络管理员必须能够添加、删除和更改网络资源和配置文件。这个过程是传统网络中的交换机很难做到的。

另一个问题是流量的流动与传统的客户端/服务器模型完全不同。通常，数据中心会有大量流量在虚拟服务器之间进行交换（称为东-西流量）。这些流量的位置和强度随着时间的推移而改变，因此需要一个灵活的网络资源管理方法。

现有网络基础设施可以通过使用服务质量（QoS）和单个流的安全级别配置响应不断变化的与流量管理相关的需求。但是，在使用多供应商设备的大型企业中，每次启用新的虚拟机时，必要的重新配置会非常耗时。

网络基础设施也能受益于虚拟化吗？如果确实如此，那么如何受益？

答案可以在如何使用数据平面和控制平面运行网络设备中找到，具体会在 7.3.1 节讨论。

7.3 网络编程

本节将讲解为什么网络可编程性对于网络的演进是必需的。

7.3.1 软件定义网络

本小节将讲解软件定义网络。

1. 控制平面和数据平面

思科网络基础保护（NFP）框架将路由器和交换机从逻辑上划分为3个功能区域，称为“平面”。

- **控制平面**：这通常被视为设备的大脑。它用于转发决策。控制平面包含第2层和第3层路由转发机制，例如路由协议邻居表和拓扑表、IPv4和IPv6路由表、STP和ARP表。发送到控制平面的信息由CPU处理。
- **数据平面**：也称为转发平面，此平面通常是连接设备上的各种网络端口的交换矩阵。每个设备的数据平面用于转发流量。路由器和交换机使用来自控制平面的信息将入站流量从相应出接口转发出去。数据平面中的信息通常由特定的数据平面处理器处理（例如数字信号处理器[DSP]），无需CPU介入。
- **管理平面**：负责管理网元。管理平面流量由网络设备或网络管理站生成，使用Telnet、SSH、TFTP、FTP、NTP、AAA、SNMP、SysLogo、TACACS、RADIUS和NetFlow等进程和协议。

图7-19中的示例演示了思科快速转发（CEF）如何使用控制平面和数据平面处理数据包。

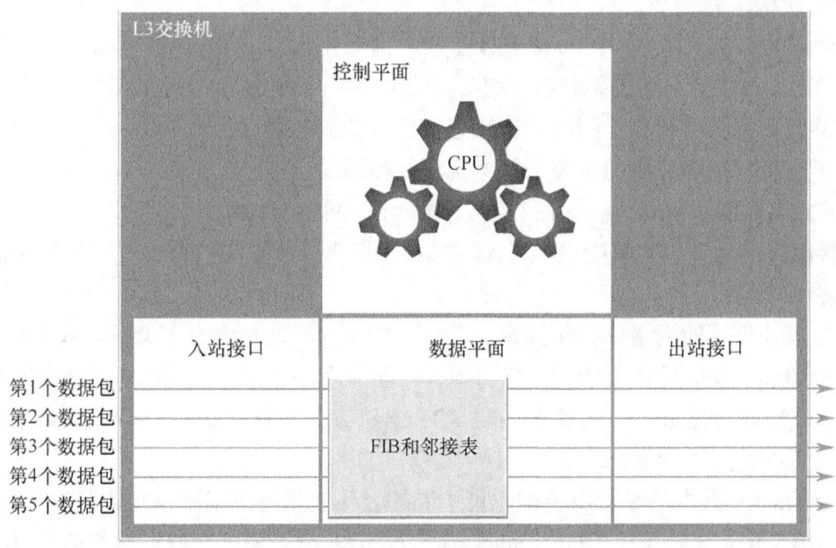

图7-19 思科快速转发（CEF）、控制平面和数据平面

CEF是一种高级的第3层IP交换技术，可在数据平面实现数据包转发，而无需咨询控制平面。在CEF中，控制平面的路由表在数据平面中预先填充CEF转发信息库（FIB）表。控制平面的ARP表会预先填充邻接表。然后数据平面根据FIB和邻接表中包含的信息直接转发数据包，而无需咨询控制平面中的信息。

要将网络虚拟化，就要删除每台设备的控制平面功能，并将该功能交给集中式控制器执行，如图 7-20 所示。集中式控制器将控制平面功能传递给每台设备。每台设备现在都可以专注于转发数据，而集中式控制器管理数据流、提高安全性并提供其他服务。

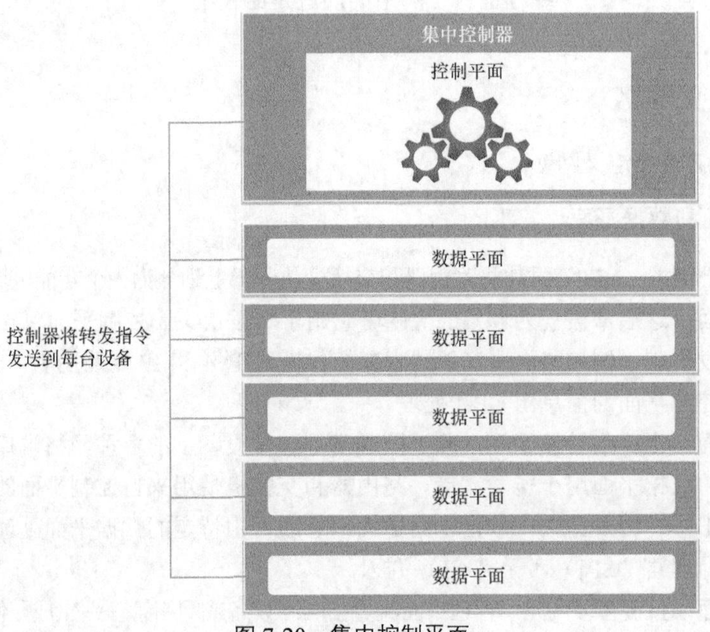

图 7-20 集中控制平面

2. 虚拟化网络

在 20 世纪 90 年代后期，VMware 开发了一种虚拟化技术，可以使一个主机 OS 支持一个或多个客户端 OS。现在大多数虚拟化技术都基于此技术。专用服务器到虚拟服务器的转换已经被广泛接受，并且数据中心和企业网络正在迅速实施虚拟服务器。

两个用于支持网络虚拟化的主要网络架构已经被开发出来。

- **软件定义网络（SDN）**：对网络进行虚拟化的网络架构。
- **思科以应用为中心的基础设施（ACI）**：为集成云计算和数据中心管理而专门构建的硬件解决方案。

还有一些其他可用的网络虚拟化技术，其中一些作为组件包含在 SDN 和 ACI 中。

- **OpenFlow**：该方法由斯坦福大学开发，用于管理路由器、交换机、无线接入点和控制器之间的流量。OpenFlow 协议是构建 SDN 解决方案的基本要素。OpenFlow 标准现在由开放网络基金会负责维护。
- **OpenStack**：此方法是可用于构建可扩展的云环境和提供基础设施即服务（IaaS）解决方案的虚拟化和编排平台。OpenStack 通常与思科 ACI 搭配使用。网络的编排是自动化调配网络组件（例如服务器、存储、交换机、路由器和应用等）的过程。
- **其他组件**：其他组件包括路由系统接口（I2RS）、多链路透明互连（TRILL）、思科结构路径（FP）和 IEEE 802.1aq 最短路径桥接（SPB）。

3. SDN 架构

在传统的路由器或交换机架构中，控制平面和数据平面功能在同一设备中出现。路由决策和数据包转发是设备操作系统的责任。

软件定义网络（SDN）是为了将网络进行虚拟化而开发的网络架构。例如，SDN 可以将控制平面虚拟化。这也称为基于控制器的 SDN。SDN 将控制平面从每个网络设备移动到称为 SDN 控制器的核心网络智能和决策实体。图 7-21 中显示了两种架构。

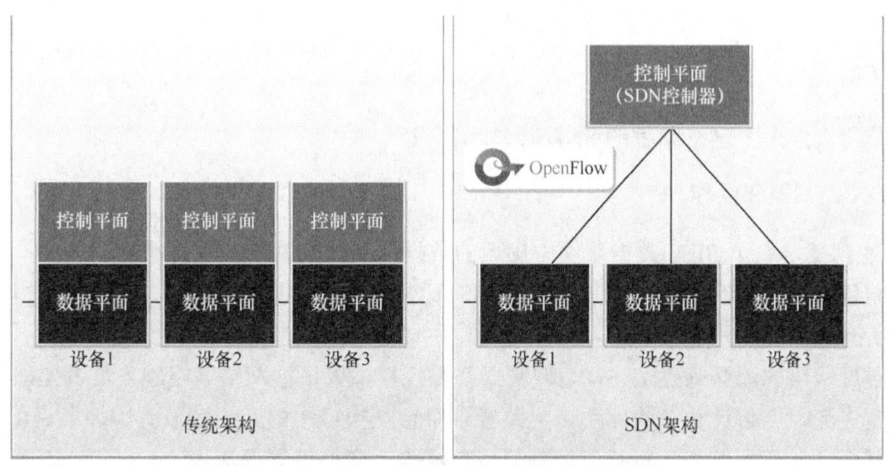

图 7-21　传统架构和 SDN 架构

SDN 控制器是一种逻辑实体，可使网络管理员管理和指定虚拟交换机和路由器的数据平面如何处理网络流量。它编排、调整并促进应用和网络元素之间的通信。

图 7-22 展示了 SDN 框架。

注意在 SDN 框架内使用的应用编程接口（API）。API 是一组标准化请求，定义一个应用从另一个应用请求服务的恰当方式。

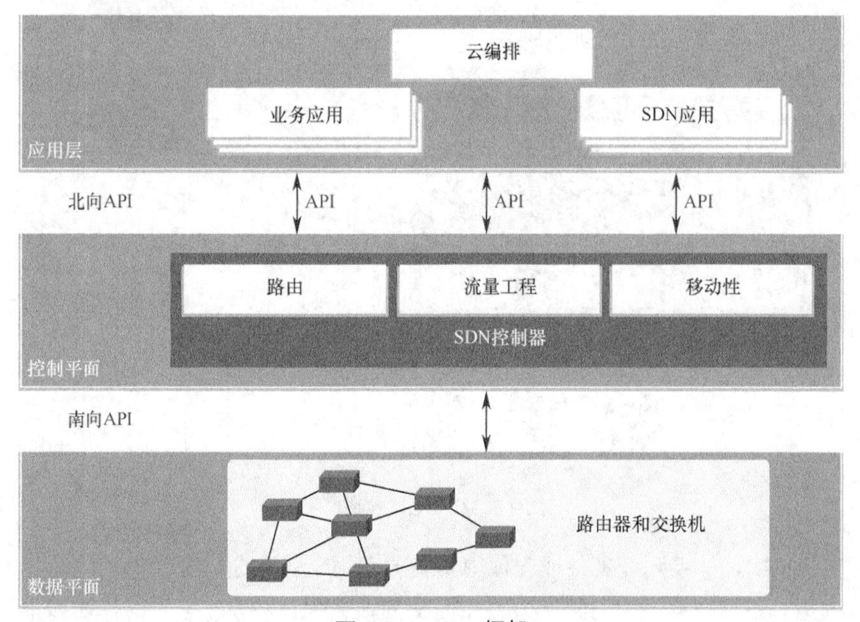

图 7-22　SDN 框架

SDN 控制器使用北向 API 与上游应用通信。这些 API 帮助网络管理员整形流量和部署服务。SDN 控制器还使用南向 API 定义下游虚拟交换机和路由器的行为。OpenFlow 是初始的和广泛实施的南向 API。

注意： 流量在现代数据中心描述为南-北流量（在外部数据中心用户和数据中心服务器之间传输）和东-西流量（在数据中心服务器之间传输）。

7.3.2 控制器

本小节将讲解用于网络编程的 SND 控制器。

1. SDN 控制器和操作

SDN 控制器定义了 SDN 数据平面中出现的数据流。流是共享一组报头字段值的一系列通过网络的数据包。例如，流可以包括具有相同源和目的 IP 地址的所有数据包，或者具有相同 VLAN 标识符的所有数据包。

每个通过网络的流必须先从 SDN 控制器获得授权，以根据网络策略验证是否允许通信。如果控制器允许流，它将计算流的路由，为路径中每台交换机中的此流获取并添加条目。

所有复杂功能都由控制器执行。控制器填充流表。交换机管理流表。

在图 7-23 中，SDN 控制器使用 OpenFlow 协议与兼容 OpenFlow 的交换机通信。此协议使用传输层安全（TLS）在网络上安全地发送控制平面通信。每台 OpenFlow 交换机连接到其他 OpenFlow 交换机。它们还可以连接到终端用户设备，该设备作为数据包流的一部分。

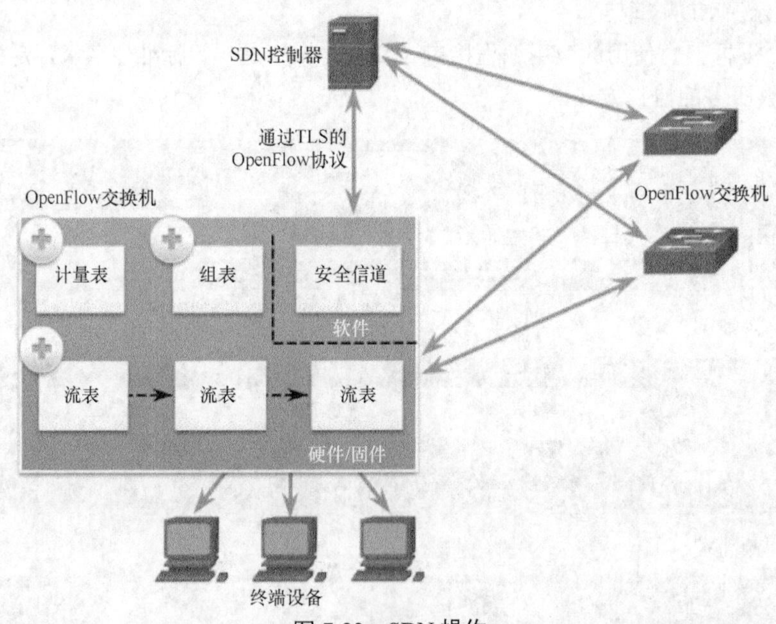

图 7-23 SDN 操作

在每台交换机中，一系列在硬件或固件中实施的表用于管理通过交换机的数据包流。对于交换机而言，流是一系列在流表中与特定条目相匹配的数据包。图7-23中表的描述如下。

- **流表**：该表将传入数据包与特定流相匹配，并指定在数据包上执行的功能。可能有多个流表以管道方式运行。
- **组表**：流表可以将流定向到组表，这可能触发影响一种或多种流的各种操作。

- **计量表**：该表可在流中触发各种与性能相关的操作。

2. 思科以应用为中心的基础设施

很少有组织拥有使用 SDN 工具进行网络编程的需求和技能。但是，大多数组织想要使网络实现自动化、加速应用部署并调整其 IT 基础设施，以便更好地满足业务需求。思科开发了以应用为中心的基础设施（ACI），以便采取比早期 SDN 方法更加高级和更具创新性的方式来达到这些目标。

ACI 是由 Insieme 开发并由思科在 2013 年收购的数据中心网络架构。思科 ACI 是专为集成云计算和数据中心管理设计的硬件解决方案。在高级别中，网络的策略要素已从数据平面删除。这简化了创建数据中心网络的方式。

3. ACI 的核心组件

以下是 ACI 架构的三个核心组件。

- **应用网络配置文件（ANP）**：ANP 是终端组（EPG）及其连接和定义这些连接的策略的集合。图中显示的 EPG（例如 VLAN、Web 服务和应用等）只是示例。ANP 通常更加复杂。
- **应用策略基础设施控制器（APIC）**：APIC 被视为 ACI 架构的大脑。APIC 是集中式软件控制器，它管理和操作可扩展的 ACI 群集交换矩阵。它旨在用于进行编程和集中管理。它将应用策略转换成网络编程。
- **思科 Nexus 9000 系列交换机**：这些交换机提供应用感知交换矩阵并与 APIC 搭配使用，以管理虚拟和物理网络基础设施。

如图 7-24 所示，APIC 位于 APN 和支持 ACI 的网络基础设施之间。APIC 将应用需求转换成满足这些需求的网络配置。

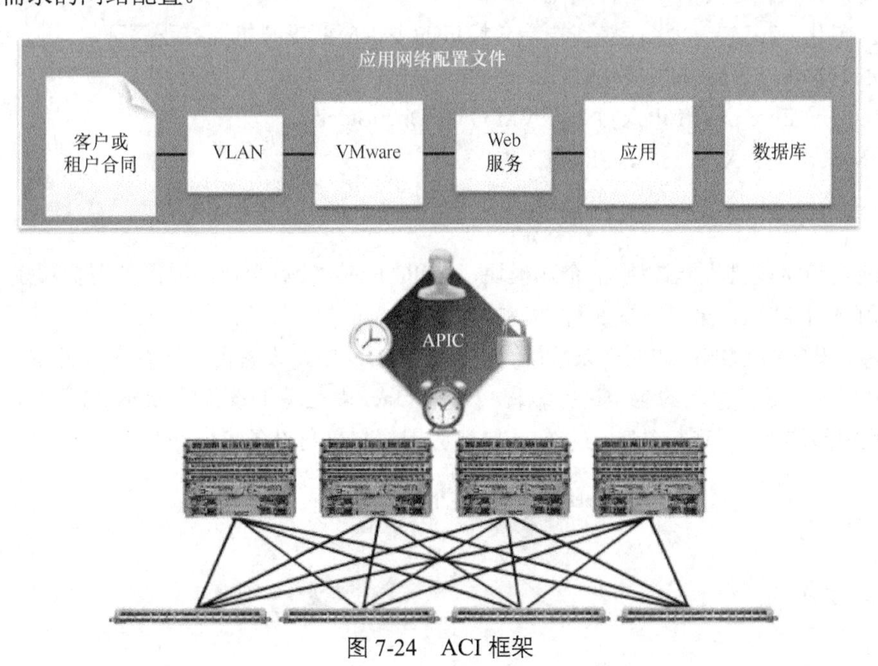

图 7-24 ACI 框架

4. 主干-枝叶拓扑

思科 ACI 交换矩阵由 APIC 和使用两层主干-枝叶拓扑的思科 Nexus 9000 系列交换机组成，如图

7-25所示。枝叶交换机始终连接到主干交换机，但是它们之间不互相连接。同样，主干交换机只能连接到枝叶和核心交换机（未显示）。在这个两层的拓扑中，所有设备都是其他设备的一跳。

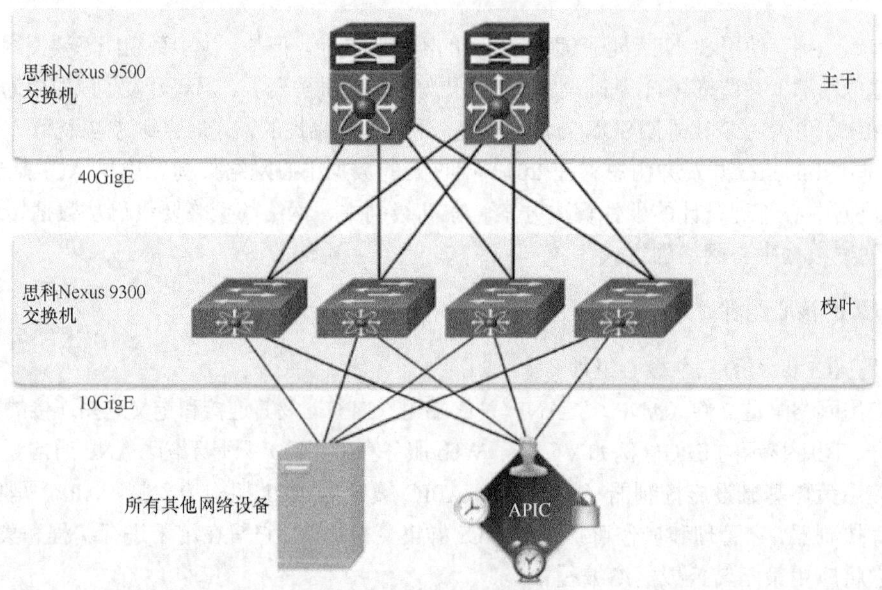

图7-25 主干-枝叶拓扑

思科APIC和网络中的所有其他设备都物理连接到枝叶交换机。

与SDN相比，APIC控制器不直接操纵数据路径。相反，APIC集中策略定义并对枝叶交换机进行编程，以根据定义的策略转发流量。

对于虚拟化，ACI支持将连接到枝叶交换机的多供应商虚拟机监控程序环境，包括：

- Microsoft（Hyper-V/SCVMM/Azure Pack）；
- Red Hat Enterprise Linux OS（KVM OVS/OpenStack）；
- VMware（ESX/vCenter/vShield）。

5. SDN类型

思科应用策略基础设施控制器-企业模块（APIC-EM）针对企业和园区部署扩展了ACI。要更好地理解APIC-EM，来看下面3种类型的SDN。

- **基于设备的SDN**：如图7-26所示，在此类SDN中，设备可由运行在设备本身或运行在网络中的服务器上的应用进行编程。思科OnePK是基于设备的SDN的示例。它可以使程序员使用C和含Python的Java构建应用，与思科设备集成和交互。

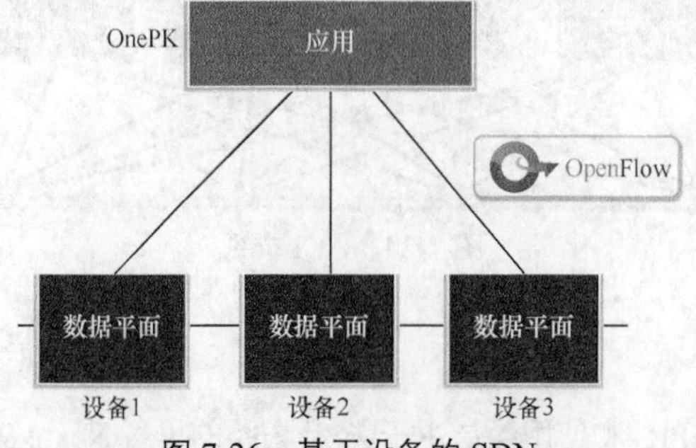

图7-26 基于设备的SDN

■ **基于控制器的 SDN**：如图 7-27 所示，此类 SDN 使用了解所有网络设备的集中式控制器。这项应用可以与负责管理设备和操纵整个网络流量的控制器连接。思科开放式 SDN 控制器是 OpenDaylight 的一项商业布局。

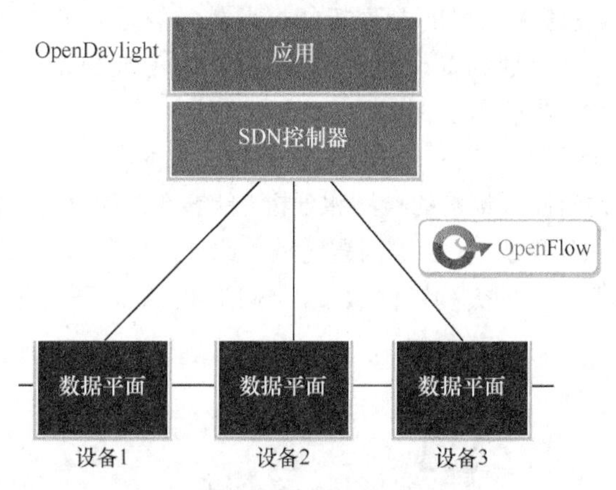

图 7-27 基于控制器的 SDN

■ **基于策略的 SDN**：如图 7-28 所示，此类 SDN 类似于基于控制器的 SDN，集中式控制器可以查看所有网络设备。基于策略的 SDN 包括在更高抽象层上运行的额外策略层。它使用内置应用，通过引导式工作流和用户友好的 GUI 自动进行高级配置任务，无需编程技能。思科 APIC-EM 是此类 SDN 的示例。

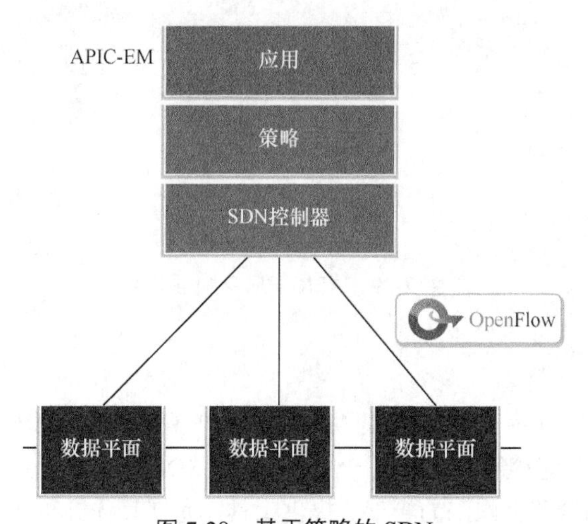

图 7-28 基于策略的 SDN

6. APIC-EM 功能

每种类型的 SDN 都有其自身的功能和优势。基于策略的 SDN 是最强大的，提供一个简单的机制控制和管理整个网络中的策略。

思科 APIC-EM 提供以下功能。

■ **发现**：支持用于填充控制器设备和主机清单数据库的发现功能。

■ **设备清单**：从网络内的设备收集详细信息，包括设备名称、设备状态、MAC 地址、IPv4/IPv6 地址、IOS/固件、平台、正常运行时间和配置。

- **主机清单**：从网络内的主机收集详细信息，包括主机名、用户 ID、MAC 地址、IPv4/IPv6 地址和网络连接点。
- **拓扑**：支持网络的图形视图（拓扑视图）。思科 APIC-EM 自动发现设备，并将设备映射到包含详细设备级数据的物理拓扑。此外，物理拓扑上第 2 层和第 3 层拓扑的自动可视化为设计规划和简化的故障排除提供精细视图。图 7-29 显示了由思科 APIC-EM 生成的拓扑视图示例。
- **策略**：能够在整个网络（包括 QoS）中查看并控制策略。
- **策略分析**：网络访问控制策略的检测和分析。能够在终端设备之间跟踪应用的特定路径，从而快速确定正在使用的 ACL 和问题区域。此外，启用 ACL 改变管理，可以轻松识别访问控制条目的冗余、冲突和错误顺序。不正确的 ACL 条目称为影子。

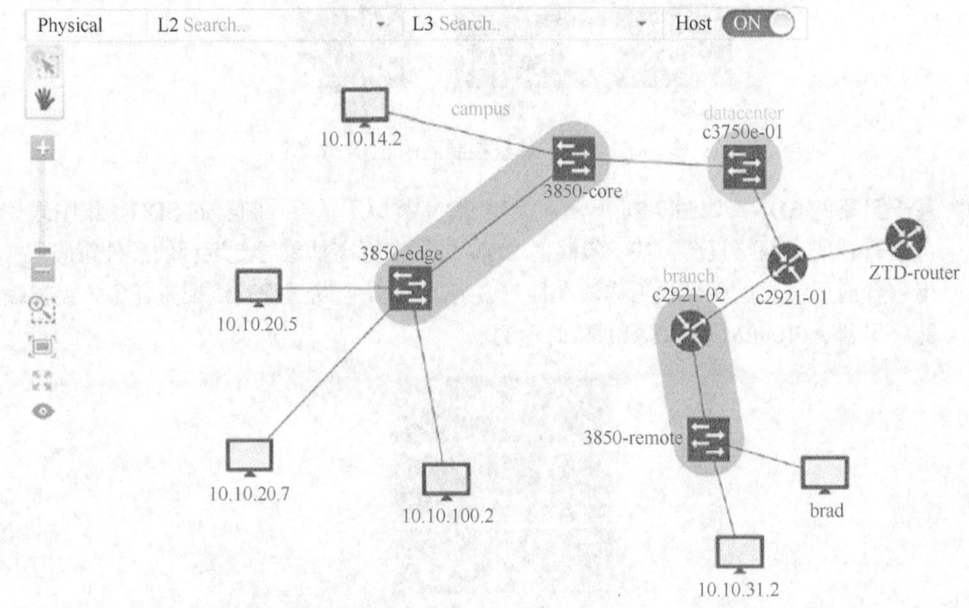

图 7-29　APIC-EM 拓扑视图

7. APIC-EMACL 分析

APIC-EM 管理器的其中一个最重要的功能是能够在整个网络中管理策略。策略在更高的抽象层次中运行。传统设备配置每次适用于一台设备，而 SDN 策略适用于整个网络。

APIC-EMACL 分析和路径跟踪为管理员提供工具，允许其分析和理解 ACL 的策略和配置。创建新的 ACL 或编辑网络中现有的 ACL 来实施新的安全策略可能会颇具挑战性。管理员在更改 ACL 时犹豫不决，怕对其造成破坏并导致新的问题。ACL 分析和路径跟踪可让管理员轻松实现流量可视化并发现所有冲突、重复或影子 ACL 条目。

APIC-EM 提供以下排除 ACL 条目故障的工具。

- **ACL 分析**：此工具检查设备的 ACL，搜索冗余、冲突或影子条目。ACL 分析可以在整个网络中启用 ACL 测试和查询，显示所有问题和冲突。图 7-30 所示为该工具的一个示例截图。
- **ACL 路径跟踪**：此工具在两个终端节点之间检查路径中特定的 ACL，显示所有潜在问题。图 7-31 所示为该工具的一个示例截图。

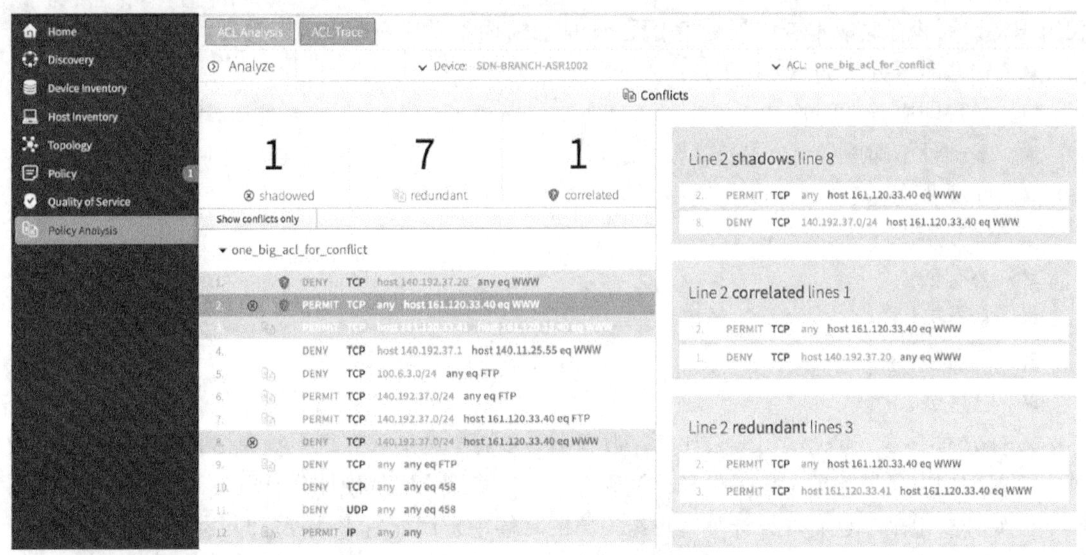

图 7-30 ACL 分析示例

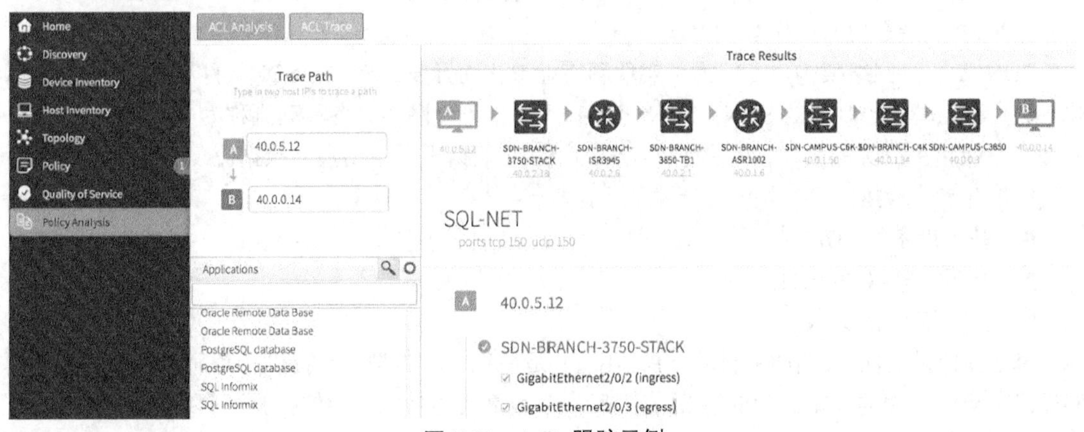

图 7-31 ACL 跟踪示例

7.4 总结

IoT 指的是通过 Internet 连接的数十亿物理对象的网络，并持续连接尚未连接的事物。IoT 所面临的挑战是将来自多个供应商的新事物安全地集成到现有网络中。IoT 的六大支柱为：

- 网络连接；
- 雾计算；
- 安全；
- 数据分析；
- 管理和自动化；
- 应用支持平台。

云计算涉及物理上位于任何地方可通过网络连接的计算机。云计算（与其“即付即用”模式）

使组织将计算和存储成本看作是对实用程序的投资，而不是对基础设施的投资。云计算服务包括：

- 软件即服务（SaaS）；
- 平台即服务（PaaS）；
- 基础设施即服务（IaaS）；
- IT 即服务（ITaaS）。

云模型包括：

- 公有云；
- 私有云；
- 混合云；
- 社区云。

没有数据中心，就无法实现云计算。数据中心是用于容纳计算机系统和相关组件的设施。数据中心很大程度上依赖虚拟化提供云计算服务。云计算将应用从硬件分离出来。虚拟化将操作系统从硬件分离出来。这允许云计算客户在需要的时候动态调配所需计算资源。

虚拟化服务器硬件通过虚拟机监控程序管理。类型 1 虚拟机监控程序直接安装在硬件上。然后可以安装任何操作系统和虚拟机。类型 2 虚拟机监控程序（例如 Mac OS X Parallels 或 Oracle VM VirtualBox）安装在现有操作系统上。

SDN 是一种网络架构，专门为了实现网络虚拟化而开发。例如，SDN 可以将控制平面虚拟化。这也称为基于控制器的 SDN，SDN 将控制平面从每个网络设备移动到称为 SDN 控制器的核心网络智能和决策实体上。SDN 控制器定义了 SDN 数据平面中出现的数据流。

SDN 有 3 种类型：

- 基于设备的 SDN；
- 基于控制器的 SDN；
- 基于策略的 SDN。

基于策略的 SDN（例如思科的 APIC-EM）是最稳定的类型，它提供一个简单的机制来控制和管理整个网络中的策略。APIC-EM 管理器一个最重要的功能是能够在整个网络中管理策略。

检查你的理解

请完成以下所有复习题，以检查您对本章要点和概念的理解情况。答案列在本书附录中。

1．IOT 中机器到机器（M2M）连接的例子是什么？（　　）

A．用户通过 Internet 向朋友发送电子邮件

B．园区内的自动报警系统向所有学生和工作人员发送火警信息

C．冗余服务器相互通信以确定哪个服务器应该处于活动或待机状态

D．仓库中的传感器相互通信并将数据发送到云中的服务器块

2．哪个术语描述的是将互联网结构扩展到数十亿台连接设备？（　　）

A．BYOD　　B．数字化

C．物联网　　D．M2M

3．哪种说法描述了思科物联网系统？（　　）

A．它是一个结合 IOS 和 Linux 的用于雾操作的路由器操作系统

B．这是一个集成了许多第 2 层安全功能的交换机操作系统

C．它是用于云计算的高级路由协议

D．它是管理非常不同的终端和平台的大型系统的基础设施

4．思科物联网系统的雾计算支柱中描述了哪 3 种网络模型？（选 3 项）（　　）

A．客户机/服务器模型

B．云计算模型

C．企业 WAN 模型

D．雾计算模型

E．P2P 模型

F．对等模式

5．哪个物联网支柱将云连通性扩展到更接近网络边缘？（　　）

A．管理和自动化支柱　　B．应用支持平台支柱

C．网络连接支柱　　D．雾计算支柱

6．在思科物联网系统的安全支柱中，哪种网络安全解决方案来解决发电厂和工厂流水线的安全问题？（　　）

A．物联网物理安全　　B．物联网网络安全

C．云计算安全　　D．操作技术特定的安全性

7．哪个云计算机会能够为特定公司提供路由器和交换机等网络硬件的使用？（　　）

A．浏览器即服务（BaaS）　　B．基础设施即服务（IaaS）

C．软件即服务（SaaS）　　D．无线即服务（WaaS）

8．什么技术可以让用户随时随地访问数据？（　　）

A．云计算　　B．数据分析

C．微营销　　D．虚拟化

9．下面哪个选项描述的是雾计算？（　　）

A．它创建了一个分布式计算基础架构，提供接近网络边缘的服务

B．它需要云计算服务来支持非 IP 功能的传感器和控制器

C．它支持比云计算更大的网络

D．它利用集中式计算基础架构，在一个非常安全的数据中心中存储和操纵大数据

10．哪种云计算服务最适合无法负担物理服务器和网络设备的新组织，并且必须按需购买网络服务？（　　）

A．IaaS　　B．ITaaS

C．PaaS　　D．SaaS

11．哪个云模型为特定组织或实体提供服务？（　　）

A．社区云　　B．混合云

C．私有云　　D．公有云

12．虚拟化如何有助于数据中心内的灾难恢复？（　　）

A．保证权力　　B．改善商业行为

C．提供一致的气流　　D．支持实时迁移

13．云计算和虚拟化的功能有什么区别？（　　）

A．云计算提供基于 Web 的访问服务，虚拟化则通过虚拟化 Internet 连接提供数据访问服务

B．云计算需要管理程序技术，而虚拟化是一种容错技术

C．云计算将应用程序与硬件分开，而虚拟化则将操作系统与底层硬件分开

D．云计算利用数据中心技术，而数据中心不使用虚拟化技术

14．类型 2 管理程序的特点是哪一个？（　　）

A．最适合企业环境　　B．不需要管理控制台软件

C．可以直接访问服务器硬件资源　　D．直接安装在硬件上

15．类型 1 管理程序的特点是哪一个？（　　）

A．最适合消费者，而不适合企业环境　　B．不需要管理控制台软件

C．直接安装在服务器上　　D．安装在现有的操作系统上

16．哪种技术将控制平面虚拟化并将其移至集中控制器？（　　）

A．云计算　　B．雾计算

C．IaaS　　D．SDN

17．OSI 模型的哪两层与作出转发决策的 SDN 网络控制平面功能相关联？（选两项）（　　）

A．第 1 层　　B．第 2 层

C．第 3 层　　D．第 4 层

E．第 5 层

18．哪种类型的管理程序最有可能用于数据中心？（　　）

A．Nexus 9000 交换机　　B．Oracle VM VirtualBox

C．类型 1　　D．类型 2

19．消费者最有可能使用的管理程序是哪种类型？

A．Nexus 9000 交换机　　B．Oracle VM VirtualBox

C．类型 1　　D．类型 2

20．哪些组件被认为是 ACI 体系结构的大脑，并转换应用程序策略？（　　）

A．应用网络配置文件端点　　B．应用策略基础架构控制器

C．管理程序　　D．Nexus 9000 交换机

第 8 章

网络故障排除

学习目标

通过完成本章学习，您将能够回答下列问题：

- 如何开发网络文档以及如何使用网络文档排除网络故障？
- 常规故障排除的步骤是什么？
- 使用系统的分层排除故障的方法有什么区别？
- 如何使用基于 ICMP 回显的 IP SLA 来解决网络连接问题？
- 有哪些不同的网络故障排除工具？
- 如何使用分层模型来确定网络问题的症状和原因？
- 如何使用分层模型排除网络故障？

如果整个网络或部分网络中断，可能会对企业造成严重的负面影响。当出现网络故障时，网络管理员必须采用系统化的方法进行故障排除，尽快将网络恢复至完全运行状态。

在IT行业中，快速且高效地解决网络问题的能力是人们最渴求的技能之一。企业需要员工具备扎实的网络故障排除技能，掌握这些技能的唯一方法就是动手实践和使用系统化的故障排除方法。

本章介绍了需要维护的网络文档和常规故障排除步骤、方法及工具，还将讨论OSI模型的多个层上会出现的典型故障症状和原因。

8.1 故障排除方法

本节将讲解各种网络问题的故障排除方法。

8.1.1 网络文档

本小节将讲解如何开发网络文档并用于解决网络问题。

1. 记录网络

网络管理员为了能够对网络进行监控和故障排除，必须拥有一套完整且准确的当前网络文档。此类文档包括：

- 配置文件，包括网络配置文件和终端系统配置文件；
- 网络拓扑图；
- 基线性能等级。

网络文档使网络管理员能够根据网络设计和正常运行情况下网络的预期性能来有效诊断并纠正网络问题。所有网络文档信息都应保存到一个位置，可保存为硬拷贝形式（即将其打印出来），或保存到受保护的网络服务器上。备份文档应当在不同位置进行维护和保存。

网络配置文件

网络配置文件包含网络中使用的硬件和软件的最新的准确记录。在网络配置文件中，应该为网络中使用的每台网络设备创建一个表格，表格中包含有关此设备的所有相关信息。

例如，表8-1显示了两台路由器的网络配置表示例。

表8-1 路由器文档

设备名称、型号	接口名称	MAC 地址	IPv4 地址	IPv6 地址	IP 路由协议
R1、思科 1941、c1900-universalk9-mz.SPA154-3.M.bin	Gig0/0	0007.8580.a159	192.168.10.1/24	2001:db8:cafe:10::1/64 fe80::1	EIGRPv4 10 EIGRPv6 20
	Gig0/1	0007.8580.a160	192.168.11.1/24	2001:db8:cafe:11::1/64 fe80::1	EIGRPv4 10 EIGRPv6 20
	Serial 0/0/0	不适用	10.1.1.1/30	2001:db8:acad:20::1/64 fe80::1	EIGRPv4 10 EIGRPv6 20
R2、思科 1941、c1900-universalk9-mz.SPA/154-3.M2.bin	Serial 0/0/0	不适用	10.1.1.2/30	2001:db8:acad:20::2/64 fe80::2	EIGRPv4 10 EIGRPv6 20

表 8-2 显示了 LAN 交换机的类似信息。

表 8-2 交换机文档

交换机名称、型号、管理 IP 地址	端口	速度	双工	STP	快速端口	Trunk 状态	以太信道（第 2 层或第 3 层）	VLAN	说明
S1、思科 WS-2960-24TT	Fa0/1	100	自动	转发	否	开启	无	1	连接到 R1
192.168.10.2/24、2001: db6:acad:99::2	Fa0/2	100	自动	转发	是	否	无	1	连接到 PC1
c2960-lanbasek9-mz.150-2.S37.6in	Fa0/3								未连接

可在设备表格中查看的信息包括：

- 设备类型、型号；
- IOS 映像名称；
- 设备的主机名；
- 设备位置（大楼、楼层、房间、机架、面板）；
- 如果是模块化设备，要记录所有模块类型以及各模块类型所在的模块插槽；
- 数据链路层地址；
- 网络层地址；
- 设备物理方面的任何其他重要信息。

终端系统配置文件

终端系统配置文件重点关注终端系统设备中使用的硬件和软件，例如服务器、网络管理控制台和用户工作站。配置不正确的终端系统会对网络的整体性能产生负面影响。因此，在进行故障排除时，在设备上使用硬件和软件的示例基线记录并将其记录到终端系统文档中（见表 8-3）会非常有用。

表 8-3 终端系统文档

设备名称、用途	操作系统	MAC 地址	IP 地址	默认网关	DNS 服务器	网络应用程序	高带宽应用程序
PC2	Windows 8	5475.D08E.9AD8	192.168.11.10 /24	192.168.11.1 /24	192.168.11.11 /24	HTTP FTP	视频
			2001：DB8:ACAD:11::10/64	2001:DB8:ACAD:11::1	2001:DB8:ACAD:11::99		
SRV1	Linux	000C.D991.A138	192.168.20.254 /24	192.168.20.1 /24	192.168.20.1 /24	FTP HTTP	
			2001:DB8:ACAD:4::100/64	2001:DB8:ACAD:4::1	2001:DB8:ACAD:1::99		

为了排除故障，可将以下信息记录到终端系统配置表中：

- 设备名称（用途）；
- 操作系统及版本；
- IPv4 和 IPv6 地址；
- 子网掩码和前缀长度；

- 默认网关地址和 DNS 服务器；
- 终端系统运行的任何高带宽网络应用程序。

2. 网络拓扑图

网络拓扑图可跟踪网络中设备的位置、功能和状态。网络拓扑图有两种类型：物理拓扑和逻辑拓扑。

物理拓扑

物理网络拓扑显示连接到网络的设备的物理布局。我们需要了解设备的物理连接方式才能排除物理层故障。物理网络图中记录的信息通常包括：

- 设备类型；
- 型号和制造商；
- 操作系统版本；
- 电缆类型及标识符；
- 电缆规格；
- 连接器类型；
- 电缆连接端点。

图 8-1 显示了一个物理网络拓扑图示例。

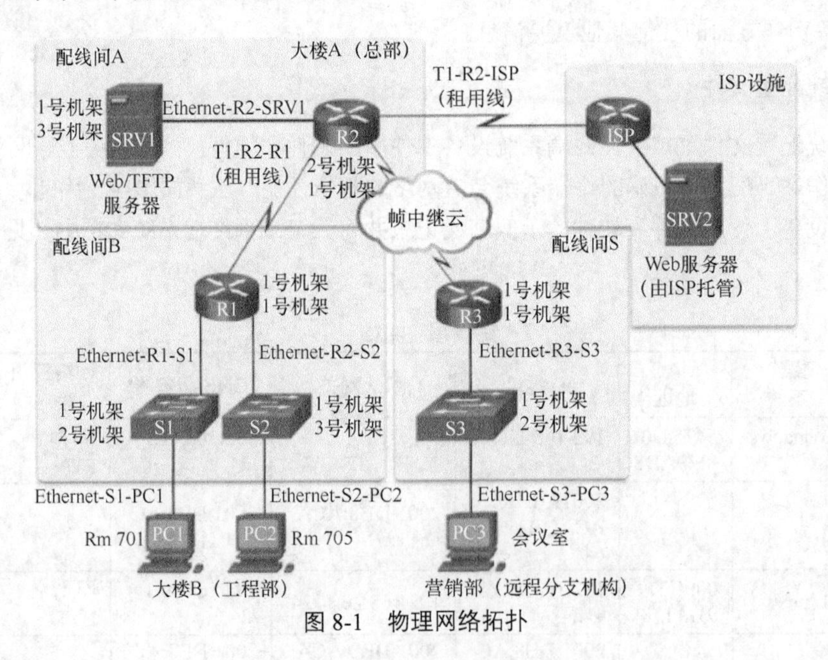

图 8-1　物理网络拓扑

逻辑拓扑

逻辑网络拓扑说明了设备如何与网络进行逻辑连接，即设备在与其他设备通信时如何通过网络实际传输数据。符号用于表示各种网络元素，如路由器、服务器、主机、VPN 集中器及安全设备。此外，可能会显示多个站点之间的连接，但并不代表实际的物理位置。逻辑网络图中记录的信息可以包括：

■ 设备标识符；
■ IP 地址和前缀长度；
■ 接口标识符；
■ 连接类型；
■ 虚电路的帧中继 DLCI（如果适用）；
■ 站点到站点 VPN；
■ 路由协议；
■ 静态路由；
■ 数据链路协议；
■ 所采用的 WAN 技术。

图 8-2 显示了一个逻辑 IPv4 网络拓扑示例。虽然 IPv6 地址也可以在同一拓扑中显示，但创建单独的逻辑 IPv6 网络拓扑图会更清晰。

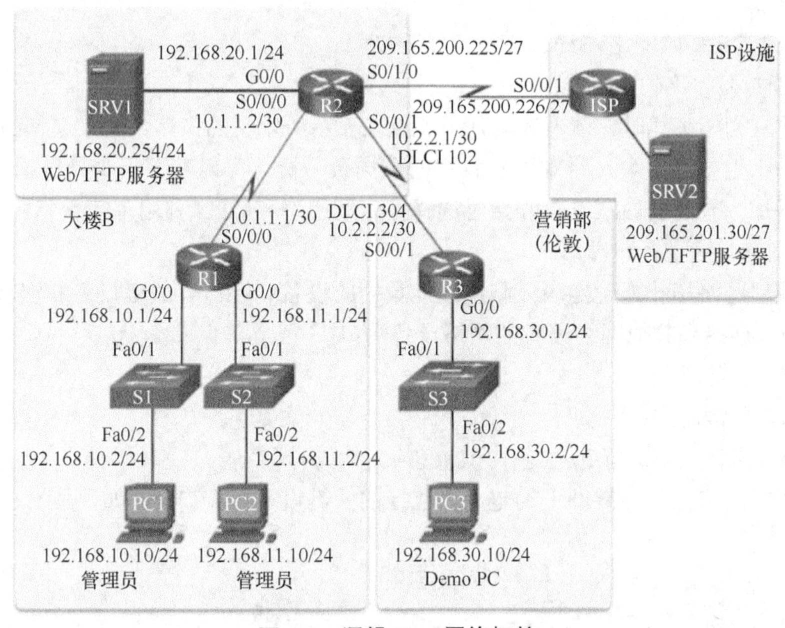

图 8-2 逻辑 IPv4 网络拓扑

3. 建立网络基线

监控网络的目的是观察网络性能，将其与预先确定的基线进行比较。基线用于确定正常的网络或系统性能。要建立网络性能基线，需要从对于网络运行不可或缺的端口和设备上收集性能数据。图 8-3 显示了基线应该回答的多个问题。

网络管理员可以通过度量关键网络设备和链路的初始性能及可用性，在网络扩展时或流量模式变化时辨别网络的异常运行情况和正常运行情况。基线还会提供关于当前网络设计能否满足企业需求的信息。如果没有基线，在度量网络流量最佳状况特征以及拥塞程度时便没有了依据。

初始基线建立后进行的分析往往也能揭示一些隐藏的问题。收集的数据会显示网络中拥塞或潜在拥塞的真实情况。还可能会显示网络中利用率不足的区域，而且往往会促使设计人员根据质量和容量观察结果重新设计网络。

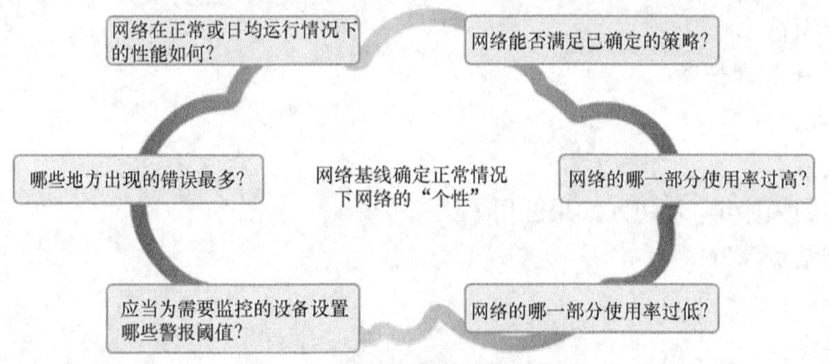

图 8-3 网络基线可回答的问题

4. 建立网络基线的步骤

初始网络性能基线为衡量网络更改的效果和后续故障排除工作奠定了基础，因此必须仔细制定计划来建立此基线。

如需建立和捕获初始网络基线，请执行以下步骤。

步骤 1 确定要收集的数据类型。

建立初始基线时，请先选择几个变量来表示所定义的策略。如果选择的数据点过多，由于数据量过大，将难以对收集的数据做分析。可以着手于少量数据点，然后逐步增加。较好的做法是在开始时选择接口利用率和 CPU 利用率衡量指标。

步骤 2 确定关键设备和端口。

使用网络拓扑来确定应该测量性能数据的设备和端口。关键设备和端口包括：

- 连接到其他网络设备的网络设备端口；
- 服务器；
- 关键用户；
- 您认为对运行起关键作用的任何其他内容。

逻辑网络拓扑图有助于确定需要监控的关键设备和端口。例如，在图 8-4 中，网络管

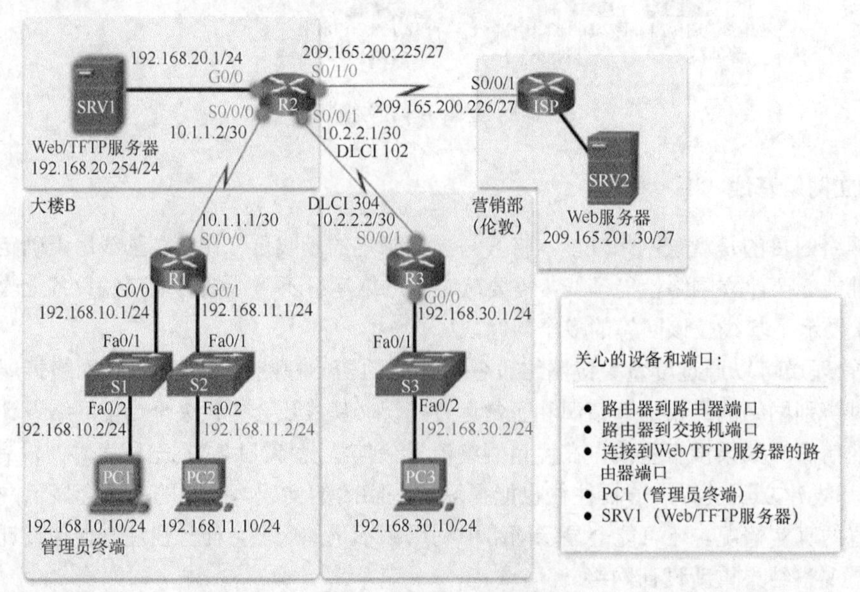

图 8-4 规划第一条基线

理员突出显示了基线测试期间需要监控的关键设备和端口。关键设备包括 PC1（管理终端）和 SRV1（Web/TFTP 服务器）。关键端口包括 R1、R2 和 R3 上连接到其他路由器或交换机的端口，以及 R2 上连接到 SRV1（G0/0）的端口。

通过精简轮询的端口，可简化结果并最大程度地减轻网络管理负担。请记住，路由器或交换机上的接口可以是虚拟接口，例如某个交换机虚拟接口（SVI）。

步骤 3 确定基线期限。

时间要足够长，收集的基线信息要足够多，才能确定典型的网络运行情况。对网络流量的每日趋势进行监控很重要。对更长时间段中出现的趋势进行监控也非常重要，例如每周或每月。因此，在捕获用于分析的数据时，指定周期应该至少是 7 天。

图 8-5 显示了每天、每周、每月和每年捕获的几个 CPU 利用率趋势的截图示例。

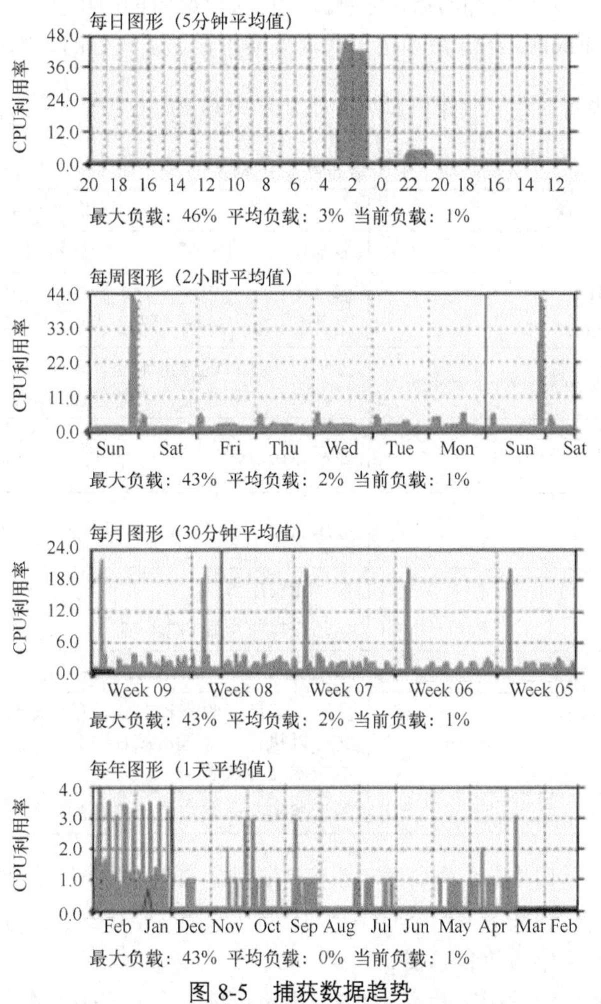

图 8-5 捕获数据趋势

在本示例中，请注意工作周趋势太短，无法显示每周末的周六晚上重复出现的利用率高峰（此时数据库备份操作会消耗网络带宽）。月趋势中反映了这一周期性模式。图 8-5 中显示的年趋势可能因时间周期太长，而无法提供有意义的基线性能详细信息。然而，它可能有助于确定长期的模式，应该进一步分析。通常情况下，基线持续时间无需超过 6 周，除非需要测量特定的长期趋势。一般而言，2～4 周的基线持续时间足以满足需要。

在使用独特流量模式时，不应当执行基线测量，因为数据无法准确反映正常的网络运行情况。网络基线分析应定期进行。每年对整个网络进行一次分析，或轮换式地对网络的不同部分做基线度量。必须定期对网络做分析，才能了解网络受企业发展及其他变化影响的情况。

5. 测量数据

在记录网络时，通常需要直接从路由器和交换机收集信息。明显很有用的网络文档命令包括 **ping**、**traceroute** 和 **telnet** 以及以下 **show** 命令。

- **show ip interface brief** 和 **show ipv6 interface brief** 命令可用于显示设备上所有接口是处于打开还是关闭状态，还可以显示所有接口的 IP 地址。
- **show ip route** 和 **show ipv6 route** 命令可用于显示路由器中的路由表，以便获知直连邻居、其他远程设备（通过已知的路由来获知）以及已配置的路由协议。
- **show cdp neighbors detail** 命令用于获取直连思科邻居设备的详细信息。

表 8-4 列出了一些用于数据收集的最常用的思科 IOS 命令。

表 8-4 用于数据收集的命令

命令	说明
show version	显示设备软件和硬件的正常运行时间和版本信息
show ip interface [brief] **show ipv6 interface [brief]**	显示接口上设置的所有配置选项。使用 **brief** 关键字可以只显示 IP 接口的 up/down 状态以及每个接口的 IP 地址
show interface [*interface_type interface_num*]	显示每个接口的详细输出。若要只显示单个接口的详细输出，可在命令中包含接口类型和编号（例如 gigabitethernet 0/0）
show ip route **show ipv6 route**	显示路由表的内容
show arp **show neighbors**	显示 ARP 表（IPv4）和邻居表（IPv6）的内容
show running-config	显示当前配置
show port	显示交换机上端口的状态
show vlan	显示交换机中 VLAN 的状态
show tech-support	此命令可用于收集设备相关的大量信息，以供故障排除使用。它可以执行多个 **show** 命令，在报告问题时可将这些命令提供给技术支持代表
show ip cache flow	显示 NetFlow 账户统计信息的汇总

在各个网络设备上使用 **show** 命令手动收集数据非常耗时而且不可扩展。手动收集数据应当用于小型网络，或用于任务关键型网络设备。对于比较简单的网络设计，基线任务通常会结合使用手动数据收集和简单网络协议检查器。

复杂的网络管理软件通常用于确定大型复杂网络的基线。这些软件包能让管理员自动创建和查看报告，对比当前的性能级别和历史观察结果，自动识别性能问题，以及为没有提供预期服务级别的应用创建警报。

可能需要花费许多小时或许多天来建立初始网络基线或执行性能监控分析，才能准确地反映网络性能。网络管理软件或协议检查器和嗅探器通常在数据收集过程中不间断地运行。

8.1.2 故障排除流程

本小节将讲解一般的故障排除过程。

1. 一般故障排除步骤

故障排除会占用网络管理员和支持人员的大部分时间。在生产环境中工作时，使用高效的故障排除方法能够缩短故障排除的总时间。

故障排除过程包括 3 个主要阶段，如图 8-6 所示。

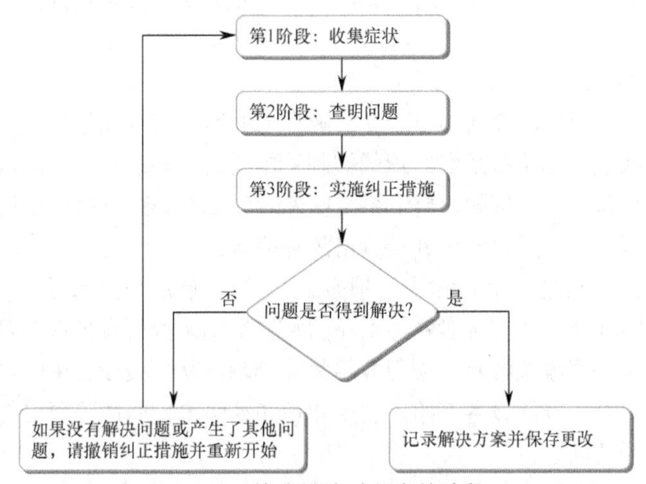

图 8-6 故障排除过程中的阶段

步骤 1 **收集症状**。进行故障排除时，首先需要从网络、终端系统和用户处收集并记录症状。此外，网络管理员还应确定哪些网络组件受到了影响，以及网络的功能与基线相比发生了哪些变化。故障症状可能以许多不同的形式出现，其中包括网络管理系统警报、控制台消息以及用户投诉。在收集症状时，重要的是网络管理员要提出问题并调查问题，以便在更小范围内找出可能发生问题的地方。例如，问题仅限于单个设备、一组设备，还是出现在设备的整个子网或网络中？

步骤 2 **查明问题**。查明问题是不断排除可变因素直到将某个问题或一组相关问题确定为故障原因的过程。要查明问题，网络管理员需在网络的逻辑层研究故障的特征，以便找到最有可能的原因。在此阶段，网络管理员可根据已确定的特征收集并记录更多故障症状。

步骤 3 **实施纠正措施**。在确定问题的原因后，网络管理员将通过实施、测试并记录可能的解决方案来纠正问题。在找到问题并确定解决方案之后，网络管理员可能需要决定是立即实施解决方案还是必须推迟实施。这取决于更改对用户和网络的影响。应该将问题的严重性与解决方案的影响进行权衡。例如，如果关键服务器或路由器必须在相当长的时间内处于离线状态，则等到工作日结束后再实施修复可能更好。有时，可以创建变通方案直到实际问题得到解决。这通常是网络更改控制流程的一部分。

如果纠正措施引起另一个问题或未能解决问题，则要记录已尝试的解决方案并删除更改，然后网络管理员需要重新返回收集症状并查明问题。

上述阶段并不互相排斥，在故障排除过程中，可能随时需要再次执行前面的阶段。例如，网络管理员在查明问题时可能需要收集更多的故障症状。另外，在尝试纠正某个问题时，可能会引起另一个问题。在这种情况下，请删除更改并重新开始故障排除。

应该为每个阶段建立故障排除策略（包括用于记录所做更改和更改执行人的更改控制过程）。故障排除策略规定各阶段统一的执行方式，其中应包括记录每一条重要信息。

在问题解决后，与用户以及所有参与故障排除过程的人进行沟通。应将解决方案告知IT团队的其他成员。有关原因及修复过程的相应记录将帮助其他支持人员在将来避免和解决类似问题。

2. 收集症状

在收集症状时，重要的是网络管理员要收集事实和证据以逐渐排除可能的原因，并最终确定故障的根本原因。通过分析信息，网络管理员将作出假设以提出可能的原因及解决方案，同时排除其他原因及解决方案。

信息收集分为5步。

步骤1 **收集信息**。通过故障通知单、受故障影响的用户或终端系统收集信息以明确故障。

步骤2 **确定所有权**。如果故障在组织的控制范围之内，则进行下一阶段。如果故障不在组织的控制范围内（例如，自治系统以外的Internet连接中断），则需要先联系外部系统的管理员，然后再收集其他网络故障症状。

步骤3 **缩小范围**。确定问题出在网络的核心层、分布层还是接入层。在确定的层中，分析现有故障症状，并利用对网络拓扑的掌握来确定哪台设备最有可能是故障原因。

步骤4 **从可疑设备中收集症状**。采用分层故障排除法从可疑设备中收集硬件和软件故障症状。从最有可能的设备开始，利用知识和经验来判断故障更可能是硬件配置问题还是软件配置问题。

步骤5 **记录故障症状**。有时可以利用已记录的故障症状来解决问题。如果无法解决，则开始常规故障排除过程的查明问题阶段。

使用思科IOS命令和其他工具可收集有关网络的故障症状，例如：

- **ping**、**traceroute**和**telnet**命令；
- **show**和**debug**命令；
- 数据包捕获；
- 设备日志。

表8-5介绍了用于收集网络故障症状的常见思科IOS命令。

表8-5 用于收集症状的命令

命令	说明
ping {*host* | *ip-address*}	向某个地址发送echo请求数据包，然后等待响应。*host*或*ip-address*变量是目标系统的IP别名或IP地址
traceroute {*destination*}	确定数据包在网络中传输时经过的路径。变量*destination*是目标系统的主机名或IP地址
telnet {*host* | *ip-address*}	使用Telnet应用程序连接到某个IP地址。如果启用了SSH，则使用**ssh-l** *username* *ip-address*命令
show ip interface brief **show ipv6 interface brief**	显示设备上所有接口的状态汇总
show ip route **show ipv6 route**	显示当前的IPv4和IPv6路由表，这些路由表包含通往所有已知网络目的地的路由
show running-config	显示当前运行配置文件中的内容
[no] debug ?	显示设备上启用或禁用调试事件的选项列表
show protocols	显示已配置的协议，并显示所有已配置的第3层协议的全局状态和接口特定状态

注意：尽管 **debug** 命令是收集症状的重要工具，但它会产生大量的控制台消息流量，且网络设备的性能会受到显著影响。如果必须在正常工作时段内执行 **debug**，请提醒网络用户正在进行故障排除工作，网络性能可能会受到影响。请记得在完成工作后禁用调试。

3. 询问终端用户

很多情况下问题是由终端用户报告的。信息经常会是模糊的或具有误导性的，例如，“网络中断”或“我无法访问我的邮件”。在这些情况下，必须更清楚地明确问题。这可能需要向终端用户提问。

当向终端用户询问他们可能遇到的网络问题时，请使用有效的提问技巧。这将帮助您获得记录问题症状所需的信息。

表 8-6 提供了一些提问指南和终端用户问题示例。

表 8-6 回答用户问题指南

指　　南	终端用户问题示例
询问与故障有关的问题	哪一部分无法正常运行？
将每个问题用作解决或发现潜在问题的方法	正常运行的部分与无法正常运行的部分有关联？
以用户能够理解的技术深度与用户交谈	无法正常运行的部分以前是否能够正常运行？
询问用户首次注意到该问题是在什么时候	首次注意到该问题是在什么时候？
确定自从设备上次正常运行以来是否发生过什么事	上次正常运行之后进行了哪些更改？
如有可能，要求用户重现问题	您能否重现问题？
确定问题发生之前事件发生的顺序	问题具体是在什么时候发生的？

8.1.3 使用分层模型查明问题

本小节将对使用了系统的分层方法的故障排除方法进行比较。

1. 使用分层故障排除模型

在收集完所有的故障症状后，如果尚未确定解决方案，则网络管理员需要比较问题的特征与网络的逻辑层，以便查明并解决问题。

逻辑网络模型（例如，OSI 模型和 TCP/IP 模型）将网络功能分为若干个模块化的层。排除故障时，这些分层模型可应用于物理网络以查明网络问题。例如，如果故障症状表明存在物理连接故障，网络技术人员可以专注于检查在物理层运行的线路是否有故障。如果电路运行正常，则技术人员可查看另一层中可能导致问题的区域。

OSI 参考模型

OSI 参考模型为网络管理员提供一种通用语言，通常用于排除网络故障。一般按照给定 OSI 模型层来描述故障。

OSI 参考模型描述一台计算机中某个软件应用中的信息如何通过网络介质转移到另一台计算机中的某个软件应用。

OSI 模型的较上层（第 5 层至第 7 层）处理应用问题，通常只在软件中实施。应用层最接近终端用户。用户和应用层进程都与包含通信组件的软件应用交互。

OSI 模型的较下层（第 1 层至第 4 层）处理数据传输问题。第 3 层和第 4 层一般仅通过软件实现。物理层（第 1 层）和数据链路层（第 2 层）则通过硬件和软件实现。物理层最接近物理网络介质（例如网络电缆），负责实际将信息交给介质传输。

图 8-7 显示了一些常见设备以及在对该设备进行故障排除时必须检查的 OSI 层。注意路由器和多层交换机在第 4 层（即传输层）中显示。尽管路由器和多层交换机通常在第 3 层上做出转发决策，但这些设备上的 ACL 可用于通过第 4 层信息做出过滤决策。

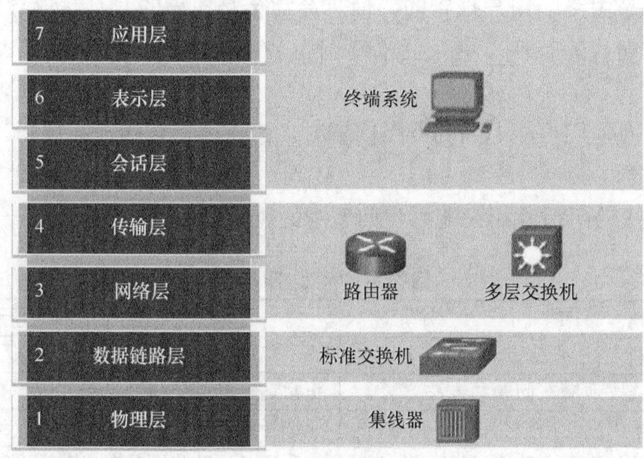

图 8-7 OSI 参考模型

TCP/IP 模型

TCP/IP 网络模型与 OSI 网络模型类似，也将网络体系结构分为若干个模块化的层。图 8-8 显示了 TCP/IP 网络模型与 OSI 网络模型各层的对应关系。正是由于存在这样密切的对应关系，TCP/IP 协议簇才能够顺畅地与如此多的网络技术通信。

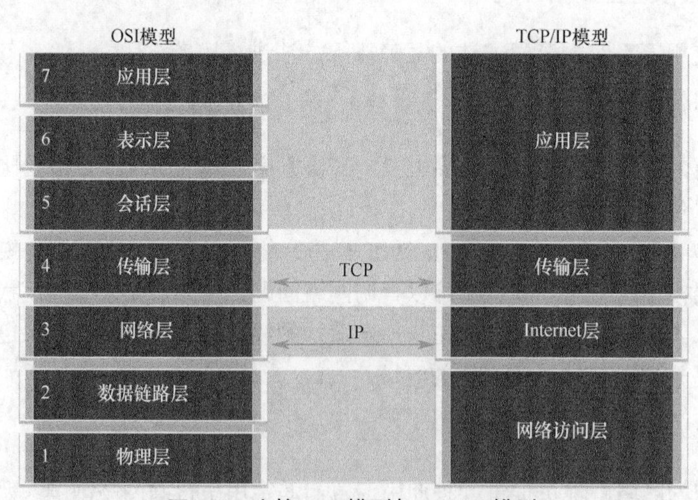

图 8-8 比较 OSI 模型与 ICP/IP 模型

TCP/IP 协议簇中的应用层实际上合并了 OSI 模型 3 个层的功能：会话、表示和应用。应用层提供不同主机上的应用（如 FTP、HTTP 和 SMTP）之间的通信。

TCP/IP 的传输层与 OSI 的传输层在功能上完全相同。传输层负责在 TCP/IP 网络上的设备之间交换数据段。

TCP/IP 的 Internet 层对应 OSI 的网络接入层，Internet 层负责从源到目的的数据传输。

TCP/IP 网络接入层对应于 OSI 物理层和数据链路层。网络接入层直接与网络介质通信，提供网络体系结构与 Internet 层之间的接口。

2. 故障排除方法

使用分层模型，有 3 种主要的网络故障排除方法：

- 自下而上；
- 自上而下；
- 分治法。

每种方法各有利弊。这里将介绍这 3 种方法，并提供针对具体故障情况选择最佳方法的原则。

自下而上故障排除法

采用自下而上的故障排除法时，首先要检查网络的物理组件，然后沿着 OSI 模型的各个层向上进行排查，直到确定故障的原因，如图 8-9 所示。

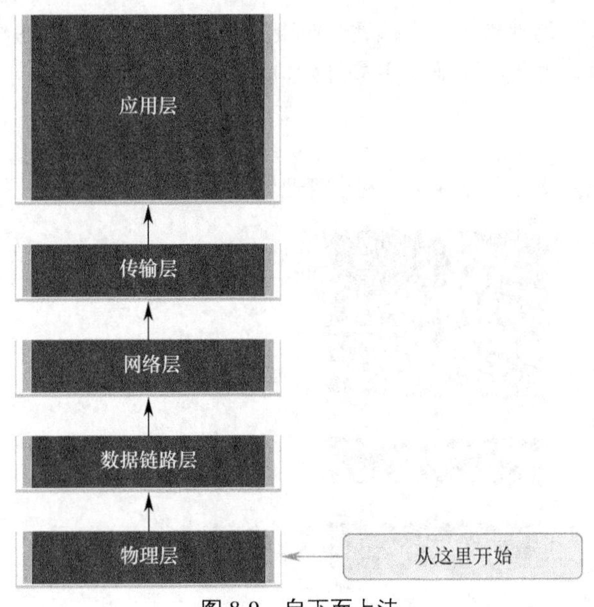

图 8-9　自下而上法

怀疑网络故障是物理故障时，采用自下而上故障排除法较为合适。大部分网络故障出在较低层，因此实施自下而上法通常比较有效。

自下而上故障排除法的缺点是，必须逐一检查网络中的各台设备和各个接口，直至查明故障的可能原因。要知道，每个结论和可能性都必须做记录，因此采用此方法时需要做大量书面工作。另一个难题是需要确定先检查哪些设备。

自上而下故障排除法

在图 8-10 中，采用自上而下故障排除法时，首先要检查终端用户应用，然后沿着 OSI 模型的各个层向下进行排查，直到确定故障原因。

先测试终端系统的终端用户应用，然后再检查更具体的网络组件。当故障较为简单或您认为故障是由某个软件所导致时，请采用这种方法。

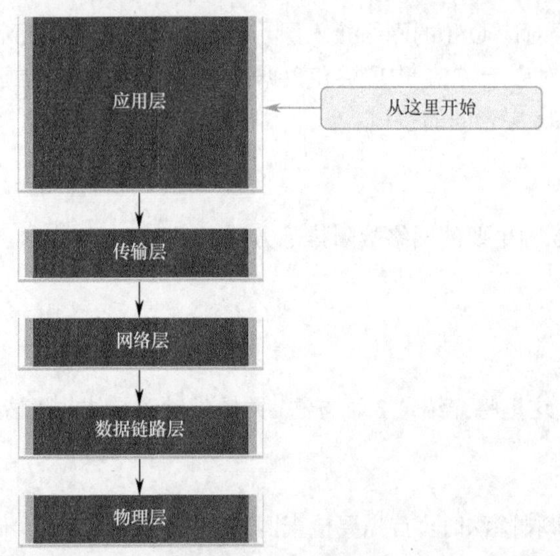

图 8-10 自上而下法

自上而下故障排除法的缺点是，必须逐一检查各网络应用，直至查明故障的可能原因。必须记录每种结论和可能性。难点在于确定首先开始检查哪个应用程序。

分治故障排除法

图 8-11 显示了分治网络故障排除法。网络管理员将选择一个层并从该层的两个方向进行测试。

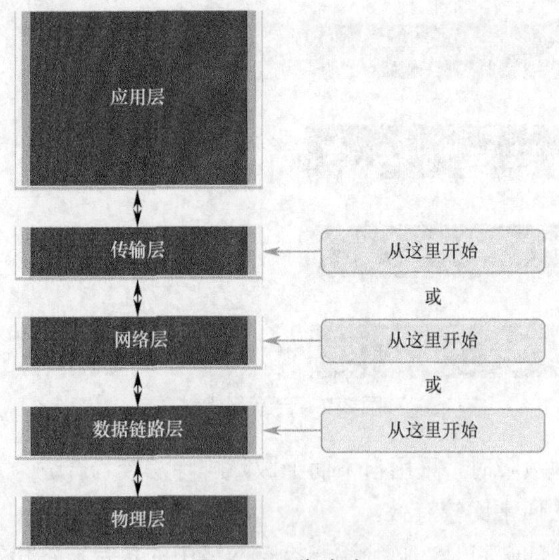

图 8-11 分治法

在采用分治法进行故障排除时，首先需要收集用户的故障经历，记录故障症状，然后根据这些信息做出合理的推测，即从 OSI 哪一层开始进行调查。当确定某一层运行正常时，可假定其下面的层都能够正常运行。管理员可以沿着 OSI 层向上排查。如果某个 OSI 层不能正常运行，则管理员可以沿着 OSI 层模型向下排查。

例如，如果用户无法访问 Web 服务器，但可以 ping 通此服务器，那么问题出在第 3 层之上。如果无法 ping 通服务器，则问题可能出在较低的 OSI 层。

3. 其他故障排除法

除了采用系统化、分层的方法进行故障排除，还可以使用结构化不强的故障排除方法。

一种故障排除方法是，网络管理员根据问题症状进行理性猜测。这种方法由经验丰富的网络管理员实施更易成功，因为经验丰富的网络管理员可凭借其丰富的知识和经验来果断地查明并解决网络问题。对于经验不足的网络管理员来说，这种故障排除方法可能更像是随机故障排除法。

另一种方法是对比正常运行和非正常运行的状况并找出显著差异，包括：

- 配置；
- 软件版本；
- 硬件和其他设备属性。

使用该方法可能会得出可行的解决方案，但无法清楚地揭示问题的原因。当网络管理员缺乏专业领域的知识或需要快速解决问题时，这种方法会非常有用。在实施修复之后，网络管理员可对问题的实际原因进行进一步研究。

替换是另一种快速的故障排除方法。该方法是用能正常运行的设备替换存在问题的设备。如果问题得到解决，那么网络管理员就会知道问题出在已移除的设备上。如果问题依然存在，那么原因可能出在其他地方。在具体故障情况中，例如当关键的单点出现故障时（如边界路由器断开），只是简单地替换设备并恢复服务可能比排除故障更加有效。

4. 故障排除法的选择准则

要快速解决网络故障，就要仔细选择最有效的网络故障排除法。图 8-12 中说明了这一过程。

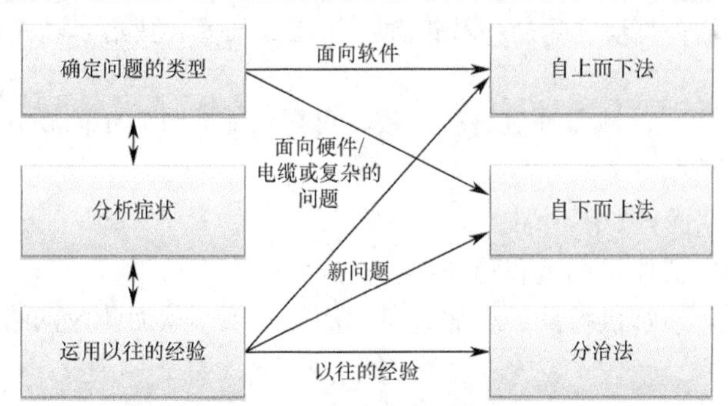

图 8-12 选择故障排除法的原则

以下是如何根据具体问题来选择故障排除方法的示例。

1. 两台 IP 路由器没有交换路由信息。由于上次出现此类故障时查明是协议有问题，因此选择分治故障排除法。
2. 分析表明两台路由器之间存在连接。
3. 在物理层或数据链路层开始故障排除过程。
4. 确认连接并沿着 OSI 模型向上移动一层即网络接入层，开始测试 TCP/IP 相关功能。

8.2 故障排除场景

本节将介绍如何使用系统的方法对中小型企业网络中的端到端连接进行故障排除。

8.2.1 使用 IP SLA

本小节将介绍如何使用基于 ICMP 回显的 IP SLA 来解决网络连接问题。

1. IP SLA 概念

网络管理员必须积极主动并持续监控和测试网络，目的是尽早发现网络故障。思科 IOS IP 服务级别协议（SLA）工具对于执行此任务很有用。

IP SLA 使用生成的流量在两台网络设备之间、多个网络位置之间，或在多个网络路径上测量网络性能。在图 8-13 所示的示例中，R1 是 IP SLA 源，它通过定期向服务器发送 ICMP 请求来监控与 DNS 服务器的连接。

图 8-13 IP SLA 操作

网络工程师使用 IP SLA 模拟网络数据和 IP 服务，以实时收集网络性能信息。可随时随地完成性能监控，而无需部署物理探测器。

注意： ping 和 traceroute 是探测工具。物理探测器则不同。它是可以插入网络中某个位置以收集和监控流量的一种设备。物理探测器的使用不属于本课程的范围。

各种 IP SLA 操作提供的测量通过进行一致、可靠且能即时确定问题并节省故障排除时间的测量，帮助排除网络故障。

使用 IP SLA 的其他优势如下所示：

- 服务级别协议的监控、测量和验证；
- 监控网络性能，以提供持续、可靠且可预测的测量，从而测量网络中的抖动、延迟或丢包情况；
- 验证现有 QoS 是否能满足新 IP 服务的 IP 服务网络健康评估；
- 针对网络资源的主动连接验证的边缘到边缘网络可用性监控。

多个 IP SLA 操作可以随时在网络或设备中运行。可以使用 CLI 命令或通过 SNMP 显示 IP SLA 信息。

注意： 基于 IP SLA 操作所收集数据的 SNMP 通知不属于本课程的范围。

2. IP SLA 配置

网络工程师可以不手动使用 **ping**，而是使用 IP SLA ICMP Echo 操作测试网络设备的可用性。网络设备可以是任何具有 IP 功能（路由器、交换机、PC、服务器等）的设备。

IP SLA ICMP 响应操作提供以下衡量标准：

- 可用性监控（丢包统计数据）；
- 性能监控（延迟和响应时间）；

■ 网络运营（端到端连接）。

要验证源设备是否支持所需的 IP SLA 操作，请使用 **show ip sla application** 特权 EXEC 模式命令。例 8-1 中生成的输出确认 R1 能够支持 IP SLA。但是，目前未配置会话。

例 8-1 可用的 IP SLA 操作

```
R1# show ip sla application
      IP Service Level Agreements
Version: Round Trip Time MIB 2.2.0, Infrastructure Engine-III

Supported Operation Types:
      icmpEcho, path-echo, path-jitter, udpEcho, tcpConnect, http
      dns, udpJitter, dhcp, ftp, VoIP, icmpJitter
      802.1agEcho VLAN, Port, 802.1agJitter VLAN, Port, y1731Delay
      y1731Loss, udpApp, wspApp, mcast, generic

Supported Features:
      IPSLAs Event Publisher

IP SLAs low memory water mark: 61167610
Estimated system max number of entries: 44800

Estimated number of configurable operations: 44641
Number of Entries configured  : 0
Number of active Entries      : 0
Number of pending Entries     : 0
Number of inactive Entries    : 0
Time of last change in whole IP SLAs: *20:27:15.935 UTC Wed Jan 27 2016
```

要创建 IP SLA 操作并进入 IP SLA 配置模式，请使用 **ip sla** *operation-number* 全局配置命令。操作编号是用于识别已配置操作的唯一编号。

在 IP SLA 配置模式下，可以使用以下命令将 IP SLA 操作配置为 ICMP Echo 操作并进入 ICMP Echo 配置模式：

```
Router(config-ip-sla)# icmp-echo { dest-ip-address | dest-hostname } [ source-ip { ip-address | hostname }
  | source-interface interface-id ]
```

接下来，使用 **frequency** *seconds* 命令设置指定的 IP SLA 操作重复的速率。范围是 1~604800 秒，默认值为 60 秒。

要安排 IP SLA 操作，请使用以下全局配置命令：

```
Router(config)# ip sla schedule operation-number [ life { forever | seconds }] [ start-time { hh : mm [: ss ]
  [ month day | day month ] | pending | now | after hh:mm:ss } [ ageout seconds ] [ recurring ]
```

3. IP SLA 配置示例

为了理解如何配置一个简单的 IP SLA，请参阅图 8-14 中的拓扑。

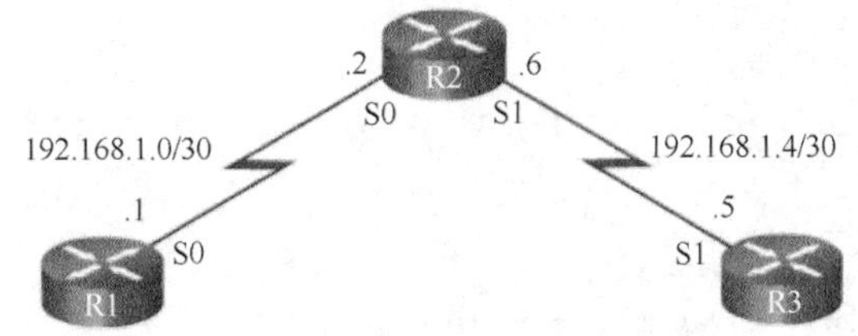

图 8-14 IP SLA ICMP Echo 配置拓扑

例 8-2 显示了操作编号为 1 的 IP SLA 操作的配置。

例 8-2 IP SLA ICMP Echo 配置

```
R1(config)# ip sla 1
R1(config-ip-sla)# icmp-echo 192.168.1.5
R1(config-ip-sla-echo)# frequency 30
R1(config-ip-sla-echo)# exit
R1(config)#
R1(config)# ip sla schedule 1 start-time now life forever
R1(config)# end
R1#
```

一台设备上可以配置多个 IP SLA 操作。可通过操作编号引用每个操作。**icmp-echo** 命令确定要监控的目的地址。在本例中设置为监控 R3 的 S1 接口。**frequency** 命令将 IP SLA 速率设置为 30 秒间隔。

ip sla schedule 命令安排 IP SLA 操作编号 1 立即开始（now）并继续，直到手动取消（forever）。

注意： 请使用 **no ip sla schedule** *operation-number* 命令取消 SLA 操作。保留 SLA 操作配置并在需要时重新安排计划。

4. 验证 IP SLA 配置

使用 **show ip sla configuration** *operation-number* 命令显示配置值，包括所有 IP SLA 操作或特定操作的默认值。

在例 8-3 中，**show ip sla configuration** 命令显示了 IP SLA ICMP Echo 的配置。

例 8-3 验证 IP SLA 配置

```
R1# show ip sla configuration
IP SLAs Infrastructure Engine-III
Entry number: 1
Owner:
Tag:
Operation timeout (milliseconds): 5000
Type of operation to perform: icmp-echo
Target address/Source address: 192.168.1.5/0.0.0.0
Type Of Service parameter: 0x0
Request size (ARR data portion): 28
Verify data: No
Vrf Name:
Schedule:
    Operation frequency (seconds): 30 (not considered if randomly scheduled)
    Next Scheduled Start Time: Start Time already passed
    Group Scheduled : FALSE
    Randomly Scheduled : FALSE
    Life (seconds): Forever
    Entry Ageout (seconds): never
    Recurring (Starting Everyday): FALSE
    Status of entry (SNMP RowStatus): Active
Threshold (milliseconds): 5000
Distribution Statistics:
    Number of statistic hours kept: 2
    Number of statistic distribution buckets kept: 1
    Statistic distribution interval (milliseconds): 20
Enhanced History:
History Statistics:
    Number of history Lives kept: 0
    Number of history Buckets kept: 15
```

```
History Filter Type: None
```

使用 **show ip sla statistics** [*operation-number*]命令显示 IP SLA 操作监控统计数据，如例 8-4 所示。

例 8-4 验证 IP SLA 统计信息

```
R1# show ip sla statistics
IPSLAs Latest Operation Statistics

IPSLA operation id: 1
     Latest RTT: 12 milliseconds
Latest operation start time: 00:12:31 UTC Wed Jan 27 2016
Latest operation return code: OK
Number of successes: 57
Number of failures: 0
Operation time to live: Forever
```

8.2.2 故障排除工具

本小节将讲解各种不同的网络故障排除工具。

1. 软件故障排除工具

可以利用种类繁多的软件工具和硬件工具来简化故障排除工作。这些工具可用于收集和分析网络故障症状。它们通常会提供可用于建立网络基线的监控和报告功能。

常用的软件故障排除工具包括网络管理系统工具、知识库和基线建立工具。

网络管理系统工具

网络管理系统（NMS）工具包括设备级的监控、配置及故障管理工具。图 8-15 显示了来 WhatsUp Gold NMS 软件的显示示例。

图 8-15 网络系统管理

这些工具可以用于调查和解决网络故障。网络监控软件以图形方式显示网络设备的物理视图，网络管理员可以利用该视图自动连续监控远程设备。设备管理软件提供关键网络设备的动态设备状态、统计信息及配置信息。

知识库

设备厂商网络在线知识库已成为不可或缺的信息来源。如果网络管理员将厂商知识库与Google之类的Internet搜索引擎结合使用，便可获得大量从经验中积累下来的信息。

图8-16显示了思科 **Tolls & Resources** 页面。

该页面提供有关思科相关硬件和软件的信息。它包括故障排除步骤、实施指南以及涉及网络技术大部分层面的原始白皮书。

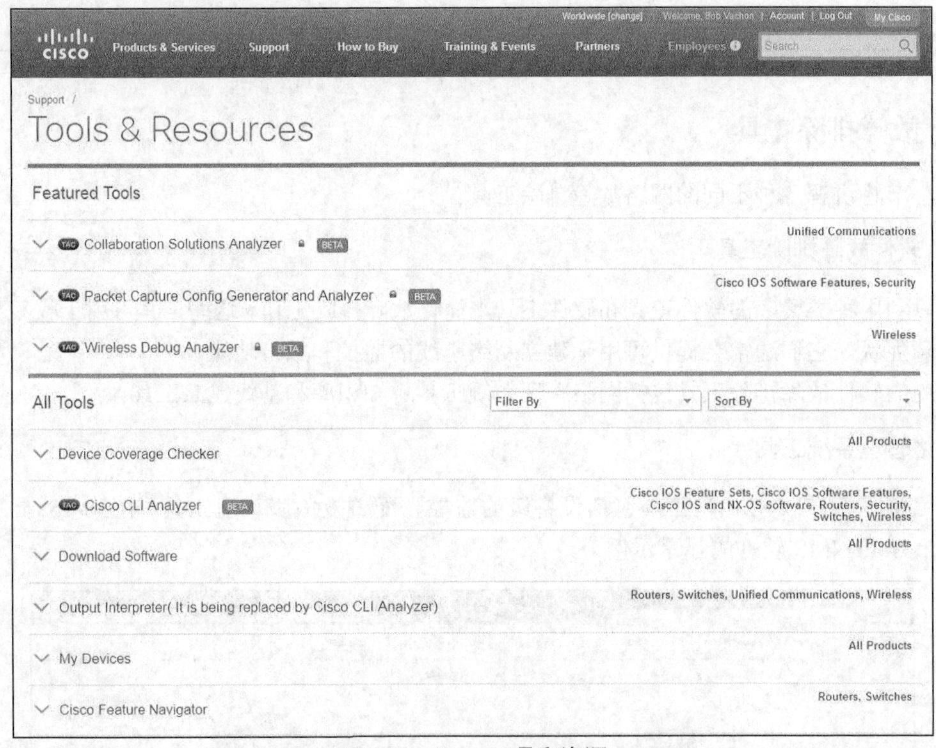

图8-16 Cisco 工具和资源

基线建立工具

可以使用许多工具来使网络数据记录及基线建立过程自动化，图 8-17 显示了 SolarWinds Network Performance Monitor 12 基线视图的屏幕截图。基线建立工具可帮助完成一般记录任务。例如，它们可以绘制网络图，帮助用户保持最新的网络软件和硬件记录，有助于经济有效地衡量基线网络带宽的使用情况。

2. 协议分析器

协议分析器能在数据包流经网络时帮助调查数据包内容。协议分析器将一个有记录的帧中的各种协议层解码，并以一种相对易用的格式呈现这些信息。图8-18中所示为Wireshark协议分析器的屏幕快照。

协议分析器显示的信息包括物理信息、数据链路信息、协议信息以及每个帧的描述。大部分协议分析器都能够过滤满足特定条件的流量以便实现某种目的，例如，记录某台设备收到和产生的所有流量。协议分析器（例如 Wireshark）可帮助排除网络性能故障。必须清楚理解 TCP/IP 以及如何使用协议分析器检查每个 TCP/IP 层的信息。

注意：　要掌握有关使用 Wireshark 的更多知识和技能，请访问 Wireshark 官方页面获取相关资源。

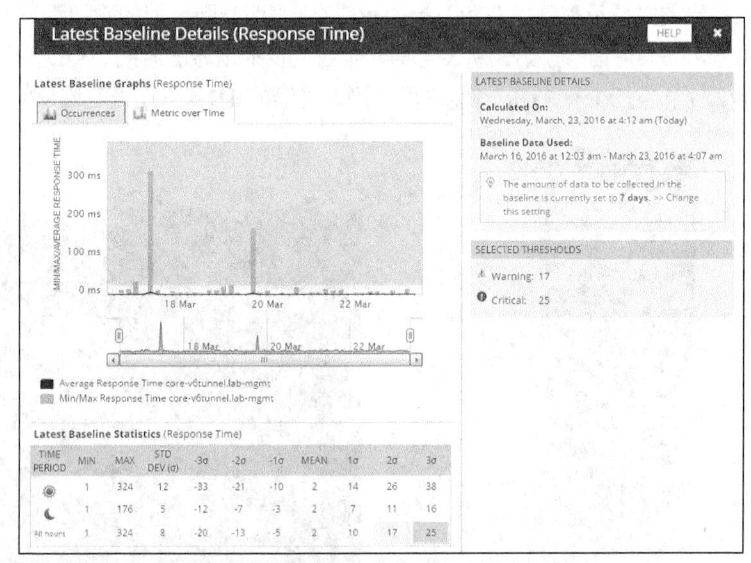

图 8-17　网络性能监控基线控制面板

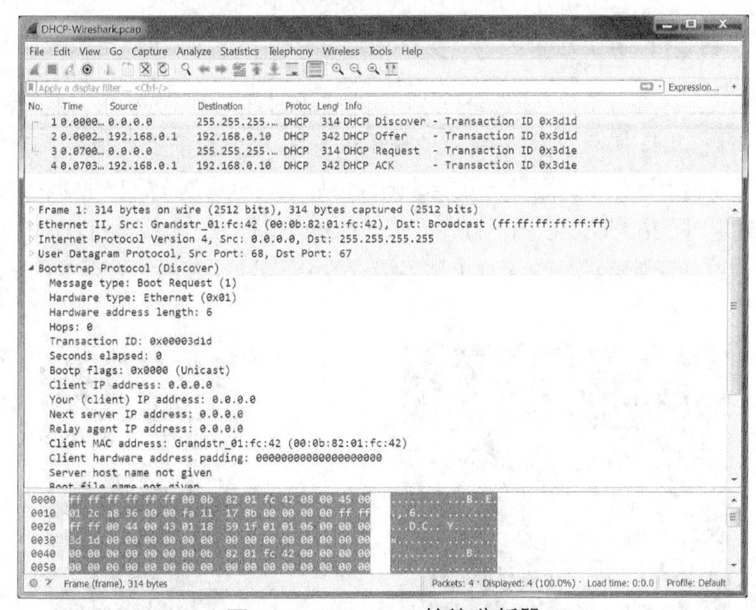

图 8-18　Wireshark 协议分析器

3. 硬件故障排除工具

有许多类型的硬件故障排除工具可供使用。

常用的硬件故障排除工具有下面这些。

- **数字万用表（DMM）**：数字万用表（例如图 8-19 中的的 Fluke 179）是用于直接测量电

压值、电流值和电阻值的测试仪器。排除网络故障时，在大多数需要使用万用表的测试中，要检查供电电压电平以及验证网络设备是否通电。

- **电缆测试仪**：电缆测试仪是特殊的手持设备，用于测试各种类型的数据通信布线。图 8-20 显示了 Fluke LinkRunner AT 网络自动测试仪。可以使用电缆测试仪来检测断线、跨接线、短路连接以及配对不当的连接。这些设备可以是廉价的连通性测试仪、中等价位的数据布线测试仪或昂贵的时域反射计（TDR）。TDR 用于查明与断线处的确切距离。这些设备沿电缆发送信号，并等待信号反射，从发送信号至收到反射信号的时间会转换为距离测量值。数据电缆测试仪通常捆绑有 TDR 功能。用于测试光缆的 TDR 称作光时域反射计（OTDR）。

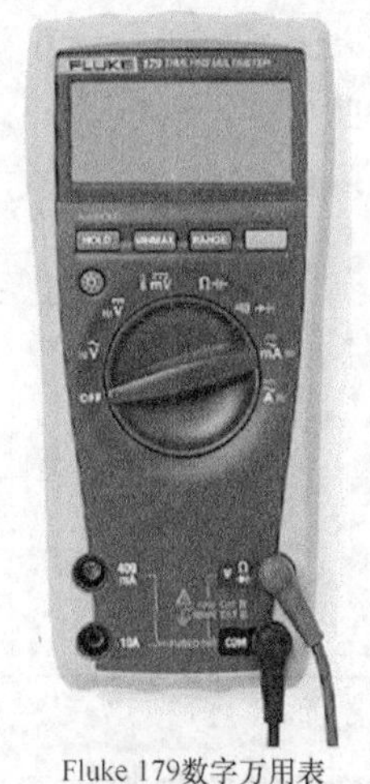

Fluke 179数字万用表

图 8-19　数字万用表

图 8-20　电缆测试仪

- **电缆分析仪**：电缆分析仪（例如图 8-21 中的 Fluke DTX 电缆分析仪）是一种多功能手持设备，用于测试和验证不同服务和标准的铜缆和光缆。更高级的工具加入了高级故障排除诊断功能，可以利用这些功能测量与性能缺陷（例如近端串扰[NEXT]、回波损耗[RL]）位置的距离、确定纠正措施以及以图形方式显示串扰和阻抗行为。电缆分析仪一般也附带基于 PC 的软件。收集好现场数据后，可以上传手持设备中的数据，使网络管理员可以创建最新报告。

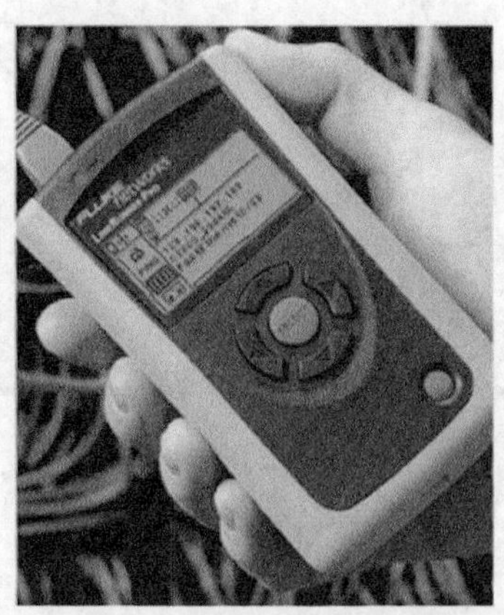

Fluke Networks LinkRunner Pro 测试仪

Fluke Networks CableIQ Qualification测试仪

图 8-21　电缆分析仪

■ **便携式网络分析仪**：类似于图 8-22 中 Fluke OptiView 的便携式设备可用于排除交换网络和 VLAN 故障。网络工程师只要将网络分析仪插入网络的任何位置，就能看到设备连接的交换机端口以及网络利用率的平均值和峰值。还可以利用该分析仪来发现 VLAN 配置、查明网络最大流量的来源、分析网络流量以及查看接口详细信息。该设备一般能够向安装有网络监控软件的 PC 输出数据，以做进一步分析和故障排除之用。

图 8-22 OptiView XG 网络分析平板电脑

■ **网络分析模块**：思科 NAM 是图 8-23 中所示的设备或软件。它是一个基于浏览器的嵌入式界面，可生成有关消耗关键网络资源的流量的报告。如图 8-24 所示，它以图形表示来自本地和远程交换机及路由器的流量。此外，NAM 还可以捕获并解码数据包以及跟踪响应时间，以将应用问题定位到特定网络或服务器。

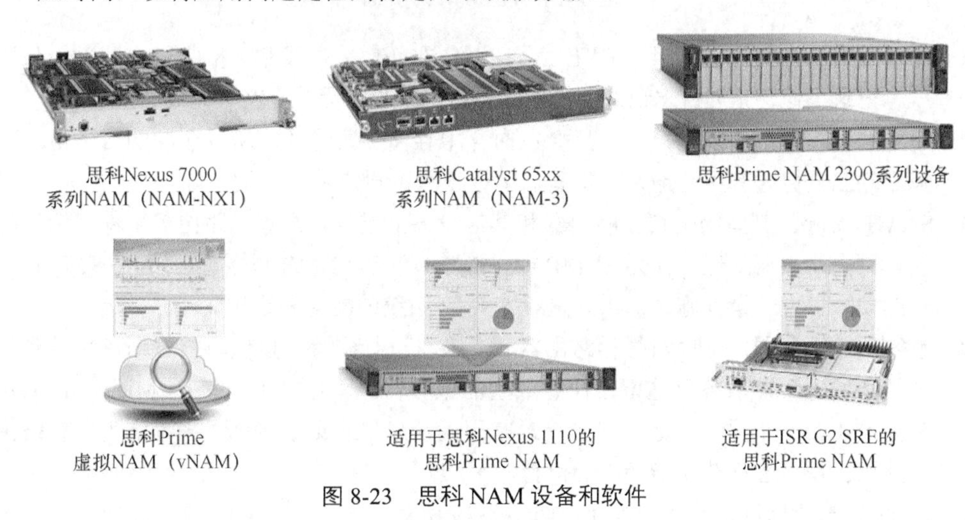

图 8-23 思科 NAM 设备和软件

4. 使用系统日志服务器进行故障排除

系统日志（Syslog）是一种简单的协议，称为“系统日志客户端”的 IP 设备使用此协议将基于文本的日志消息发送到另一 IP 设备（即系统日志服务器）。系统日志目前在 RFC 5424 中定义。

实施日志记录设施是网络安全的重要部分，并可用于排除网络故障。思科设备可对有关配置更改、ACL 违规、接口状态和许多其他类型事件的信息进行日志记录。思科设备可将日志消息发送给多个不同设施。事件消息可发送给以下一个或多个设施。

■ **控制台**：默认情况下，控制台日志记录处于开启状态。消息会记录到控制台，并且在使用终端仿真软件修改及测试路由器或交换机且连接到网络设备控制台端口时可查看消息。

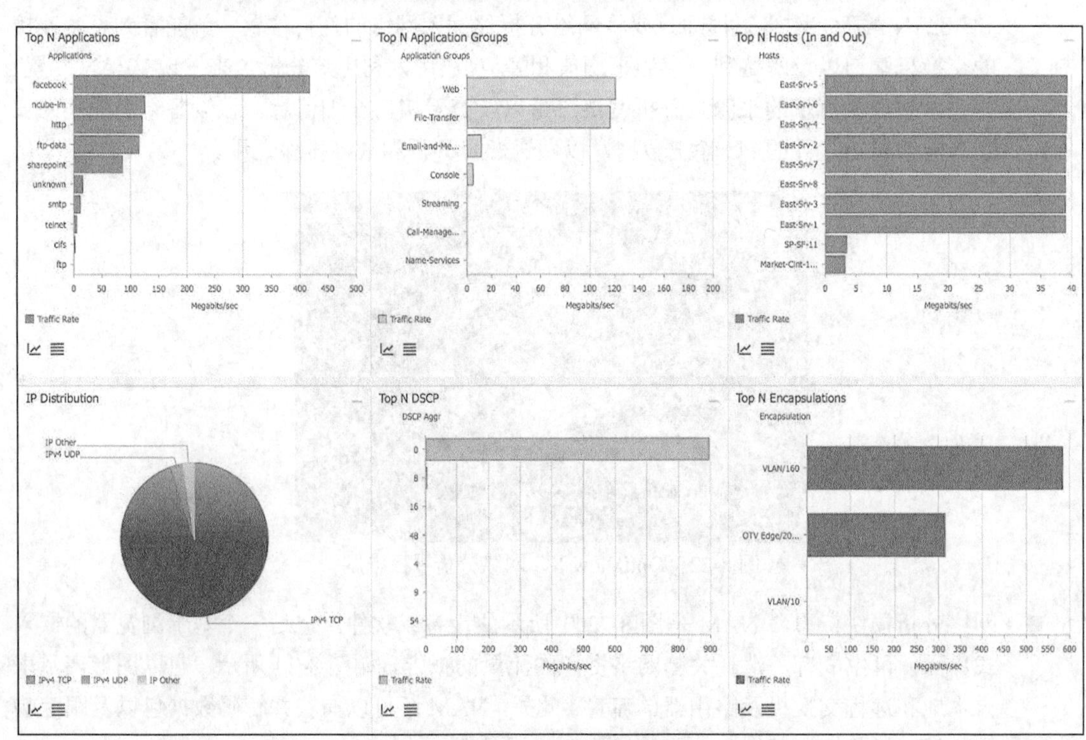

图 8-24　NAM Web 界面

- **终端线路**：可配置已启用的 EXEC 会话以便在任何终端线路上接收日志消息。与控制台日志记录类似，此类日志记录并不由网络设备存储，因此，仅对此线路上的用户有价值。
- **缓冲的日志记录**：因为日志消息会在内存中存储一段时间，所以缓冲的日志记录作为故障排除工具更为有用。但是，重新启动设备时，日志消息会被清除。
- **SNMP trap**：某些阈值可在路由器和其他设备上进行预配置。路由器事件（例如超出阈值）可由路由器处理并作为 SNMP tarp 转发至外部 SNMP 网络管理站。SNMP trap 是可行的安全日志记录设施，但需要进行 SNMP 系统的配置和维护。
- **系统日志服务器**：可以对思科路由器和交换机进行配置，以便将日志消息转发到外部系统日志服务。此服务可驻留在任意数量的服务器或工作站上，包括 Microsoft Windows 和基于 Linux 的系统。系统日志是最常用的消息日志记录设施，因为它为所有路由器消息提供长期日志存储功能及中心位置。

思科 IOS 日志消息可分为 8 个级别，如图 8-25 所示。

	级别	关键字	描述	定义
最高级别	0	emergencies	系统不可用	LOG_EMERG
	1	alerts	需要立即采取措施	LOG_ALERT
	2	critical	存在高危情况	LOG_CRIT
	3	errors	存在错误情况	LOG_ERR
	4	warnings	存在警告情况	LOG_WARNING
	5	notifications	正常但比较重要的情况	LOG_NOTICE
	6	informational	仅信息性消息	LOG_INFO
最低级别	7	debugging	调试消息	LOG_DEBUG

图 8-25　严重性级别

级别数值越低，严重程度越高。默认情况下，级别 0~7 的所有消息都会记录到控制台。虽然能够查看中心系统日志服务器上的日志对故障排除很有帮助，但对大量数据进行筛选将是一项艰巨的任务。**logging trap** *level* 命令根据严重性限制记录到系统日志服务器的消息。*level* 指的是严重性级别的名称或编号。只会记录编号等于或低于指定级别的消息。

例 8-5 中，级别从 0（紧急）到 5（通知）的系统消息会发送到位于 209.165.200.225 的系统日志服务器。

例 8-5 限制发送到系统日志服务器的消息

```
R1(config)# logging host 209.165.200.225
R1(config)# logging trap notifications
R1(config)# logging on
```

8.2.3 网络故障排除的症状和原因

本小节将讲解如何使用分层模型来确定网络问题的症状和原因。

1. 物理层故障排除

物理层将比特从一台计算机传输到另一台计算机，并控制比特流在物理介质上的传输。物理层是唯一包含有形属性（如电缆、板卡和天线）的层。

网络中的问题通常表现为性能问题。性能问题是指预期行为和观察到的行为之间存在差异，而且系统未按合理预期运行。物理层出现故障或处于欠佳状态时，不仅会给用户带来不便，也会影响整个公司的工作效率。出现这类状况的网络通常会关闭。由于 OSI 模型上层的正常运行取决于物理层，因此网络管理员必须能够有效查明并解决该层的故障。

图 8-26 总结了物理层症状和原因。

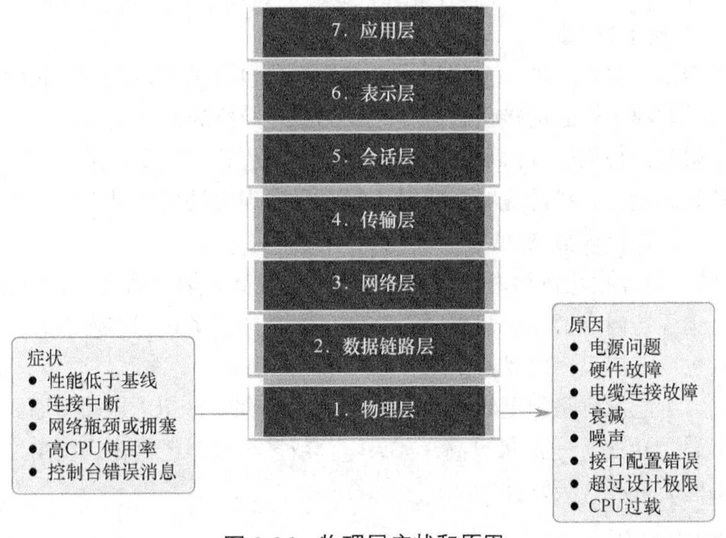

图 8-26 物理层症状和原因

常见的物理层网络故障症状有下面这些。

- **性能低于基线：** 性能下降或性能不佳的最常见原因包括：服务器过载或处理能力不足、交换机或路由器配置不当、低容量链路上出现流量拥塞以及长期的帧丢失。

- **连接中断**：如果电缆或设备发生故障，最明显的症状是通过该链路通信的设备之间连接中断，或是与故障设备或接口之间存在连接。简单的 ping 测试可指出这一点。间歇性连接中断表明电缆连接松动或电缆已氧化。
- **网络瓶颈或拥塞**：如果路由器、接口或电缆有故障，路由协议可能会将流量重定向到其他不是用于承载额外容量的路由，而这会导致那些网络段出现拥塞或瓶颈。
- **高 CPU 利用率**：高 CPU 利用率是指一台设备（例如路由器、交换机或服务器）以其设计极限或超过其设计极限的载荷工作。如果不迅速解决，CPU 过载会导致设备停机或出现故障。
- **控制台错误消息**：设备控制台上报告的错误消息可能指示存在物理层故障。

导致物理层网络故障的常见问题有下面这些。

- **电源问题**：电源相关问题是导致网络故障的最根本原因。另外，检查风扇的运行状况，确保机箱的进气口和排气口通畅。如果附近的其他设备也断电，则主电源可能存在故障。
- **硬件故障**：网络接口卡（NIC）故障因延迟冲突、短帧及 jabber 可能成为导致网络传输错误的原因。jabber 通常定义为一种错误状况，在这种错误状况下网络设备会不断向网络传输随机的无意义数据。可能导致 jabber 的其他原因包括 NIC 驱动程序文件错误或损坏、电缆故障或接地问题。
- **布线故障**：许多故障是因部分电缆断开所致，因此只需重新布线便可解决此类故障。执行物理检查时，注意电缆是否有损坏、电缆类型是否不适当以及 RJ-45 接口是否压接不良。应对可疑电缆进行测试，或者将其更换为已知能够正常工作的电缆。
- **衰减**：如果电缆长度超过介质的设计极限，或者因电缆松脱、接触面脏污以及氧化而出现连接不良时，会出现衰减。如果衰减严重，接收设备不一定能成功区分数据流中的各个比特。
- **噪声**：本地电磁干扰（EMI）通常称为噪声。噪声可以由许多来源产生，例如 FM 广播电台、警方无线电、楼宇安防、自动着陆的航空电子设备、串扰（由相同路径中的其他电缆或相邻电缆引发的噪声）、附近的电缆、具有大型电动机的设备，或包含比手机更强大的发射器的任何事物。
- **接口配置错误**：接口上的许多错误配置都会导致接口关闭，例如不正确的时钟频率、不正确的时钟源和未开启的接口。这会导致与相连网段的连接中断。
- **超出设计限制**：使用组件时可能会超出其规范或配置的容量，从而导致组件无法在物理层以最佳状态运行。排除此类故障时，很容易发现设备资源是在以极限或接近极限能力运行，并且接口错误数增加。
- **CPU 过载**：故障症状包括进程的 CPU 利用率很高、输入队列丢包、性能缓慢、SNMP 超时、无远程访问或 DHCP、Telnet 和 ping 之类的服务运行缓慢或无法响应。交换机上可能会发生以下情况：生成树重新收敛、EtherChannel 链路时好时坏、IP SLA 故障。对于路由器，可能没有路由更新，或者存在路由摆动或 HSRP 振荡问题。路由器或交换机 CPU 过载的原因之一是流量过高。如果一个或多个接口经常出现流量过载，请考虑重新设计网络的流量或升级硬件。

2. 数据链路层故障排除

第 2 层的故障排除过程比较困难。该层协议的配置及运行情况对所创建的网络能否正常运行并且得到充分优化至关重要。第 2 层故障会产生特定故障症状，在识别出此故障症状时，它将有助于快速确定问题。

图 8-27 总结了数据链路层的症状和原因。

常见的数据链路层网络故障症状有下面这些。

- **网络层或其上层未正常运行或无连接**：某些第 2 层故障会阻止链路中的帧交换，而其他故障仅导致网络性能下降。
- **网络运行时的性能低于基线性能水平**：网络中可能发生两种不同类型的第 2 层运行不佳的情况。在第一种情况下，帧采用通往目的地的路径是不理想的路径，但确实可到达。在这种情况下，网络一些链路上的带宽利用率可能很高，而这些链路不应该出现这样大的流量。在第二种情况下，一些帧被丢弃。可以通过交换机或路由器上显示的错误计数器统计信息和控制台错误消息识别这些故障。在以太网环境中，使用扩展 ping 命令或发出连续的 ping 命令也能够反映是否丢弃了帧。

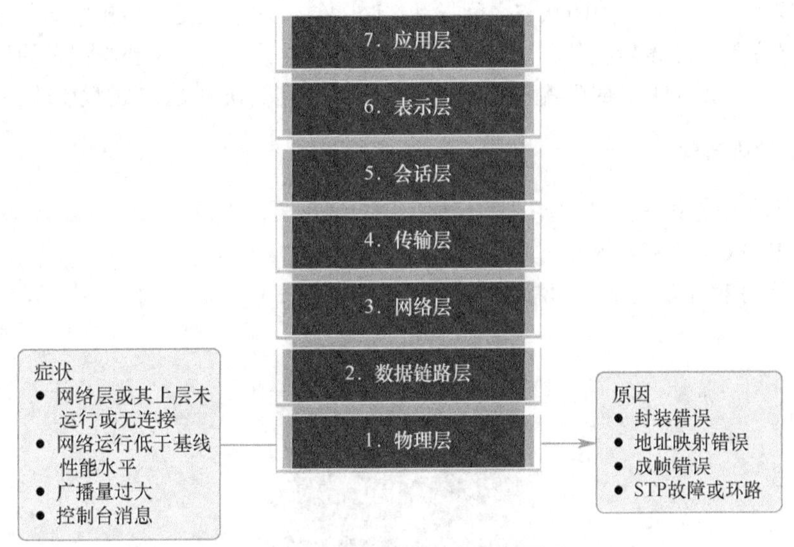

图 8-27 数据链路层症状和原因

- **广播量过大**：操作系统频繁使用广播和组播来发现网络服务及其他主机。广播量过大通常由下列某种情况导致：程序设计不佳或配置不当、第 2 层广播域过大，或底层网络故障（例如 STP 环路或路由摆动）。
- **控制台消息**：在某些情况下，路由器会识别到出现第 2 层故障，并向控制台发送警报消息。路由器一般会在以下两种情况下执行此操作：路由器检测到传入帧解读故障（封装故障或成帧故障）；所期望的 keepalive 未到达。最常见的指示第 2 层故障的控制台消息是线路协议关闭消息。

常见的导致网络连接故障或性能故障的数据链路层问题有下面这些。

- **封装错误**：发送方置于特定字段中的比特不是接收方期望看到的比特时，便会出现封装错误。如果 WAN 链路一端封装的配置方式不同于另一端所使用的封装，就会出现这种情况。
- **地址映射错误**：在诸如点到多点或广播以太网等拓扑中，必须为帧加上适当的第 2 层目的地址。因为这样可以确保帧到达正确的目的地。为实现此目的，网络设备必须利用静态映射或动态映射使第 3 层目的地址与正确的第 2 层地址匹配。在动态环境中，第 2 层和第 3 层信息的映射可能失败，因为设备可能已专门配置为不回应 ARP 请求，缓存的第 2 层或第 3 层信息可能已发生了物理更改，或由于配置错误或安全攻击而收到无效的 ARP 应答。

- **成帧错误**：通常帧以 8 比特字节为一组运行。如果帧不在 8 比特字节边界上结束，就会发生成帧错误。出现这种情况时，接收方可能难以确定某个帧的结尾及另一个帧的开头。无效帧过多可能会使有效的 keepalive 无法交换。以下情况会导致成帧错误：串行线路有噪声、电缆设计不当（过长或未妥当屏蔽）、NIC 故障、双工不匹配、通道服务单元（CSU）线路时钟配置不正确。
- **STP 故障或环路**：生成树协议（STP）的目的是通过阻塞冗余端口将冗余物理拓扑解析为类似于树的拓扑。大多数 STP 故障与转发产生的环路有关，当冗余拓扑中未阻塞任何端口且因 STP 拓扑更改频繁而使流量无限期循环转发、过度泛洪时将出现环路。如果网络配置良好，则基本上不会发生拓扑变化。当两台交换机之间的链路启用或关闭时，如果端口的 STP 状态变为转发或从转发变为其他状态，则最终会发生拓扑变化。但是，当端口摆动（在开启和关闭状态之间摆动）时，便会导致重复的拓扑变化和泛洪，或导致 STP 收敛缓慢或重新收敛。这可能是由以下问题导致：真实拓扑与记录的拓扑不匹配、配置错误（如 STP 计时器配置不一致）、收敛期间交换机 CPU 过载或软件缺陷。

3. 网络层故障排除

网络层故障是指与第 3 层协议相关的任何问题，包括可路由协议（例如 IPv4 或 IPv6）和路由协议（例如 EIGRP、OSPF 等）。

图 8-28 总结了网络层的症状和原因。

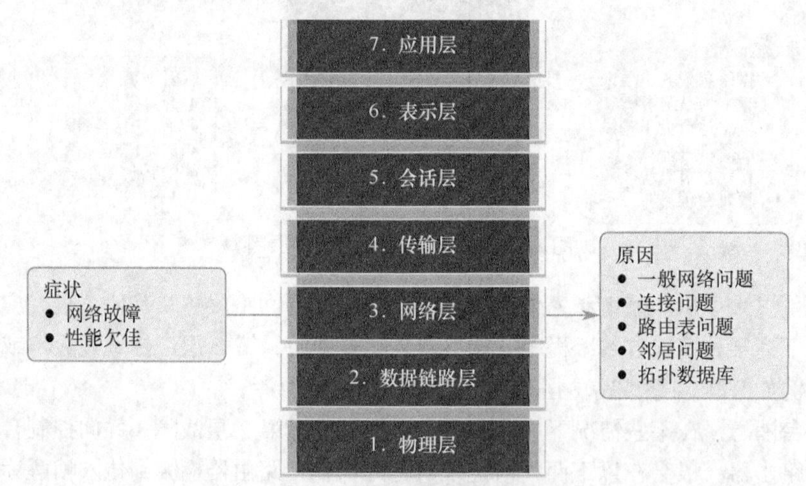

图 8-28 网络层症状和原因

网络层上网络故障的常见症状如下所示。

- **网络故障**：网络故障是指网络几乎或完全无法运行，影响网络中所有用户和应用的情况。用户和网络管理员通常很快就会注意到这些故障，显而易见，这些故障严重影响公司的运营效率。
- **性能欠佳**：网络优化问题通常涉及一部分用户、应用、目的地或特定类型的流量。优化问题很难检测，而且更难隔离和诊断。这是因为它们通常涉及多个层，甚至涉及单台主机。确定故障是否属于网络层故障需要花费一定的时间。

大部分网络中将静态路由与动态路由协议结合使用，静态路由配置不当可能会导致路由不太理想。在某些情况下，静态路由配置不当可能产生路由环路，环路将导致部分网络无法到达。

排除动态路由协议故障需要透彻理解特定路由协议的工作方式。有一些故障是所有路由协议都会出现的，而另一些故障则是个别路由协议所特有的。

解决第 3 层故障没有一定之规，要遵循系统化的流程，利用一系列命令来隔离和诊断故障。诊断可能涉及路由协议的故障时，可在以下方面进行调查。

- **一般网络问题**：通常，拓扑中的变化（例如下行链路）可能会对网络的其他区域产生影响，但是这种影响在当时可能不是那么明显。这种变化可能包括安装新的路由（静态或动态）或删除其他路由。确定网络中最近是否发生任何更改，以及当前是否有任何人正在运行网络基础设施。
- **连接问题**：检查所有的设备和连接问题，包括电源问题，例如中断和环境问题（如过热）。还要检查有无第 1 层故障，如电缆连接故障、端口故障以及 ISP 故障。
- **路由表**：检查路由表是否存在意外情况，如缺少路由或存在意外的路由。可以使用 **debug** 命令来查看路由更新和路由表维护。
- **邻居问题**：如果路由协议与邻居建立了邻接关系，请检查形成邻居邻接关系的路由器是否存在问题。
- **拓扑数据库**：如果路由协议使用拓扑表或拓扑数据库，请检查拓扑表中是否存在意外情况，如缺少条目或存在意外条目。

4. 传输层故障排除：ACL

网络故障可能因路由器上的传输层故障引起，尤其在进行流量检查和修改的网络边缘。如图 8-29 所示，两种最常实施的传输层技术是访问控制列表（ACL）和网络地址转换（NAT）。

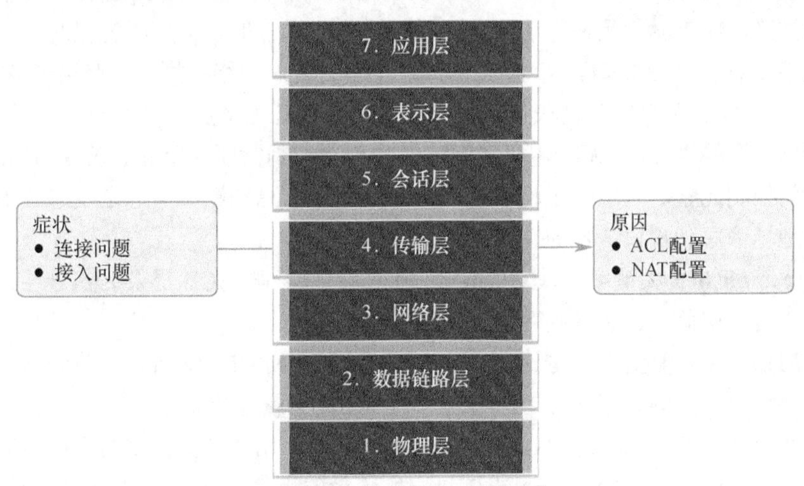

图 8-29 传输层症状和原因

如图 8-30 所示，ACL 中最常见的问题是由不正确的配置引起的。

ACL 中出现的问题可能会导致本应运行正常的系统发生故障。有几个区域经常出现配置错误。

- **流量流的选择**：流量由流量传输时流经的路由器接口和流量的传输方向这两者定义。必须对正确的接口应用 ACL，并且必须选择正确的流量方向，才能使 ACL 正常工作。
- **访问控制条目的顺序**：ACL 中的条目必须是从具体到一般。尽管 ACL 可能包含允许特定流量的条目，但如果访问控制列表中该条目之前的另一条目拒绝了该数据包，那么该数据包将永远无法与该条目匹配。如果路由器同时运行 ACL 和 NAT，那么将这两种技术应用于流量的先后顺序非常重要：入站流量先由入站 ACL 处理，再由外部转内部 NAT 处理。出站流量先由出站 ACL 处理，再由内部转外部 NAT 处理。

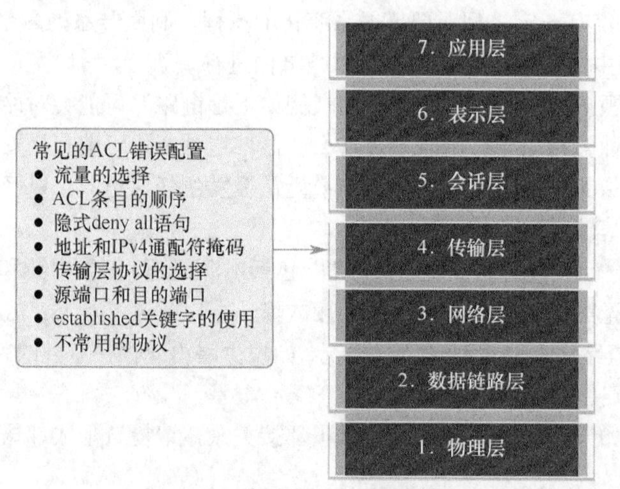

图 8-30　常见的 ACL 配置错误

- **隐式 deny any**：当 ACL 中不要求高安全性时，该隐式访问控制元素可导致 ACL 配置错误。
- **地址和 IPv4 通配符掩码**：复杂的 IPv4 通配符掩码可显著提高效率，但也更易出现配置错误。复杂的通配符掩码的示例是，使用 IPv4 地址 10.0.32.0 和通配符掩码 0.0.32.15 来选择 10.0.0.0 网络或 10.0.32.0 网络中的前 15 个主机地址。
- **传输层协议的选择**：在配置 ACL 时，仅指定正确的传输层协议很重要。许多网络管理员在无法确定特定流量是使用 TCP 端口还是 UDP 端口时，会同时配置两者。这样做会在防火墙上打开一个缺口，可能会给入侵者提供侵入网络的通道；还会将额外元素引入 ACL，使 ACL 处理时间变长，从而导致网络通信延迟增加。
- **源端口和目的端口**：对两台主机之间流量的正确控制需要使用针对入站和出站 ACL 的对称访问控制元素。回应方主机所生成流量的地址信息和端口信息是发起方主机所生成流量的地址信息和端口信息的镜像。
- **使用 established 关键字**：**established** 关键字可以增强 ACL 提供的安全性。但是，如果没有正确应用此关键字，则可能出现意外结果。
- **不常用的协议**：配置错误的 ACL 往往会给除 TCP 和 UDP 之外的协议造成问题。在不常用的协议中，VPN 协议和加密协议的应用范围在不断扩展。

log 关键字命令对查看 ACL 条目上的 ACL 操作非常有用。此关键字指示路由器每当满足输入条件时，便在系统日志中加入一条日志信息，所记录的事件包括匹配 ACL 语句的数据包的详细信息。**log** 关键字对故障排除特别有用，还提供被 ACL 阻止的入侵尝试的信息。

5. 传输层故障排除：用于 IPv4 的 NAT

使用 NAT 会带来很多问题，如图 8-31 所示。

NAT 会产生许多问题，例如不与 DHCP 和隧道等服务交互。这些问题可能包括配置错误的 NAT 内部、NAT 外部或 ACL。其他问题包括与其他网络技术的互操作性，尤其是那些包含信息或从数据包中的主机网络地址获取信息的网络技术。其中的部分技术如下所示。

- **BOOTP 和 DHCP**：两种协议都可管理将 IPv4 地址自动分配给客户端的过程。之前已讲过，新客户端发送的第一个数据包是 DHCP-Request 广播 IPv4 数据包。DHCP-Request 数据包的源 IPv4 地址为 0.0.0.0。由于 NAT 同时需要有效的目的地和源 IPv4 地址，因此 BOOTP 和 DHCP 在运行静态或动态 NAT 的路由器上可能难以运行。配置 IPv4 帮助程序功能有助于解决此问题。

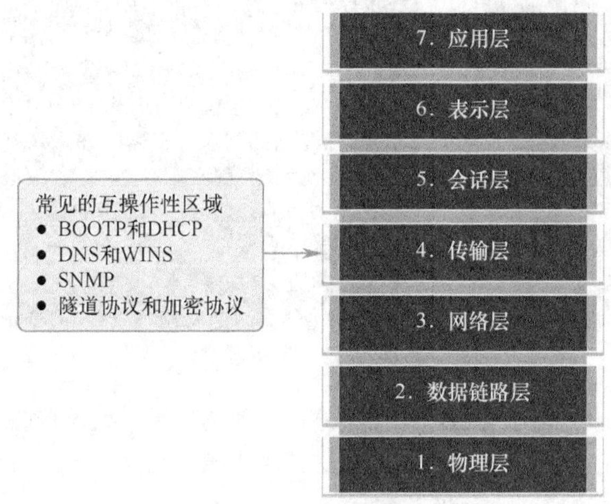

图 8-31 常见的 NAT 互操作性区域

- **DNS**：由于运行动态 NAT 的路由器会在路由表条目到期并重新创建时定期更改内部地址与外部地址之间的关系，因此 NAT 路由器外的 DNS 服务器无法获得路由器内网络的准确表示。配置 IPv4 帮助程序功能有助于解决此问题。
- **SNMP**：与 DNS 数据包类似，NAT 无法改变数据包数据负载中存储的地址信息。NAT 路由器一侧的 SNMP 管理工作站可能因此无法与 NAT 路由器另一侧的 SNMP 代理通信。配置 IPv4 帮助程序功能有助于解决此问题。
- **隧道协议和加密协议**：加密协议和隧道协议通常要求流量来自特定的 UDP 或 TCP 端口，或在传输层使用通过 NAT 无法处理的协议。例如，VPN 实施所使用的 IPSec 隧道协议和通用路由封装协议无法通过 NAT 处理。

6. 应用层故障排除

大部分应用层协议提供用户服务。应用层协议通常用于网络管理、文件传输、分布式文件服务、终端仿真以及电子邮件。经常会添加新的用户服务，例如 VPN 和 VoIP。

图 8-32 中显示了最广为人知且实施最广泛的 TCP/IP 应用层协议，如下所示。

- **HTTP**：支持在 Web 上交换文本、图形图像、音频、视频以及其他多媒体文件。
- **SSH/Telnet**：用户可以利用该协议与远程主机建立终端会话连接。
- **FTP**：用于在主机之间执行交互式文件传输。
- **TFTP**：一般用于在主机与网络设备之间执行基本的交互式文件传输。
- **SMTP**：支持基本消息传送服务。
- **POP**：用于连接到邮件服务器并下载邮件。
- **SNMP**：用于从网络设备收集管理信息。
- **DNS**：用于将 IP 地址映射到为网络设备指定的名称。

症状和原因的类型取决于实际应用本身。

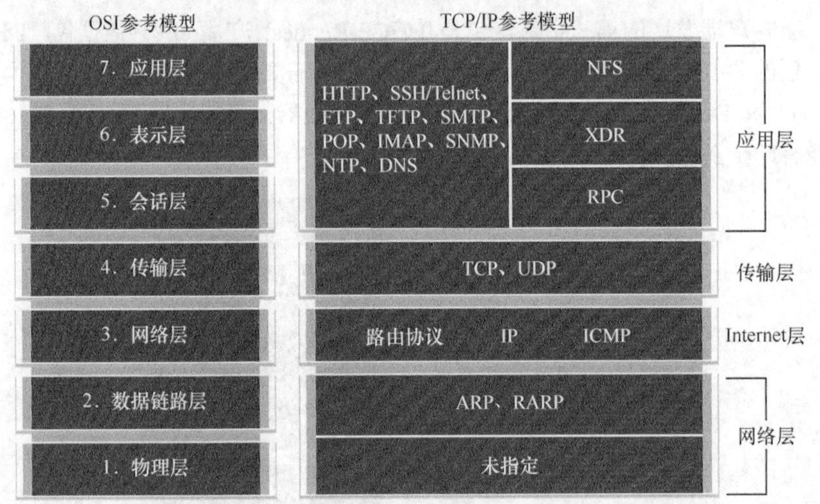

图8-32　应用层

应用层故障会导致服务无法提供给应用程序。即使物理层、数据链路层、网络层和传输层都正常工作，应用层故障也会导致无法到达或无法使用资源。可能出现所有网络连接都正常，但应用就是无法提供数据的情况。

还有这样一种应用层故障，即虽然物理层、数据链路层、网络层和传输层都正常工作，但来自某台网络设备或某个应用程序的数据传输和网络设备请求没有达到用户的正常预期。

出现应用层故障时，用户会抱怨其使用的网络或特定应用的数据传输或网络服务请求速度缓慢或比平时慢。

8.2.4　IP连接故障排除

本小节将介绍如何使用分层模型对网络进行故障排除。

1. 端到端连接故障排除的组件

诊断并解决问题是网络管理员必须具备的技能。故障排除没有唯一方案，某个具体问题可通过许多不同的方法进行诊断。但是，通过在故障排除过程中使用结构化的方法，网络管理员可以减少诊断问题和解决问题的时间。

这里将使用以下场景。客户端主机PC1无法访问服务器SRV1或服务器SRV2上的应用。图8-33中显示了此网络的拓扑。PC1使用具有EUI-64的SLAAC以创建其IPv6全局单播地址。EUI-64使用以太网MAC地址创建接口ID，在中间插入FFFE并反转第7位。

当没有端到端连接且管理员选择自下而上故障排除法时，管理员可以执行下面这些通用步骤。

步骤1　检查网络通信终止的点上的物理连接，包括检查电缆和硬件。问题可能是电缆或接口出现故障，或者涉及配置错误或硬件故障。

步骤2　检查双工不匹配情况。

步骤3　检查本地网络上的数据链路层和网络层地址。这包括IPv4 ARP表、IPv6邻居表、MAC地址表和VLAN分配。

步骤4　验证默认网关是否正确。

步骤5　确保设备正在确定从源到目的的正确路径。必要时调整路由信息。

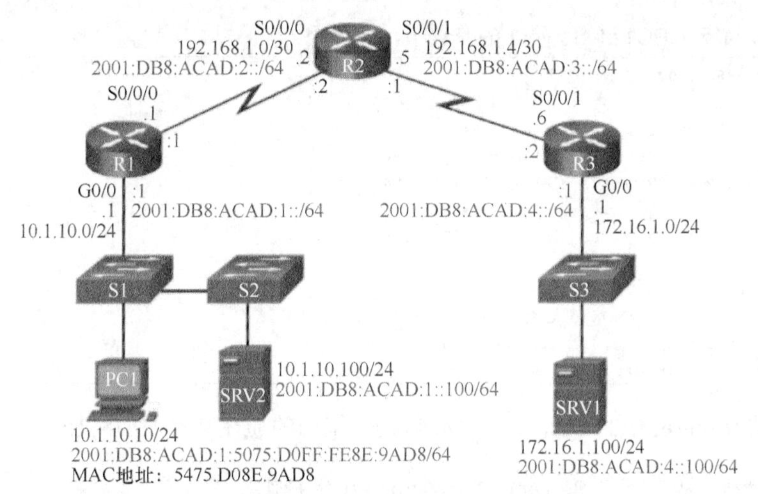

图 8-33 故障排错拓扑

步骤 6 确认传输层正常运行。Telnet 也可用于从命令行测试传输层连接。

步骤 7 确认没有 ACL 阻止流量。

步骤 8 确保 DNS 设置正确。应该存在可以访问的 DNS 服务器。

此过程将会实现可操作的端到端连接。如果所有步骤都已执行但未得出任何解决方案，网络管理员可能要重复上述步骤或将问题上报给高级管理员。

2. 端到端连接问题引发故障排除

通常引发故障排除工作的原因是发现存在端到端连接问题。如图 8-34 所示，用于核实端到端连接问题的两种最常见的实用工具是 **ping** 和 **traceroute**。

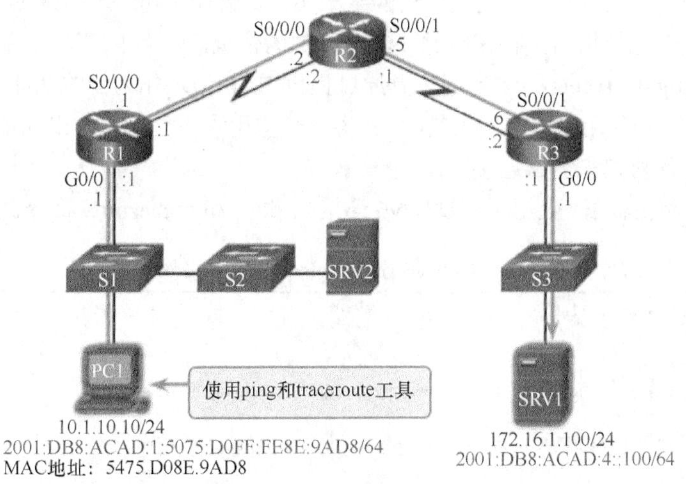

图 8-34 验证端到端连接

ping 操作可能是网络中最广为人知的连接测试实用工具，而且一直属于思科 IOS 软件的一部分。它发出请求，要求指定主机地址做出响应。**ping** 命令使用作为 TCP/IP 协议簇一部分的第 3 层协议，称为 ICMP。ping 使用 ICMP Echo 请求和 ICMP Echo 应答数据包。若指定地址的主机收到 ICMP Echo 请求，便会以 ICMP Echo 应答数据包做出响应。ping 可用于验证 IPv4 和 IPv6 的端到端连接。例 8-6 显示了从 PC1 对地址为 172.16.1.100 的 SRV1 执行 ping 操作成功。

例 8-6　成功执行从 PC1 到 Server1 的 IPv4 ping 操作

```
PC1> ping 172.16.1.100

Pinging 172.16.1.100 with 32 bytes of data:
Reply from 172.16.1.100: bytes=32 time=8ms TTL=254
Reply from 172.16.1.100: bytes=32 time=1ms TTL=254
Reply from 172.16.1.100: bytes=32 time=1ms TTL=254
Reply from 172.16.1.100: bytes=32 time=1ms TTL=254

Ping statistics for 172.16.1.100:
    Packets: Sent = 4, Received = 4, Lost = 0 (0% loss),
Approximate round-trip times in milliseconds:
    Minimum = 1ms, Maximum = 8ms, Average = 2ms
```

例 8-7 中的 **traceroute** 命令演示了 IPv4 数据包采用的通往其目的的路径。

例 8-7　成功执行从 PC1 到 Server1 的 IPv4 traceroute 操作

```
C:\Windows\system32> tracert 172.16.1.100

Tracing route to 172.16.1.100 over a maximum of 30 hops

1   1 ms   <1 ms   <1 ms    10.1.10.1
2   2 ms   2 ms    1 ms     192.168.1.2
3   2 ms   2 ms    1 ms     192.168.1.6
4   2 ms   2 ms    1 ms     172.16.1.100
Trace complete.
```

与 **ping** 命令类似，思科 IOS **traceroute** 命令在 IPv4 和 IPv6 中均可使用。**tracert** 命令可用于 Windows 操作系统。跟踪会生成路径中沿途到达的每一跳的列表、路由器 IP 地址及最终目的地 IP 地址。此列表提供了重要的验证和故障排除信息。如果数据到达目的地，跟踪会列出路径中每台路由器上的接口。如果数据无法到达沿途的某一跳，则会让您知道对跟踪做出响应的最后一台路由器的地址。这个地址指出了存在问题或安全限制的位置。

如前所述，**ping** 和 **traceroute** 实用工具通过提供 IPv6 地址作为目的地址，可用于测试和诊断端到端 IPv6 连接。当使用这些实用工具时，思科 IOS 实用程序可以识别出地址是 IPv4 还是 IPv6 地址，并使用合适的协议来测试连接。

例 8-8 显示了路由器 R1 上用于测试 IPv6 连接的 **ping** 和 **traceroute** 命令。

例 8-8　成功执行从 R1 到 Server1 的 IPv6 ping 和 traceroute 操作

```
R1# ping 2001:db8:acad:4::100

Type escape sequence to abort.
Sending 5, 100-byte ICMP Echos to 2001:DB8:ACAD:4::100, timeout is 2 seconds:
!!!!!
Success rate is 100 percent (5/5), round-trip min/avg/max = 56/56/56 ms
R1#
R1# traceroute 2001:db8:acad:4::100

Type escape sequence to abort.
Tracing the route to 2001:DB8:ACAD:4::100

    1 2001:DB8:ACAD:2::2 20 msec 20 msec 20 msec
    2 2001:DB8:ACAD:3::2 44 msec 40 msec 40 msec
R1#
```

注意：当 **ping** 命令失败时，通常会执行 **traceroute** 命令。如果 **ping** 成功，通常无需再执行 **traceroute** 命令，因为技术人员已经确信连接存在。

3. 步骤 1：检验物理层

所有网络设备都是专门的计算机系统。这些设备至少要具有 CPU、RAM 和存储空间才能让设备启动并运行操作系统和接口。这将支持网络流量的接收和传输。

当网络管理员确定问题出在给定设备上且问题可能与硬件相关时，检验这些通用组件的运行情况很有必要。要执行此操作，最常用的思科 IOS 命令是 **show processes cpu**、**show memory** 和 **show interfaces**。这里将讨论 **show interfaces** 命令。

在排除与性能相关的问题且怀疑硬件是故障所在时，可使用 **show interfaces** 命令检验流量通过的接口。

例 8-9 中 **show interfaces** 命令的输出列出了许多可以检查的重要统计信息。

例 8-9 检查 R1 上的输入和输出统计信息

```
R1# show interfaces GigabitEthernet 0/0
GigabitEthernet0/0 is up, line protocol is up
  Hardware is CN Gigabit Ethernet, address is d48c.b5ce.a0c0 (bia d48c.b5ce.a0c0)
  Internet address is 10.1.10.1/24
  <Output Omitted>
  Input queue: 0/75/0/0 (size/max/drops/flushes); Total output drops: 0
  Queueing strategy: fifo
  Output queue: 0/40 (size/max)
  5 minute input rate 0 bits/sec, 0 packets/sec
  5 minute output rate 0 bits/sec, 0 packets/sec
     85 packets input, 7711 bytes, 0 no buffer
     Received 25 broadcasts (0 IP multicasts)
     0 runts, 0 giants, 0 throttles
     0 input errors, 0 CRC, 0 frame, 0 overrun, 0 ignored
     0 watchdog, 5 multicast, 0 pause input
     10112 packets output, 922864 bytes, 0 underruns
     0 output errors, 0 collisions, 1 interface resets
     11 unknown protocol drops
     0 babbles, 0 late collision, 0 deferred
     0 lost carrier, 0 no carrier, 0 pause output
     0 output buffer failures, 0 output buffers swapped out
R1#
```

- **输入队列丢包**：输入队列丢包（及相关的忽略和限制计数器）表示，在某一点上传输到路由器的流量超出了路由器的处理能力。这并不一定表明存在问题。在流量高峰期，这可能属于正常情况。但是，这可以说明 CPU 无法及时处理数据包，所以如果该数字一直很高，那么应当尝试确定这些计数器何时会增大以及这与 CPU 利用率有何关系。
- **输出队列丢包**：输出队列丢包表示数据包因接口出现拥塞而被丢弃。在总输入流量高于输出流量的任何点上，看到输出丢包是正常的。在流量高峰期，如果流量传输到接口的速度比将其发送出去的速度快，就会发生数据包丢弃。不过，虽然这是正常现象，但由于它会导致数据包丢弃和队列延迟，因此对数据包丢弃和队列延迟敏感的应用（如 VoIP）可能会出现性能问题。一直出现输出丢包可能表示需要实施高级排队机制，以实施或修改 QoS。
- **输入错误**：输入错误表明在接收帧的过程中出现错误，例如 CRC 错误。大量的 CRC 错误表明可能存在电缆问题、接口硬件问题或者在基于以太网的网络中存在双工不匹配。

- **输出错误**：输出错误表示帧传输过程中出现的错误，比如冲突。如今在大多数基于以太网的网络中，全双工传输是标准传输方式，而半双工传输属于例外情况。在全双工传输中，不会发生运行冲突；因此，冲突（尤其是延迟冲突）通常说明双工不匹配。

4. 步骤2：检查双工不匹配

接口错误的另一个常见原因就是以太网链路两端之间的双工模式不匹配。在许多基于以太网的网络中，点对点连接现在已成为标准连接，而集线器以及相关半双工操作的使用越来越少见。这意味着现今大多数以太网链路在全双工模式下运行，曾经冲突被视为以太网链路中的正常现象，而现在冲突通常表明双工协商失败，且链路未在正确的双工模式下运行。

IEEE 802.3ab 吉比特以太网标准要求使用速率和双工的自动协商。此外，虽然并不是严格要求，但实际上所有快速以太网网卡在默认情况下也会使用自动协商。使用速率和双工的自动协商是目前的推荐做法。

但是如果由于某些原因双工协商失败，则可能需要在两端手动设置速率和双工。通常这意味着在连接的两端将双工模式设置为全双工。如果这不起作用，在两端均运行半双工胜于出现双工不匹配。

双工配置指导原则包括：

- 建议使用速率和双工的自动协商；
- 如果自动协商失败，请在互连端手动设置速度和双工；
- 点对点以太网链路应当始终在全双工模式下运行；
- 半双工很罕见，通常只在使用传统集线器时才会遇到。

故障排除示例

在上一场景中，网络管理员需要将其他用户添加到网络中。为了加入这些新用户，网络管理员安装了另一台交换机并将其与第一台交换机连接。如图8-35所示，在将S2添加到网络中后不久，两台交换机上的用户在与另一台交换机上的设备连接时，开始遇到严重的性能问题。

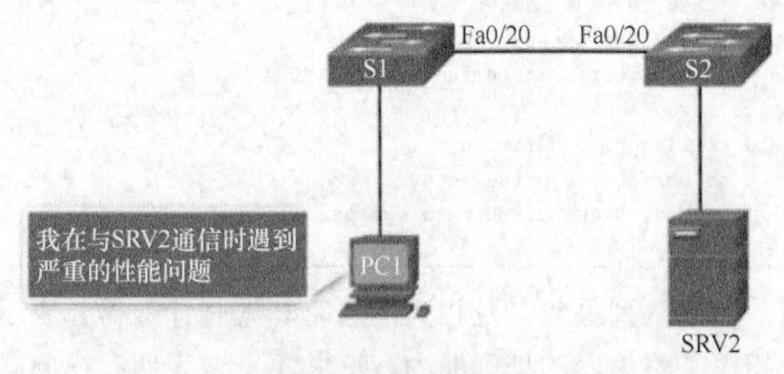

图8-35 双工不匹配

网络管理员注意到与交换机S2相关的控制台消息：

```
*Mar 1 00:45:08.756: %CDP-4-DUPLEX_MISMATCH: duplex mismatch discovered on FastEthernet0/20 (not half duplex),
  with Switch FastEthernet0/20 (half duplex).
```

通过使用 **show interfaces fa 0/20** 命令，网络管理员检查了S1上用于连接S2的接口，并注意到它已设置为全双工模式，如例8-10所示。

例8-10 S1端口在全双工模式下工作

```
S1# show interface fa 0/20
```

```
FastEthernet0/20 is up, line protocol is up (connected)
  Hardware is Fast Ethernet, address is 0cd9.96e8.8a01 (bia 0cd9.96e8.8a01)
  MTU 1500 bytes, BW 10000 Kbit/sec, DLY 1000 usec,
      reliability 255/255, txload 1/255, rxload 1/255
  Encapsulation ARPA, loopback not set
  Keepalive set (10 sec)
  Full duplex, Auto-speed, media type is 10/100BaseTX
<Output omitted>
```

网络管理员现在检查连接的另一端（S2 上的端口）。例 8-11 显示了连接的这一端已配置为半双工模式。

例 8-11 S2 端口在半双工模式下工作

```
S2# show interface fa 0/20
FastEthernet0/20 is up, line protocol is up (connected)
  Hardware is Fast Ethernet, address is 0cd9.96d2.4001 (bia 0cd9.96d2.4001)
  MTU 1500 bytes, BW 100000 Kbit/sec, DLY 100 usec,
      reliability 255/255, txload 1/255, rxload 1/255
  Encapsulation ARPA, loopback not set
  Keepalive set (10 sec)
  Half duplex, Auto-speed, media type is 10/100BaseTX
<Output omitted>

S2(config)# interface fa 0/20
S2(config-if)# duplex auto
S2(config-if)#
```

网络管理员将该设置纠正为 **duplex auto**，以便自动协商双工。由于 S1 的端口设置为全双工，因此 S2 也使用全双工。用户报告说不再有任何性能问题。

5. 步骤 3：检验本地网络上的第 2 层和第 3 层地址

排除端到端连接故障时，验证目的 IP 地址和各个网段上第 2 层以太网地址之间的映射非常有用。在 IPv4 中，此功能由 ARP 提供。在 IPv6 中，ARP 功能由邻居发现协议和 ICMPv6 取代。邻居表缓存了 IPv6 地址及其解析的以太网物理（MAC）地址。

IPv4 ARP 表

Windows 中的 **arp** 命令用于显示和修改 ARP 缓存中的条目，这些条目用于存储 IPv4 地址及其解析的以太网物理（MAC）地址。在例 8-12 中，**arp** 命令列出了目前 ARP 缓存中的所有设备。针对每台设备显示的信息包括 IPv4 地址、MAC 地址及地址类型（静态或动态）。

例 8-12 PC1 上的 ARP 表

```
PC1> arp -a

Interface: 10.1.10.100 --- 0xd
  Internet Address      Physical Address     Type
  10.1.10.1             d4-8c-b5-ce-a0-c0    dynamic
  224.0.0.22            01-00-5e-00-00-16    static
  224.0.0.252           01-00-5e-00-00-fc    static
  255.255.255.255       ff-ff-ff-ff-ff-ff    static
```

如果网络管理员想要使用更新后的信息重新填充缓存，可以使用 **arp -d** 命令清空缓存。

注意： **arp** 命令在 Linux 和 MAC OS X 中具有相似的语法。

IPv6 邻居表

如例 8-13 所示，Window 中的命令 **netsh interface ipv6 show neighbor** 列出了目前邻居表中的所有设备。

例 8-13 PC1 上的邻居表

```
PC1> netsh interface ipv6 show neighbor
Interface 13: LAB
Internet Address                               Physical Address      Type
--------------------------------------------   -----------------     -----------
fe80::9c5a:e957:a865:bde9                       00-0c-29-36-fd-f7     Stale
fe80::1                                         d4-8c-b5-ce-a0-c0     Reachable (Router)
ff02::2                                         33-33-00-00-00-02     Permanent
ff02::16                                        33-33-00-00-00-16     Permanent
ff02::1:2                                       33-33-00-01-00-02     Permanent
ff02::1:3                                       33-33-00-01-00-03     Permanent
ff02::1:ff05:f9fb                               33-33-ff-05-f9-fb     Permanent
ff02::1:ffce:a0c0                               33-33-ff-ce-a0-c0     Permanent
ff02::1:ff65:bde9                               33-33-ff-65-bd-e9     Permanent
ff02::1:ff67:bae4                               33-33-ff-67-ba-e4     Permanent
```

针对每台设备显示的信息包括 IPv6 地址、物理（MAC）地址及地址类型。通过检查邻居表，网络管理员可以验证目的地 IPv6 地址是否已映射到正确的以太网地址。R1 所有接口上的 IPv6 本地链路地址已手动配置为 FE80::1。

注意： 可以使用 **ip neigh show** 命令显示 Linux 和 MAC OS X 的邻居表。

例 8-14 显示了使用 **show ipv6 neighbors** 命令显示思科 IOS 路由器上的邻居表的示例。

例 8-14 R1 上的邻居表

```
R1# show ipv6 neighbors
IPv6 Address                              Age  Link-layer Addr  State   Interface
FE80::21E:7AFF:FE79:7A81                   8   001e.7a79.7a81   STALE   Gi0/0
2001:DB8:ACAD:1:5075:D0FF:FE8E:9AD8        0   5475.d08e.9ad8   REACH   Gi0/0
```

注意： IPv6 邻居状态比 IPv4 中 ARP 表的状态更为复杂。其他信息包含在 RFC 4861 中。

交换机 MAC 地址表

在交换机 MAC 地址表中找到目的 MAC 地址时，交换机只会将帧转发到具有该特定 MAC 地址的设备所属的端口。为此，交换机将查询其 MAC 地址表。

MAC 地址表列出与各个端口连接的 MAC 地址。使用 **show mac address-table** 命令可显示交换机的 MAC 地址表。例 8-15 显示了交换机 MAC 地址表。请注意 PC1（VLAN 10 中的设备）的 MAC 地址以及 PC1 所连接的 S1 交换机端口是如何被发现的。请记住，交换机的 MAC 地址表只包含第 2 层信息，包括以太网 MAC 地址和端口号，但不包括 IP 地址信息。

例 8-15 本地 LAN 交换机上的 MAC 地址表

```
S1# show mac address-table
```

```
              Mac Address Table
-------------------------------------------
Vlan        Mac Address       Type        Ports
All         0100.0ccc.cccc    STATIC      CPU
All         0100.0ccc.cccd    STATIC      CPU
 10         d48c.b5ce.a0c0    DYNAMIC     Fa0/4
 10         000f.34f9.9201    DYNAMIC     Fa0/5
 10         5475.d08e.9ad8    DYNAMIC     Fa0/13
Total Mac Addresses for this criterion: 5
```

VLAN 分配

在排除端到端连接故障时需要考虑的另一个问题是 VLAN 分配。在交换网络中，交换机中的每个端口均属于一个 VLAN。每个 VLAN 都视为一个独立的逻辑网络，发往不属于此 VLAN 的站点的数据包必须通过支持路由的设备转发。

如果一个 VLAN 中的主机发送广播以太网帧（例如 ARP 请求），那么同一 VLAN 中的所有主机都会收到此帧，而其他 VLAN 中的主机不会收到。即使两台主机位于同一 IP 网络中，如果它们所连接的端口分配到两个不同的 VLAN，那么这两台主机就无法通信。此外，如果删除了端口所属的 VLAN，则端口将变为非活动状态。如果 VLAN 被删除，则与属于该 VLAN 的端口连接的所有主机都无法与网络其余部分通信。诸如 **show vlan** 等命令可用于验证交换机上的 VLAN 分配。

故障排除示例

请参考图 8-36 中的拓扑。

为了更好地管理配线间的电线，技术人员重新整理了连接到 S1 的电缆。刚刚完成后，用户就开始给技术支持服务台打电话，指出他们无法再访问其网络外部的设备。技术人员使用 Windows 中的 **arp** 命令对 PC1 的 ARP 表进行检查，发现 ARP 表不再包含默认网关 10.1.10.1 的条目，如例 8-16 所示。路由器上没有发生配置更改，因此 S1 是故障排除的重点。

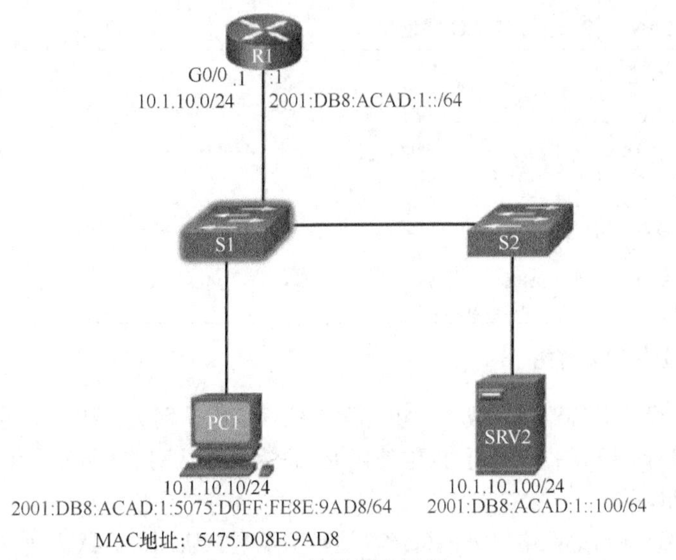

图 8-36 故障排除示例

例 8-16 PC1 上的 ARP 表

```
C:\> arp -a
```

```
Interface: 10.1.10.100 --- 0xd
  Internet Address      Physical Address      Type
  224.0.0.22            01-00-5e-00-00-16     static
  224.0.0.252           01-00-5e-00-00-fc     static
  255.255.255.255       ff-ff-ff-ff-ff-ff     static
```

S1 的 MAC 地址表（见例 8-17）显示 R1 的 MAC 地址位于与其余 10.1.10.0/24 设备（包括 PC1）不同的 VLAN 中。

例 8-17　MAC 地址表显示 Fa0/1 所在的 VLAN 不正确

```
S1# show mac address-table
              Mac Address Table
-------------------------------------------
Vlan        Mac Address         Type        Ports
All         0100.0ccc.cccc      STATIC      CPU
All         0100.0ccc.cccd      STATIC      CPU
  1         d48c.b5ce.a0c0      DYNAMIC     Fa0/1
 10         000f.34f9.9201      DYNAMIC     Fa0/5
 10         5475.d08e.9ad8      DYNAMIC     Fa0/13
Total Mac Addresses for this criterion: 5
```

在重新布期间时，R1 的跳线从 VLAN 10 的 Fa0/4 移动到 VLAN 1 的 Fa0/1。在网络管理员将 S1 的 Fa0/1 端口配置到 VLAN 10 上（见例 8-18）之后，问题得到解决。

例 8-18　配置正确的 VLAN

```
S1(config)# interface fa 0/1
S1(config-if)# switchport mode access
S1(config-if)# switchport access vlan 10
S1(config-if)#
```

如例 8-19 所示，现在 MAC 地址表显示端口 Fa0/1 上 R1 的 MAC 地址所在的 VLAN 10。

例 8-19　本地 LAN 交换机上的 MAC 地址表

```
S1# show mac address-table
              Mac Address Table
-------------------------------------------
Vlan        Mac Address       Type        Ports
All         0100.0ccc.cccc    STATIC      CPU
All         0100.0ccc.cccd    STATIC      CPU
 10         d48c.b5ce.a0c0    DYNAMIC     Fa0/1
 10         000f.34f9.9201    DYNAMIC     Fa0/5
 10         5475.d08e.9ad8    DYNAMIC     Fa0/13
Total Mac Addresses for this criterion: 5
```

6. 步骤 4：检验默认网关

如果路由器上没有详细路由，或者主机配置了错误的默认网关，那么不同网络中两个终端之间的通信将无法进行。图 8-37 显示了 PC1 使用 R1 作为其默认网关。同理，R1 使用 R2 作为其默认网关或最后求助网关。

如果主机需要访问本地网络以外的资源，则必须配置默认网关。默认网关是通向本地网络之外目的地的路径上的第一个路由器。

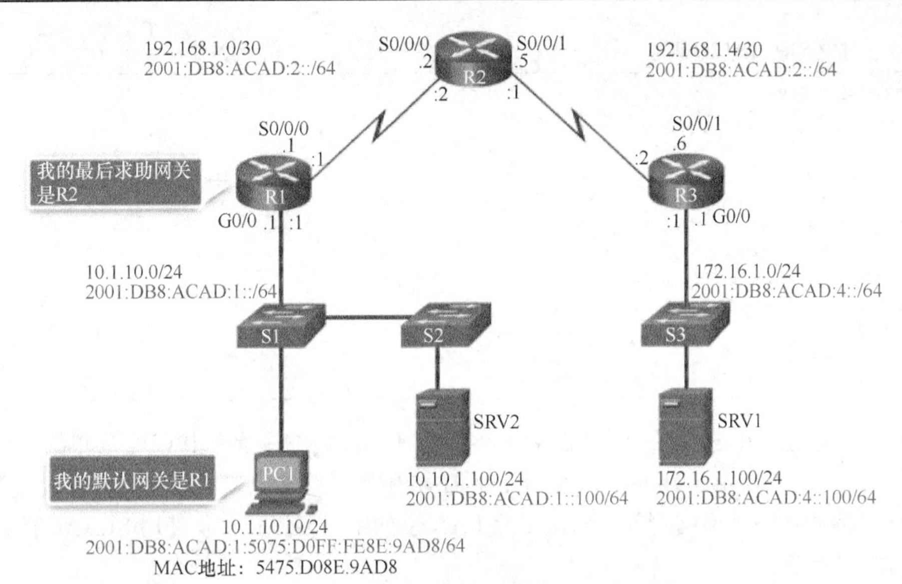

图 8-37 当前和期望的路径的确定

故障排除示例 1

例 8-20 所示为使用思科 IOS 命令 **show ip route** 和 Windows 的 **route print** 命令，检验是否存在 IPv4 默认网关。

例 8-20 验证 IPv4 默认网关

```
R1# show ip route
<Output omitted>
Gateway of last resort is 192.168.1.2 to network 0.0.0.0

S*    0.0.0.0/0 [1/0] via 192.168.1.2
!------------------
C:\Windows\system32> route print
<Output omitted>
Network Destination          Netmask      Gateway      Interface        Metric
          0.0.0.0            0.0.0.0      10.1.10.2    10.1.10.100      11
```

在本例中，R1 路由器具有正确的默认网关，即 R2 路由器的 IPv4 地址。但是，PC1 具有错误的默认网关。PC1 的默认网关应该是 R1 路由器 10.1.10.1。如果 PC1 上手动配置了 IPv4 地址信息，则必须手动配置该默认网关。如果 IPv4 地址信息是从 DHCPv4 服务器自动获取的，那么必须检查 DHCP 服务器上的配置。DHCP 服务器上的配置问题通常会影响多个客户端。

故障排除示例 2

在 IPv6 中，可手动配置或使用无状态自动配置（SLAAC）或 DHCPv6 配置默认网关。使用 SLAAC 时，默认网关由路由器使用 ICMPv6 路由器通告（RA）消息通告给主机。RA 消息中的默认网关是路由器接口的本地链路 IPv6 地址。如果在主机上手动配置默认网关（不太可能），默认网关可设置为全局 IPv6 地址或本地链路 IPv6 地址。

如例 8-21 所示，使用思科 IOS 命令 **show ipv6 route** 检查 R1 上的 IPv6 默认路由，使用 Windows 的 **ipconfig** 命令验证 PC 是否有 IPv6 默认网关。

例 8-21 缺少 IPv6 默认网关

```
R1# show ipv6 route
<Output omitted>
S     ::/0 [1/0]
       via 2001:DB8:ACAD:2::2
!------------------
C:\Windows\system32> ipconfig
Windows IP Configuration
   Connection-specific DNS Suffix . :
   Link-local IPv6 Address . . . . . : fe80::5075:d0ff:fe8e:9ad8%13
   IPv4 Address. . . . . . . . . . . : 10.1.1.100
   Subnet Mask . . . . . . . . . . . : 255.255.255.0
   Default Gateway . . . . . . . . . : 10.1.10.1
```

R1 有一个通过路由器 R2 的默认路由，但请注意，**ipconfig** 命令显示 IPv6 全局单播地址和 IPv6 默认网关缺失。PC1 启用了 IPv6，因为 PC1 有 IPv6 本地链路地址。本地链路地址由设备自动创建。在检查网络文档时，网络管理员确认了此 LAN 上的主机应该正在从使用 SLAAC 的路由器接收其 IPv6 地址信息。

注意： 在本例中，同一 LAN 上使用 SLAAC 的其他设备也会在接收 IPv6 地址信息时遇到相同问题。

通过使用例 8-22 中的 **show ipv6 interface GigabitEthernet 0/0** 命令，可以看到虽然接口有一个 IPv6 地址，但它不是 All-IPv6-Routers 组播组 FF02::2 的成员。

例 8-22 验证接口 G0/0 上的 IPv6 地址

```
R1# show ipv6 interface GigabitEthernet 0/0
GigabitEthernet0/0 is up, line protocol is up
  IPv6 is enabled, link-local address is FE80::1
  No Virtual link-local address(es):
  Global unicast address(es):
    2001:DB8:ACAD:1::1, subnet is 2001:DB8:ACAD:1::/64
  Joined group address(es):
    FF02::1
    FF02::1:FF00:1
<Output Omitted>
```

这意味着路由器未启用为 IPv6 路由器。因此，该路由器不会在此接口上发出 ICMPv6 RA。在例 8-23 中，使用 **ipv6 unicast-routing** 命令将 R1 作为 IPv6 路由器启用。

例 8-23 R1 配置为 IPv6 路由器

```
R1(config)# ipv6 unicast-routing
R1(config)# end
R1#
R1# show ipv6 interface GigabitEthernet 0/0
GigabitEthernet0/0 is up, line protocol is up
  IPv6 is enabled, link-local address is FE80::1
  No Virtual link-local address(es):
  Global unicast address(es):
    2001:DB8:ACAD:1::1, subnet is 2001:DB8:ACAD:1::/64
  Joined group address(es):
    FF02::1
    FF02::2
    FF02::1:FF00:1
```

```
<Output Omitted>
```

现在 **show ipv6 interface GigabitEthernet 0/0** 命令显示 R1 是 FF02::2（All-IPv6-Routers 组播组）的成员。

要验证 PC1 是否设置了默认网关，请在 Microsoft Windows PC 上使用 **ipconfig** 命令，在 Linux 和 Mac OS X 上使用 **ifconfig** 命令。在例 8-24 中，PC1 有一个 IPv6 全局单播地址和一个 IPv6 默认网关。默认网关已设置为路由器 R1（FE80::1）的本地链路地址。

例 8-24 验证 IPv6 默认网关

```
C:\Windows\system32> ipconfig
Windows IP Configuration
   Connection-specific DNS Suffix . :
   IPv6 Address. . . . . . . . . . . : 2001:db8:acad:1:5075:d0ff:fe8e:9ad8
   Link-local IPv6 Address . . . . . : fe80::5075:d0ff:fe8e:9ad8%13
   IPv4 Address. . . . . . . . . . . : 10.1.1.100
   Subnet Mask . . . . . . . . . . . : 255.255.255.0
   Default Gateway . . . . . . . . . : fe80::1
                                          10.1.10.1
```

7. 步骤 5：验证路径是否正确

在进行故障排除时，通常需要验证到目的网络的路径。

网络层故障排除

图 8-38 显示的参考拓扑表明了数据包从 PC1 通向 SRV1 的预期路径。

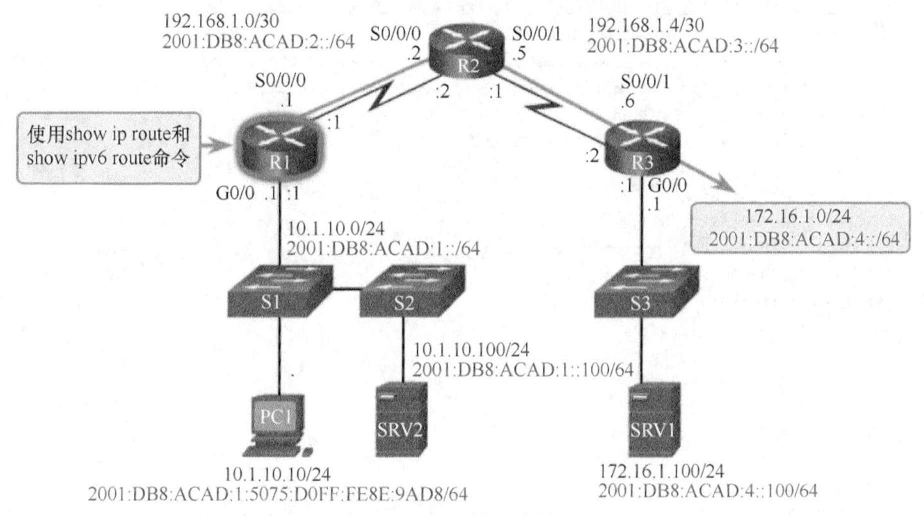

图 8-38 当前和期望路径的确定

在例 8-25 中，**show ip route** 命令用于检查 IPv4 路由表。

例 8-25 检查 R1 上的 IPv4 路由表

```
R1# show ip route | include Gateway

Gateway of last resort is 192.168.1.2 to network 0.0.0.0

S*      0.0.0.0/0 [1/0] via 192.168.1.2
        10.0.0.0/8 is variably subnetted, 2 subnets, 2 masks
```

```
C          10.1.10.0/24 is directly connected, GigabitEthernet0/0
             10.1.10.1/32 is directly connected, GigabitEthernet0/0
       172.16.0.0/24 is subnetted, 1 subnets
D            172.16.1.0 [90/41024256] via 192.168.1.2, 05:32:46, Serial0/0/0
       192.168.1.0/24 is variably subnetted, 3 subnets, 2 masks
C          192.168.1.0/30 is directly connected, Serial0/0/0
L          192.168.1.1/32 is directly connected, Serial0/0/0
D          192.168.1.4/30 [90/41024000] via 192.168.1.2, 05:32:46, Serial0/0/0
R1#
```

IPv4 和 IPv6 路由表可通过以下方法进行填充：

- 直连网络；
- 本地主机或本地路由；
- 静态路由；
- 动态路由；
- 默认路由。

转发 IPv4 和 IPv6 数据包的过程基于最长位匹配或最长前缀匹配。路由表过程将尝试使用路由表中最左侧匹配位数最多的条目来转发数据包。匹配位的数量由路由的前缀长度表明。

例 8-26 显示了使用 IPv6 的类似场景。要验证当前 IPv6 路径是否匹配到达目的地的期望路径，请在路由器上使用 **show ipv6 route** 命令来检查路由表。

例 8-26 检查 R1 上的 IPv6 路由表

```
R1# show ipv6 route
IPv6 Routing Table - default - 7 entries
Codes: C - Connected, L - Local, S - Static, U - Per-user Static route
       B - BGP, R - RIP, I1 - ISIS L1, I2 - ISIS L2
       IA - ISIS interarea, IS - ISIS summary, D - EIGRP, EX - EIGRP external
       ND - ND Default, NDp - ND Prefix, DCE - Destination, NDr - Redirect
       O - OSPF Intra, OI - OSPF Inter, OE1 - OSPF ext 1, OE2 - OSPF ext 2
       ON1 - OSPF NSSA ext 1, ON2 - OSPF NSSA ext 2
S    ::/0 [1/0]
      via 2001:DB8:ACAD:2::2
C    2001:DB8:ACAD:1::/64 [0/0]
      via GigabitEthernet0/0, directly connected
L    2001:DB8:ACAD:1::1/128 [0/0]
      via GigabitEthernet0/0, receive
C    2001:DB8:ACAD:2::/64 [0/0]
      via Serial0/0/0, directly connected
L    2001:DB8:ACAD:2::1/128 [0/0]
      via Serial0/0/0, receive
D    2001:DB8:ACAD:3::/64 [90/41024000]
      via FE80::2, Serial0/0/0
D    2001:DB8:ACAD:4::/64 [90/41024256]
      via FE80::2, Serial0/0/0
L    FF00::/8 [0/0]
      via Null0, receive
R1#
```

在检查完 IPv6 路由表之后，发现 R1 确实具有一条经过位于 FE80::2 的 R2 通向 2001:DB8:ACAD:4::/64 的路径。

下文及图 8-39 描述了 IPv4 和 IPv6 路由表的过程。如果数据包中的目的地址：

- 与路由表中的条目不匹配，则使用默认路由，如果没有已配置的默认路由，则丢弃数据包；
- 与路由表中的单个条目匹配，则通过此路由中定义的接口转发数据包；

- 与路由表中的多个条目匹配，而且路由条目的前缀长度相同，则通向此目的地的数据包可以在路由表中定义的路由之间分发；
- 匹配路由表中的多个条目，而且路由条目的前缀长度不同，则通向此目的地的数据包将从与具有较长前缀匹配的路由相关的接口转发出去。

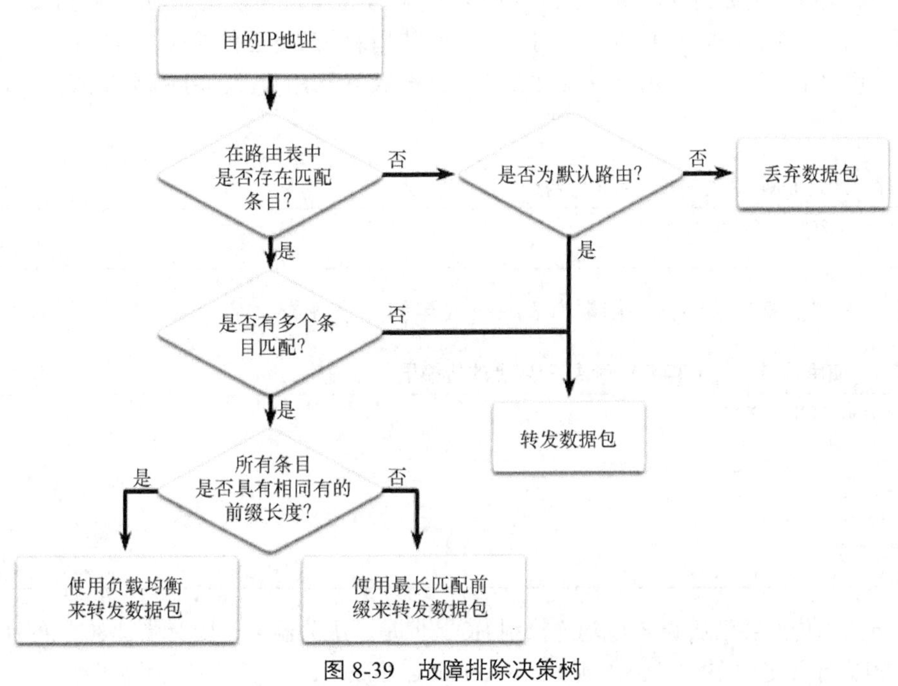

图 8-39　故障排除决策树

故障排除示例

设备无法连接到位于 172.16.1.100 的服务器 SRV1。通过使用 **show ip route** 命令，管理员应该查看是否存在通向网络 172.16.1.0/24 的路由条目。如果路由表中没有指向 SRV1 网络的特定路由，那么网络管理员必须检查是否存在 172.16.1.0/24 网络方向上的默认或汇总路由条目。如果都不存在，则问题可能出在路由上，管理员必须检验该网络是否包含在动态路由协议配置中，或添加静态路由。

8. 步骤 6：检验传输层

如果网络接入层如预期一样运行，但用户仍无法访问资源，那么网络管理员必须开始对较高层进行故障排除。影响传输层连接的两个最常见的问题包括 ACL 配置和 NAT 配置。用于测试传输层功能的常见工具是 Telnet 实用程序。

警告： 虽然 Telnet 可用于测试传输层，但出于安全考虑，应使用 SSH 来远程管理并配置设备。

传输层故障排除

网络管理员正在对用户无法通过特定 SMTP 服务器发送邮件的问题进行故障排除。管理员对服务器执行 ping 操作，且服务器做出了响应。这意味着用户和服务器之间的网络层以及网络层下面的所有层都运行正常。管理员知道问题出在第4层或其上层，并且必须开始对这些层进行故障排除。

虽然 Telnet 服务器应用在自己的周知端口号 23 上运行且 Telnet 客户端默认连接到此端口，但可以在客户端上指定另一个端口号，以连接到任何必须接受测试的 TCP 端口。这表明连接已接受（由输出中的 Open 一词表示）、已拒绝还是连接超时。根据这些响应，可以对连接问题得出进一步的结论。某些应用如果使用基于 ASCII 的会话协议，甚至可能会显示应用标语。通过输入某些关键字（如 SMTP、FTP 和 HTTP），可能会触发某些来自服务器的响应。

在上一场景中，管理员使用 IPv6 从 PC1 Telnet 至服务器 HQ，且 Telnet 会话成功，如例 8-27 所示。

例 8-27 通过 IPv4 成功完成 Telnet 连接

```
C:\> telnet 2001:DB8:172:16::100
HQ#
```

在例 8-28 中，管理员尝试使用端口 80 Telnet 至同一服务器。

例 8-28 使用端口 80（HTTP）测试 IPv4 上的传输层

```
C:\> telnet 2001:DB8:172:16::100 80
HTTP/1.1 400 Bad Request
Date: Wed, 26 Sep 2012 07:27:10 GMT
Server: cisco-IOS
Accept-Ranges: none
400 Bad Request
Connection to host lost.
```

输出验证了传输层已从 PC1 成功连接到 HQ。但是，服务器没有接受端口 80 上的连接。

例 8-29 显示了通过 IPv6 从 R1 到 R3 的 Telnet 连接成功。

例 8-29 通过 IPv6 成功完成 Telnet 连接

```
R1# telnet 2001:db8:acad:3::2
Trying 2001:DB8:ACAD:3::2 ... Open

User Access Verification

Password:
R3>
```

例 8-30 是使用端口 80 进行的类似的 Telnet 尝试。同样，输出验证了传输层连接成功，但 R3 拒绝了使用端口 80 的连接。

例 8-30 使用端口 80（HTTP）测试 IPv6 上的传输层

```
R1# telnet 2001:db8:acad:3::2 80
Trying 2001:DB8:ACAD:3::2, 80 ...
% Connection refused by remote host

R1#
```

9. 步骤 7：检验 ACL

路由器上可能配置了 ACL，禁止协议通过入站或出站方向上的接口。

使用 **show ip access-lists** 命令显示所有 IPv4 ACL 的内容，使用 **show ipv6 access-list** 命令显示路由器上配置的所有 IPv6 ACL 的内容。通过输入 ACL 名称或编号作为此命令的选项，可以显示特定的 ACL。**show ip interfaces** 和 **show ipv6 interfaces** 命令可显示 IPv4 和 IPv6 接口信息，这些接口信息将指示接口上是否已设置任何 IP ACL。

故障排除示例

为防止欺骗攻击，网络管理员决定实施 ACL 来阻止源网络地址为 172.16.1.0/24 的设备进入 R3 上的入站 S0/0/1 接口，如图 8-40 所示。所有其他 IP 流量应该被允许。

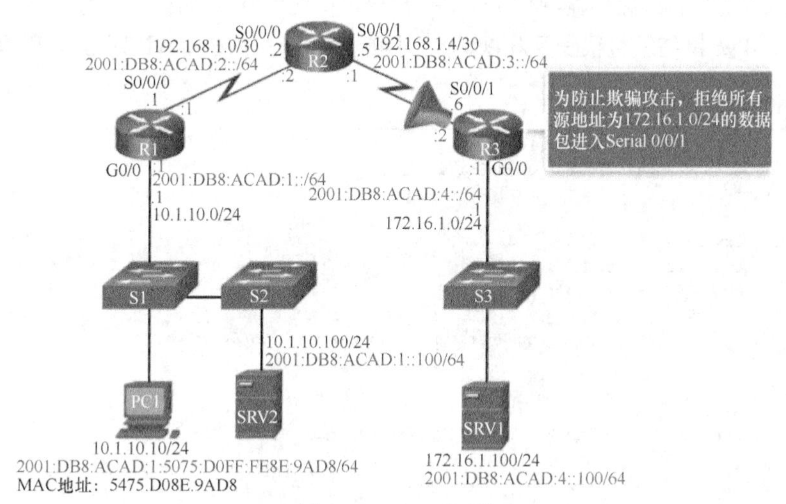

图 8-40 ACL 问题

但是，在实施 ACL 之后不久，10.1.10.0/24 网络上的用户无法连接到 172.16.1.0/24 网络上的设备，包括 SRV1。**show ip access-lists** 命令显示 ACL 配置正确，如例 8-31 所示。

例 8-31 显示 R1 上的 ACL 和 ACL 放置

```
R3# show ip access-lists
Extended IP access list 100
    deny ip 172.16.1.0 0.0.0.255 any (3 match(es))
    permit ip any any
R3#
R3# show ip interface Serial 0/0/0 | include access list
    Outgoing access list is not set
    Inbound access list is not set
R3#
R3# show ip interface gigabitethernet 0/0 | include access list
    Outgoing access list is not set
    Inbound access list is 100
```

但是，**show ip interfaces serial 0/0/1** 命令显示 ACL 从未应用于 Serial0/0/1 的入站接口。进一步调查后发现无意中将 ACL 应用到 G0/0 接口，阻止了来自 172.16.1.0/24 网络的所有出站流量。

在例 8-32 中，在 Serial0/0/1 入站接口上正确放置了 IPv4 ACL 之后，设备可成功连接到服务器。

例 8-32 更改 ACL 的放置位置

```
R3(config)# interface gigabitethernet 0/0
R3(config-if)# no ip access-group 100 in
R3(config-if)# exit
R3(config)#
R3(config)# interface serial 0/0/1
R3(config-if)# ip access-group 100 in
```

10. 步骤8：检验DNS

DNS协议用于控制DNS，这是一个可将主机名映射到IP地址的分布式数据库。在设备上配置DNS时，对于所有IP命令（如**ping**或**telnet**），您可以用主机名替代IP地址。

若要显示交换机或路由器的DNS配置信息，请使用**show running-config**命令。如果没有安装DNS服务器，可以将名称到IP的映射直接输入交换机或路由器配置中。使用**ip host**命令将名称到IPv4的映射输入到交换机或路由器中。**ipv6 host**命令可供使用IPv6的相同映射使用。这些命令如例8-33所示。由于IPv6网络编号很长且难以记忆，因此DNS对IPv6而言比对IPv4而言更为重要。

例8-33 创建名称到IP映射

```
R1(config)# ip host ipv4-server 172.16.1.100
R1(config)# ipv6 host ipv6-server 2001:db8:acad:4::100
R1(config)# exit
R1#
R1# ping ipv4-server
Type escape sequence to abort.
Sending 5, 100-byte ICMP Echos to 172.16.1.100, timeout is 2 seconds:
!!!!!
Success rate is 100 percent (5/5), round-trip min/avg/max = 52/56/64 ms
R1#
R1# ping ipv6-server
Type escape sequence to abort.
Sending 5, 100-byte ICMP Echos to 2001:DB8:ACAD:4::100, timeout is 2 seconds:
!!!!!
Success rate is 100 percent (5/5), round-trip min/avg/max = 52/54/56 ms
R1#
```

要在基于Windows的PC上显示名称到IP地址的映射信息，请使用**nslookup**命令。

故障排除示例

例8-34中的输出表明，客户端无法到达DNS服务器，或者10.1.1.1设备上的DNS服务没有运行。此时，故障排除需要重点关注与DNS服务器的通信，或检验DNS服务器是否运行正常。

例8-34 无法到达DNS服务器

```
C:\> nslookup Server
*** Request to 10.1.1.1 timed-out
```

要在Microsoft Windows PC上显示DNS配置信息，请使用**nslookup**命令。应当为IPv4和/或IPv6配置DNS。DNS可同时提供IPv4和IPv6地址，不论用于访问DNS服务器的是哪种协议。

由于域名和DNS是访问网络中服务器的关键组件，因此很多时候用户认为“网络断开”，实际上是DNS服务器存在问题。

8.3 总结

网络管理员要想能够监控网络并排除网络故障，他们必须拥有一整套准确且最新的网络文档，其中包括配置文件、物理和逻辑拓扑图以及基线性能等级。

故障排除的3个主要阶段是收集症状、查明问题、纠正问题。有时需要暂时实施变通方案以纠正问题。如果预期的纠正措施未能解决问题，则应删除更改。在所有过程步骤中，网络管理员应该记录整个过程。应该为每个阶段建立故障排除策略，包括更改控制流程。在问题得到解决之后，与用户、参与故障排除过程的所有人员以及其他 IT 团队成员交流这一问题非常重要。

OSI 模型或 TCP/IP 模型可用于解决网络问题。网络管理员可使用自下而上法、自上而下法或分治法。结构化不强的方法包括直觉法、辨别差异法和转移故障法。

有助于排除故障的常用软件工具包括网络管理系统工具、知识库、基线建立工具、基于主机的协议分析器和思科 IOS EPC。硬件故障排除工具包括 NAM、数字万用表、电缆测试仪、电缆分析仪和便携式网络分析仪。思科 IOS 日志信息也可用于确定潜在问题。

网络管理员应当注意一些典型的物理层、数据链路层、网络层、传输层和应用层症状及问题。管理员可能需要特别注意物理连接、默认网关、MAC 地址表、NAT 和路由信息。

检查你的理解

请完成以下所有复习题，以检查您对本章要点和概念的理解情况。答案列在本书附录中。

1．下面哪一个选项描述了一个 LAN 的物理拓扑结构？（　　）

A．它定义了主机和网络设备如何连接到 LAN

B．它描述了在 LAN 中使用的寻址方案

C．它描述了 LAN 是广播网络还是令牌传递网络

D．它显示主机访问网络的顺序

2．什么时候应该测量网络性能基准？（　　）

A．正常工作时间之后，以减少可能的中断

B．在组织的正常工作时间内

C．主网络设备重新启动后立即进行

D．当对网络的拒绝服务攻击被检测到并被阻止时

3．在收集症状的哪个步骤中，网络工程师需要确定问题是发生在网络的核心层、分布层还是接入层？（　　）

A．确定所有权　　B．确定症状

C．记录症状　　D．收集信息

E．缩小范围

4．网络技术人员正在解决电子邮件连接问题。对最终用户来说，哪个问题将提供清晰的信息以更好地定义问题？（　　）

A．您尝试发送的电子邮件有多大

B．您的电子邮件现在工作吗

C．您用什么样的设备发送电子邮件

D．您什么时候第一次注意到您的邮件问题

5．一个工程师团队已经确定了解决重大网络问题的方案。提出的解决方案可能会影响关键的网络基础设施组件。团队在实施解决方案时应该遵循什么措施，以避免干扰其他流程和基础设施？（　　）

A．变更控制程序　　B．知识库准则

C．分层故障排除方法之一　　D．系统日志消息和报告

6．一位网络工程师正在解决网络问题，并可以在两台设备之间成功 ping 通。但是，两台设备之间的 Telnet 连接不起作用。下一个管理员应该调查 OSI 哪些层？（　　）

A．所有层　　B．从网络层到应用层

C．从网络层到物理层　　D．只有网络层

7．哪种故障排除方法首先检查电缆连接和接线问题？（　　）

A．自下而上　　B．分而治之

C．替换　　D．自上而下

8．管理员正在解决路由器上的 Internet 连接问题。**show interfaces gigabitethernet 0/0** 命令的输出在连接到 Internet 的接口上显示高于正常的帧错误。问题可能发生在 OSI 模型的哪一层？（　　）

A．第 1 层　　B．第 2 层

C．第 3 层　　D．第 4 层

E．第 7 层

9．用户报告无法访问某一个新网站。技术支持人员检查并验证可通过在网站后添加端口号的方式来访问该网站。解决此问题涉及 TCP/IP 型中的哪一层？（　　）

A．应用层　　B．网际层

C．网络访问层　　D．传输层

10．用户报告说，在网络子系统的操作系统补丁应用到工作站后，连接到网络资源时执行速度非常缓慢。网络技术人员使用电缆分析器测试链路，并注意到工作站发送的帧数小于 64 字节，并且还有其他无意义的帧。问题的可能原因是什么？（　　）

A．电缆故障　　B．安装的应用程序损坏

C．网卡驱动程序损坏　　D．以太网信号衰减

11．接入到网络中的 PC 在访问互联网时遇到问题，但可以打印到本地打印机并 ping 该区域的其他计算机。同一网络上的其他计算机没有任何问题。问题是什么？（　　）

A．默认网关路由器没有默认路由

B．PC 连接的交换机与默认网关路由器之间的链路断开

C．PC 缺少默认网关或默认网关不正确

D．PC 连接的交换机端口配置了错误的 VLAN

12．通常在逻辑拓扑图中记录哪 3 条信息？（选 3 项）（　　）

A．电缆规格　　B．设备位置

C．设备模型和制造商　　D．IP 地址和前缀长度

E．路由协议　　F．静态路由

13．一家公司正在建立一个使用 SSL 技术的网站来保护访问该网站所需的认证凭证。网络工程师需要验证设置是否正确，并且验证确实是加密的。应该使用哪个工具？（　　）

A．基准工具　　B．电缆分析仪

C．故障管理工具　　D．协议分析器

14．哪个数字表示系统日志记录的最严重级别？（　　）

A．0　　B．1

C．6　　D．7

附录 A

“检查你的理解”问题答案

第 1 章

1. A。对于这个小型办公室来说，与互联网的合适连接是通过公用电话服务提供商提供的称为数字用户线（DSL）的通用宽带服务。由于公司员工人数不多，所以带宽不是一个重大问题。如果公司规模较大，在偏远地区设有分支机构，专线将更为合适。VSAT 用于提供到远程位置的连接，并且通常仅在没有其他连接选项可用时才使用。
2. D。当旅行的员工需要通过 WAN 连接访问企业电子邮件服务器时，VPN 将在员工笔记本电脑和企业网络之间通过 WAN 连接创建安全隧道。通过 DHCP 获取动态 IP 地址是 LAN 通信的一项功能。在企业园区的不同建筑物之间共享文件是通过 LAN 基础设施实现的。DMZ 是企业 LAN 基础设施内的受保护网络。
3. D。WAN 用于将企业 LAN 与远程分支站点 LAN 和远程工作者站点互连。WAN 由服务提供商拥有。虽然 WAN 连接通常是通过串行接口完成的，但并非所有的串行链路都连接到 WAN。LAN（而不是 WAN）在企业中提供最终用户网络连接。
4. B、D。数字专线需要一个信道服务单元（CSU）和一个数据服务单元（DSU）。接入服务器集中拨号调制解调器拨入和拨出用户通信。拨号调制解调器用于暂时使模拟电话线用于数字数据通信。二层交换机用于连接 LAN。
5. C。面向连接的系统预先确定网络路径，在数据包交付期间创建虚拟电路，并要求每个数据包仅携带一个标识符。无连接的数据分组交换网络（例如 Internet）要求每个数据包携带寻址信息。
6. B。与通常需要昂贵的永久连接的电路交换网络不同，分组交换网络可以采用替代路径（如果可以到达目的地）。
7. B。ISDN（综合业务数字网）、ATM（异步传输模式）和 MPLS（多协议标签交换）没有描述光纤技术。
8. D。ISDN 和 ATM 是通常用于专用 WAN 上的第 1 层和第 2 层技术。市政 WiFi 是一种无线公共 WAN 技术。公共 WAN 上的公司通信应使用 VPN 来保证安全。
9. D、E。ATM（异步传输模式）是第 2 层技术。ANSI（美国国家标准协会）和 ITU（国际电信联盟）是标准组织。
10. D。租用链路在两个站点之间建立专用的恒定点对点连接。ATM 是信元交换。ISDN 是电路交换。帧中继是分组交换。
11. A。涉及站点间专用链接的专用 WAN 解决方案可提供最佳的安全性和机密性。专用和公共 WAN 解决方案提供的连接带宽取决于所选择的技术。通过专用 WAN 来连接多个站点可能非常昂贵。网站和文件交换服务支持是不相关的。
12. B、D。部署在 Internet 上的 VPN 为远程用户提供了低成本、安全的连接。VPN 部署在 Internet

公共基础设施上。

13. A。LTE或者说Long-Term Evolution（长期演进）是支持Internet接入的第四代蜂窝接入技术。
14. B。位于有线电视服务提供商办公室的设备（有线调制解调器终端系统，CMTS）通过有线网络发送和接收数字有线调制解调器信号，为有线用户提供Internet服务。DSLAM为DSL服务提供商执行类似的功能。CSU/DSU用于租用线路连接。需要访问服务器来同时处理到中心局（CO）的多个拨号连接。
15. B。MPLS可以使用各种底层技术，如T和E载波、电信级以太网、ATM、帧中继和DSL，它们都支持比以太WAN更低的速度。诸如公共交换电话网络（PSTN）或综合服务数字网络（ISDN）之类的电路交换网络和分组交换网络都不是高速的。

第2章

1. B。**show controllers**命令使管理员能够查看连接到串行接口（例如V.35 DCE）的电缆类型。
2. B。**show interfaces**特权EXEC模式命令显示接口的状态以及与其相关的其他信息。如果没有连接电缆，则显示“Serial 0/0/0 is down, line protocol is down”，这是因为没有进行第1层或第2层活动。接口已经使用**no shutdown**命令打开；否则，无论是否连接了电缆，都会显示“Serial 0/0/0 is administratively down, line protocol is down”信息。
3. C。身份验证、多链路和压缩是PPP上的选项，这是HDLC所不具有的优势。
4. D。PPP可以支持多种网络层协议，如IPv4、IPv6、IPX和AppleTalk。它通过单独的NCP处理用各种网络层协议来处理接口。PPP帧中有一个协议字段，用于指定正在使用的网络层协议。PPP帧中的信息字段是数据载荷。LCP设置并终止链路。它不检查数据所使用的网络层协议是什么。
5. C、D、F。链路建立帧建立和配置一个链路。链路维护帧管理和调试链路。链路终止帧终止链路。
6. D。LCP通过交换链路终止数据包完成交换数据后终止链路。在数据交换完成之前，链接可能因各种原因而终止。NCP只会终止网络层和NCP链路。IPCP和IPXCP是特定的网络控制协议。
7. B、E、F。PPP可用于较慢的传统异步串行线路和较快的同步串行接口。PPP LCP负责协商PPP选项以及链路建立和链路质量监控。PPP是一个开放标准，并不是思科专用的。网络协议在NCP中传输，而Cisco路由器上串行接口的默认封装是HDLC。
8. D。**show ppp multilink**命令显示多链路接口、端点的主机名以及分配给多链路束的串行接口。**show interfaces**命令将显示IP地址、LCP和NCP（IPCP）状态以及排队类型。
9. A。执行**ppp quality 70**命令后，会在链路关闭之前降低链路质量的阈值，将其从接收到所发送数据包的90%降低为70%。如果没有接收到100%的数据包，则将阈值设置为100%会关闭链路。降低时钟频率对正在给关闭的链路没有任何帮助。**bandwidth**命令用于路由协议的计算，而不是链路质量。
10. C。有时PAP应该用来代替CHAP。当需要明文密码来模拟在远程主机上登录时，PAP是更可取的，因为密码在CHAP中不是以明文形式发送的。

第3章

1. C。术语SOHO指的是许多远程办公人员所在的小型办公室和家庭办公室。VPN是一个虚拟专用网络，在SOHO和总部办公室之间提供了安全连接。PPPoE是以太网上的点对点技术，而 WiMax 是一种宽带无线技术。

2. B、C。为了实现通过 VPN 连接到企业网络的远程工作人员的安全管理，VPN 服务器或集中器、认证服务器和多功能安全设备是企业端的必要组件，而不是客户的要求。
3. C。与有线技术不同，DSL 不是共享媒体。每个用户都有一个去往 DSLAM 的单独连接。不同种类的 DSL 提供对称和非对称连接。通常，使用 DSL 将本地环路限制为 3.39 英里。
4. A。数字用户线路（DSL）通过现有铜线（PSTN）提供高速连接。
5. C。PPPoE 提供 PPP 固有的认证、记账和链路管理功能。QoS 指的是为选定的网络流量提供更好服务的能力。DSL 是一种宽带技术，ISDN 是一种拨号技术。
6. A。以太网帧的默认最大数据字段为 1500 字节。但是在 PPPoE 中，以太网帧有效载荷包含一个 PPP 帧，该帧也具有一个报头。这将可用数据 MTU 减少到 1492 字节。
7. D、E。PPP、CHAP、IP 地址、拨号程序池编号和 MTU 大小均在拨号程序接口上配置。客户路由器的 CHAP 用户名和密码必须与 ISP 路由器配置的内容相匹配。**pppoe-client** 命令（不是 **dialer pool** 命令）应用于以太网接口，以将其链接到拨号程序接口。
8. A、F。拨号程序和以太网接口上配置的拨号程序池编号必须匹配。接口号码、用户名和密码不必匹配。
9. D。GRE IP 隧道不提供身份验证或安全性。与使用高速宽带技术和 VPN 相比，租用线路不具有成本效益。在多个站点之间使用 VPN 时，不需要专用 ISP。
10. B。站点到站点 VPN 是在两个使用 VPN 网关的站点之间静态定义的 VPN 连接。内部主机不需要 VPN 客户端软件，并将正常的未封装数据包发送到 VPN 网关进行封装的网络中。
11. B。GRE 隧道协议用于站点到站点 VPN，不适用于移动用户的远程访问 VPN。单独的 GRE 不提供任何加密，因此端点之间的流量不安全。
12. A、F。BGP 是在自治系统之间路由的唯一的域间路由协议。它不使用成本或跳数作为其度量，而是基于策略，这意味着它根据可配置策略做出其路由决策。
13. D。BGP 路由器只能与 **neighbor** 路由器配置命令标识的其他 BGP 路由器建立邻接关系。
14. B。BGP 更新通过端口 179 上的 TCP 进行封装。在 BGP 中，每个 AS 都分配有唯一的 16 位或 32 位 AS 号（ASN）。BGP 是一种外部网关协议（EGP），用于在自治系统之间交换路由信息。当只有一个连接去往 Internet 或另一个 AS 时，不应使用 BGP。
15. B。在不同自治系统中的两台路由器之间配置的外部 BGP（eBGP）关系使用该 **neighbor** 路由器配置命令。

第 4 章

1. A、D、E。如果数据包报头和 ACL 语句中的信息匹配，则会跳过列表中的其余语句，并且由匹配语句指定允许或拒绝包。如果数据包报头与 ACL 语句不匹配，则会根据列表中的下一个语句对数据包进行测试。该匹配过程一直持续到列表结束。在每个 ACL 语句的末尾都有一个隐含的 **deny any** 语句，该语句应用于不匹配所有条件并导致“拒绝”操作的数据包。
2. B、D。可以将 ACL 配置为一个简单的防火墙，使用基本流量过滤功能来提供安全性。ACL 通过允许或阻止匹配数据包到达网络来过滤主机流量。
3. D。在为来自多个入站接口且在离开单个出站接口之前的数据包应用相同的 ACL 过滤规则时，应使用出站 ACL。出站 ACL 将应用于单个出站接口。

4. C、E。标准 ACL 仅根据指定的源 IP 地址过滤流量。扩展 ACL 可以按照源或目的、协议或端口进行过滤。标准 ACL 和扩展 ACL 都包含一个隐式的 deny 作为最终的 ACE。标准 ACL 和扩展 ACL 可以通过名称或编号来标识。
5. A、B。要允许或拒绝某个特定 IP 地址，可以使用通配符掩码 **0.0.0.0**（在 IP 地址之后使用）或通配符掩码关键字 **host**（在 IP 地址之前使用）。
6. A、D、E。扩展 ACL 应尽可能靠近源 IP 地址放置，以便需要过滤的流量不会通过网络并使用网络资源。由于标准 ACL 不指定目标地址，因此它们应尽可能靠近目的。将标准 ACL 放置在靠近源的位置可能会过滤所有流量并将服务限制到其他主机。在进入低带宽链路之前过滤不需要的流量可保留带宽并支持网络功能。在入站或出站方向放置 ACL 的决定取决于要满足的要求。
7. D。**access-list 110 permit tcp 172.16.0.0 0.0.0.255 any eq 22 ACE** 将匹配源自网络 172.16.0.0/24，其目的为任意的端口 22 上的流量，即 SSH。
8. B。通过入站 ACL，传入的数据包在路由之前被处理。通过出站 ACL，数据包首先被路由到出站接口，然后进行处理。因此，从路由器的角度来看，入站处理效率更高。两种类型的 ACL 的结构、过滤方法和限制（在一个接口上，只能配置一个入站 ACL 和一个出站 ACL）是相同的。
9. B。可以在同一台设备上配置 IPv4 和 IPv6 ACL，只要它们使用不同的 ACL 名称即可。IPv6 ACL 提供的功能与命名的 IPv4 扩展 ACL 相同，但不能与任何 IPv4 ACL 具有相同的名称。
10. D。网络管理员将在接口配置模式下使用 **ipv6 traffic-filter** 命令来应用 IPv6 ACL。
11. B。IPv6 访问列表语句 **permit tcp any host 2001:DB8:10:10::100 eq 25** 允许来自任何主机的 IPv6 数据包去往地址为 2001:DB8:10:10::100 的 SMTP 服务器。数据包的来源在 ACL 中首先列出，在这种情况下是任何来源，目的列在第二位，在这种情况下是 SMTP 服务器的 IPv6 地址。端口号在语句的最后，为 25，这是用于 SMTP 的周知端口。
12. B。IPv6 和 IPv4 ACL 之间的一个主要区别是任何 IPv6 ACL 末尾有两个隐式的 permit ACE。这两个 permit ACE 允许邻居发现操作在路由器接口上运行。
13. C、D、E。所有 IPv6 ACL 都自动包含两条隐式的 **permit** 语句：**permit icmp any nd-ns** 和 **permit icmp any any nd-na**。这些语句允许路由器接口执行邻居发现操作。隐式的 **deny ipv6 any any** 也会自动包含在任何 IPv6 ACL 的末尾，以阻止所有未经许允许的 IPv6 数据包。
14. A。与 IPv4 不同，IPv6 只有一种类型的访问列表，那就是命名的扩展访问列表。

第 5 章

1. B。驻留在受管设备上的 SNMP 代理收集并存储关于设备及其操作的信息。该信息由代理本地存储在 MIB 中。NMS 通过使用 get 请求查询设备数据来定期轮询驻留在受管设备上的 SNMP 代理。NMS 使用 set 请求来更改代理设备中的配置或在设备内发起操作。
2. D。为了解决事件发生时间与 NMS 轮询时间之间存在的延迟问题，可以使用 SNMP trap 消息。SNMP trap 消息由 SNMP 代理生成，并立即发送到 NMS 以通知其某些事件，而无需等待设备由 NMS 轮询。
3. A。SNMPv1 和 SNMPv2 使用社区字符串来控制对 MIB 的访问。SNMPv3 使用加密、消息完整性和源验证。
4. B。SNMPv1 和 SNMPv2c 都使用基于社区的安全形式，而社区字符串是明文密码。明文密码并不是强大的安全机制。版本 1 是一个传统的解决方案，在当今的网络中并不常见。

5. A、E。命令 **snmp-server user admin1 admin v3 encrypted auth md5 abc789 priv des 256 key99** 创建一个新用户并配置 MD5 验证。该命令不使用服务器上的秘密加密密码。命令 **snmp-server community** *string access-list-number-or-name* 限制对定义的 SNMP 管理器的 SNMP 访问。
6. A。**snmp-server enable traps** 命令使 SNMP 可以在 10.10.50.25 向 NMS 发送 trap 信息。这个 *notification-types*（通知类型）参数可用于指定发送的 trap 的类型。如果未使用该参数，则发送所有 trap 类型。如果使用了 *notification-types* 参数，如果需要另一个 trap 类型子集，则需要重复使用此命令。
7. B。端口安全限制了通过交换机端口允许的源 MAC 地址数量。该功能可以防止攻击者使用许多伪造的 MAC 地址对交换机发起泛洪攻击。
8. C。要缓解 VLAN 跳跃攻击，请禁用动态中继协议（DTP），并将中继链路的本征 VLAN 设置为未使用的 VLAN。
9. C。DHCP 耗竭攻击是由攻击者发起的，旨在为 DHCP 客户端创建 DoS 情形。为了实现这一目标，攻击者使用一种工具发送许多 DHCPDISCOVER 消息来租用整个可用的 IP 地址池，从而拒绝合法主机。
10. A。这两种发现协议都可以为黑客提供敏感的网络信息。它们不应该在边缘设备上启用，并且如果不需要，应该在全局或每个接口基础上禁用它们。CDP 默认启用。
11. A。SPAN 功能复制或镜像入口和出口端口之间的流量。
12. A。**show monitor** 命令能够验证 SPAN 会话。该命令显示会话的类型、每个流量方向的源端口以及目的端口。

第 6 章

1. B。流量需要足够的带宽来支持服务。当没有足够的带宽时，会发生拥塞，并且通常会导致数据包丢失。
2. C。服务质量（QoS）需要在路由器上启用，以支持 VoIP 和视频会议。QoS 指的是网络为语音和视频应用所要求的选定网络流量提供更好服务的能力。
3. B。当流量大于可以通过网络传输的流量时，设备将数据包排队或保持在内存中，直到传输它们的资源为可用状态。如果要排队的数据包数量继续增加，设备中的内存将被填满并丢弃数据包。
4. A。CBWFQ 扩展了标准的 WFQ 功能，为用户定义的流量类提供支持。为每个类保留一个 FIFO 队列，并且属于一个类的流量直接去往该类的队列。
5. D。使用 LLQ 时，首先发送对延迟敏感的数据，然后处理其他队列中的数据包。虽然可以将各种类型的实时流量排入严格优先级队列，但思科建议只将语音流量定向到优先队列。
6. B。当没有配置其他排队策略时，除 E1（2.048Mbit/s）及以下的串行接口以外的所有接口默认使用 FIFO。E1 及以下的串行接口默认使用 WFQ。
7. D。当没有配置其他排队策略时，除 E1（2.048Mbit/s）及以下的串行接口以外的所有接口默认使用 FIFO。E1 及以下的串行接口默认使用 WFQ。
8. A。尽力而为模型无法对数据包进行分类，因此，所有的网络数据包都以相同的方式处理。如果没有 QoS，网络无法区分数据包之间的差异，因此无法优先处理数据包。
9. C。IntServ 使用资源预留协议（RSVP）通过网络端到端路径中的设备发送应用程序流量的 QoS 需求信号。如果路径上的网络设备可以保留必要的带宽，则始发应用程序可以传输流量。如果所请求的预留沿着路径失败，那么始发应用程序不会发送任何数据。

10．C。标记意味着您正在为数据包报头添加一个值。接收数据包的设备会查看此字段以查看它是否与定义的策略匹配。标记应该尽可能靠近源设备。这建立了信任边界。

11．B。受信端点具有将应用流量标记为适当的第2层CoS和/或第3层DSCP值的功能和智能。受信端点的例子包括IP电话、无线接入点、视频会议网关和系统、IP会议站等。

12．A。802.1p标准使用标签控制信息（TCI）字段中的前3位。这3位称为优先级（PRI）字段，用来标识服务等级（CoS）标记。3位意味着第2层以太网帧可以用8个优先级（值0~7）中的一个来标记。

13．D。RFC 2474使用新的6位差分服务代码点（DSCP）QoS字段重新定义了ToS字段。6位最多提供64种可能的服务类别。

第7章

1．D。在物联网内部，通信是机器对机器（M2M），而且机器之间的通信无需人工干预。例如，M2M发生在温度传感器和油液传感器与车载计算机通信的汽车中。

2．C。物联网（IoT）是一个词，表示数十亿的电子设备现在能够连接到我们的数据网络和Internet。

3．D。思科物联网系统使用一套新的和现有的产品和技术来降低所有行业的数字化复杂性。它提供了一个基础架构，旨在管理具有截然不同的终端和平台的大型系统，以及它们创建的大量数据。

4．A、B、D。雾计算支柱描述了客户端/服务器模型、云计算模型和雾计算模型。

5．D。雾计算支柱基本上将云连通性延伸到更接近边缘。它使终端设备（如智能仪表、工业传感器、机器人机器等）能够连接到本地集成计算、网络和存储系统。

6．D。思科物联网安全支柱网络安全解决方案包括运营技术（OT）安全、物联网网络安全和物联网物理安全。OT是保持发电厂运行并管理工厂生产线的硬件和软件。

7．B。借助IaaS，云提供商负责接入网络设备、虚拟化网络服务和支持网络基础设施。

8．A。云计算可随时随地访问组织数据；通过仅订阅所需的服务简化了组织的IT运营；消除或减少对现场IT设备、维护和管理的需求；降低设备、能源、物理设备要求和人员培训需求的成本；并能够对日益增加的数据量需求做出快速响应。

9．A。这种物联网网络模型可以识别更接近网络边缘的分布式计算基础设施。它使边缘设备能够在本地运行应用程序并立即做出决定。这减少了网络上的数据负担，因为原始数据不需要通过网络连接发送。它通过在网络连接丢失时允许IoT设备运行来增强弹性。它还通过保持敏感数据远离边缘传输来增强安全性。

10．A。IaaS将是最好的解决方案，因为云提供商负责接入网络设备、虚拟化网络服务以及支持网络基础设施。

11．C。私有云应用程序和服务适用于特定组织或实体，例如政府。

12．D。虚拟化的好处是通过先进的冗余容错功能（包括实时迁移、存储迁移、高可用性和分布式资源调度）提高了服务器的正常运行时间。

13．C．术语“云计算”和“虚拟化”经常交替使用，但是它们具有不同的含义。虚拟化是云计算的基础。如果没有虚拟化，云计算也不会被广泛实施。云计算将应用程序与硬件分开。虚拟化将操作系统与硬件分开。

14．B。类型2管理程序也称为托管管理程序，是创建和运行VM实例的软件。类型2管理程序的一大优势是不需要管理控制台软件。

15. C。对于类型 1 管理程序，管理程序直接安装在服务器或网络硬件上。然后在管理程序上安装操作系统的实例。类型 1 管理程序可以直接访问硬件资源，因此，它们比托管的体系结构更高效。类型 1 管理程序可提高可扩展性、性能和稳健性。
16. D。软件定义网络（SDN）是一种用于虚拟化网络的网络体系结构。例如，SDN 可以虚拟化控制平面。在称为基于控制器的 SDN 中，SDN 将控制平面从每个网络设备移动到称为 SDN 控制器的中央网络智能和策略制定实体。
17. B、C。控制平面包含 2 层和 3 层路由转发机制，如路由协议邻居表和拓扑表、IPv4 和 IPv6 路由表、STP 和 ARP 表。发送到控制平面的信息由 CPU 处理。
18. C。类型 1 管理程序也称为“裸金属”架构，因为管理程序直接安装在硬件上。类型 1 管理程序通常用于企业服务器和数据中心网络设备。
19. D。类型 2 管理程序非常受消费者欢迎，企业也用它来体验虚拟化。常见的类型 2 管理程序包括 Virtual PC、VMware Workstation、Oracle VM VirtualBox、VMware Fusion 和 Mac OS X Parallels。
20. B。APIC 被当做 ACI 架构的大脑。APIC 是一个集中式软件控制器，用于管理和操作可扩展的 ACI 群集结构。它专为可编程性和集中管理而设计。它将应用程序策略转换为网络编程。

第 8 章

1. A。物理拓扑定义了计算机和其他网络设备连接到网络的方式。
2. B。基线测量不应该在独特的流量模式期间执行，因为数据会提供正常网络操作的不准确图像。网络基线分析应在组织正常工作时间内定期进行。轮流对整个网络或基线的不同部分进行年度分析。必须定期进行分析以了解网络如何受到影响增长和其他变化。
3. E。在收集症状的“缩小范围”步骤中，网络工程师将确定网络问题是否位于网络的核心层、分布层或接入层。在该步骤完成并找到网络问题所在的层后，网络工程师可以确定哪些设备是最可能的原因。
4. D。为了有效确定用户第一次遇到电子邮件问题的时间，技术人员应该询问一个开放式问题，以便用户能够说明问题被首次注意到的日期和时间。封闭式的问题只需要回答“是”或“否”，这将需要进一步的问题来确定问题的实际时间。
5. A。应该为每个阶段建立并应用变更控制程序，以确保采用一致的方法来实施解决方案，并在变更引起其他不可预见的问题时使变更回滚。
6. B。成功的 ping 表示物理层、数据链路层和网络层正常运行。应该调查其他层。
7. A。在自下而上的故障排除中，首先从网络的物理组件开始，然后向上浏览 OSI 模型的各个层，直到找出问题的原因，如图 8-9 所示。
8. B。成帧错误是 OSI 模型的数据链路层（第 2 层）出现问题的症状。
9. D。问题是新网站为 HTTP 配置了 TCP 端口 90，这与常见的 TCP 端口 80 不同。因此，这是一个传输层问题。
10. C。过多的超小数据包和 jabber 帧的症状通常是第 1 层问题，例如由网卡驱动程序损坏引起，这可能是网卡驱动程序升级过程中出现软件错误的结果。电缆故障会导致间歇性连接，但在这种情况下网络并没有问题，电缆分析仪检测到帧问题，而不是信号问题。以太网信号衰减是由延长的电缆或长电缆引起的，但在这种情况下，电缆没有改变。网卡驱动程序是操作系统的一部分；它不是一个应用程序。

11. C。由于同一网络上的其他计算机正常工作，因此默认网关路由器具有默认路由，并且工作组交换机与路由器之间的链路正常工作。配置错误的交换机端口 VLAN 不会导致这些症状

12. D、E、F。记录在逻辑网络图中的信息可以包括设备标识符、IP 地址和前缀长度、接口标识符、连接类型、用于虚拟电路的帧中继 DLCI（如果适用）、站点到站点 VPN、路协议、静态路由、数据链路协议，以及所用的 WAN 技术。

13. D。协议分析器在数据包流经网络时调查数据包内容非常有用。协议分析器对记录帧中的各种协议层进行解码，并以相对易用的格式显示这些信息。

14. A。级别越低，严重级别越高。默认情况下，0~7 级的所有消息都记录到控制台。